普通高等教育光电信息科学与工程专业系列教材

光通信原理与技术基础

任一涛 编著

科 学 出 版 社

北 京

内容简介

本书在介绍大气激光通信、星间激光通信和水下激光通信的基础上，重点讲述了光纤通信的基本理论和关键技术，内容包括光纤通信的优势和发展历程、光纤通信系统的构成和特点、光纤的结构和传输原理、光纤的连接和测试、光源和光发射机、光检测器和光接收机、光中继器和光放大器、常用光无源器件、波分复用技术和波分复用器、数字光纤通信系统及其基本设计。每章结尾配有小结和习题，便于读者复习并掌握各章重点。

本书内容系统全面、难易适度，深入浅出，易于自学，注重基础理论和应用实践相结合。

本书可作为高等学校电子信息工程、通信工程、光电信息科学与工程等专业的本科生或研究生教材，也可作为从事光纤通信的科研、工程、生产、管理等相关人员的培训教材或参考用书。

图书在版编目（CIP）数据

光通信原理与技术基础 / 任一涛编著. —北京：科学出版社，2023.10

普通高等教育光电信息科学与工程专业系列教材

ISBN 978-7-03-076423-2

Ⅰ. ①光… Ⅱ. ①任… Ⅲ. ①光通信–高等学校–教育 Ⅳ. ①TN929.1

中国国家版本馆 CIP 数据核字（2023）第 177294 号

责任编辑：潘斯斯 张丽花 / 责任校对：王 瑞

责任印制：师艳茹 / 封面设计：马晓敏

科学出版社 出版

北京东黄城根北街 16 号

邮政编码：100717

http://www.sciencep.com

北京建宏印刷有限公司 印刷

科学出版社发行 各地新华书店经销

*

2023 年 10 月第 一 版 开本：787×1092 1/16

2023 年 12 月第二次印刷 印张：17

字数：403 000

定价：69.00 元

（如有印装质量问题，我社负责调换）

前言

人类自远古时期就懂得利用光相互联络，借助光进行信息的传递——通信。但由于自然条件和技术的限制，光通信只能在大气中进行，传输距离受限，被电通信超越而仅限于有限的应用场合。光通信的真正飞跃起自20世纪60年代，1960年世界上第一台激光器研制成功，1970年康宁公司拉制出世界上第一条低损耗光纤，正是小尺寸的半导体光源和低损耗石英光纤的出现，为光通信的远距离传输在光源和传输介质两方面提供了必要条件及技术保证。由于光纤通信无可比拟的优越性和潜在的巨大通信容量资源，在短短的几十年中光通信技术得到长足的进步和发展，随着光载波波长从850nm过渡到1310nm、1550nm，从多模光纤到单模光纤，直至掺铒光纤放大器和波分复用技术的出现，光纤通信速率由最初的每秒几兆比特，发展到现在的单信道10Gbit/s以上，逐渐向40Gbit/s逼近，在远距离通信上迅速取代了电通信的地位，光纤通信技术在当今通信行业中引发了剧烈变革，并已成为现代通信的主要支柱之一，在现代电信网中起着举足轻重的作用。

光纤通信在当今社会具有广泛的应用，从工业、农业、国防、航空航天到科学研究，从有线电视网、局域网到长途主干网，深刻地影响着我们的社会并改变着人们生活的方方面面。当前，我们的科技面临国外的垄断和封锁，关键技术需要在加强自主创新的基础上实现突破。光纤通信及其传输网络与无线电通信系统一同支撑起了社会的智能化大厦，在社会信息化高速发展的进程中扮演着重要的角色。随着光纤通信技术应用的日益普及，人们需要了解和学习基本的光纤通信概念和知识，以满足现实工作的需要，适应社会和生活的发展。

光纤通信是一门综合性学科，内容多，知识覆盖面广。党的二十大报告指出："加强基础学科、新兴学科、交叉学科建设，加快建设中国特色、世界一流的大学和优势学科。"教材建设是大学人才教育质量的基础保障，是学科教育和建设的重要基础工程之一，因此大学教材在强化基础知识的同时，需面向国家发展，突出学科特点，融入反映学科技术发展的新知识，以着力造就拔尖创新人才，加强自主创新，突破关键技术为己任。

本书是在云南大学物理与天文学院为光电信息科学与工程专业开设的"光通信原理与技术"课程讲稿的基础上，结合作者自己多年的教学心得和科研实践，经补充、修改而定稿。本书在编写中贯彻"坚持为党育人、为国育才，全面提高人才自主培养质量，着力造就拔尖创新人才"的指导思想，寓正确的价值引导于知识传授和学生能力的培养中，让辩证唯物主要思想与科学知识的学习同向发力，构筑科学的认知和知识体系。具体以光纤通信系统的基本构成为主线，内容的选取和展开保证必要的完整性和系统性。在介绍光通信基本知识的基础上，将重点集中在光纤通信及其相关技术上，在介绍光纤通信基本理论时，力求概念准确、条理清晰，突出重点、简明扼要、易于学生自学及领会，强调物理本质和科学思维，关注光器件工作特性及产品技术规范，注重理论与技术应用的结合，特此在书中增加了光纤的连接和测试一章。培养学生自觉强化对技术、器件功能物理本质理解的习惯，避免陷入繁杂的具体技术细节中，能在技术实践中灵活运用相关理论知识，成为社会发展需要的复合型人才，具备持续的发展后劲。本书的参考教学时数为 36～54 学时。

全书共 9 章。其中，第 1 章“概述”，介绍光纤通信的发展历程、优势与特点，光纤通信系统的组成和分类，大气激光通信、星间激光通信和水下激光通信，以及光纤通信的基本概念。第 2 章“光纤与光缆”，介绍光纤的结构与分类、传输理论，单模光纤和多模光纤，光纤的传输特性、标准、应用，以及光缆的型号和规格代号等。第 3 章“光纤的连接和测试”，介绍光纤的常用连接方式、光纤损耗特性测量，以及光纤的色散特性及带宽测量。第 4 章“光源和光发射机”，从光与物质的相互作用入手，介绍半导体光源的发光机理、发光二极管和激光二极管的工作原理、结构和工作特性，以及光发射机的功能、组成及特性参数。第 5 章“光检测器和光接收机”，介绍光电检测器的原理，PN 光电二极管、PIN 光电二极管、雪崩光电二极管的结构、工作特性及参数，以及光接收机的组成及功能、性能指标、数字信号系统工作性能的直观评价手段——眼图。第 6 章“光中继器和光放大器”，介绍光中继器的作用，光放大器的分类及应用、新型全光掺稀土元素放大器，以及掺铒光纤放大器的结构、工作原理、应用及其特性参数。第 7 章“常用光无源器件”，介绍光无源器件的工作原理、结构类型、主要功能、特性参数等。第 8 章“波分复用技术和波分复用器”，介绍信道复用的概念和形式，波分复用的工作原理、基本组成、国际标准，以及波分复用系统的关键技术及相关器件。第 9 章“数字光纤通信系统及其基本设计”，介绍数字光纤通信系统的构成、传输参考模型、主要性能指标，单信道数字光纤通信系统的基本设计原则、数字光纤链路中继站的设置原则、中继距离的估算方法，以及光纤传输系统中继距离估算的实例。

在本书编写过程中得到了云南大学、云南大学物理与天文学院领导的大力支持和帮助，另外，戴正权为本书的习题提供了答案，杨世千对本书进行了校对工作，在此一并表示衷心感谢。

由于作者水平有限，书中难免存在一些疏漏和不当之处，恳请广大读者批评指正。

作　者

2023 年 2 月

目　录

第 1 章　概述 …… 1

1.1　光纤通信的发展历程 …… 1

1.1.1　我国光纤通信的发展历程 …… 4

1.1.2　电通信的发展与局限 …… 5

1.2　光纤通信的优势与特点 …… 7

1.2.1　光纤通信的优势 …… 7

1.2.2　有线光通信和无线光通信 …… 9

1.3　光纤通信系统的组成和分类 …… 10

1.3.1　光纤通信系统的组成 …… 10

1.3.2　光纤信道特性及通信窗口 …… 11

1.3.3　光纤通信系统的分类 …… 13

1.3.4　光纤通信系统的主要特性指标 …… 15

1.3.5　光纤通信系统的发展 …… 16

1.4　大气激光通信、星间激光通信和水下激光通信 …… 17

1.4.1　大气激光通信 …… 18

1.4.2　星间激光通信 …… 24

1.4.3　水下激光通信 …… 30

1.5　光纤通信的基本概念 …… 35

1.5.1　电磁波频谱 …… 35

1.5.2　通信的信道及容量 …… 35

1.5.3　信道复用 …… 36

1.5.4　模拟信号与数字信号 …… 38

1.5.5　调制与解调 …… 39

小结 …… 40

习题 …… 40

第 2 章　光纤和光缆 …… 41

2.1　光纤的结构与分类 …… 42

2.1.1　光纤的结构 …… 42

2.1.2　光纤的分类 …… 42

2.2　光纤的传输理论 …… 44

2.2.1　几何光学理论分析 …… 45

2.2.2　电磁场理论分析(模式理论) …… 49

2.3　单模光纤、多模光纤和光纤导模场分布图 …… 56
2.3.1　单模光纤 …… 56
2.3.2　多模光纤 …… 58
2.3.3　光纤导模场分布图 …… 59
2.4　光纤的传输特性 …… 61
2.4.1　光纤的损耗特性 …… 61
2.4.2　光纤的色散特性 …… 65
2.5　光纤的其他特性 …… 70
2.5.1　光纤的温度特性 …… 70
2.5.2　光纤的机械特性 …… 70
2.6　光纤的标准 …… 71
2.7　光纤的制造 …… 73
2.7.1　光纤的基本原料 …… 73
2.7.2　光纤的制造工艺 …… 76
2.8　光缆 …… 78
2.8.1　光缆的结构和类型 …… 78
2.8.2　光缆的特性和技术要求 …… 83
2.8.3　光缆的型号与规格代号 …… 84
小结 …… 86
习题 …… 87

第 3 章　光纤的连接和测试 …… 89
3.1　光纤的常用连接方式 …… 89
3.1.1　光纤的连接损耗 …… 89
3.1.2　光纤的机械连接 …… 93
3.1.3　光纤的熔接 …… 94
3.1.4　光纤的连接器连接 …… 95
3.2　光纤损耗特性测量 …… 98
3.2.1　剪断法 …… 99
3.2.2　背向散射法 …… 99
3.2.3　插入法 …… 100
3.3　光纤的色散特性及带宽测量 …… 100
3.3.1　多模光纤的色散及带宽测量 …… 101
3.3.2　单模光纤的色散测量 …… 102
小结 …… 104
习题 …… 104

第 4 章 光源和光发射机……105
4.1 半导体光源的发光机理……106
4.1.1 光的量子性……106
4.1.2 原子的能级和光的跃迁辐射过程……106
4.1.3 半导体的能带结构……108
4.2 发光二极管……112
4.2.1 发光二极管的发光原理……112
4.2.2 发光二极管的结构……113
4.2.3 发光二极管的工作特性……114
4.2.4 发光二极管的封装……115
4.3 激光二极管……116
4.3.1 激光二极管的发光原理……117
4.3.2 激光二极管的结构及选频单元……118
4.3.3 激光二极管的工作特性……118
4.3.4 激光二极管和发光二极管的性能对比……123
4.4 光发射机……124
4.4.1 光端机的基本概念及功能……124
4.4.2 光发射机的基本组成……125
小结……129
习题……129

第 5 章 光检测器和光接收机……131
5.1 光检测器……131
5.1.1 半导体的光电效应……132
5.1.2 PN 光电二极管及特性……134
5.1.3 PIN 光电二极管及特性……135
5.1.4 雪崩光电二极管及特性……136
5.1.5 光检测器的重要参数……138
5.2 光接收机……142
5.2.1 光接收机的基本组成及功能……142
5.2.2 数字光接收机的主要性能指标……145
5.2.3 光接收机的噪声……148
5.2.4 数字信号系统性能的直观评价手段——眼图……149
小结……152
习题……152

第 6 章 光中继器和光放大器……154
6.1 光中继器……154

6.1.1 光电中继器 …… 155
6.1.2 全光中继器 …… 156
6.2 光放大器 …… 157
6.2.1 光放大器的分类及应用 …… 157
6.2.2 光放大器的主要参数 …… 158
6.2.3 半导体光放大器 …… 162
6.2.4 掺铒光纤放大器 …… 164
6.2.5 非线性光纤放大器 …… 170
小结 …… 175
习题 …… 175

第 7 章 常用光无源器件 …… 176
7.1 光无源器件及其结构类型 …… 176
7.2 光纤连接器 …… 178
7.3 光衰减器 …… 179
7.4 光纤偏振控制器 …… 180
7.5 光耦合器和光分路器 …… 182
7.5.1 光耦合器和光分路器的分类 …… 182
7.5.2 光耦合器的特性参数 …… 183
7.5.3 光耦合器的基本结构 …… 185
7.6 光开关 …… 188
7.6.1 光开关的形式和分类 …… 188
7.6.2 光开关的特性参数 …… 190
7.7 光纤光栅 …… 191
7.7.1 光纤光栅的分类 …… 191
7.7.2 布拉格光纤光栅的工作原理 …… 192
7.8 光滤波器 …… 194
7.8.1 光滤波器的分类 …… 194
7.8.2 光滤波器的特性参数 …… 196
7.9 光隔离器 …… 197
7.9.1 光隔离器的分类 …… 197
7.9.2 光隔离器的主要技术参数 …… 198
7.10 光环行器 …… 200
小结 …… 201
习题 …… 202

第 8 章 波分复用技术和波分复用器 …… 203
8.1 信道复用的概念及形式 …… 203

8.1.1 光时分复用 …… 204
8.1.2 光码分复用 …… 206
8.1.3 光空分复用 …… 206
8.1.4 光频分复用 …… 207
8.2 光波分复用及系统 …… 208
8.2.1 光波分复用技术的发展 …… 209
8.2.2 光波分复用的原理 …… 210
8.2.3 光波分复用技术的特点 …… 211
8.2.4 波分复用系统的基本形式和分类 …… 211
8.2.5 波分复用的复用波长国际标准 …… 215
8.3 光波分复用系统的关键技术及相关器件 …… 218
8.3.1 WDM 系统中的光源 …… 219
8.3.2 WDM 系统中的光纤 …… 220
8.3.3 WDM 系统中的放大器 …… 220
8.3.4 WDM 系统中的接收机 …… 221
8.3.5 WDM 系统中的光信道监控与管理 …… 221
8.3.6 WDM 系统中的波分复用器/解复用器 …… 222
小结 …… 232
习题 …… 232

第 9 章　数字光纤通信系统及其基本设计 …… 233
9.1 数字光纤通信系统概述 …… 233
9.2 数字光纤通信系统的主要性能 …… 236
9.2.1 数字传输参考模型 …… 236
9.2.2 数字光纤通信系统的主要性能指标 …… 237
9.3 数字光纤通信系统的基本设计 …… 242
9.3.1 点到点系统的基本结构及组成 …… 243
9.3.2 光纤通信系统设计的基本原则 …… 243
9.4 单信道系统中继距离的估算 …… 249
9.4.1 系统路由选择 …… 249
9.4.2 中继距离估算 …… 249
小结 …… 257
习题 …… 257

部分习题参考答案 …… 259

参考文献 …… 261

第1章　概　　述

光纤通信具有远距离、大容量的信息传输能力，自20世纪70年代诞生后，为通信技术注入了新的活力，其技术的发展远超人们的想象，在世界信息和通信领域掀起了一场革命性的变革。从此，徘徊了几个世纪的光通信峰回路转，迎来了柳暗花明的时机。光纤通信技术主要涉及光信号的产生、光信号的导向和传输、光信号的放大、光信号的检测与处理等方面；光纤通信技术的迅猛发展，促进了信息产业的进步，推动着人类社会快速迈向信息化和智能化。目前，传输光信息的光纤/光缆已逐渐替代传统的金属铜线电缆，构成了遍布全球、四通八达的光纤/光缆网络，光纤通信已成为当代信息传输最重要的一种方式。

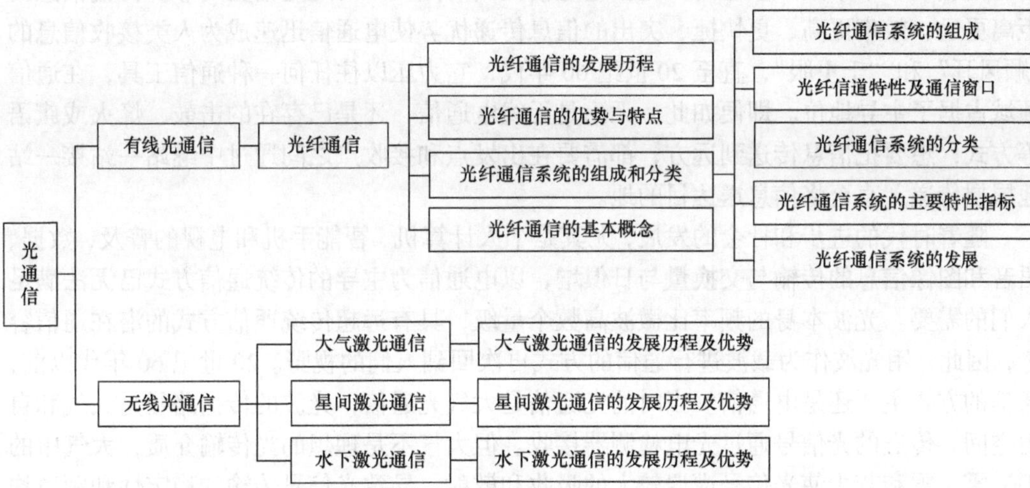

本章知识点框图

1.1　光纤通信的发展历程

人类在生活、工作中传递情感和交流认知时必须进行信息互通，即通信。近距离的信息交流可以通过手势、发声或眼神进行，较远距离的信息交流则更多的是借助我们的眼睛，通过观察完成。自古以来通信便是人们生活的一个基本需求，自然界中光无处不在，利用光来实现由一方向远处的另一方传送信息，自然成为生活中必不可少的交流互通方式。古代人们已懂得利用烟火来预警，其实质就是借助光来传递信息，这极大地延长了人们传递信息的距离。公元前660年，古希腊人在地中海建造了世界上最早的灯塔，公元前281年古埃及人在法罗斯岛上修建灯塔，利用在灯塔里燃烧木柴的火焰和烟柱为进出亚历山大港的船只导航。2800多年前我国就建造了我国历史上最早的长距离目视通信设施——烽火台，故事“烽火戏诸侯”描述了我国古代利用烽火台狼烟进行报警的场景，该典故发生在我国西周末年(约公元前779年)。烽火台报警是光通信的典型案例，每一个烽火台就是一个通信的中继站，报警信息通过一个个烽火台向后传递至目的地。目前仍然在使用的信号灯、灯塔、旗语、指挥手势等事实上都是较原始的、简单的“无线”光通信形式，且传输的信息量很小，这些目视形式的光通信在19世纪发展到它的顶峰。因其传输的距离和传输的信息容量有限，易受到环境条件(如雾、雨、雪等)的干扰，加上电通信技术的出现，目视光通信在应用上受到极大的限制而逐渐衰落。

进入19世纪以后，1837年美国人莫尔斯(Samuel Finley Breese Morse)发明电报，用长短电脉冲组合传输文字，从此拉开了人类电通信时代的大幕。随后，1876年英国人贝尔(Alexander Graham Bell)发明电话，用电传输了声音。1895年俄国人波波夫(Alexander Stepanovich Popov)和意大利人马可尼(Guglielmo Marchese Marconi)发明无线电通信。1924年，英国人贝尔德(John Logie Baird)发明电视机，用电来传输图像。最初，人类通过金属导线用电来传递信息，从有线传输到无线传输，突破了以往信息传递的常规方式，给通信领域带来了翻天覆地的变化。电通信比当时大气中的光通信更可靠，传输信息的距离更远、效率更高、更快捷，突出的信息传递优势使电通信迅速成为人类接收信息的“顺风耳”和“千里眼”，直至20世纪60年代，它力压以往任何一种通信工具，在通信领域占据了主导地位。即便如此，无论是无线电通信，还是已存在的击鼓、烽火或旗语等方式，想要把信息传送到远方，都需要在出发点和接收点之间通过中继站一站接一站地层层传递，直至将信息送达目的地。

随着时代的进步和社会的发展，尤其是个人计算机、智能手机和电视的普及，数据、语音和图像信息的传输与交换量与日俱增，以电通信为主导的传统通信方式已无法满足人们的需要。光波本身的频率比微波高数个量级，具有远超传统通信方式的潜在通信容量，因此，用光波作为载波进行通信的方式再次回到人们的视野。20世纪60年代以前，通信的方式主要还是电通信。当时的光通信是大气光通信，光波的传播路径是大气和自由空间，传送的光信号通过光电检测器接收。但大气不是理想的光传输介质，大气中的雨、雾、雪和灰尘使光信号遭遇较大的吸收和散射，导致光信号传输的稳定性和距离均受到很大程度的限制和影响。在恶劣的气象条件下，大气中的光信号仅能传播百余米，那个时代的技术水平根本无法使光通信显示出其技术优势。

光通信要克服光在大气中传输时遇到的障碍，实现远距离的信息递送，必须具有合适的光源和低损耗的传输介质。作为关键性的技术前提条件，全世界自20世纪50年代起，开始了集中研制理想的光源和开发低损耗光传输介质的工作。光纤通信大致经历了三个主要阶段：第一阶段(1966～1979年)是从基础研究到商业应用的开发，光纤和半导体光源研制成功，实现短波长(850nm)低传输速率(34Mbit/s 或 45Mbit/s)多模光纤通信系统，无中继传输距离约达10km；第二阶段(1979～1989年)是提高信号传输速率和增大传输距离的研发推广时期，在该阶段光纤的损耗不断降低至0.5dB/km以下，光纤通信由多模转向到单模，系统工作波长从短波(850nm)发展到长波(1310nm 和 1550nm)，实现了工作波长为1310nm、传输速率为140～565Mbit/s 的单模光纤通信系统，无中继传输距离为50～100km，光纤传输系统和光缆线路的建设快速发展；第三阶段(1989年至今)是以超大容量和超长传输距离为目标的技术深入研发时期,光纤数字系统由准同步数字体系(PDH)向同步数字体系(SDH)过渡,实现了工作波长为 1550nm 色散位移单模光纤通信系统,通过外调制技术使传输速率进一步提高,传输速率达 2.5~10Gbit/s,无中继传输距离达 100~150km。1987 年掺铒光纤放大器(EDFA)的诞生和使用解决了远距离光纤传输系统损耗的补偿问题,为光纤通信技术带来了巨大的飞跃,促进了光波分复用(WDM)技术的实用化。光纤通信具体的发展从以下两个方面入手。

1. 适合光源的研发

1960 年美国科学家梅曼(Ted Maiman)发明了世界上第一台激光器(红宝石激光器),标志着高强度单色相干光源的时代来临。1961 年,美籍伊朗科学家阿里(Ali Javan)发明了氦-氖气体激光器,1962 年美国工程师霍尔(Robert Hall)研制出了脉冲半导体(GaAs)激光器,但这台半导体激光器需要在液氮温度(−196°C)下工作,且寿命短。至 1970 年美国贝尔实验室和苏联约飞技术物理研究所的科学家分别研制出世界上第一台常温下工作且连续光输出的砷化镓铝(GaAlAs)半导体激光器,紧凑的半导体激光器为工程应用准备了适合的光源。在后续的年代里,半导体激光器的结构从同质结型、单异质结型到双异质结型和量子阱型,在输出功率不断增大、使用寿命大大延长的同时,器件尺寸不断减小,输出波长种类增多,有 850nm(GaAs,1970 年)、1300nm(InGaAsP,1977 年)、1550nm(InGaAsP/InP,1979 年)。目前,典型连续输出半导体激光器的输出功率从几十毫瓦到几十瓦,其工作寿命为 1×10^5h 以上,线宽可达 1~10MHz,输出波长从红外、红光向蓝绿光、蓝光发展。

2. 低损耗光纤的发展

激光器的发明,尤其是半导体激光器的出现为使用高速调制的光信息提供了可能。由于光在大气中传播的不稳定性及受到的环境条件限制,研究者对光通信的研究一度进入低谷,迫切需要解决的问题是寻找能抗外界干扰、可全天候传送光信号的稳定可靠、低损耗的传输方式或途径。1954 年荷兰人范赫尔(Van Heel)和英国人卡帕尼(Narinder Kapany)分别在《自然》期刊上宣布他们各自用光纤束传输图像,而范赫尔在 1953 年的工作中把一种折射率为 1.47 的塑料涂在玻璃纤维上,形成带芯区和包层结构的光导纤维,这一重要的创新展示了现代光纤的雏形——可用于导光带包层的单根玻璃纤维。光纤出现的初期主要是用于传输图像,至 1960 年最好的带包层玻璃光纤的传输损耗约 1000dB/km,即进入光纤的光信号在行走了 1km 后只剩下 $1/10^{100}$,几乎为零,如此大的光能量损耗的光纤用于传输医学图像是可以的,但无法用于信息的传输。鉴于当时光纤的巨大光损耗,几乎没有人敢相信光纤可以用于远距离通信,英籍华人高锟(Charles Kao)博士于 1966 年发表论文,从理论上证明光纤传输的巨大损耗缘于制造光纤的玻璃原料中含有杂质,正是这些杂质的吸收和散射造成了光的衰减,并首次提出将光波导应用于通信领域;只要将光纤原料提纯,除去其中的各种杂质,就能将光纤的损耗降低至实用的水平,制造出可实用的通信光纤,并且指出使用光纤的光损耗不能高于 20dB/km。由于他的这一贡献，高锟于2009年获得了诺贝尔物理学奖。

1970年9月，美国康宁公司(Corning)的马瑞尔(Robert D. Maurer)等用改进的化学气相沉积法制造出阶跃低损耗单模石英光纤，光纤在633nm工作波长处的传输损耗小于20dB/km，英国邮政局所属研究实验室的测试证实了这一结果。这个损耗值可以与当时的铜电缆的损耗相比拟，意味着光纤的传输损耗首次降到了实用的程度，能和同轴电缆通信竞争。第一根低损耗石英光纤(理想的传输介质)的制备成功，开启了光纤通信的大门。随后，世界各国相继投入大量人力物力进行光纤通信及相关技术的研究，工业生产的光纤的传输损耗急剧降低，在850nm工作波长的多模光纤损耗降低到4dB/km(Corning, 1972年)、2.5dB/km(Bell, 1973年)、1.1dB/km(Bell, 1974年)；在1200nm工作波长的单模光纤损耗降低到0.47dB/km(NTT, 1976年)，至1979年单模光纤在1550nm波长的损耗已降到0.2dB/km(NTT)，1986年又降到0.154dB/km，接近石英光纤最低损耗的理论极限。与此同时，同轴电缆传输线的信号典型的传输损耗为30～100dB/km，低损耗光纤充分体现出远距离信息传输具有的绝对优势。

人们在20世纪70年代终于实现了对光纤通信两大关键技术的突破，获得了高功率、小体积、窄线宽、长寿命的理想点光源，以及低损耗、稳定的光传输介质，拉开了光纤通信“元年”的大幕。有了可以高速调制的半导体激光器和低损耗光纤，光通信迎来了峰回路转的时机，光纤通信战胜了电缆通信，成为信息传输的主流技术，实现了人类信息传输能力的极大提升，由此开启了现代光通信的新时代，光纤通信技术的发展步入了快车道。

1.1.1　我国光纤通信的发展历程

我国自20世纪70年代起就开始进行光纤通信的研究，不畏国外的技术封锁，从光纤、光纤通信系统到相应光电器件全部自力更生。虽然我国的光通信研究起步较晚，面对国外迅猛发展的光通信行业和光纤通信技术，广大科技工作者抓住时机奋起直追，主要经历了四个发展时期。在发展的初期，1973年武汉邮电科学研究院(WRI)开始进行光纤通信的研究，这时世界上光纤通信还未实际应用，并于1977年拉制出我国第一根光纤(短波长阶跃型，300dB/km)。1978年改革开放后，我国光纤通信的研发加速发展。同年，上海冶金研究所、武汉邮电科学研究院等单位研制出用于光纤通信的发光二极管(LED)。1976年中国工程院院士赵梓森在武汉邮电科学研究院拉制出我国第一根实用型的光纤(4dB/km)，被誉为“中国光纤之父”；同年实用化的光纤光缆在武汉邮电科学研究院批量生产，我国在北京、上海等城市建设了市内电话中继线路用的光缆通信系统实验段。在初步研究开发时期，我国在1981年开发出光纤通信长波长光器件，于1982年在武汉建成中国第一个实用化的短波长(850nm)光纤通信系统(八二工程，传输速率为8.448Mbit/s，多模光纤长13.3km)，系统跨越武昌—汉阳—汉口，每对光纤可以传输120路电话。1986年中国第一条长途光纤通信系统开通(武汉至荆州，传输速率为34Mbit/s，多模光纤长248km，波长为1300nm)。1988年，在武汉至汉南区之间又建成中国第一条单模光纤长波长通信系统(波长为1310nm，传输速率为140Mbit/s)，该系统每对光纤可传输1920路电话，其通信容量首次超过当时的4管同轴电缆的容量1800路。至此，邮电部正式宣布长途通信不再使用电缆，而要采用光缆。随着光纤通信作为主流通信手段被大量采用，光缆开始取代电缆，我国的光纤通信事业步入了研究开发的成熟期。1989年10月全长900多千米的全国一级干线光缆——宁汉光缆(南京到武汉，传输速率为140Mbit/s，单模光纤，波长为1300nm)竣工，全线开通了我国八纵八横光缆网的第一条光缆。

此后，我国的光纤通信进入推广和深入发展时期，由邮电部牵头，集电子工业部、中国科学院、国内大专院校之合力，实施"七五"通信科技攻关计划。该计划根据我国国情，分层次从光器件、光缆、光端机等入手，将单模光纤架空光缆作为重点突破口，推进我国光纤通信行业的发展。通过"七五"通信科技攻关，武汉邮电科学研究院在完成汉口—荆州—沙市多模光纤架空光缆工程的基础上，以单模为重点完成扬州—高邮、成都—灌县单模光缆架空工程。1991年在合肥—芜湖之间建成我国第一条长途国产1920路单模光纤通信线路，全长约147km，传输速率为140Mbit/s，传输波长为1310nm。1993年又建成上海—无锡的全国产光纤通信线路，传输速率为565Mbit/s，全长约160km，传输波长为1310nm；从此打破了西方发达国家对我国光纤通信的技术封锁，从而巴黎统筹委员会宣布解除对我国光纤通信实施多年的技术禁运。同年12月我国第一条通向世界的大容量海底光缆系统(中国—日本，传输速率为560Mbit/s，全长1252km，7560路)开通。1997年在攀枝花建成我国首个采用国际电信联盟ITU-TSDH标准的光纤通信线路(传输速率为622Mbit/s)。1999年我国在青岛—济南建成首个WDM多波长光纤通信线路，线路采用8个传输波长，每个波长的传输速率为2.5Gbit/s。在1996～2000年的"九五"期间，我国完成了八纵八横光缆网的建设(传输速率为2.5Gbit/s，传输波长为1550nm)，形成了数十万千米长、纵横交错、覆盖乡村的光纤线路网。2003年我国采用波分复用技术、传输容量达1.6Tbit/s·km的首条光纤通信线路在上海—南京建成。两年后在上海—杭州开通了传输容量为3.2Tbit/s·km的光纤通信线路，这也是当时世界上容量最大的商用光纤线路。短短几十年，历经"六五"计划至"九五"计划，我国的光纤通信技术抓住西方电信泡沫破裂的时机，积极开拓国内市场，获得了长足的进步，至2019年我国已敷设光缆总长度达4750万km，光纤通信和光缆等相关技术和工程已跻身世界大国的行列，国内光通信产业主要集中分布在北京、武汉、成都、深圳、西安、上海、杭州、长春等城市。"九五"计划以来，我国的光纤通信及相关技术一直保持着高速发展的势头，八纵八横光缆网相继建成，光纤网络已全面覆盖全国城市，如今城市已做到光纤到户的普及，光纤链路正逐步延伸并覆盖边远农村，用户的使用体验也同时得到质的提升。我国光纤网络的普及，为我国的高速信息传输、电子商务、邮政快递等奠定了物质和技术基础，人们的生活和工作已广泛进入移动互联网时代，我们一路从2G、3G、4G走来，目前我国行政村通光纤、通4G的比例双双超过98%，我国在农村已建成13万个光纤网络，3.7万个4G基站，全社会正融入5G，我国的光通信在迅速发展的过程中全面跟上了世界光通信发展的步伐。

1.1.2 电通信的发展与局限

电通信指所有以电波为载体来传送信息的通信方式。电通信包括有线电通信和无线电通信两类，有线电通信利用线型、管型材料作为介质传导导行电磁波，而无线电通信则通过发射的无线电波传输信息。利用电通信传输文字和数据、声音、图像信息时，有线电通信需要架设专用的传输线路，而无线电通信不需要架设传输线路，传输不受通信距离限制，机动性好。但电通信传输信息的质量不够稳定，电波信号易受外界的干扰或容易被截获，保密性低。电通信的兴起与发展，大致经历了电报的发明和应用、电话的发明和应用、大容量自动化通信网的发展和应用、数字通信的兴起和发展四个主要时期。

人类从使用原始、简单的光(手势、火光、灯塔、旗语)、声音(叫喊、击鼓等)等形式开始，是借助我们的视觉和听觉器官进行最初的信息传递与交流，并逐步向更安全便捷、更远距离、更大信息传输量的传输方式发展和过渡。一百多年前人们开始了对电的研究和使用，1746 年荷兰莱顿大学的马森布罗克(P. Von Musschenbrock)用莱顿瓶收集储存摩擦起电的电荷实现火花放电，1752 年富兰克林(B. Franklin)用风筝“捕捉天电”。进入 19 世纪，目视形式的信息传递方式发展到顶峰，这种原始的光通信因自身的缺陷及客观条件的限制(传输距离短、信息传输容量有限、易受环境条件的干扰等)，无法推广并普及应用，视觉光通信逐渐衰落。以 1837 年电报的发明为标志，人类的信息传递脱离了以往的视、听方式，开始以电信号作为新的载体，从此开启了电通信时代。首先，电报借助金属导线(架空电线)传递信息，通过海底电缆实现越洋通信。麦克斯韦于 1864 年建立电磁场理论并预言电磁波后，美国科学家 A.G.贝尔于 1876 年发明了电话，随后，1878 年美国纽黑文市设立最早的商用电话局，次年世界上第一个专用人工电话交换系统投入运营，电通信的使用得以迅速扩张，很快便占据了通信领域的统治地位。1888 年赫兹(H.R.Hertz)从实验上证实了电磁波的存在，这一近代科技史上的重要里程碑直接助推了波波夫和马可尼于 1895 年发明无线电报。实现了信息传递从有线传输到无线传输的跨越。

进入 20 世纪，随着真空二极管、真空三极管、超外差式接收装置的发明，无线电技术空前繁荣，无线电及相关电子技术获得了蓬勃的发展，世界上首家商业无线电广播电台于 1920 年在美国匹兹堡建立，第一条短波通信线路于 1924 年在瑙恩和布宜诺斯艾利斯之间建立，第一条商用微波无线电线路于 1933 年在英国和法国之间建立，无线广播成为人们获取信息、了解时政新闻最快速、便捷的途径。与此同时，图像传播技术也在电磁波和无线电技术的推动下迅速发展起来。1924 年，英国工程师贝尔德(J. L. Baird)发明了电视机，1929 年英国广播公司创办了世界上第一座电视台并试播，1936 年正式开播。1945 年世界上第一台全电子管彩色电视机由美国无线电公司制成，次年日本八木教授成功解决家用电视机接收天线的问题后，超短波转播站便在世界上一些国家相继建立，电视机得以迅速普及。此外，传真技术产生并不断发展，1925 年美国无线电公司贝尔研究所研制出首部可以传输高质量相片的实用传真机，1926 年美国正式开放横贯美国大陆的有线相片传真业务，还开放与英国的横跨大西洋的无线相片传真业务。1968 年美国率先在公用电话网上开放传真业务，世界各国也相继利用电话网开放传真通信业务。从此，电、电报、电话、传真等多元化电信息传递方式给人们的生活带来了巨大的改变，人们既能用电通信来远距离传送文字和图表、数据和声音，又能用电通信远距离传送图像，我们迎来了通信的新时代。随之而来的是电话、传真用户数量迅速增加，电话从双线 4 路，发展至同轴电缆 480 路，2700 路甚至 1 万多路，微波线路发展至 1800～2700

路载波电话，以满足剧增的市场需求，也催生了电话转接从手动到自动的交换。短距离电话线路到长途电话网的相继建立，奠定了快速、大容量、长距离、自动化信息通信网的基础，通信能力大大提高，但电话通信长期以来使用的仍然是模拟信号。英国物理学家弗莱明(J. A. Fleming)于1904年发明了世界上第一只电子二极管，1937年英国工程师里夫斯(A. H. Reeves)发明了脉码调制(PCM)，从而突破了传统的技术手段，实现了将电话通信长期使用的模拟信号变成数字信号传输，但受限于当时使用的是电子管，过高的器件成本阻碍了数字信号技术的推广。直至1948年发明晶体管，较低成本的晶体管的出现推动了模拟信号数字化的进程。1962年制造出用于城市内通信网的24路脉码调制设备，1975年脉码调制设备已复用到4032路。随着晶体管制造技术的发展，集成电路尤其是大规模集成电路的出现及生产成本的降低，脉码调制方式变得简单且易实施。同时计算机的不断更新与运算速度的大幅提高，显示出具有应对因通信容量不断增大所需的信息处理能力。因此，飞速发展的通信技术为模拟信号全面转数字信号准备了足够的通信容量或带宽，进一步提高了通信数据量剧增的传递效率，助推数字通信技术的快速发展，现代社会迎来了将电话、电报、数据、传真、声音、图像等合并融汇，信息互联互通、资源共享的计算机数字网络的新时代。

信息传输的容量与载波本身的频率有关，为了扩大信息传输的通信容量和提高传输速率，人们不断开发利用电磁波的更高频率波段，通过提高通信载波的频率来实现通信容量的持续扩大，并延长传输距离。电通信的有线通信从铜对绞线过渡到同轴电缆，无线通信又从中波、短波发展到微波和毫米波，卫星通信和移动通信将电信技术推到了更高的阶段。虽然电通信自身具有诸多明显优势，但电通信的电信号载波频率较低，带宽有限，通过电缆或微波传输信息时，高频、高速信号的传输损耗大，受外界电磁场的干扰严重，传输速率较慢，在大气中传输的短波长信号存在强烈的被吸收状况，金属电缆容易被腐蚀，敷设的费用高，这些缺点限制了电信息产业的进一步发展。面对人类信息时代的高速发展，电通信的带宽和信息传输容量已捉襟见肘，有限的资源难以适应爆炸式增长的信息量对通信容量剧增的需求，寻求更大容量的信息传输方式和更优秀的信息载体已无可避免。

1.2 光纤通信的优势与特点

面对汹涌而来的信息化浪潮，已有的信息传输手段在传输速率、传输容量等方面已难以满足日益增长的社会需求，开发新的信息载体、使用新的技术手段已势在必行。

1.2.1 光纤通信的优势

1. 巨大的信息传输容量或传输带宽

根据石英光纤的损耗谱，其低损耗波长范围为800～1650nm，理论上一根单模光纤潜在可用的频带宽度约200THz。在光波长1550nm处最低损耗窗口附近，其带宽也超过15THz。光纤自身大的传输频带宽度为光纤通信带来了巨大的传输容量，允许传输更高的信号速率且保持低误码率，这是其他传输介质无法比拟的。一对单模光纤能够同时传送几亿路数字电话或几十亿路模拟电话，结合使用多芯光缆可让光纤巨大的潜在容量得以释放。尤其是采用多路传输技术(如波分复用)可以充分利用光纤的带宽资源，让一根光纤变为多根光纤使用，进一步增大光纤传输信息的容量。目前，单波长光纤通信系统的传输速率一般为 2.5Gbit/s 和 10Gbit/s，采用外调制技术可以将速率提升至接近 40Gbit/s。从载波频率上讲，光波频率比微波频率高一千多倍，因此，光通信的容量至少是电通信容量的千倍以上，这是光通信具有超大容量的实质。

2. 损耗低，中继距离长

目前商用光纤的传输损耗在 1550nm 波长处已低于 0.2dB/km(单模)，在 1310nm 波长处为 0.3～0.4dB/km(单模)，而且在 1550nm 波长附近相当宽的频率范围内传输损耗变化很小。光纤的低传输损耗极大地延伸了信号传输的距离，使光纤通信的中继距离可达 50～200km，例如，在 1550nm 波长色散位移单模光纤通信系统中，采用外调制技术传输速率为 2.5Gbit/s 的信号，中继距离可达 150km；将传输速率提升至 10Gbit/s，则中继距离可达 100km。随着光通信技术的发展，光纤通信的中继距离还在增大，这是传统同轴电缆 1.5km 中继、微波 50km 中继等无法比拟的。光纤通信、电缆通信和微波通信的传输性能比较见表 1.1。

表 1.1　光纤通信、电缆通信和微波通信的传输性能比较

<table>
<tr><th colspan="2">通信手段</th><th>频带宽度</th><th>典型损耗
/(dB/km)</th><th>传输容量
/(典型话路数/条)</th><th>中继距离
/km</th><th>1000km 内中
继器个数</th></tr>
<tr><td colspan="2">对称电缆</td><td>约 100kHz</td><td>2.06@ 4kHz</td><td>几十</td><td>0.1～2</td><td></td></tr>
<tr><td colspan="2">小同轴电缆</td><td rowspan="2">< 10MHz</td><td>28.7@ 30MHz</td><td>960</td><td>4</td><td>250</td></tr>
<tr><td colspan="2">中同轴电缆</td><td>18.77@ 60MHz</td><td>1800</td><td>6</td><td>166</td></tr>
<tr><td colspan="2">微波</td><td>约 300GHz</td><td></td><td>960</td><td>30～50</td><td>20</td></tr>
<tr><td rowspan="2">渐变折射率多模光缆</td><td>850nm</td><td>200～1000MHz</td><td>⩽ 3</td><td rowspan="2">1920</td><td rowspan="2">30</td><td rowspan="2">33</td></tr>
<tr><td>1310nm</td><td>⩾ 1000MHz</td><td>⩽ 1.0</td></tr>
<tr><td colspan="2" rowspan="2">光缆</td><td></td><td></td><td>6000(455Mbit/s)</td><td>134</td><td>7</td></tr>
<tr><td></td><td></td><td>14000(1Gbit/s)</td><td>84</td><td>11</td></tr>
<tr><td rowspan="2">单模光缆</td><td>1310nm</td><td rowspan="2">> 10THz</td><td>0.36</td><td rowspan="2">32000(2.5Gbit/s)
491520(40Gbit/s)</td><td></td><td></td></tr>
<tr><td>1550nm</td><td>0.2</td><td></td><td></td></tr>
</table>

3. 抗电磁干扰能力强

由于制作光纤的材料是石英玻璃(SiO_2)，本身是绝缘介质，材料的熔点在 2000℃以上，使用时无须接地，所以光纤链路(包括无金属加强筋的光缆)不受各种外界电磁场(强电、雷电、核辐射)及地回路的干扰，同时又耐腐蚀和耐高温，能够用于易受雷击、易短路打火、易燃易爆、强酸碱等危险场合和有害环境中。

4. 保密性好，防窃听

光纤包层的隔离让在光纤芯区传输的光难以外泄(即使在弯曲的光纤部位)，没有专用的特殊工具，光纤无法分接，所以从光纤(光缆)外无法窃取光纤芯区内传输的信息，信息保密性好，且光纤之间不串话，这对国家的政治、军事和经济情报安全及信息保密具有极为重要的意义，而现代侦探技术已能做到在距离同轴电缆几千米外就能获取电缆中传输的信号。

5. 重量轻，体积小

石英玻璃光纤的外径只有几至几十微米，重量很轻，柔软可绕，横截面积不到单管同轴电缆的 1%；即使做成光缆，在芯数相同的情况下，光缆的横截面积也只有电缆的1/4～1/3，相同长度光缆的重量只有电缆的1/30～1/10。这对航空航天减轻信息传输设备的重量和占用空间，提高有效载荷；以及为通信公司充分利用有限的地下管道空间，便于线路敷设施工，降低生产成本等具有重要意义。

6. 原材料资源丰富，节约有色金属

制造光纤的主要成分是二氧化硅，地球上的二氧化硅储量丰富。而生产电缆需要大量的铜、铝和铅等金属材料，光纤的使用可以节约储量有限的有色金属，有利于地球自然资源的合理利用。

当然，由于光纤自身质地脆、机械强度低等弱点，所以光纤通信在使用中存在一些技术困难：①光纤或光缆需要进行机械强度加强和防水保护(尤其是海底光缆)，同时光纤的弯曲半径不能过小(> 20cm)，以避免光纤弯曲和潮湿引起的额外光能量损耗；②光纤或光缆的连接、分路不方便，需要使用特殊的工具和装备，维护成本和初装费用相对较高；③光纤或光缆需要事先敷设，不宜在特殊地形地貌地区(湖海、山谷等)，以及不易开挖布线区域(老旧城区或老城市商务中心等)推广使用。但光纤作为至今为止最好的信息传输介质，在信息社会中发挥着日益重要的作用，光纤通信因自身特性及技术上的突出优势，成为现代通信网三大支柱(光纤通信、卫星通信和无线电通信)的主角，随着光纤通信技术的进步和发展，光纤通信系统的传输容量不断增加，至 20 世纪 90 年代，除用户家庭连线以外，通信系统中光纤传输在高速局域网(≥100Mbit/s)和城域网中已全面取代了传统的电缆传输，光纤通信已成为现代通信网的主体。

1.2.2 有线光通信和无线光通信

光通信是一切利用光波作为载体、通过各种不同介质传送信息的所有通信方式的总称。光波属于电磁波，但光波频率远高于电通信的载波频率，从而光通信的信息传输容量远高于常规电缆通信或无线电通信，使用光波传输信息可满足信息传输容量剧增的需求，极大地助推了社会信息化的发展。根据信息传送采用的介质形式，光通信主要分为有线光通信和无线光通信两大类。

1. 有线光通信

有线光通信指以光波为载体，在发射和接收点之间需要线性介质连接的通信方式，光纤通信就是利用光纤作为传输介质进行通信的有线光通信。由于光在传输时受到光纤的空域限制，光纤通信在实现远距离点到点传送信息时具有无可比拟的优势。光纤主要有玻璃光纤和塑料光纤，由于制造光纤的材料不同，光纤对在其芯区中传输的不同波长光的传输损耗有较大的差异，为保证光纤传输信息时能传得很远，具有较长的中继距离，光纤通信所选用的光波长一般处于光纤材料传输损耗最低的波段。

2. 无线光通信

无线光通信(free space optical communication, FSO)是指发射和接收点之间无须线性介质(如光纤、条形光波导等)连接，利用光在真空、大气或水等介质中进行信息传递的通信方式，也称自由空间光通信，是光通信和无线通信结合的产物。由于普通光源(火把、灯泡等)具有发光强度较低、发射的光方向性差等缺陷，无法做到远距离定向传送光，因而严重影响无线光通信的发展。自激光出现以后，其具有的高亮度、高方向(低发散)性、良好的单色性和相干性等特点，正是无线光通信所需的理想光源，因此，激光迅速成为无线光通信光源的主角，现在的无线光通信主要指无线激光通信，具体分为大气激光通信、星间激光通信和水下激光通信。

1.3 光纤通信系统的组成和分类

光纤通信系统以光波为载波，以光纤为传输介质，包括发射、接收等光电转换基本单元，是点到点的单向传输信息的通信系统。

1.3.1 光纤通信系统的组成

一个基本的光纤通信系统主要包括光发射机、光纤(光缆)、光中继器和光接收机，其基本组成框图如图 1.1 所示。

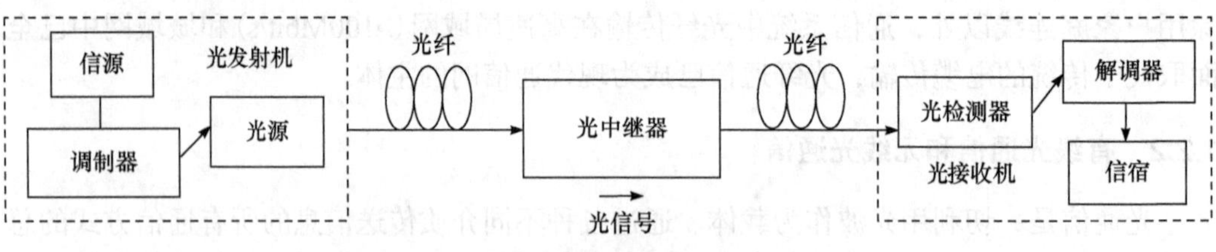

图 1.1 光纤通信系统的基本组成框图

光发射机通过驱动电路和调制器对光源进行调制和编码，实现将信源的信息加载到发出的光信号上，继而将光送入光纤(光缆)信道中传输，沿光纤传输的光可通过光中继器在适当的位置进行能量补偿和波形修正，光接收机对收到的光信号进行转换、解调等后续处理，将信号还原成原信息后分送给用户(信宿)，完成最终的信息传递。光纤通信系统中的主要组成单元及其具体功能如下。

(1)光发射机：功能是实现电信号至光信号(电/光或 E/O)的转换。主要由光源、驱动电路、调制器、自动功率和温度控制电路等组成，用来自信源(电端机)的电信号对光源进行调制和编码，使发出的光波成为携带信息的调制波，并将该调制光波耦合到光纤(光缆)中传输。

(2)光纤(光缆)：功能是光的传输通路(光信道)。将来自光发射机的被调制光信号，以尽可能小的衰减和失真远距离传输至接收端，并耦合到光接收机，完成信息的传送任务。

(3)光中继器：功能是对光信号在光纤中传输时受到的光能量衰减进行补偿，保证继续传输的光信号有足够的功率，提高通信质量。光中继器有半导体中继器和纯光中继器。半导体中继器主要由光检测器、判决再生电路和光源组成，实现光信号转换成电信号，再将电信号转换成光信号输出(光/电/光或 O/E/O)，既补偿传输时光纤中光信号的能量损失，又对失真的光信号进行整形再生。纯光中继器是一个光器件，它直接对光纤中传输的光信号进行能量补偿(放大)，无须光电转换。

(4)光接收机：功能是实现光信号至电信号(光/电或 O/E)的转换。主要由光检测器、放大器、时钟恢复电路和取样判决电路等组成，用于将光纤(光缆)传输过来的微弱光信号通过光检测器转换为电信号，经处理后恢复成原来发送的码流信号，解调还原后分送给用户(信宿)。

由于光发射机、光中继器和光接收机在工作时需要外界单独为其供电，因此它们被称为光有源器件。此外，为使一个光纤通信系统形成更多的结构单元并具有更加完善的功能，光纤通信系统中还包含很多光无源器件(无须外界单独供电，但器件有光损耗)，如光纤连接器、光耦合器、光分束器、光环路器、光隔离器和光衰减器等。

由图 1.1 可以看出，一个基本的光纤通信系统输入端将电信号调制后转换为光信号，光信号经光纤传输到接收端，接收端将光信号转换为电信号输出，完成整个信息传输过程。光发射机和光接收机属于光端机，光纤通信系统的输入和输出两端需要进行电/光、光/电的信号转换，鉴于电子开关器件等的速度限制，目前单信道(单波长)商用最高传输速率无法高于 40Gbit/s，造成光纤通信系统的输入和输出两端信号的传输速率存在由 Tbit/s 到 Gbit/s 的差异，受到信号传输速率的制约，即光电转换存在所谓的电子“瓶颈”。因此，目前要充分发挥光纤通信潜在的容量优势，提高系统的信息传输速率，就需要寻求其他途径克服电子“瓶颈”的束缚。

1.3.2　光纤信道特性及通信窗口

光纤作为光的传输通路(光信道)，其功能是将来自光发射机的光信号以尽可能小的衰减和失真远距离传输至接收机，实现信息的点到点传输。光纤对传输的光信号的影响主要是光纤的损耗和光纤的色散，光纤的损耗直接影响光信号在光纤中传输的距离；光纤的色散影响传输光信号的质量，两者共同决定光纤通信系统中继站的距离，降低光纤的损耗和色散对延长光纤通信系统的中继距离有决定性的影响。

光纤的损耗指光信号在光纤中传输时由各种原因导致的光功率减小(衰减)，单位为

dB/km。损耗是光纤的一个重要传输参数，光纤的损耗使得光纤中传输的光信号强度随着传输距离的增大而逐渐减小，当光强度(光功率)弱到一定程度时，光纤系统不能工作，光纤本身的损耗主要来自光纤的吸收损耗和散射损耗。

1. 光纤的吸收损耗

(1)材料自身的吸收损耗。光纤的吸收损耗与制造光纤的具体材料(芯区材料)和工作波长密切相关，吸收损耗是光纤损耗的主要部分。当光通过光纤材料时，光与材料及杂质的相互作用造成一部分光能转变成热能消耗于光纤中，产生光能量的损失。各种光纤材料(如塑料、玻璃等)的组成和结构不同，对光的吸收特性(吸收损耗)彼此呈现出较大的差异。目前，使用最广的光纤是石英玻璃光纤，石英玻璃材料的主要成分是二氧化硅(SiO_2)，石英玻璃光纤的吸收损耗随光波长变化的曲线如图 1.2 所示。

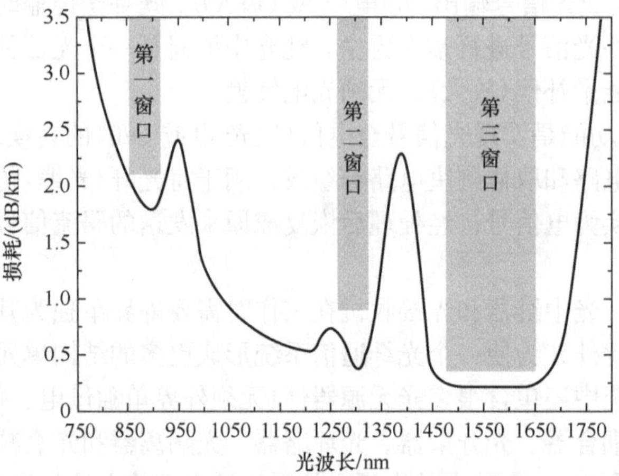

图 1.2 石英玻璃光纤的吸收损耗曲线

石英玻璃光纤有两个主要的吸收带：①红外吸收带，由硅和玻璃晶格的振动引起能量损耗，处于近红外的 8000～12000nm 的区域；由于 Si–O 基对光的强烈吸收，因此在波长大于 1700nm 的区域，红外吸收强度迅速增大。②紫外吸收带，石英玻璃材料中某一能级的电子吸收入射光能量后跃迁到高能级，吸收入射光能量引起的能量损耗，一般发生在 700～1100nm 短波长范围。

(2)杂质的吸收损耗。光纤材料中的杂质主要有掺杂加入的杂质和残留的杂质，应用中为改变玻璃材料的折射率，需要以元素氧化物(如 GeO_2、P_2O_5 等)的形式将某种元素掺杂入玻璃；同时光纤材料中会残留着少数杂质，如铁、铜、铬等金属离子和氢氧根离子(OH^-)。一般情况下，杂质元素质量越轻，吸收波长越短，杂质浓度越高(含量越多)，吸收能力将越强，造成的损耗就越大。氢氧根离子产生的吸收峰出现在 950nm、1250nm、1380nm 和 2700nm 波长附近，以 1380nm 波长处的吸收最严重，在 1250nm 波长处也有一个小吸收峰。若把氢氧根离子的含量降到十亿分之一以下，其在 1380nm 波长处的吸收损耗可以忽略不计。严格控制铁、铜等金属离子的含量，也可以使它们造成的短波长损耗迅速下降。对于纯石英玻璃光纤，可不考虑杂质引起的吸收损耗。

(3) 原子缺陷的吸收损耗。光纤在制造过程中玻璃受热或受到强辐射时，受激产生原子缺陷而造成的吸收损耗，相对而言该吸收损耗较小。

2. 光纤的散射损耗

(1) 散射损耗是由光纤材料内部密度的微小起伏、折射率分布不均匀、氧化物浓度和掺杂浓度不均匀等引起的，使光纤中传输的光产生散射改变传输方向，从而逃出光纤芯区所造成的光能量损失或损耗，散射损耗属于瑞利散射。

(2) 波导散射损耗是由纤芯包层界面上存在的随机畸变或粗糙造成光纤波导结构微小缺陷或不规则，引起传输光能量的丢失而产生的损耗。

(3) 光纤的弯曲损耗是因光纤轴弯曲造成光纤内传输的部分光改变其传播方向，进入光纤包层传输或泄漏出包层而流失产生的能量损耗，光纤或光缆在安装、布线等使用过程中，因受到不均匀侧压力或纵向应力，光纤也会产生弯曲损耗。随着光纤弯曲的曲率半径的减小，弯曲损耗呈指数规律急剧增大，当弯曲的半径大于 10cm 后，光纤的弯曲损耗可以忽略。

光纤 (光缆) 的各种损耗中，有一类损耗是光纤材料固有的损耗 (如材料自身和杂质的吸收、光纤材料内部密度的微小起伏、折射率分布不均匀等结构中分子水平上的不规则造成的散射)，称为本征损耗。本征损耗只能尽量减少，是无法避免的，且不能消除，它决定了光纤损耗的最低极限。另一类称为非本征损耗，它与光纤的制造过程和光纤的操作使用相关，如光纤结构的不完善 (结构中有气泡、杂质、粗细不均、弯曲、芯区–包层界面粗糙或缺陷等)，非本征损耗可以通过改进生产技术和工艺、提升生产设备性能、提高操作技能等手段来减少并消除。

为延长光纤 (光缆) 的光传输距离，必须尽量降低光纤的损耗。根据图 1.2 所示的光纤的吸收损耗曲线可以看出，石英光纤具有三个损耗较低的波段，它们分别是 850nm 波段 (短波长波段)、1310nm 波段和 1550nm 波段 (长波长波段)。这三个波段便是光纤通信所使用的三个低损耗“透明窗口”，对应的三个光通信波长分别是 850nm、1310nm 和 1550nm；其中在 1310nm 波长处石英光纤的色散最小，在 1550nm 波长处石英光纤的吸收最小。目前，结合使用色散位移光纤，1550nm 波长是长距离光纤通信系统的工作波长，1550nm 波段也是大容量光纤通信系统复用的波段。

1.3.3　光纤通信系统的分类

光纤通信系统根据其使用光纤的类型、工作波长、调制方式、信号形式等可以分为如下几类。

1. 按传导模式分类

(1) 多模光纤通信系统：使用多模光纤进行信号传输的系统，因多模光纤色散较大导致信号传输速率和传输距离有限，一般多用于数据中心和局域网。

(2) 单模光纤通信系统：使用单模光纤进行信号传输的系统，因单模光纤色散小、传输容量大、传输距离长，多用于远距离传输的主干网、城际网等。

2. 按传输速率分类

(1)低速光纤通信系统：传输信号速率为 2Mbit/s 或 8Mbit/s 的系统。
(2)中速光纤通信系统：传输信号速率为 34Mbit/s 或 140Mbit/s 的系统。
(3)高速光纤通信系统：传输信号速率 ≥565Mbit/s 的系统。

3. 按工作波长分类

(1)短波长光纤通信系统。系统的工作波长为 800～900nm，典型值为 850nm，这种系统的中继距离较短。例如，短波长多模系统的通信容量一般为 480 路以下(速率低于 34Mbit/s)，中继距离小于 10km。

(2)长波长光纤通信系统。系统的工作波长为 1000～1600nm，常采用 1310nm 或 1550nm 两种波长，这类系统的中继距离较长。例如，1550nm 多模系统，其通信速率一般为 34～140Mbit/s，中继距离小于 20km 或 25km；1550nm 单模系统，其通信速率一般为 140～565Mbit/s，中继距离可达 30～50km(140Mbit/s)；有的通信速率高于 565Mbit/s 的系统，其中继距离甚至可达 100km(2.5Gbit/s)。

(3)超长波长光纤通信系统。系统的工作波长大于 2000nm，中继距离大于 1000km。

4. 按传输信号分类

(1)模拟光纤通信系统。用光纤信道传输模拟信号的系统，即用参数(如光强等)取值连续变化的信号(在给定的范围内)代表信息，强调变换过程中的信号与信息之间的线性关系。

模拟光纤通信系统的优点：占用带宽较窄，电路简单，易于实现，成本低等。缺点主要是信号易受外界噪声干扰，易出错，传输信号质量和传输速率不够高，信号传输距离相对较短。模拟光纤通信系统多用于广播电视的视频传送系统、工业与交通监控管理系统、共用天线系统等。

(2)数字光纤通信系统。用光纤信道传输数字信号的系统，即用参数(如光强等)取值离散的变化信号(如脉冲的有与无、电平的高和低等)代表信息，强调变换过程中的信号与信息之间的一一对应关系。

数字光纤通信系统的优点：① 抗干扰能力强，信号传输质量好；② 可以用再生中继，信号传输距离长；③ 灵活性大，适用于各种业务的传输；④ 容易实现高强度的保密通信；⑤ 数字通信系统大量采用数字电路，系统易于集成，实现小型化和微型化，利于提高系统可靠性并降低成本。

数字光纤通信系统的缺点主要是占用频带较宽，系统的频带利用率不高。数字光纤通信系统已被广泛用于长距离、大容量和高质量的各种信息传输。

5. 按调制方式分类

(1)直接调制光纤通信系统。将需要传输的电信号直接加到光源上，让光源在发光过程中被调制，使其输出的光功率随施加的电信号而变化，又称内调制光纤通信系统。

直接调制技术成熟，系统设备简单、成本低、调制效率高；但光谱线有所展宽，限制系统的传输速率和距离，多用于模拟系统。

(2) 外调制光纤通信系统。将需要传输的电信号加到外调制器(如电光、声光、磁光等调制器)上，当光源发出强度一定的光通过外调制器时，让光源在传输过程中被调制，通过改变调制器参数使通过的光的特性随施加的电信号而变化，又称间接调制光纤通信系统。外调制系统成本高，信号速率高，对光谱线影响很小，有利于提高传输速率和增大传输距离，多用于高速通信系统。

(3) 外差光纤通信系统。采用光外差检测的方式进行光通信的光纤系统，属于相干光通信系统，在发射端用传输的电信号对光载波进行振幅调制、频率调制或相位调制，在接收端使用一束本机振荡产生的相干光与已调制的信号光波混频进行相干检测，得到与信号光的频率、位相和振幅按相同规律变化的信号。这样可以提高系统的弱信号接收灵敏度，降低系统的误码率。

6. 按应用范围分类

(1) 公用光纤通信系统：用于公共事业的光纤通信系统，如电信运营商的市话、长途光纤通信系统等。

(2) 专用光纤通信系统：用于特殊部门的光纤通信系统，如电力、交通、石油、广播、银行、军事等。

7. 按数字复接方式分类

(1) 准同步数字体系(PDH)。其各级的传输速率相对于标准值有一个规定范围的偏差，且可以是不同的源，是数字通信发展初期广泛使用的数字通信制式，有两种体系标准(欧洲 E 系列、美国 T 系列)，速率一般低于 565Mbit/s。准同步数字体系的缺点主要有：① 速率标准有差异，国际互通有困难；② 无统一的光接口标准，设备横向兼容困难；③ 上、下线路不方便；④ 网络管理能力弱，建立集中式电信管理网困难。

(2) 同步数字体系(SDH)。它是一种将不同传输速率的数字信号及其复用方式、相关的同步方法(线路传输及交换功能)融为一体，由统一网管系统操作的技术体制，是一套新的国际标准化协议。同步数字体系的优点主要有：① 国际统一的速率传输标准；② 灵活的同步复用和复用映射；③ 统一的标准光接口，设备横向兼容方便；④ 强大的网络管理能力(运行、管理、维护与指配)；⑤ 自愈能力较强，提高系统的可靠性。其缺点主要有：① 系统的有效性低；② 指针调整机理复杂；③ 软件的大量使用影响系统安全。

1.3.4 光纤通信系统的主要特性指标

对于一个光纤通信系统，无论其传输的信号是什么形式(模拟信号或数字信号)，系统的主要性能指标有以下三点。

1. 传输速率和带宽

传输速率指一个通信系统或信道传输信号时，每秒传输的比特个数(也称比特率)，单位为比特/秒或 bit/s(b/s)，或者 kbit/s、Mbit/s、Gbit/s 等。比特率越高，传送数据的速度越快，系统传输的音、视频信息的质量就越好，但编码后的文件也就越大。在数字光纤通信系统中，通过传输二进制 0 码或者 1 码(光脉冲的“有”或“无”)的编码序列来传送数字信息，1 比特是二进制中最小的单位(1 位)。注意 bit/s(比特每秒)与数据计量单位 B/s(字节每秒)的区别，1 字节 = 8 位(1B = 8bit)。要掌握一个信号的特征，需要知道传输速率和编码形式，了解编码便可以知道信号占用的带宽。

模拟(或数字)信号传输时，对于模拟信号，带宽指该信道各种不同频率的信号在频域所占用的最大频谱范围(频带宽度)，表示系统传输的最高频率和最低频率之间的差值大小，单位为赫兹(Hz)，或者 kHz、MHz、GHz 等。对于数字信号，带宽指单位时间内该信道能够通过的最高数据量(bit/s)，表示系统数据传输能力的大小。信道的带宽决定了信道中传输的不失真信号的频率范围，或能不失真传输信号的最高速率，带宽过小，信号将失真严重。

2. 传输距离

传输距离即中继距离，指在信道两端(光发射机和光接收机)之间的光通道中无中继放大器时，光纤(光缆)中传送的光信号可以传输的最远距离。

3. 通信容量 *BL* 乘积

一个光纤通信系统的通信容量也称系统 *BL* 乘积，有时也称系统容量，用系统的传输速率和传输距离(带宽 × 距离)的乘积(*BL*)表示，单位为(Mbit/s) · km 或 MHz · km，反映了光纤通信系统受光纤损耗和色散特性的共同影响，是光纤通信系统通信能力的标志。由于光纤(光缆)的损耗和光波长有关，*BL* 乘积也与波长有关。

1.3.5　光纤通信系统的发展

自 20 世纪 70 年代初美国海军在内部建立首条光纤电话线路开始，光纤通信的大幕开启，光纤通信的发展步入了快车道。1977 年世界第一条商用光纤电话线路在美国芝加哥开通，传输速率为 44.7Mbit/s，光波长为 850nm，使用多模光纤，光纤通信迈出了实用化的第一步。至今，光纤通信系统经过 40 多年的发展，系统经历了工作波长从短波到长波、信号传输速率不断提高、中继距离不断延长、通信总容量大幅增长的过程，随着新技术不断得到应用，光纤通信已经历五代系统的不断发展，实现了人类信息传输能力的极大提升。

1. 第一代光纤通信系统

1977 年正式投入商用，系统使用石英玻璃多模光纤(损耗为 1.1～3.5dB/km)、半导体激光器(GaAs)，工作波长为 850nm，系统传输速率为 20～100Mbit/s，中继距离约为 10km，系统 *BL* 乘积为 1(Gbit/s) · km。

2. 第二代光纤通信系统

20 世纪 70 年代末投入使用，第二代早期系统使用石英玻璃多模光纤（损耗为 0.55～1dB/km）、半导体激光器（InGaAsP、InP），工作波长为 1300nm，石英光纤的第二通信窗口，有较低的损耗和最小的色散。系统传输速率低于 140Mbit/s，中继距离为 20～30km。升级的第二代系统于 1983 年投入商用，使用石英玻璃单模光纤（损耗为 0.3～0.5dB/km），工作波长保持不变，传输速率从 44.7Mbit/s 扩展为 1.7Gbit/s，中继距离为 20～50km，系统 *BL* 乘积为 100（Gbit/s）· km。

3. 第三代光纤通信系统

第三代光纤通信系统于 20 世纪 80 年代中后期投入使用，使用石英玻璃单模色散位移光纤（损耗为 0.2～0.5dB/km）、半导体激光器（InGaAsP、InP），工作波长为 1550nm，为石英光纤的第三通信窗口，有最低的损耗和较低的色散。系统传输速率达 2.4～2.5Gbit/s，中继距离可达 100km。后期系统又将 1300nm 和 1550nm 合用，使用的单模光纤具有两个工作波长窗口，传输速率可达 10Gbit/s，中继距离为 100～200km，系统 *BL* 乘积为 1000（Gbit/s）· km，这一代光纤通信系统已广泛应用于长途干线和越洋通信中。

4. 第四代光纤通信系统

第四代光纤通信系统于 20 世纪 90 年代初投入使用，使用石英玻璃单模色散位移光纤（损耗为 0.2dB/km），工作波长为 1550nm，中继距离可达 80～120km（2.5Gbit/s）。第四代光纤通信系统以引入光放大器并采用波分复用技术进行延长中继距离和系统扩容提速为特征，结合使用先进的调制和编码技术，传输距离被进一步延长至 1500km（10Gbit/s）和 4500km（2.5Gbit/s），系统容量约 1.6Tbit/s，但第四代光纤通信系统的性能受到非线性效应的限制。

5. 第五代光纤通信系统

第五代光纤通信系统于 2000 年开始投入使用，以新技术应用于光纤通信为标志，该系统通过光弧子技术利用光纤的非线性效应，使光脉冲在光纤中传输时保持波形不失真，同时采用密集波分复用技术使系统获得超大传输容量，至 2002 年密集波分复用系统容量已达 10.96Tbit/s（274 × 40Gbit/s），传输距离长达 3000km。

1.4　大气激光通信、星间激光通信和水下激光通信

大气激光通信、星间激光通信和水下激光通信属于无线光通信，它们主要应用在近地面大气层、远离地面的深空和水三种场合。根据激光对介质有一定穿透能力的特性，无线光通信在不同介质中能够实现点对点、点对多点、环形或网格状通信等信息传递方式。

1.4.1　大气激光通信

大气激光通信是将大气作为激光传输介质、在近地面大气空间中进行的光通信，它也是人类最早将激光应用于通信的方式。从激光出现至今，大气激光通信的发展大致经过了高峰—低谷—复苏三个阶段。20 世纪 60～70 年代，是研究的高峰期。1961 年美国贝尔实验室和休斯公司分别用红宝石激光器和氦氖激光器在大气中进行了通信实验；在 60 年代中期，随着 CO_2 激光器和 Nd:YAG 激光器的发明，大气激光通信获得了快速的发展，由于 CO_2 激光器发射的波长（1060nm）正好处于大气光传输的低损耗窗口，良好的传输性能使 CO_2 激光器成为大气激光通信的主流光源。使用 CO_2 激光器进行实验的系统包括外差探测电视信号传输实验系统，实现传输距离 19mile（1mile = 1609.344m）；传输速率为 30Mbit/s 的脉冲编码调制通信实验系统，其传输距离为 5mile；传输速率为 224Mbit/s 的脉冲编码通信实验系统等。70～80 年代，是研究的低谷期。大气激光通信的通信能力受气候、环境条件的影响十分严重，加上受当时技术条件的制约，在大气中用激光传递信息只能在晴好或小雨天气中进行，通信距离短；遇到浓雾、大雨等恶劣天气时则无法通信，在可靠性、传输距离、经济性等方面未能达到预期目标，从而大气激光通信的应用受到极大限制，难以大面积推广。70 年代中后期，随着低损耗光纤的产生和光纤通信在长距离通信上突出的优势，人们的研究重点迅速转向光纤通信，对大气激光通信的研究逐渐降温，其发展随之进入低谷期。90 年代至今，是研究的复苏期。随着大功率半导体激光器件的研制成功，激光技术、光电检测等相关关键技术的日益完善与成熟，无线光通信具有的特殊性能重新燃起了人们的研究热情，并在探索大容量、高速率通信的研究和开拓光通信细分市场的过程中，大气激光通信度过了低谷期，逐渐实用化并迎来了技术复苏期。1989 年美国 FARANTI 仪器公司研制出一种短距离、隐藏式大气激光通信系统。次年，美国又成功试验了一种适合特种战争和低强度战争需要的紫外光波通信系统，其通信距离达 2～5km，如果对光束进行适当处理，其通信距离可达 5～10km。俄罗斯自 90 年代初起积极推进激光大气通信系统的实用化，不久后便推出了在莫斯科、瓦洛涅什、图拉等城市使用的 10km 以内的半导体激光大气通信系统。巴西 AVIBRAS 宇航公司于 1998 年研制出一种便携式半导体激光大气通信系统，其通信距离为 1km，如果将光学天线固定下来，其通信距离可达 15km。近年来，美国、日本、英国等国家也相继推出了一些大气激光通信系统产品，如美国朗讯科技公司于 1999 年在深圳首届中国国际高新技术成果交易会上推出一个短距离激光无线多媒体通信系统样机（采用 1550nm 激光）。2000 年美国的 Terabeam Networks 与 Iacent Technology 合作，在悉尼奥运会期间的水上中心与演播中心之间建立了 8 通道的激光无线数据通信链路，运行效果良好。2001 年 8 月 Terabeam Networks 又为微软公司年度员工大会成功提供激光无线数据传输服务。我国于 1995 年末完成宽带数字激光大气通信系统，首次在国内实现空间光束的自动搜索、跟踪和瞄准。中国科学院上海光学精密机械研究所（简称上海光机所）于 1999 年和 2000 年分别推出传输速率为 34Mbit/s 和 155Mbit/s 的激光大气通信样机，通信距离为 1～2km。

1. 大气激光通信的优势

大气激光通信技术独特、显著的性能优势表现在以下 6 个方面。

(1) 容量大、频带宽。理论上大气激光通信拥有与光纤通信相同的传输容量和带宽，光波的高频率具有传输信息的强承载能力，可以在大气中进行大容量、高速率的信息无线通信。

(2) 频谱资源丰富、无须频率许可证。相较于其他无线电通信，大气激光通信不占用无线电频率，具有丰富的频率资源，也无须申请频率执照并缴纳频率占用费。

(3) 组网灵活便捷。大气激光通信无须敷设传输线路，只需在激光传输的两个节点之间架设能够直视的发射装置和接收装置，就能快速便捷地形成点对点的通信，尤其适用于江河湖海、高山峡谷等特殊地形地貌及有线通信难以实现的场合，构成地对空、空对空的低成本连接和组网，且其通信设备结构相对简单，体积小，经济性好。

(4) 传输保密性好。激光传输的发散角很小，为毫弧度量级的窄波束，发射定向性很高，通信时只有在光斑范围内才能接收到发射信号，因而发射信号难以被截获或干扰，安全保密性好。

(5) 适用于多种通信协议。无线光通信作为一种物理层的传输机制，不依赖环境，任何传输协议均可容易叠加上去。现在通信常用的 SDH、ATM、以太网、快速以太网等都可以使用大气激光通信透明地传输数据、声音和图像等信息。

(6) 抗电磁干扰。普通电磁波无法对激光的传输产生干扰或破坏，激光也不会对其他电子设备造成干扰。

2. 大气激光通信存在的问题

妨碍大气激光通信进一步推广使用的主要问题有如下 4 点。

(1) 通信链路只能建立在视线范围内。建立通信的两点之间必须在视线范围内，且中间须没有障碍物(如树木、建筑物等)遮挡。

(2) 收发端对准难。激光束具有极高的方向性，需要高稳定性和高精度的设备保证发射端和接收端之间的准确瞄准，任何设备的不稳、基座的偏移和晃动(受大地振动、风力等的影响)都将影响两端之间的激光对准，降低通信链路的质量。

(3) 通信距离受限。在大气中行进的激光易受气候条件的影响，如大气的吸收、散射(如灰尘、烟、冰晶及微小水滴等)、湍流(空气对流)、日照等将造成激光在传播过程中强度衰减、光束出现抖动(光束会聚点的随机跳动)、偏移、闪烁(光束截面内亮斑和暗斑的随机变化)等现象，在恶劣气候或意外空间物体的拦截(飞鸟等)条件下甚至会造成通信中断。即使采用大气通信窗口的激光波长，雨也能造成 30dB/km 的衰减，浓雾则可造成高达 120dB/km 以上的衰减。同时，通信距离增大时，激光束的发散使接收端收到的信号质量变差，通信质量稳定性下降，从而大气激光通信的通信距离往往局限在几千米至几十千米的视距范围内。

(4) 背景信号噪声。复杂的大气环境条件及日照变化，将导致接收端的信号含有背景噪声，影响信号的判读，这在接收弱信号时尤为明显。

3. 大气激光通信的应用

大气激光通信的特性决定其最大的优点是兼有“无线 + 宽带”，填补了固定无线电通信(受频率资源有限、许可证、价格、窄带宽等限制)与光纤通信(受光纤敷设、特殊地形、建网速度等限制)之间的空白，作为有线光通信的补充，兼容现有光纤通信系统和网络的光通信技术，大气激光通信可以利用和移植现有的光放大、波分复用、全光插分复用和交叉连接等技术，灵活方便、快速、经济地建立通信链路并组网。经过 60 多年的研发，大气激光通信的各项基本技术都有很大的提升，如今大气激光通信在能进行有效覆盖、为用户提供端到端大容量、稳定可靠的通信和接入服务的应用场合日益占有重要的位置，并获得大量的应用。其主要应用场合包括如下 6 个方面。

(1) 在不具备接入条件的场合。当通信链路涉及高速公路、河流、山谷等场景，地理条件不允许敷设光纤线路时，采用大气激光通信可以快速、有效地提供需要跨越复杂地形的方案，实现信息连通及高效传输。

(2) 有效解决接入的“最后一公里”。对于光纤网接入前的老城区、城市商务中心、居民小区等，密集的楼宇房屋和通行道路不宜布线施工，妨碍公路、房屋楼道的开挖，大气激光通信为这些区域的用户提供了一种快速灵活、大容量的联网和接入方案，避免挖沟破路埋设光缆，实现光纤到楼及楼宇间的宽带数字通信，有效解决最终用户与通信提供商间业务接入的“最后一公里”，满足公司、团体、个人的电信网、有线电视网、IP 网对高速传输、容量增长的服务需求。

(3) 局域网互联及城域网扩展。在校园、居民小区、企事业单位或部队内部网的建设中，大气激光通信可以在其他通信方式不便时大显身手，通过地面间短距离的光通信，快速连接被大楼或道路分隔的局域网，实现局域网网段的互联以及局域网内用户间的数据传输。同时，连接邻近的局域网，实现局域网之间的互联互通，将链路和网络服务延伸至郊区用户，构建更大范围的城域网，高效、低成本地实现城域网的扩展。

(4) 应急链路备份。大气激光通信建设成本低，带宽大，可对特殊要求的线路进行备份，预防通信的中断；在突发的自然或人为意外灾害中，快速替代被破坏的通信线路，完成应急通信的部署；为一些大型集会和活动(如运动会、庆祝活动、展览等)快速建立用于现场通信的临时链路。

(5) 快速组建电信网络。用于移动通信基站间的互联、无线基站数据回传至中心交换设备，快捷组建、完善本地的电信链路及宽带接入网。

(6) 特殊场合。对于微波使用实施限制的部分敏感地区，需要提供近程、保密专线的军事单位，有强电磁干扰的区域，不宜布线的纪念性场所和古建筑，危险性高的生产区域等，大气激光通信为其提供需要的高速接入终端，灵活地接入数据、话音、视频等信息。

4. 大气激光通信系统的构成

与其他光纤通信系统类似，大气激光通信系统(图 1.3)主要由光发射机、光发射天线、传输介质(大气)、光接收天线、光接收机及附加机械和电子设备组成。光发射机包括光源、调制器、信源及驱动电路；光接收机包括光检测器、解调器和信号处理电路。其中光发射机和光发射天线是一个望远系统，光发射天线的作用是对准发射光束，并尽可能多地接收光发射机光源的能量，让发射出去的光束对准另一端的光接收天线。光接收机和光接收天线是另一个望远系统，光接收天线的作用是对准发射光束，并尽可能多地接收发射过来的光能量，将发射过来的光束准确聚焦在光接收机的光检测器上。

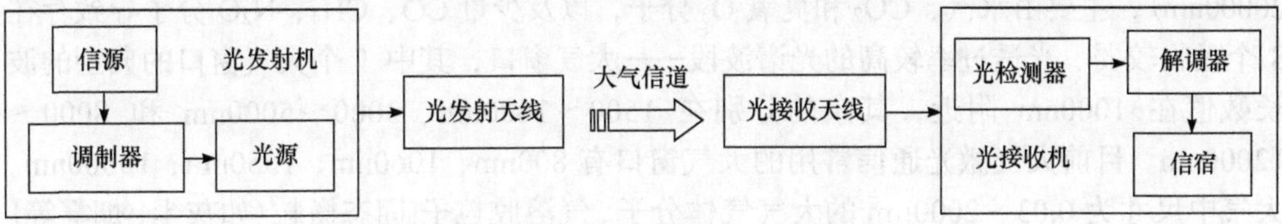

图 1.3　大气激光通信系统框图

发送信息时，准备发送的信息经光发射机内的调制器调制后，通过功率驱动电路使激光器发光，实现对光波的信息加载；光发射天线将被调制的光信号向大气空间发射，光信号通过大气通道传向接收端。光接收天线（已与光发射天线对准）收到发来的光信号并将其聚焦到光检测器上，随后光检测器将光信号转换成电信号送后续处理；该电信号被放大、解调还原成原信息后分送给用户，最终完成信息的传递。整个信息传输过程中涉及的关键技术有以下 5 种。

1）快速精准的捕获、瞄准和跟踪（acquisition/pointing/tracking，APT）技术

APT 技术是大气激光通信的关键技术，一个精准的 APT 系统是保证光信息在空间定向传递的基础，APT 系统主要由目标捕获（粗跟踪）和跟踪瞄准（精跟踪）两大部分组成。目标捕获系统先在较大的视场空间范围（±1°～±20°）内搜寻目标，并完成目标的捕获，在这期间的跟踪精度为几十毫弧度；在捕获目标的基础上，跟踪瞄准系统实施对目标的准确瞄准和精细实时跟踪，将跟踪精度提升至几微弧度。整个 APT 是一个光机电一体化的高精尖技术系统，它通过计算机控制，做到信标信号产生器及信标光源、光学天线伺服平台、误差检测处理器等单元的精准协调配合和校准，实现快速、大范围目标搜寻和捕获、高精度目标自动跟踪、高动态响应性的遥控和遥测。

2）精准、可靠的光学天线收发技术

用于大气激光通信的半导体激光器均具有一定的发散性，且水平和垂直两个方向的发散角不相等，一般需首先进行光束准直，将其发散角压缩至毫弧度级，以改善光束的远场对称性和光斑形状，接着光发射天线进一步将光束准直成微弧度光束发出。为实现光通信系统的双向互逆跟踪，实际多采用发射、接收合一的天线。光发射天线和光接收天线各自的效率越高，光接收天线的口径越大，就越能增大系统接收到的光功率，减小瞄准、捕获和跟踪目标的难度。优化光学天线的收发技术，综合考虑激光发射功率、探测灵敏度和通信距离等相关因素，对研制体积小、重量轻、光学增益大、传输效率和灵敏度高的新型光发射、光接收天线具有重要的意义。

3）大气信道特性研究

在地–地、地–空大气激光通信过程中，行进在大气中的激光束将会被大气干扰，光通信质量受到的影响主要来自大气信道对激光的吸收和散射、大气湍流。作为大气分子、

水蒸气及各种杂质微粒组成的混合物，光束在大气中传播时光波与大气中分子的作用造成光能量损失，产生光的吸收。大气对光的吸收主要由 H_2O、CO_2、N_2、O_3、O_2 的分子及少量 CO、CH_4、N_2O 的分子引起。N_2、O_2 和 O_3 等分子造成波长小于 300nm 的紫外光几乎全部被大气吸收，在整个可见光区域(390～760nm)，激光有较高的透过率；水分子导致大于 20000nm 的极远红外光几乎被大气吸收；在近、中、远红外区域(800～20000nm)，主要由水汽、CO_2 和臭氧 O_3 分子，以及少量 CO、CH_4、N_2O 分子导致存在 8 个吸收较弱、光透过率较高的光谱波段——大气窗口，其中 1 个大气窗口的典型的波长数值在 1000nm 附近，其余的分别在 1500～1600nm、3000～5000nm 和 8000～12000nm。目前大气激光通信常用的大气窗口有 800nm、1060nm、1550nm、10600nm。大气中尺寸为 0.03～2000μm 的大气气体分子、气溶胶粒子[固态微粒(如灰尘、烟雾等)和液态微粒(如水雾、雪、雨滴、气溶胶等)所构成的稳定混合体系]等散射单元引起光的散射，散射带来光传输方向上光能量的降低。大气对光的吸收和散射共同导致在大气中传输的激光能量不断减小或衰减，雾、雨、雪、云等气溶胶是造成激光大气传输能量衰减的主要来源，由于这些气溶胶粒子的大小分布和数密度彼此不同，衰减特性彼此差异也较大。为延长激光在大气中的传输距离，需要优化选取用于光通信的光波长，让其落在大气窗口内，减小大气吸收的影响；同时避开环境中的高频辐射波段，还需要对大气衰减及其随机性进行技术补偿。一般情况下，晴天时衰减为 5～15dB/km，雨天时衰减为 20～50dB/km，雪天时衰减为 50～150dB/km，雾天时可造成高达 50～300dB/km 的衰减。目前大气激光通信主要使用的是红外大气窗口波段的激光，短距离通信也可用吸收较大的近紫外波段。大气的吸收效应主要发生在大气对流层中，随着距离地面高度的增大，大气的吸收效应明显降低。一般情况下红外光能减少被大气微粒的散射，但当能见度小于 500m 时，大气对光的衰减与波长无关。大气激光通信系统最强的噪声来源是太阳光散射形成的背景辐射，使用光波窄带滤波技术可以降低背景辐射带来的噪声影响。

同时，大气温度的差异、风速及流向导致各种气体分子、大气气溶胶粒子(固态微粒+液态微粒)不断地运动，大气局部组分、密度、湿度、压力等处于不断的变化中，产生大气湍流。大气湍流效应带来了大气折射率随空间位置和时间的无规则变化，致使激光在大气传输中的强度随机变化和相位随机畸变，引起激光束的强度闪烁、漂移或抖动，给传输的信号附加一个随机的调制，产生噪声，从而降低接收端信号的信噪比，增大误码率。对于近地面的大气激光通信，即使是出现弱湍流，较长距离传输的信号在到达接收端时，闪烁效应也很严重。加强对大气信道的特性、信道补偿和缓解技术的研究，对具体通信链路做出对应的大气通道模型，制定更具针对性的方案非常重要。为减小大气湍流对激光传输的影响，自适应光学技术利用波前传感器检测湍流引起的激光波前相位扰动信息，经波前控制单元处理后转化为控制信号驱动波前校正单元，通过相位补偿完成波前重构，实现对传输中失真变形的激光波前校正，减小接收到的激光光束的漂移和光斑闪烁，抑制收到的光功率波动，降低误码率，保证随机大气条件下光通信系统的正常工作。目前该技术的使用已取得较好效果，并逐步走向实用化。

4) 高码率调制及编码技术

虽然调制光源可采取直接调制或间接调制的方式进行信息加载，但是不同通信系统往往根据传输环境、传输速率、系统成本等因素选择不同的调制方式。目前大气激光通信主要有两种调制、解调系统，即强度调制/直接检测 (IM/DD) 系统和相干调制/外差探测系统。应用中一般使用简单、经济的强度调制/直接检测系统，多采用开关键控调制 (on-off keying, OOK) 和脉冲位置调制 (pulse position modulation, PPM) 进行直接调制。在 OOK 系统中，通过在每一比特间隔内使光脉冲开或关进行比特信息的发送，光源由编码脉冲波形控制其发光过程，通过光源的闪烁 (强度调制) 实现系统的编码调制，同时直接检测接收机对收到的强度调制信号进行解码。但开关键控调制技术受背景光的影响较大，激光器功率效率低，信号信噪比难以提高。脉冲位置调制将原始的数字序列信息进行分组，用脉冲在一段光信号中所处的不同位置来表示，具体通过单脉冲位置调制 (L-PPM)、差分脉冲位置调制 (DPPM) 和多脉冲位置调制 (MPPM) 方式实现调制，不同的编码方式决定了不同的传输速率。PPM 系统可以降低对发射端激光平均光功率的要求，也降低了系统调制和解调过程的复杂性，激光器的功率效率高，抗干扰和抗信道误码能力显著增强，适于信道噪声复杂且功率受限、需保证较高传输速率的场合，但系统付出的代价是需要较大的带宽。PPM 在不同的实现方式中性能不断改善。为进一步改善大气激光通信性能，提高信息传输能力及抗背景光等干扰能力，高调制频率、高传输码率的调制技术还在发展，如数字脉冲间隔调制 (DPIM)、将 RS 码与 PPM 结合进行调制等，DPPM 和 DPIM 的调制方式具有更高的传输容量，能取得更高的光源功率效率和频带利用率。

5) 高灵敏度抗干扰的光信号接收技术

大气激光通信系统的光发射机发出的激光束，即使经过初步光束准直和光发射天线的进一步准直，仍然有发散。尤其是经过长距离的大气传播，发散光束的半径和波面扩展得很大，光接收机截取的只是发散光束波面的很小一部分，因此收到的信号是十分微弱的，加上高背景噪声的干扰，导致接收端的光信号信噪比小于 1。目前系统接收端检测激光的光检测器主要有二极管及其阵列型、电子发射型光电倍增管、CCD 成像型和相干识别型探测器等，为快速、精确地接收光信号，首先采用响应速度快、噪声小的光检测器，增大光接收机的视场角至毫弧度量级，提高其灵敏度到 nW～pW 量级；其次是对所接收的光信号进行处理，例如，在光信道上采用窄带光学滤波器 (干涉滤光片或原子滤光器等) 抑制背景杂散光的干扰，补偿因湍流引起的信号闪烁以及光点抖动造成的光束在光检测器表面上的偏移，减小光信号强度随机的变化或光束位置随机的漂移，同时在电信道上采取微弱信号检测与处理技术，进一步提高接收信号探测灵敏度及信噪比，使系统在低噪声环境下正常工作。

为获得接收质量好、信噪比高的信号，在光发射端配合使用输出功率大、发散角更小、调制带宽大、输出稳定、寿命长的半导体激光器或组合激光器件，结合光源稳频技术和光束整形技术，可以稳定光源的工作条件，提高光发射机发出的光束质量，为系统高质量、稳定地工作奠定好的基础。

1.4.2　星间激光通信

卫星通信是人类将气球、飞机等作为高空电磁信号中继站进行通信方式的延续，在星间激光通信出现前，卫星通信使用的是微波传送，卫星承继了新的中继站作用(将一个地面站发射上来的电磁波传送至另一地面站)，在两个或多个地面站、卫星之间进行信息传输。卫星微波通信具有通信距离远、通信覆盖范围更大(三颗卫星就能实现全球通信，每颗覆盖地球 127°)、费用与通信距离无关，不受地面地形、地貌的影响等优点；但频带宽度有限，单通道传输速率达每秒百兆量级，只能满足存储、转发方式的图像传输需求，随着信号传输距离的加长，信号延迟增加(地面至 3.6 万 km 远的同步卫星，信号往返延迟达 10GHz)，且一旦信号穿过大气层，接收的信号质量对天气、太阳活动条件敏感。

卫星通信系统主要由空间分系统(卫星)、地面站分系统、跟踪遥测分系统和监控管理分系统四大部分组成，如图 1.4 所示。空间分系统包括星载设备和卫星母体，卫星和地面站进行信息交换时，跟踪遥测分系统跟踪和遥测卫星，发出对卫星位置、轨道及姿态实施矫正的指令，监控管理分系统则承担对卫星性能及参数进行业务开通前后的例行监测任务。通信地面站是卫星系统与地面公众网的接口，地面的用户通过地面站分系统进出卫星系统，组成连接各个用户终端的完整链路。

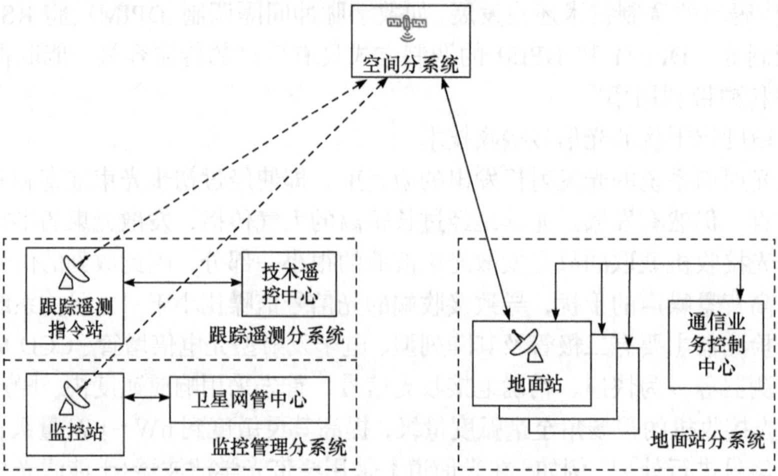

图 1.4　卫星通信系统组成框图

1965 年国际通信卫星组织(INTELSAT)成立，随即第一颗静止国际通信卫星(INTELSAT-1，IS-1)被发射，从此拉开了微波卫星通信业务的序幕，微波也就成为卫星与地面(星地)、卫星与飞机、卫星之间传输信息的主流载体。但随着大气激光通信的诞生及其技术的完善、信息传输对传输速率和容量需求的剧增，光通信的优势进一步得到体现，大气激光通信技术可以移植到空间通信中来，星间激光通信也就应运而生。星间激光通信是用激光作为信息载体进行的空间通信(包括星地、卫星之间、卫星与飞机之间)，空中卫星的轨道高度又分为卫星间低轨道(low earth orbit, LEO)、中轨道(medium earth orbit，MEO)、高轨道(high earth orbit，HEO)、同步轨道(geostationary earth orbit,

GEO)。星间激光通信将大容量光通信与灵活的空间无线通信相结合，为建立卫星间的测控和通信链路，构建安全高效的天基信息网络，实现全球范围的高速无缝连接，满足高分辨率对地观测图像信息的星间中继传输和实时对地传输、飞机对飞机远程作业的实时监控和获取信息经卫星中转等需求提供了新的手段。

1. 星间激光通信的搭载平台及星间链路

通信基站、中继用的空中搭载平台主要有航空平台(如飞机等)和卫星平台，这些空载通信平台是陆地通信系统的补充和扩展，与地面通信网共同构成有机结合的通信系统，通信卫星是通信系统的空间部分。通信卫星在不同的闭合轨道上围绕地球做周期性飞行，卫星轨道根据轨道的形状可分为圆轨道和椭圆轨道；根据卫星的飞行方向与地球自转方向是否相同可分为顺行轨道和逆行轨道；根据卫星轨道距离地球表面的高度可细分为：①低轨道，指轨道高度小于 1000km 的轨道；②中轨道，指轨道高度为 1000～20000km 的轨道；③高轨道，指轨道高度为 20000～36000km 的轨道；④同步轨道，指轨道高度约 36000km 的轨道。

低轨道卫星信号传输延时小，路径损耗小，可采用小质量卫星，容易获得目标物的高分辨率图像，方便组成卫星移动通信系统、卫星遥感系统和侦察卫星系统等；SpaceX 公司的星链计划(Starlink)是目前推进最快的低轨道通信卫星系统，每颗 Starlink 卫星重约 230kg。航天飞机、宇宙飞船、空间站属于 LEO，但低轨道卫星相对地面运动速度较快，影响动态跟踪精度；单次可连续工作时间有限，通信有死区。

同步轨道指卫星的运行周期(绕地球一圈的时间)与地球的自转周期相同，且是在顺行轨道上绕行(椭圆轨道)，这样卫星每天将在相同时间经过地球上相同地点的天空。在众多的同步轨道中，有一条特殊的轨道——地球静止卫星轨道，该条轨道是轨道倾角(轨道平面和地球赤道平面的夹角)为零的圆形地球同步顺行轨道，轨道高度在赤道上空距离地面 35786km，卫星在此轨道上的运行速度是 3.075km/s；因此，地球静止卫星(同步卫星)每天的任何时刻都处于地面相同地方的上空，与地面观察者相对静止。同步轨道卫星主要用于通信中继，通信卫星、气象卫星多采用地球静止轨道，如与太空飞行物通信(哈勃望远镜和太空飞船)。静止轨道卫星星地通信时易于对准和跟踪，卫星平台姿态较平稳，覆盖的地球区域较大，但信号传输延时和衰减较大，不能覆盖地面纬度高于 70°的区域，相对非静止轨道卫星发射成本较高。

高轨道和同步通信卫星均存在较大的信号传输延时和衰减，中轨道可降低信号延时和衰减，用较少数目的中轨道卫星可构成覆盖全球的通信系统，为发射不同体积、重量的卫星提供更多选择，如中圆地球轨道卫星(MEO 卫星)是我国北斗全球组网卫星的主力。

不同的轨道构成不同高度的空中通信搭载平台，低、中、高轨道均是非同步卫星轨道。根据卫星所在的不同轨道，星间激光通信的链路可分为(图 1.5)：①卫星间链路(inter-satellite link，ISL)，指同一轨道高度内两颗卫星间的链路(如 GEO-GEO、LEO-LEO 等)；②轨道间链路(inter-orbit link，IOL)，指不同轨道高度的两颗卫星间的链路(如 GEO-LEO 等)；③星地链路(satellite-earth link，SEL)，指卫星和地面站间的上行和下行链路。

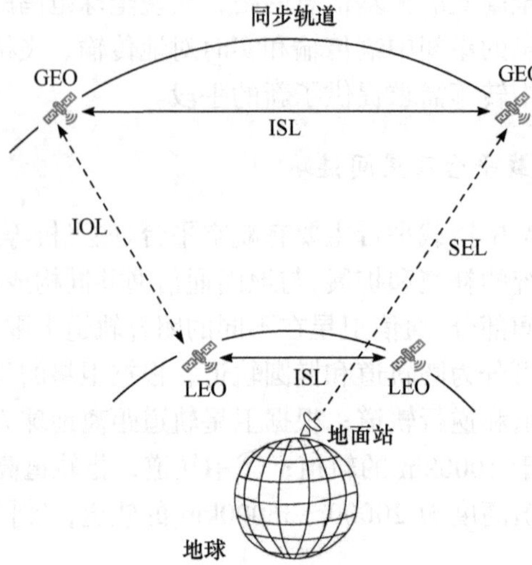

图 1.5 星间激光通信链路示意图

由于卫星是在大气层外运行，所以各轨道卫星间的通信无须考虑大气层各种因素的影响。ISL 和 IOL 具有高速率、低功率、高跟踪精度、小光束扩散角等特点，是空间激光通信的重要发展领域，例如，LEO-GEO 通信是将 LEO 获得的原始数据通过 GEO 中继，通常上行速率和下行速率非对称，上行传输高速信息，传输速率较高；下行传输指控命令，传输速率低。星地链路的地面终端固定，便于捕获和实现较高精度的跟踪，但大气层对激光传输上下行的影响非对称。大气层对光传输影响最大的地方发生在接近地面的对流层中(平均高度为 10km)，对卫星-地面的下行通信链路，光束先经过长距离的真空传播，到达大气层顶部时，光束扩展的光斑尺寸已大于湍流外尺度，大气湍流对光信号的影响主要是光束的扩展和小尺度引起的光强闪烁效应，光束的漂移效应可以忽略；而对于同等条件的地面-卫星上行链路，激光要先通过大气层再进入真空，则光束漂移、扩展和光强闪烁效应同样重要。因此，卫星和地面间的通信目前仍以微波通信为主，作为辅助的激光通信必须对大气信道的影响进行补偿，减小其对光信号传输的影响。通过不同的星间链路，可以构建星间测控和通信链路，实现卫星的组网，结合航空平台使空间激光通信从星际链路逐渐向星地、星空、空空、空地和地面间链路拓展，实现立体空间全覆盖、无障碍、天地一体化的全球无缝通信网络系统的建立。

2. 星间激光通信的国内外发展状况

星间激光通信包括星间真空激光通信(如真空中卫星与卫星、卫星与飞船等)和大气激光通信(如大气中卫星与地面站、卫星与舰船等)。星间激光通信的研究开始于 20 世纪 60 年代中期至 90 年代后期，美国、欧洲和日本等先后进行了地面验证实验，并展示了卫星激光通信的巨大潜力。美国(始于 20 世纪 60 年代中期)以美国国家航空航天局(National Aeronautics and Space Administration，NASA)为主导，主要参与机构有美国空军研究实验室(AFRL)、麻省理工学院林肯实验室(Lincoln Laboratory)、加州理工学院的喷气动力实验室(Jet Propulsion Laboratory, JPL)、巴尔航天(Ball Aerospace)公司等；欧洲(始于 20 世纪 70 年代中期)以欧洲空间局(European Space Agency, ESA)为主导，主要参与者有德国宇航中心(Deutsches Zentrum Für Luft-und Raumfahrt, DLR)等；日本(始于 1985 年)的主要研究机构有日本国家信息与通信研究院(NICT)、日本宇宙航空研究开发机构(Japan Aerospace Exploration Agency, JAXA)、邮政省通信研究实验室(Communication Research Laboratory, CRL)和日本空间发展厅(National Space Development Agency, NASDA)，这些国家的机构和公司开展的星间激光通信技术基础研究及应用研究在国际上是领先的。此外，俄罗斯、以色列、加拿大等国也积极加入了星间激光通信的研究。

20 世纪 80 年代中期至 1994 年，美国林肯实验室建立 LITE(Laser Intersatellite Transmission Experiment)实验装置，开展了相干激光通信工作；1994 年 JPL 研制成功 OCD(Optical Communication Demonstrator)通信端机演示系统(传输速率为 250Mbit/s，波长为 830nm)，使用 OOK 调制方式；1995 年 Ball 公司完成激光通信演示系统，该系统具备 1Gbit/s 的 LEO-GEO、40000km 的 GEO-LEO 星间通信和 GEO-航空平台激光通信的能力；Thermo Trex 公司于 1996 年首次成功进行飞机与地面间的激光通信实验，飞机(飞行高度 11km)距地面站 20～30km，信号传输速率为 1Gbit/s，1999 年进行飞机-飞机间激光链路通信实验，飞行高度约 12km，通信距离为 50～500km，传输速率为 1Gbit/s; 2000 年 JPL 在 OCD 的基础上建立了一套 APT 子系统(传输速率为 2.5Gbit/s，波长为 1550nm)，发射功率为 200mW; 2000 年 Thermo Trex 公司将 STRV-2 星地激光通信系统成功搭载到近地轨道卫星 TSX-5 上进行星地激光通信实验，通信距离为 1800km，传输速率为 1Gbit/s，次年开展星地激光通信演示验证。2013 年林肯实验室研制的 LLST(Lunar Lasercom Space Terminal)成功与地面实现月地双向激光通信，通信波长为 1550nm，其上行速率和下行速率分别为 620Mbit/s 和 20Mbit/s，最大通信距离为 400000km；2014 年美国宇航局开展在大气扰动、背景噪声等影响下的地面与空间站间的激光通信验证实验，采用 OOK 调制，传输速率为 50Mbit/s。

欧洲是空间光通信研发的长期领跑者，ESA 于 1977 年夏开展高数据激光链路研究，1985 年用于 LEO-GEO 光通信的 SILEX 光端机(信号波长为 819nm 和 847nm，信标波长为 800nm)，由马特拉马可尼空间公司完成并集成到 Artemis 卫星和地球观测卫星 SPOT-4 上；2001 年 11 月法国 SPOT-4 卫星(轨道高度 832km)与欧洲 Artemis 同步卫星(轨道高度 36000km)实现世界首次星间激光通信(单向)，传输速率分别为 50Mbit/s(LEO-GEO)和 2Mbit/s(GEO-LEO)，波长为 800nm，最大通信距离为 45000km；2005 年 Artemis 卫星和日本 KIRARI 卫星实现全球首次星间双向激光通信，KIRARI 卫星的运行高度为 610km，最大通信距离为 45000km，两星相对运动速度为每秒几千米。2006 年法国国防部采购局(DGA)与欧洲航空防务与空间公司(EADS)联合进行机载激光链路演示器(LOLA)实验，世界首次实现地球同步卫星和高空无人飞机间(ARTEMIS-飞机)的双向激光通信，传输速率为 50Mbit/s，最大通信距离为 40000km，飞机飞行高度为 6～10km。2008 年德国遥感成像卫星 Terra SAR−X 与美国红外侦察卫星 NFIRE 实现相距 5000km 的激光通信，是世界首次星间长距离相干解调的激光通信，传输速率为 5.65Gbit/s，波长为 1060nm，误码率为 10^{-9}。2016 年 1 月 ESA 发射了 EDRS（european data relay system）——EDRS-A 卫星，2019 年 8 月 7 日发射了 EDRS-C 卫星，旨在利用 GEO 卫星作为中继，在 LEO 卫星和地面站之间建立光学链路，为无人机、地面站及 LEO 卫星提供中继，实现传输速率达 1.8Gbit/s 的数据传输服务，工作波长为 1060nm。

日本的空间光通信研究晚于欧洲与美国，但近年来发展迅速。1985 年日本启动工程试验卫星 ETS-Ⅵ（engineering test satellite Ⅵ）计划，旨在实现高轨道卫星与地面间的激光通信；1995 年 CRL 研发的激光通信系统的机载光端机实现了 ETS-Ⅵ卫星与美国 JPL 地面站间的双向激光通信，同年 7 月与位于东京 CRL 的地面站完成了卫星-地面双向链路激光通信，这是世界首次成功进行的空间光通信实验。2000 年日本研制了用于国际空间站对地面的双向超高速通信光端机，其上行速率和下行速率分别为 1.2Gbit/s 和 2.5Gbit/s，波长为 1060nm，光端机功耗小于 115W，质量小于 90kg。2005 年光学轨道间通信工程试验卫星（optical inter-orbit communication engineering test satellite, OICETS）与欧洲 ARTEMIS 卫星的 SILEX 终端实现了上行 2Mbit/s、下行 50Mbit/s 的数据通信速率，波长为 800nm，工作距离为 45000km；次年 OICETS 与 NICT 的东京地面站进行激光通信。在星间激光通信的研究中，日本尤其重视终端设备的重量、体积和功耗等性能指标。

与美国、欧洲、日本等国家和地区相比，我国的卫星光通信研究起步较晚，与国外的差距较大。20 世纪 90 年代后，我国高度重视激光通信技术，已投入大量资金和人员进行研究。目前国内的研究工作内容主要包括卫星光通信的基础技术及基本元器件，以及卫星激光通信的关键技术、系统设计和验证实验，研制能成功完成空间光捕获、对准和跟踪的 PAT 装置及其伺服平台。涉及的主要研究单位有中国航天科工集团有限公司、中国电子科技集团公司的第二十七研究所和第三十四研究所、中国科学院成都光电技术研究所、上海光学精密机械研究所、西安光学精密机械研究所、安徽光学精密机械研究所等，以及电子科技大学、哈尔滨工业大学、长春理工大学、北京大学等高校。2010 年电子科技大学完成星地激光通信演示系统研制，传输速率为 1.2Gbit/s，通信距离为 38000km，跟踪精度为 3μrag（3σ）。2011 年哈尔滨工业大学成功从“海洋二号”卫星上与地面建立链路，实现我国首次星地双向激光通信，其上行速率和下行速率分别为 2Mbit/s 和 20Mbit/s，上行光波长为 800nm，下行光波长为 830nm。2018 年我国已经先后发射 3 颗光学实验卫星，即“海洋二号”卫星、“墨子号”量子科学实验卫星和“实践十三号”卫星；2020 年 8 月发射“行云二号”01 星、02 星，国内首次实现星间激光链路技术，获得建链流程完整、遥测状态稳定的双向激光通信，激光通信载荷质量为 6.5kg，在轨功耗为 80W。我国的星间激光通信技术已积累了一定的经验和数据，国家正加大投资力度，努力借鉴国外经验，明确技术的主攻方向，不同研究单位间协调配合，抓紧机会突破关键技术，加强自主创新，迎头赶上星间激光通信技术的发展。

3. 星间激光通信的优势

与微波卫星通信相比，星间激光通信具有的明显性能优势有以下 6 点。

(1)通信容量大、频带宽。激光的频率比微波高 3～4 个数量级，光波作为通信的载波为星间通信准备了巨大的信息传输容量和利用频带，单通道可提供高达

Gbit/s 以上的数据传输速率，运用波分复用技术可望达到 100Gbit/s 的量级，提供了传输高速率信息潜在的承载能力，比微波通信具有更大的优势。

(2) 能效高。使用半导体激光器提高光发射机光源的能量转换效率，既降低了光发射机的功耗，又减轻了发射机及供电系统的重量。

(3) 保密性好。激光的发散角很小，通常在毫弧度量级，定向发射能量高度集中，接收范围非常有限，因而发射信号难以被截获，抗干扰、防窃听能力强，安全保密性好。

(4) 激光通信终端轻量化和小型化。光波长比微波波长短，在相同的发散角和接收视场角条件下，激光通信的光发射天线和光接收天线的口径与尺寸都小，可摆脱微波系统大尺寸、高功耗的碟形天线，轻量化和小型化的激光通信终端更易搭载各种卫星平台，能有效地减轻卫星重量并增大卫星的载荷。

(5) 抗电磁干扰。激光的波段远离电磁波谱，其传输不受普通电磁波或射频电磁场的干扰以及高能电磁脉冲的攻击和破坏，卫星生存能力提高。

(6) 组网灵活便捷。星间激光通信只需在激光传输的两个节点之间架设能够直视的光发射装置和光接收装置，便能快速构建地对空、空对空、空对地的低成本点对点通信，形成星间链路并组网。

4. 星间激光通信存在的问题及系统关键技术

目前，微波射频通信还是卫星之间相互通信的主流方式，但激光通信目前已应用到一些重量较大的卫星或航天器上，发展势头很猛，具有强劲的潜力。星间激光通信和大气激光通信均属无线光通信，它们具有共同的技术优势，也面临类似的困难和问题。由于卫星的轨道高度高于地球大气层，除星地链路外，卫星间的信息传输几乎不受大气的影响，整个光传输链路涉及的关键技术有如下 4 种。

(1) 激光光源。卫星间的通信距离较远，要远距离传输高速率光信号，采用大功率、方向性更好、发射稳定、寿命足够长的半导体光源及其器件是首要条件。

(2) 对目标卫星的瞄准、捕获和精准的动态跟踪。由于卫星的轨道速度不同，卫星间存在较大的相对运动速度，所以在太空中建立相距几千千米的稳定激光链路极具挑战，需要实现微弧度量级极窄激光视场的瞄准、捕获，以及精准的动态跟踪；同时，稳定性很高的通信设备平台至关重要，保持卫星姿态稳定的补偿平台是抑制振动(低频扰动和高频振动)影响跟踪伺服系统的关键。精准的动态跟踪 APT 系统是以自动控制单元为核心，光、机、电、算紧密结合的复杂系统，需在系统设计指标要求下，综合考虑空间光学单元的轻量化和小型化，系统整合机、电、算等各单元，快速建立激光链路，使整个系统达到要求的设计技术指标。

(3) 弱光信号的接收和处理。星间激光通信的光信号传输距离往往在几百千米以上，传输过程中光能量损耗很大，还受到来自太阳等星体的背景辐射光干扰，即使是使用高灵敏的光探测器，接收到的光信号也很弱，并包含大量的背景噪声。要获得误码率低的传输信号，可使用相干光通信技术、光波窄带滤波技术、抑制背景信号噪声技术等，提高接收系统的抗干扰能力，并对接收的弱光信号进行放大、解调等处理，从中提取出需要的信号。此外，对于卫星和地面间的激光通信，大气层对上行链路和下行链路的影响不同，必须对光束进行相位补偿和波前重构，以减小大气层对光信号传输的影响。

(4) 调制和解调技术。高速率星间激光通信要求在保证高通信传输容量的同时，需调制和解调的设备简单、成本低。目前，星间激光通信的调制和解调系统主要有：强度调制/直接检测（IM/DD）系统和多调制方式/相干探测系统。IM/DD 系统调制和解调简单方便、成本低，但远距离传输时探测灵敏度低。而多调制方式/相干探测系统调制方式灵活、探测灵敏度高、信道选择性好、应用前景潜力大。

1.4.3　水下激光通信

水下激光通信是以光波为信息载体，通过水下信道传输信息的通信方式。水下通信的方式包括有线通信和无线通信，水下有线通信指采用电缆或光缆在水中进行信息传递，信号不通过水介质传输，主要应用于有限距离内的水下设备与水面设备间的信息传递，使用范围和灵活性均受限制。水下无线通信主要有水声通信、水下电磁波通信和水下激光通信，信号必须通过水介质传输，主要应用于水下舰艇和移动潜水器间的信息传递。在水中传播的各种波中，衰减或损耗最小的是声波（纵波），声波的波长较长，例如，频率为 20kHz 的声波在水中的传输衰减系数只有 2～3dB/km，声波在海水中能传输几百千米，因而在水中以声波信号传输信息的水声通信是目前水下无线通信技术最成熟、使用占主导的通信技术。但水声通信带宽小，信号传输速率较低（一般为 kbit/s 级别）、延迟大，环境噪声影响大，相应的收发设备体积和功耗大，造价高。电磁波在水中的衰减较大，通信距离很短，虽然水下电磁波通信受水环境条件（水的湍流和浊度）的影响较小，通信较为稳定，但其收发设备昂贵，天线尺寸大。水下甚低频和超低频单向通信适用于军用岸对潜（艇）通信，水下高频通信适用于短距离的水下无线通信，例如，采用甚低频与潜艇通信时，潜艇需使用几百米长的拖曳天线，通信速率只有每分钟几比特，传输三个字母的报警信号都需要十几分钟，安全性低。随着激光技术的不断发展和成熟，具有光通信频带宽、传输速率大和保密性好等优点的水下光通信逐渐受到人们的重视。除传统的军事协同通信（潜艇-飞机、潜艇-潜艇间的通信）和指挥通信（卫星、飞机与潜艇间的通信）应用外，近年来，由于陆地资源的日益枯竭和国家间未来发展空间的激烈竞争，各国不断加强对海洋（占地球表面积的 71%）中各种资源（如油气、矿产和生物基因等）的探索和开发，作为水下移动式运载平台（如载人潜水器、遥控潜水器等）新的一种大容量、高效安全、极具发展潜力的数据传输手段，水下激光通信的研究得到强有力的推动，其相关技术得到迅速开发并应用到海底传感器、中继浮标、自主水下航行器和远程操控潜航器的通信中，有效地提高了运载平台等的安全性和作业效率。

1. 水下激光通信的系统分类

与水下运动舰艇或移动运载平台进行通信的激光通信主要有天基系统、空基系统和陆基系统三类。空中搭载平台主要有航空平台（飞机等）和卫星平台，空载通信平台是陆基系统的补充和扩展， 通过将天基系统、空基系统与陆基系统结合，采用组网卫星构建星间通信网，与地面通信网共同组成陆空、陆星、空空的立体空间全覆盖、天地一体化的完整水下激光通信网络系统，实现对全球水下舰只或移动运载平台的通信和控制。

(1) 天基系统。激光发射终端放置于卫星上，当卫星飞过目标海域时，卫星上终端发出的激光束对预定海域进行扫描，完成与水下舰只的通信。天基系统结构简单，通过移动的卫星(或组网卫星中位置最佳的一颗)与不同海域位置的水下舰艇和潜航器进行通信，通信范围大，隐蔽性较好，扫描跟踪容易实施。

(2) 空基系统。激光发射终端放置于飞机上，当飞机飞越预定海域时，终端发出的激光束对目标海域进行扫描，水面下的舰艇接收信号，完成通信。空基系统的飞机可以为航空母舰的基地扩大通信半径，缺点是隐蔽性较差。

(3) 陆基系统。激光发射终端放置于陆地基台上，终端发出的激光经空中平台(卫星或飞机)上的反射镜反射，反射光束射向目标海域，完成与水下舰艇的通信，也称为陆基反射镜方式。陆基系统安全、隐蔽性好，维修方便灵活。

无论使用何种系统与水下舰只或移动运载平台进行激光通信，激光束均要在大气层中传输，通信质量受到大气条件(雨、雾、雪、云等)导致的衰减、湍流等严重影响，且陆基系统的光束两次穿越大气层时，大气层对上行或下行激光传输的影响不同。

2. 水下激光通信的国内外发展状况

水下激光通信在水下舰艇通信等军事用途的促进下得到重视和迅速发展，美国开展水下激光通信研究最早，取得的成果也最多，澳大利亚、日本等国也在该领域进行了大量研究。美国自 1977 年开始规划卫星–潜艇光通信，1981 年在圣地亚哥附近海域上 13km 的高空和平静海水条件下，用无人机成功与下潜 300m 深度的核潜艇进行双工激光通信，证明蓝绿激光能全天进行常规通信，传输速率可达千比特每秒。此后，美国多次进行海上大型蓝绿激光与潜艇在各种极端天气及污浊海水等恶劣环境下的通信试验。1983 年末，苏联在黑海舰队的塞瓦斯托波尔军事基地附近，成功实现将蓝色激光束发送到外太空间的反射镜后再反射至预定海域，进行与弹道潜艇间的激光通信试验。1985 年，美国海军利用星载激光器与水下深度达 250m(航速 30kn，1kn = 1.852km/h)的“海豚号”潜艇进行通信试验，通信速率达数千比特每秒。2006 年美国 Vikrant 等使用蓝绿激光通信，在水下 10m 的范围内实现速率为 80～100kbit/s 的数据传输。2016 年南加利福尼亚大学采用 OOK-OAM 信号调制技术，使用波长为 532nm 的激光(1064nm 倍频)在 1.2m 距离的清水中实现传输速率高达 40Gbit/s 的数据传输。

随着 LED 光源的发展，人们开始展开将其应用于水下通信的研究。澳大利亚国立大学于 2005 年选用 LuxeonⅢ LED 的三色光，即蓝光(460nm)、青光(490nm)和绿光(520nm)，研发体积小、成本低、结构简单的蓝绿光水下光通信系统，接收端模块采用了 SLD-70BG2A 光电二极管，实现系统传输速率为 57.6kbit/s。2009 年美国伍兹霍尔海洋研究所(Woods Hole Oceanographic Institution，WHOI)采用 OOK 调制技术，通过低功耗蓝绿光 LED 深海通信样机实现最高 10Mbit/s 的通信速率。随后历经 5 年与英国 Sonardyne 公司联合推出商用的 BlueComm 水下可见光通信系统，该系统使用 LED 阵列，在较为清澈的海水中传输速率可达 10～20Mbit/s，通信距离为 100～200m。2010 年美国北卡罗来纳州立大学 Farr 研究团队开发出一套基于 LED 的水下无线光通信系统，可以在 100m 的范围内以超过 1Mbit/s 的速率传输数据。2015 年日本山梨大学利用波长为 405nm 的 LD 光源，在 4.8m 深的清水中实现速率为 1.45Gbit/s 的信息传输，误码率为 9.1×10^{-4}。

我国对水下激光通信的研究及应用晚于国外，开展的研究工作主要包括大气与水下舰艇的激光通信及关键技术的验证、水下激光通信系统设计和模型计算，由于实验设备和环境等条件的限制，国内水下光通信的发展一度较为缓慢，现阶段仍旧无法满足国防、民用的需求。国内的主要研究单位有中国科学院自动化研究所等，以及清华大学、哈尔滨工业大学、浙江大学、中国海洋大学、桂林电子科技大学、杭州电子科技大学等高校。1996 年我国在南海水域开展机载激光对下潜在 80～100m 深度的潜艇进行测深试验。1998 年中国海洋大学采用半导体激光器在 3m 的试验水槽中进行全双工水下激光通信系统传输试验，能以 9.6kbit/s 的速率传输简单图片。2000 年桂林电子科技大学运用 LDPC 编码技术调制蓝光 LED，在海南三亚目标海域实现水下 50m 深的光通信。2008 年中国科学院自动化研究所研制出应用于水下移动传感器网络的无线光通信系统，系统在 2m 范围内以 125kbit/s 的速率传输数据时，可实现零误码率。2013 年清华大学建立了一种新的水下链路理论模型，通过数学模型建立系统的链接范围、发射功率、误码率、海水特性和风速等各种因素之间的关系。同年，中国海洋大学设计出一种水下无线光学通信系统，其采用发光二极管发送数据、光电二极管接收信号，系统实现在 10m 距离范围内 1Mbit/s 的传输速率。浙江大学在 2016 年采用波长为 685nm 的红色激光进行水下激光通信实验，将调制模式从 128-QAM OFDM 换成 32-QAM OFDM 后，传输速率从原来的仅 7.32bit/s 提升至 4.883Gbit/s，误码率为 3.2×10^{-3}。2017 年杭州电子科技大学研制了一款水下高速激光通信系统，采用 DPIM 调制技术，实现了水下 50m 距离的点对点低误码率信息传输，传输速率达 1Mbit/s。

3. 水下激光通信的优势

与传统水声通信相比，水下激光通信具有的显著优势如下。

(1)通信容量大、速度快。激光的频率比典型声呐频率高 9 个数量级以上，激光通信为水下舰艇和潜航器的通信提供了巨大的潜在通信容量。传统水声通信的传输速率仅为每秒几比特，而水下激光通信的速率可以轻松达到 kbit/s、Mbit/s，甚至高达 Gbit/s，具有明显的信息高速率传输优势，保证了水下舰艇和潜航器在最佳航行速度和作战深度的实时通信，可提高其生存能力。

(2)实时性强。水下激光通信的高传输速率为水下舰艇和潜航器等提供了快速、准确地传输海量数据的可能，可以保证潜水探测的移动平台或装备以无线传输的方式将测量数据迅速传送至周边的移动接收平台上，实现了载人或遥控潜水器下潜勘探时的测量数据和实时视频等的实时获取。

(3)安全保密性好。激光的发散角很小，发射信号的定向性很强，不容易被发现，因而拦截光信号很困难，通信安全保密性高，防窃听能力强。

(4)通信终端小型化。光波的波长短，可有效减小收发天线的尺寸，同时激光器的功率和效率不断增大，体积变小，从而能有效地减小激光通信终端的尺寸、体积和能耗，降低系统成本。

(5) 水下无线连接信息传输。一般水下移动式运载平台为搭载设备及作业工具预留的电气接口有限，水下无线光通信为水下探测、深海勘探作业提供了灵活的通信手段，有利于提高作业的效率。

4. 水下激光通信存在的问题

目前，水声通信还是水下无线通信的主流方式，但水下激光通信目前已得到一定的应用，作为极低频、甚低频电通信的补充，具有强劲的发展潜力。由于水下激光通信的信道特殊，与其他无线光通信技术相比，虽具有部分共同的技术优势，但水下激光通信也面临自身的困难。

(1) 通信链路不能被阻挡。在光传输的有限范围内，通信的两点间不能存在障碍物(如海下礁石山脉、大型海洋生物等)，否则将阻断定向直射的信号光。

(2) 收发端的光束对准。水下激光通信只有发射端与接收端之间准确对准，才能建立有效的点对点光信息传输。在存在平台扰动和背景光干扰等条件下，如何保持彼此运动的发射装置和接收装置(如舰艇、探测设备、移动式运载平台等)在一段时间内保持相对位置不变，避免因海水湍流等导致的随机运动影响光链路，实现定向光束远距离准确、快速地对准困难很大，需要较高的操控水平。

(3) 通信波长及距离受限。由于水体的吸收(复杂的物理、化学和生物系统)和散射(水分子、悬浮颗粒等)作用，光波在水下的传输衰减很大，如大洋海水一般的光衰减系数约为 0.1dB/m，只有特定波长的蓝绿光在海水中的衰减最小，一般能够在海水中传播 10～300m。此外，海流、温度差、生物体运动等将造成激光束在传播过程中出现抖动或偏移，或意外受到大型鱼类的拦截造成通信中断，导致水下通信质量的稳定性下降。

(4) 背景噪声干扰。复杂的水下环境条件及日照变化，将产生背景噪声，影响对接收端信号的判读。

5. 水下激光通信的应用

水下激光通信的主要应用场合包括：①水下舰艇、水下机器人等的通信，在有效距离内，水下舰艇间、水下机器人间、舰艇蛙人间、蛙人间实施的高速大数据通信以及信息回传；②移动图像采集的回传，通过水下机器人(autonomous underwater vehicle，AUV)与敷设在水底的光接收器(基站)间的通信，将水下机器人收集到的信息数据(如海底地貌声呐图像、地热喷口等)实时传给已部署的基站，采集各种探测数据或形貌数据，并借助基站回传数据或图像；③海底观测网络信息回传，通过传感网存储单元与遥控潜水器(remote operated vehicle，ROV)或通信浮标间的通信，将部署于海底、具有某种特殊功能传感器网络收集的信息数据上传和回收；④水下目标探测，通过空中或水面终端对目标海域进行光扫描，借助对由水下目标产生的形变光线成像，探知水下舰艇或水雷。

6. 水下激光通信系统的组成及系统关键技术

水下激光通信可为一个或多个固定、移动节点间提供高速水下通信，与其他光通信系统类似，水下激光通信系统主要由光发射端、传输介质(水体)、光接收端及信号调制解调系统等附加电子设备组成。水下通信时，激光经加载信源信息的调制器调制后发出，对准的定向发射光束通过水下信道的传输到达光接收端。接收端将混有噪声的光信号一并进行后续处理，分拣滤波、提高信噪比，解调还原并提取所需信息，信号传输过程中涉及的关键技术有以下 3 种。

(1) 光源。由于水介质对光传输的损耗和信道的散射影响，要实现较远距离的水中点对点高速率光信号传输，需要特定波长的大功率、低发散激光器。近年来 LED 可见光通信受到关注，尽管其水中信号传输距离相对较短，但作为大发散角的扩散光源，可实现从一个节点到多个节点的水下通信，具有系统相对简单、成本低、对收发器的方向性要求也较低等优势。

(2) 水体信道特性研究。水下激光通信的信道是水体，水体信道主要分为淡水和海水，它们的主要区别是其中的盐分含量，相对而言，海水水体的情况更为复杂，同时也是水体研究的重点。海洋是一个复杂的生物、物理、化学生态系统，海水中含有盐等可溶性物质、大量的悬浮粒子和活性浮游生物体，再加上海洋湍流的影响，不同地域(大西洋和北冰洋)、不同深度(近海和深海)、不同时间海水的成分、水质差异较大，因而海水是一种性质复杂、不稳定的光传输介质。由于海水的密度比大气大，光波在水下的传输远比其在大气中的传输牵涉的因素多，过程更复杂。

海水对光的衰减主要由海水的吸收和悬浮微粒的散射造成。海水对光的吸收特性与海水的物质成分密切相关，即衰减程度依赖于光波波长、海水生物含量、海水浑浊程度、海水深度和温度等因素，其中海水温度和盐度对衰减系数的影响较小。实验研究表明，海水存在一些波长的“透光窗”，只是在可见光波段内透过性较好，对波长为 450～580nm 的蓝绿光吸收最弱(其中 459nm 波长的蓝绿光在大气中的透过率是 65%，在 2000m 深海水中的透过率达 90%～95%)，平均衰减系数为 0.04dB/m，一定功率的蓝绿激光可穿透 600m 海水。当波长大于 580nm 或小于 450nm 后，衰减系数显著增大，其中红、紫光的衰减系数最大。一般情况下，大洋海水对光的衰减系数约为 0.1dB/m(对比水中 20kHz 声波的传输衰减系数为 2～3dB/km)，含浮游生物海水的衰减系数比纯海水大，同一水域衰减系数随海水深度增加而减小，近海区的衰减系数比外海的大。

光在海水中的散射主要由水分子和水中的悬浮粒子导致，水分子的尺寸远小于可见光波长的大小，纯水中的散射属于瑞利散射，当波长大于 480nm 时，水分子的散射逐渐减小并趋于平缓，以致可以忽略。海水中的悬浮粒子的尺寸较大，属于米氏散射，其与海水的浑浊度、区域、深度等因素密切相关。对于沿海或港口区域，较浑浊的海水将造成光的多次散射，显著降低光在海水中的穿透性，干扰水下通信的效果。同时，海水的温度差异、盐度的不同及海水流向导致海水局部组分、密度等处于不断变化中，产生海水湍流。海水湍流效应造成海水的折射率随地点和时间不断变化，致使激光在海水传输中出现激光束的强度闪烁、光束抖动和扩展，也严重影响传输激光束的相干性。对于天地一体化的水下激光通信网络系统，水下与天空激光通信的下行信道和上行信道受大气层/海水的影响不同，不是简单的互逆关系。其中影响最严重的因素是起伏的海面，因受温度、压强、风力的影响，海面的起伏是随机的，使出入海面光束的方向不断改变。

对比大气信道，海水的密度更大，光波在海水信道中的传输远比其在大气中的传输牵涉的因素多，过程更复杂，水质、水流、生物系统等多种水环境因素对水下激光通信的距离和质量有很大的影响。构建恰当的水体模型准确反映水体成分、所含杂质和水流状况，进行海水信道的补偿，减小海水信道对光传输特性(强度、空间特性、偏振等特性)和传播方向的影响，是设计水下光传输系统的难点之一。

(3) 蓝绿光的编码与调制技术。为获得较高的光信号传输速率，增大海水信道容量，需要结合蓝绿光的传输特性及传输系统结构采取恰当的调制方式(OOK、PPM、DPIM 等)及编码技术(RS 码、Turbo 码、LDPC 码等)，建立一个可靠的编译码系统将激光信号通过海水信道顺利传输，尽量减小多变水体环境产生的随机噪声对遭受海水严重衰减的弱光信号的影响，提高传输信号的信噪比，降低系统误码率，提高水下通信质量，以适应实现水下高速、实时数据传输的需求。

1.5　光纤通信的基本概念

1.5.1　电磁波频谱

电通信传送信息时，需要将电信号叠加(调制)在某一频率的电磁波(载波)上由发射端送到空间中进行传输，接收时在接收端通过检波等方式将原始信号恢复出来(解调)。空间中传播的电磁波(交变电磁场)具有不同的波长或频率，载波的频率不同，通信系统具有的传输容量或带宽也不同，通常，通信系统能达到的调制带宽约为其载波频率的十分之一。图 1.6 给出了从射频(RF)到无线电波区域的电磁波频谱图，该图按波长或频率大小的顺序把不同电磁波排列起来，包括无线电波、微波、红外线、可见光、紫外线、X 射线、γ 射线。光波是高频电磁波，其频率(10^{13}～10^{14}Hz)比无线电波的频率要高很多，而光波的波长则比无线电波的波长短很多；可见光只是电磁波频谱中很窄的一段，波长为 390～760nm(频率为 7.69×10^{14}～3.95×10^{14}Hz)；X 射线和 γ 射线的频率更高(波长更短)。

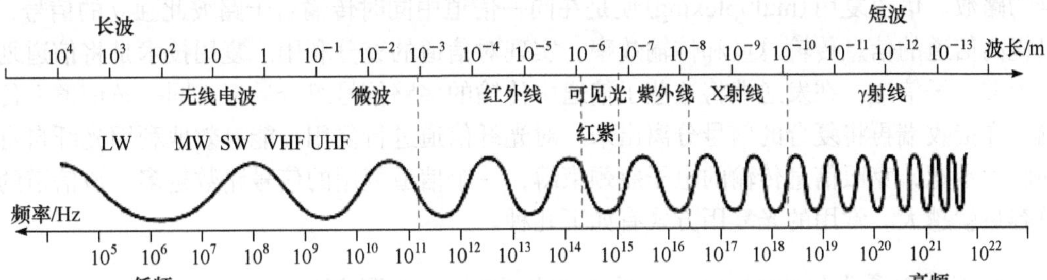

图 1.6　电磁波频谱图

1.5.2　通信的信道及容量

通信信道是指以传输介质为基础的信息传输通道，或信号经过的途径。广义的信道指传输介质和通信系统中的一些转换装置(如中继设施)，狭义的信道则指单纯的有形介质(有线和无线)，如双绞线、电缆、光纤、微波等。作为信息的载体，信号在信道中不失真的必要条件是信道的通频带（3dB 带宽）要大于信号频谱带宽（频带宽）。信道容量指单位时间内该信道上能无错误传输的最大信息量，也可表示为信道的最大信息传输速率，即单位时间内可传输的二进制位的位数(bit/s)。信道容量是通信系统和终端设备通信能力的重要标志，其大小与信源无关，但受到带宽和噪声的双重制约。信道传输信号的最大容量由香农(Shannon)公式给出：

$$C = B\log_2\left(1+\frac{S}{N}\right) = B\log_2(1+\mathrm{SNR}) \tag{1.1}$$

式中，C 是信道容量(bit/s)；B 是信道带宽(Hz)；S 是平均信号功率；N 是平均噪声功率；SNR 或 S/N 是信噪比(信号与噪声的功率之比，为无量纲量)。香农公式表明在带宽有限、有随机热噪声的信道上，信道容量就是理论上单位时间内可能传输的信息量的极限数值，即给出了不考虑编译码时延和复杂度情况下，误码率趋近于零的信号最高传输速率，即理论上存在一种方法可以使该信息以任意小的误码率通过该信道传输。当信道的信号速率超过信道容量时，误码率显著提高，信息传输质量严重下降，该信道无法正确传输该信息。

一个系统的传输速率(比特率)越高，每一个信号(比特)的脉冲越窄，所占用的时间间隔也就越短，转换到频域后，表现为占用更大的频带宽度。由于信息传输的容量(信道带宽)与载波频率有关，为扩大通信容量，意味着需要不断开发利用电磁波的更高频率波段，以提高通信载波的频率来获得更宽的信道带宽，提高信号的传输速率，实现通信容量的持续扩大。因此，无线通信的波段便从使用中波、短波至微波，进而扩展到使用光波。

1.5.3 信道复用

通信过程中传输一路信号需要占据一定的带宽，而该路信号占用的带宽只是信道带宽的很小一部分。要提高通信的信息传输总量，可以提高信号的传输速率或增加传输信号的路数。信道复用(multiplexing)便是在同一信道中同时传输若干路彼此独立的信号，以提高信道的信息传输总量和传输效率，实现对信道的充分利用。复用技术是将信道划分为多个子信道，在发送端将这些子信道中传输的多路信号组合后汇入同一条信道上传输，在接收端再将复合的信号分离出来。对光纤信道进行复用，能有效地利用光纤自身的巨大带宽，克服信息传输的电子瓶颈束缚，一个信道复用的信号路数越多，该信道的总容量就越大。常用的光复用方式有如下几种。

1. 光时分复用(optical time-division multiplexing，OTDM)

光时分复用在输入端将光信号(光载波)分成多束，每束光被各自的电信号调制成不同速率的光信号，调制后的各路光信号按一定时间间隔(或延时)复用成一路汇入信道(光纤)传送，即在一路光脉冲之间插入多路相对于第一路具有不同时延的光脉冲，以提高单根光纤的传输速率。调制的电光(E/O)转换和光电(O/E)转换在复用前完成，在一根光纤

(信道)上只传输一个波长的光信号。光时分复用具有可实现单信道速率达几百至上千Gbit/s、系统只需要单一光源、色散管理传输简单等优势，光时分复用技术发展迅速，但尚不成熟，距实用化还有一定距离。

2. 光码分复用(optical code-division multiplexing，OCDM)

光码分复用通信是将码分多址通信技术与光纤通信技术相结合的一种通信方式，在光码分复用系统中，每个用户都被分配一个唯一的地址码，不同的用户以相互正交的不同地址码标记身份。首先用电信息信号对光源直接进行调制，并经编码器进行扩频处理，产生一个标记用户地址信息的扩频信号序列(伪随机地址码序列)光脉冲，伪随机地址码通常为光正交码，然后光脉冲信号被耦合进入光纤信道传输，在接收端用与发射端相同的伪随机地址码序列进行光解调，恢复原发送的光信号，进而由光电转换得到电数据信号。光码分复用技术同样是在一根光纤(信道)上只传输一个波长的光信号，具有接入简单、网络扩容方便、控制灵活、安全性高等优点，光码分复用没有严格的系统容量定义，即接入的用户数量以系统的通信质量保持在可接受的范围而定，是一种干扰受限系统。

3. 光频分复用(optical frequency-division multiplexing，OFDM)

光频分复用是在频域上将若干个频率间距很小的不同频率的光(光载波)排列起来，用光合波器耦合为复合信号后沿同一根光纤传输。这样信道的总带宽便被划分成若干个子频带(子信道)，每一个子信道具有不同频率的光载波，占用不同的频带传输一路信号。光频分复用要求信道总频率宽度大于各个子信道的频率之和，为保证各子信道中所传输的信号互不干扰，在各子信道之间需设立隔离带。光频分复用一般用在多模光纤传输系统中。

4. 光波分复用(optical wavelength-division multiplexing，OWDM)

光波分复用是将各自携带不同信息、在光域上波长间距很小的若干个不同波长的光(光载波)，用光合波器耦合后送入同一根光纤中传输。这些在不同的波长(彼此间隔几纳米至几百纳米的波长)代表不同的子信道，各自占用不同的带宽传输一路信号，不同波长彼此的间隔越小，子信道便越多，信道总的传输容量就越大。在接收端将光纤中传输的复合波长光载波分开，恢复出原信号后送入不同的终端。光波分复用又称光波长分割复用，它具有充分利用光纤的巨大带宽资源、可同时传输多种特性不同类型的信号、可采用全双工方式、组网灵活等优点，波分复用一般用在单模光纤传输系统中，是当前进行通信链路升级扩容，新建高速、大容量通信网的最佳选择。

由于电磁波频率与波长一一对应，OFDM 与 OWDM 在本质上是相同的，只是在OWDM 系统中，各个信道之间的信道间隔(波长)较大(> lnm)，而在 OFDM 系统中，各个信道之间的信道间隔(频率)很小(几至几十 GHz)。

1.5.4　模拟信号与数字信号

无论是光通信系统还是电通信系统，信息传输通过传送的载体(信号)来实现，需要传送的信号形式有两大类，即模拟信号和数字信号。

(1)模拟信号(analog signal)。模拟信号是指信号参数在给定范围内的取值连续变化的信号，表现为时域上的一个连续函数形式，如图 1.7 所示，强调变换过程中的信号与信息之间的线性关系。模拟信号在频域的特征参数主要有信号带宽、中心频率、幅度和幅度范围。模拟信号具有分辨率精确、处理简单等优点，但易受噪声影响，保密性差。常见的模拟信号有音频信号和视频信号，在模拟光纤通信系统中，主要技术指标有传输带宽、传输信噪比等。

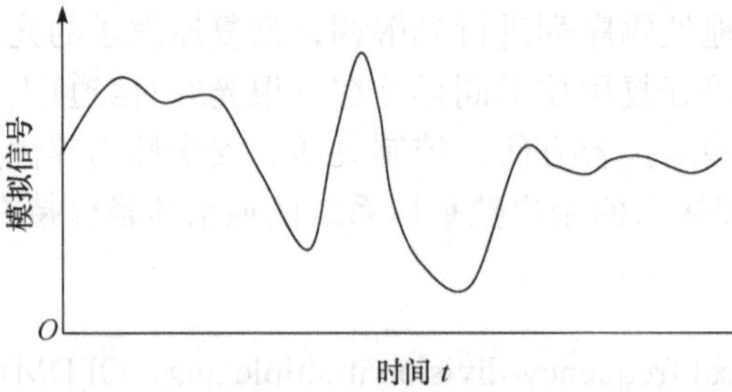

图 1.7　模拟信号

(2)数字信号(digital signal)。数字信号是指信号参数取值分离的离散变化信号，只能取有限个值，表现为自变量和因变量均是离散数值的数字序列。自变量用整数表示，因变量用有限数字中的一个数字来表示，如图 1.8 所示，强调变换过程中的信号与信息之间的一一对应关系。数字信号在时域的特征参数主要有信号的编码形式、幅度、脉宽、上升时间和下降时间。数字信号的大小常用有限位的二进制数表示，则数字信号用一系列断续变化脉冲的两种物理状态(光的有与无、电平的高和低等)来表示二进制的“1”码和“0”码，每个码有一定的持续时间 T_B，称为比特周期，单位时间内的比特数称为比特率 B(bit/s)，且 $B=1/T_B$。数字信号具有抗干扰能力强、无噪声积累、便于存储和处理、保密性高等优点，但占用信道频带较宽。常见的数字信号有符号、计算机的数据信号等，在数字光纤通信系统中，主要技术指标有传输容量、误码率等。

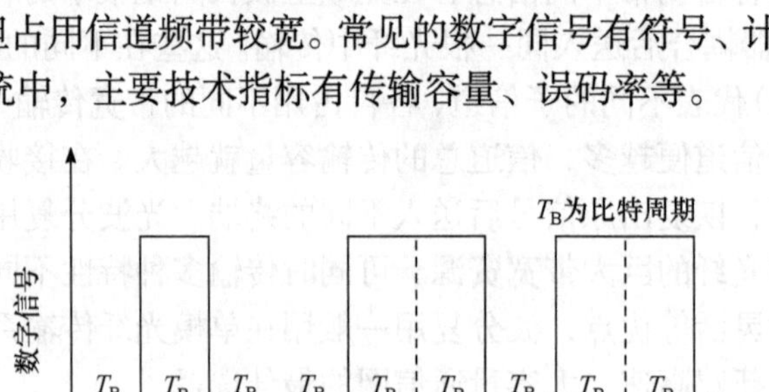

图 1.8　数字信号

模拟信号可以用来表达任何信息，如温度、压强、位移、电压、电流强度等这些对变化做出响应、可以用传感器测量的物理量。模拟信号和数字信号均有一定的信号带宽，信号带宽表征信号在频域的频率响应范围。模拟信号在不同时间点位置的信号数值是连续变化的，而数字信号在不同时间点的信号值总是处于预先设定的离散点，因此，如果一个物理量的真实值不能在这些预设值中被找到，这个数字信号就与真实值存在一定的偏差。

(3) 模拟信号与数字信号间的相互转换。与模拟信号对应的是数字信号，数字信号是现代信息技术的产物，在信息传输、存储、处理中有着重要的作用。通过以一定的时间间隔对模拟信号进行取样、量化和编码，可以将模拟信号转换为数字信号(模数(A/D)转换)，具体常采用脉冲编码调制(pulse code modulation，PCM)方法量化；同时，数字信号一般采取对载波进行相移(phase shift)的方法转换为模拟信号，即数模(D/A)转换。

A/D 转换的取样频率 f_S 由模拟信号的带宽 Δf 决定，f_S 需满足奈奎斯特准则，即 $f_s \geqslant 2\Delta f$，才能保证带宽受限的信号可以完全由一系列分离取样值来表示而不丢失任何信息。但在 A/D 和 D/A 转换过程中，量化噪声将叠加在模拟信号的其他噪声上。信噪比为 SNR(dB)的模拟信号转换为数字信号时，数字信号的比特率 B(bit/s)满足

$$B > \Delta f \cdot \mathrm{SNR} / 3 \tag{1.2}$$

式(1.2)表明，带宽为 Δf、信噪比优于 SNR 的模拟信号进行数字化转化所需的最小比特率。这意味着数字信号对带宽的要求大大提高，对于同样的信息，用数字信号传输时，信道需为其提供比传输模拟信号更大的带宽。

1.5.5 调制与解调

调制指将信源的信息(基带信号)加载到载波上，使基带信号变为适于信道传输形式的过程。基带信号往往不能作为传输信号，调制使载波信号的某一个(或几个)参数随基带信号的变化规律而改变，以适用于信道传输。解调是从已调制的信号的参量变化中恢复出原始的基带信号的过程，解调是调制的逆过程。调制时的方式不同，解调的方法也不一样。

在光纤通信系统中，调制是具体将要传输的信息的电信号叠加到光载波上，操作这一过程的器件称为光调制器。具体在发射端由光发射机将调制的电信号转换成光信号，在接收端由光接收机将光信号转换为电信号并恢复。根据光场的数学描述可得

$$\boldsymbol{E} = \boldsymbol{e}A\cos(\omega t + \varphi) \tag{1.3}$$

式中，$\boldsymbol{E}$ 为光场矢量；A 为光场的振幅；$\boldsymbol{e}$ 为光偏振方向的单位矢量；ω 为光载波的角频率；φ 为光场的初位相。

对光波的调制可以通过对光波的振幅、频率、波长、位相和偏振参数进行，调制时采用不同的手段和方式使光载波的这些参数随外加调制信号的变化而改变。模拟通信中，调制可采用强度调制(调幅)、频率调制(调频)和相位调制(调相)；数字通信中，对应的调制可采用幅移键控(ASK)、频移键控(FSK)和相移键控(PSK)。

小　结

光纤通信技术是当今世界上飞速发展且广泛应用的技术，它的发展极大地改变了人们的通信方式，实现了信息的高速传递，有力地促进了大数据、人工智能等现代科技的发展。光纤通信研究的是如何以光的形式在光纤中实现信息的高速传输，本章介绍了光通信的产生背景、应用和整个发展历程，以及其技术特点和关键技术；重点介绍了光纤通信的概念、优势与缺点，以及光纤通信系统的构成、分类、通信窗口和主要特性指标。通过本章的学习能够为后续章节的学习奠定知识基础。

习　题

1. 光纤通信与电通信相比主要的优势是什么？其技术实质是什么？
2. 光纤通信有哪些突出优点？
3. 光纤通信系统主要由哪几部分组成？各个部分的主要功能是什么？
4. 光纤通信系统的主要技术指标有哪些？
5. 光纤通信有哪几个通信窗口？各有什么特点？
6. 什么是有线光通信和无线光通信？它们的共同优势、主要差异及应用场合是什么？
7. 大气激光通信的通信距离主要受什么因素的限制？具体如何影响？
8. 星间激光通信链路如何分类？
9. 水下激光通信的优势及主要用途有什么？
10. 水下激光通信为什么选择使用蓝绿激光？
11. 什么是信道？光纤通信的信道是什么？
12. 什么是复用？光纤通信中复用的目的是什么？

第 2 章　光纤和光缆

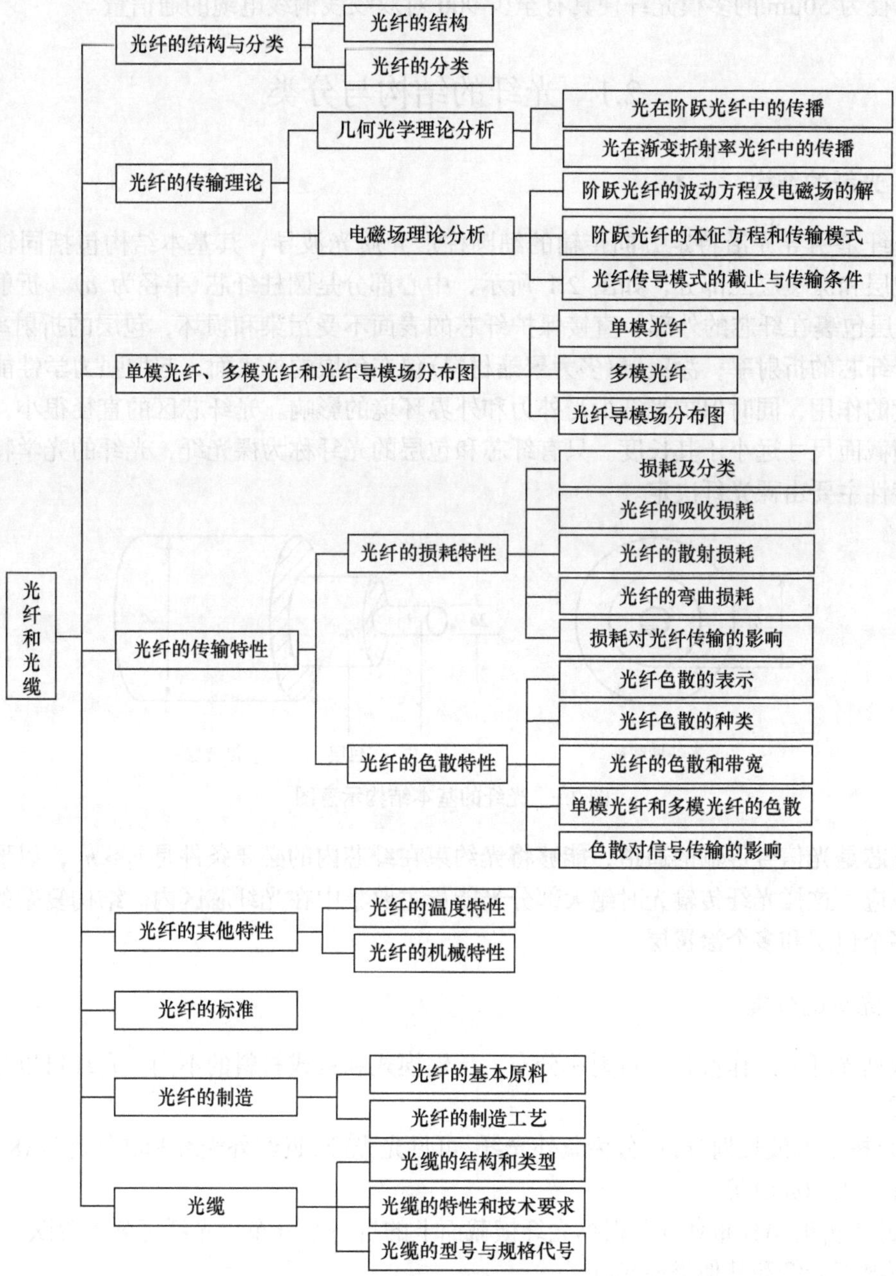

本章知识点框图

光纤是光导纤维(optical fiber)的简称，是用特殊透明材料(玻璃、塑料等)做成的具有特殊结构的信息传输介质，它具有将光束缚在光纤内部并实现点到点传输的功能。光纤是光纤通信系统的信道，是光纤通信的物质基础和优良的传输介质，光纤的结构特性(几何尺寸、折射率分布等)、传输特性(损耗、色散等)对光纤的导光性能和光纤通信系统的通信质量具有重要的影响。光纤具有的巨大传输容量为高速率通信提供了物质保障，一条芯径为 50μm 的多模光纤便具有至少 900 对双绞线铜线电缆的通信量。

2.1　光纤的结构与分类

2.1.1　光纤的结构

光纤是引导光沿特定方向传输的细圆柱形介质光波导，其基本结构包括同轴的纤芯、包层和涂覆层三部分，如图 2.1 所示，中心部分是圆柱纤芯(半径为 a)，折射率为 n_1；包层包裹在纤芯的外部，直接保护纤芯的表面不受污染和损坏，包层的折射率(n_2)稍低于纤芯的折射率；涂覆层(多为聚酯材料)包在包层的外表面，起增强力学性能和机械强度的作用，同时保护光纤少受外力和外界环境的影响。光纤芯区的直径很小，光纤的圆横截面尺寸远小于其长度。只有纤芯和包层的光纤称为裸光纤，光纤的光学特性和传输特性主要由裸光纤决定。

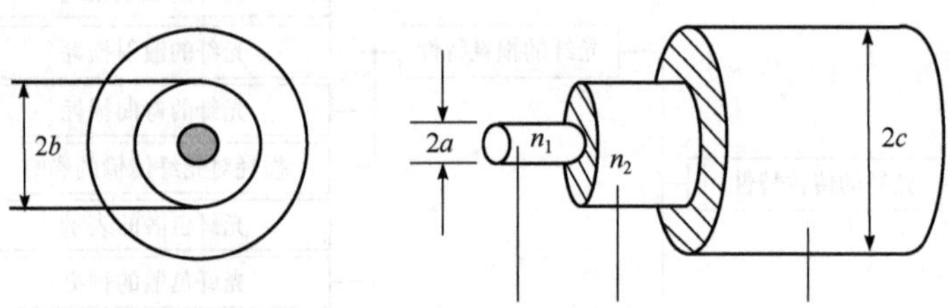

图 2.1　光纤的基本结构示意图

纤芯是光信号传输的通道，能够将光约束在纤芯内的必要条件是 $n_1 > n_2$，以形成光波导效应，这样光纤传输光时绝大部分光能量主要集中在光纤芯区内。结构复杂的光纤含有多个包层和多个涂覆层。

2.1.2　光纤的分类

根据光纤的工作波长、折射率分布、传输模式和构成材料的不同，光纤可以分为以下几类。

(1)按工作波长划分，可分为紫外光纤、可见光光纤、近红外光纤和红外光纤(850nm、1310nm、1550nm)等。

(2)按折射率分布划分，根据光纤横截面上的折射率分布，光纤可分为阶跃型光纤、渐变折射率光纤和其他类型光纤。

① 阶跃型光纤(step-index fiber)指芯区和包层区域内的折射率是均匀的，因芯区的

折射率大于包层，在芯区和包层交界面处的折射率存在一个台阶形的突变(图 2.2)，其横截面上的折射率的分布为

$$n(r) = \begin{cases} n_1, & r < a \\ n_2, & b \geqslant r \geqslant a \end{cases} \tag{2.1}$$

② 渐变折射率光纤(graded-index fiber)指纤芯内的折射率不再是一个常量，而是纤芯半径的函数，$n = n_1(r)$。芯区中心处的折射率最大，折射率按一定的函数关系沿半径方向随着纤芯半径增大而逐渐减小，至芯区和包层交界处降到与包层的折射率相同，而包层的折射率是均匀的，如图 2.2 所示。

③ 其他类型光纤指光纤横截面上的折射率分布呈突变或渐变的复杂分布形式(如三角形、W 形、凹陷型等)，这类光纤往往具有多个包层，属于具有专用功能的特种光纤。

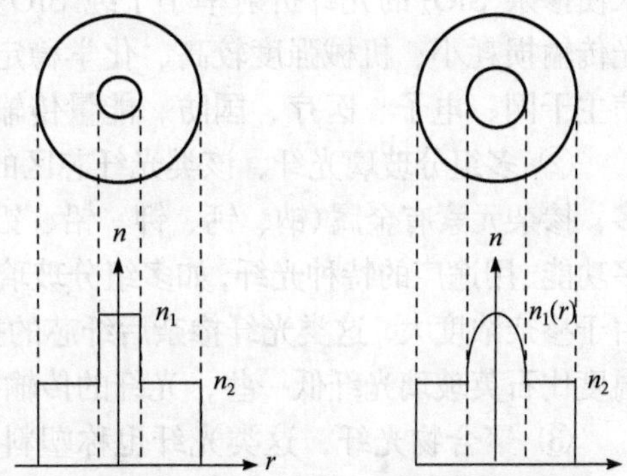

(a) 阶跃型光纤　　(b) 渐变折射率光纤

图 2.2　光纤横截面折射率分布示意图

(3)按传输模式划分，根据光在光纤中传输的模式数量可分为单模光纤和多模光纤。

① 单模光纤(single-mode fiber，SMF)指在确定的工作波长上，只能传输一个模式(传导模)的光纤(两个偏振态兼并)。

② 多模光纤(multi-mode fiber，MMF)指在确定的工作波长上，能同时传输多个模式的光纤。单模光纤和多模光纤的主要区别在于纤芯的直径大小、纤芯与包层的折射率差异。单模光纤的直径较小($2a = 4 \sim 10\mu m$)，其包层外直径为 $2b = 125\mu m$；多模光纤的直径较大($2a = 50 \sim 100\mu m$)，其包层外直径为 $2b = 125 \sim 400\mu m$，如图 2.3 所示。

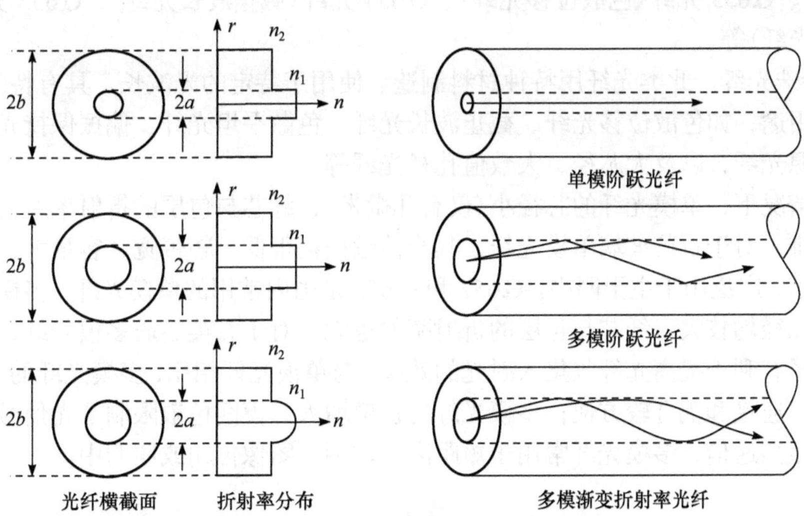

图 2.3　单模、多模光纤的芯区尺寸及光线路径示意图

(4)按光纤的构成材料划分，根据光纤芯区和包层所用的材料可分为玻璃光纤(石英玻璃光纤、多组分玻璃光纤)、聚合物光纤、复合光纤、晶体光纤等。

① 石英玻璃光纤，以 SiO_2 为主要材质(含量大于 98%)，常用两种组合，一种是纤芯材料用掺有微量掺杂剂(如 GeO_2、P_2O_5 等)的高纯度 SiO_2，Ge 和 P 元素的掺入使掺杂 SiO_2 的光纤折射率大于纯 SiO_2 的折射率，包层材料便可用纯 SiO_2 制作；另一种是纤芯材料用高纯度 SiO_2，包层材料用掺有微量掺杂剂(如 BO_3、F)的 SiO_2，B 和 F 元素的掺入使掺杂 SiO_2 的光纤折射率小于纯 SiO_2 的折射率，可用作包层材料。石英玻璃光纤的光传输损耗小、机械强度较高、化学稳定性好、可靠性高，是使用最广泛的光纤，如通信主干网、电子、医疗、国防、能量传输、照明、传感等领域。

② 多组分玻璃光纤，该类光纤芯区的 SiO_2 相对含量减少，掺杂剂的相对占比增大很多，掺杂元素有金属(钠、钙、钾、铅、铝等)和非金属(氟、磷、硫、硒、硼等)，以制造多功能、用途广的特种光纤，如多组分玻璃掺稀土光纤用于制造光纤激光器或光纤放大器。由于掺杂浓度大，这类光纤掺杂后纤芯的折射率比一般石英玻璃的折射率提高很多，熔融温度比石英玻璃光纤低一些，光纤的传输损耗比 SiO_2 光纤大，强度比石英玻璃光纤低。

③ 聚合物光纤，这类光纤也称塑料光纤，它的纤芯和包层都由不同折射率的有机物构成，要求芯区透明度高。塑料光纤的芯径较大、便于连接、柔韧性好、成本低、重量轻，但光传输损耗较大、受热易变形、怕化学有机溶液。因此，该类型光纤主要用于短距离信号传输、局域网、光纤照明等场合。

④ 复合光纤，指光纤的芯区和包层分别用不同性质的材料组合而成，满足芯区的折射率大于包层折射率的基本条件，且芯区和包层能很好地相互贴合，如液芯光纤(纤芯是液体，包层是石英毛细管)，以及玻璃和塑料组合的光纤。

⑤ 晶体光纤，这类光纤的芯区为单晶、多晶或光子晶体材料。

(5) 按国际电信联盟电信标准化机构(ITU Telecommunication Standardization Sector，ITU-T)建议划分，主要有 G.651 光纤(渐变折射率多模光纤)、G.652 光纤(常规单模光纤)、G.653 光纤(色散位移光纤)、G.654 光纤(截止波长光纤)、G.655 光纤(非零色散位移光纤)等。

(6) 特殊光纤。此类光纤用特种材料制造、使用于特定的光波长、具有特殊的功能、满足特种用途，如色散位移光纤、截止波长光纤、色散平坦光纤、偏振保持光纤、红外光纤、有源光纤，以及大芯径、大数值孔径光纤等。

通常情况下，单模光纤的芯径小(仅有几微米)，纤芯与包层的折射率差也小，连接和耦合困难，对于石英玻璃单模光纤，其光传输损耗很低、频带宽、容量大，尤其适于长距离通信，广泛用于主干网中。G.652 和 G.655 是国内常用的单模光纤。多模光纤的芯径和数值孔径均较大，纤芯与包层的折射率差也大，对于石英玻璃多模光纤，大芯径和大数值孔径有利于提高光纤收集入射光的效率；与单模光纤相比，多模光纤的光损耗大、带宽较窄、连接和耦合较方便；多模光纤的色散增大，模间色散限制了光信号的频率，不利于长距离通信，多模光纤常用于短距离局域网、图像传输或照明中。

2.2 光纤的传输理论

研究光信号在光纤中的传输有两种方法，一种是几何光学方法(光线理论)，另一种是光的电磁场理论(模式理论)。几何光学方法简单直观，分析过程容易理解，但结论不够严格，近似结论和定性结论多；光的电磁场理论数学推演复杂，理解有一定难度，但分析过程严谨，对结果的描述更完善和精确。光纤的导光性能取决于光纤芯区、包层的折射率分布。在光纤传输的过程中，光信号会因光纤芯区材料的吸收、散射等而失去部分光能量，产生光损耗；由于光纤的色散而导致光脉冲展宽，产生光信号畸变和失真。本书主要基于几何光学方法，结合电磁场理论分析光纤的导光特性。

2.2.1 几何光学理论分析

1. 全内反射

根据几何光学理论，光在均匀介质中沿直线传播，从折射率较大的光密介质进入折射率较小的光疏介质时，在两种介质的交界面上，入射光会发生反射和折射，入射角等于反射角，$\theta_1 = \theta_1'$。当入射角等于全反角，即 $\theta_1 = \theta_c$ 时，折射光和反射光均沿着介质交界面传输；当入射角大于全反角，即 $\theta_1 > \theta_c$ 时，入射光全部被反射，不发生折射，如图 2.4 所示。θ_c 称为全反角或临界角(折射角为 90°时对应的入射角)，由折射定律(Snell 定律)可知 $\theta_c = \arcsin\ (n_2 / n_1)$。

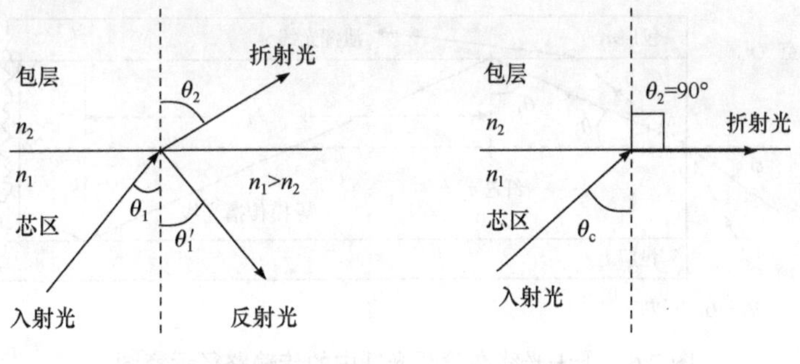

图 2.4　光入射到两种不同介质交界面上($n_1 > n_2$)的现象

2. 子午光线和斜射线

用光线光学研究光在光纤中的传输过程时，常用到子午光线(meridional ray)和斜射线(skew ray)。子午光线是进入光纤后在子午面(通过纤芯轴线与纤芯直径的任何平面)上并与光纤轴线相交的光线，子午面上的光线在全反射发生时，入射光线和反射光线仍然还在同一个平面中(子午面)。斜射线是进入光纤后不经过光纤轴线的光线，斜射线连续两次全反射的光线不在同一个平面内，它绕着光纤轴成螺旋状前进。两种光线在光纤中的行进路径如图 2.5 所示。

1)光在阶跃光纤中的传播

进入阶跃光纤的所有光线可以分为两大类：子午光线和斜射线，实际上斜射线的数目远多于子午光线。根据它们各自在光纤芯区中行进的不同路径，得出的光纤传输结论类似，相对而言，子午光线的分析过程简单，后续阶跃光纤的光传输过程便采用子午光线分析。图 2.6 所示为光纤中一子午面内光线的传输情况，一条光线由空气中以与光纤轴成ϕ角度入射到光纤横截面，经空气与光纤界面的折射，沿与光纤轴成 θ_2 角度的方向前进，在包层和芯区上界面被反射和折射。

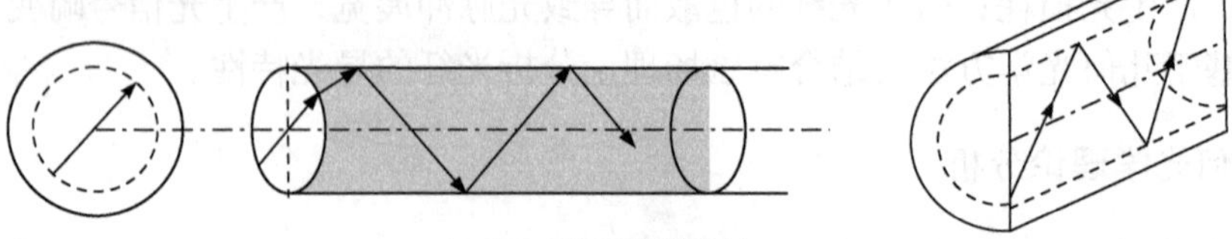

(a) 子午光线及传输路径

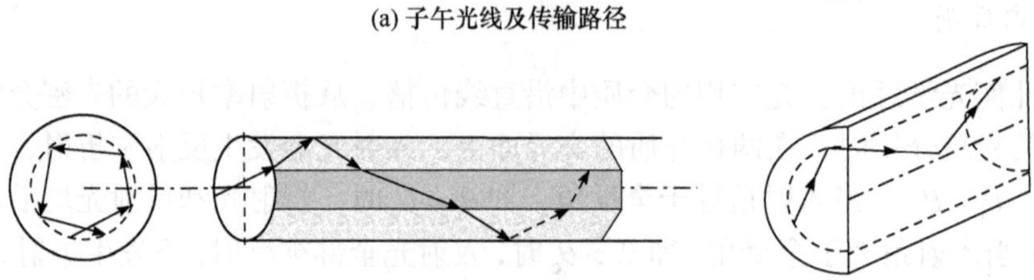

(b) 斜射线及传输路径

图 2.5　子午光线和斜射线在光纤中的行进路径

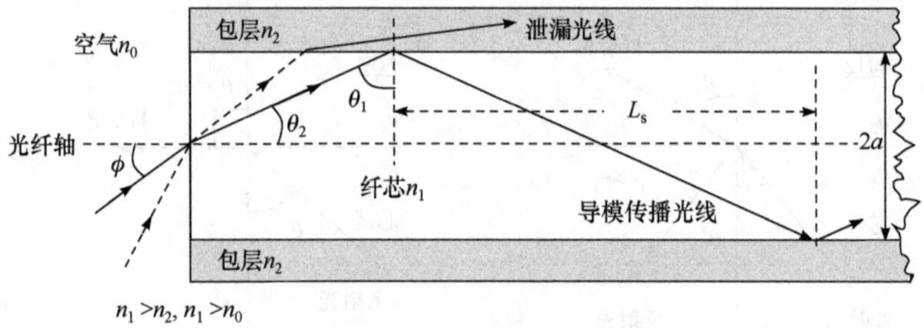

图 2.6　子午光线在阶跃光纤中的传输路径示意图

由折射定律可知，在空气与光纤界面上ϕ满足

$$n_0 \sin\phi = n_1 \sin\theta_2 = n_1 \cos\theta_1 \tag{2.2}$$

式中，n_0、n_1 分别为空气、光纤芯区的折射率；n_2 为包层的折射率；为保证在光纤包层和芯区上下界面上光发生全反射，应有 $\theta_1 = \theta_c$，由式(2.2)可得

$$n_0 \sin\phi = \sqrt{n_1^2 - n_2^2} \tag{2.3}$$

光纤中，当射向包层和芯区上界面的光线的入射角 $\theta_1 > \theta_c$ 时，光将在上界面发生全反射而折返回芯区，折返向下的光线在包层和芯区下界面上同样发生全反射，被再次反射回芯区。这样，所有满足 $\theta_1 > \theta_c$ 的光线都会被限制在纤芯中，在上下界面不断地全反射中以"之"字形路径沿光纤向前传输，这便是光纤传输光(导光)的基本原理。而以 $\theta_1 < \theta_c$ 角入射的光线在包层和芯区上下界面上不满足全反射，光线将在界面处折射进入光纤包层而泄漏出光纤。

(1) 光纤数值孔径。

与 $\theta_1 = \theta_c$ 对应的入射临界角ϕ_{max}的正弦定义为光纤的数值孔径(NA)，由式(2.3)有

$$\mathrm{NA}=n_0\sin\phi_{\max}=\sqrt{n_1^2-n_2^2}=n_1\sqrt{2\Delta} \tag{2.4}$$

$$\Delta=\frac{n_1^2-n_2^2}{2n_1^2}\approx\frac{n_1-n_2}{n_1} \tag{2.5}$$

式中，Δ为光纤纤芯与包层的相对折射率差。单模光纤纤芯与包层的相对折射率差较小，$\Delta=0.0005\sim0.01$，多模光纤纤芯与包层的相对折射率差较大，$\Delta=0.01\sim0.02$。$\phi_{\max}$定义了入射光从外部(空气中)进入光纤芯区的光线入射角范围，在$\phi<\phi_{\max}$范围内的所有光线都能顺利进入光纤并沿光纤传输，在$\phi>\phi_{\max}$外的入射光线将折射进入光纤包层而泄漏，不能继续沿光纤传输。

因此，角度 $2\phi_{\max}$ 称为入射光线的孔径角(圆锥角)，如图 2.7 所示，决定了进入光纤传播的入射光线空间范围。光纤的数值孔径 NA 反映了光纤收集光的能力，NA(或$\phi_{\max}$)越大，光纤的孔径角(空间范围)也越大，接收光的能力就越强，从光源向光纤送光的耦合效率越高。单模光纤的 NA 一般在 0.12 附近，多模光纤的 NA 一般为 0.18～0.23。同时，NA 越大，纤芯对光能量的束缚越强，光纤的抗弯曲性能也越好；但 NA 越大，沿光纤传输的光信号损耗增大，信号畸变越大，通信带宽将降低，限制信息传输容量。因此，应根据实际使用的场合，合理选择适当的光纤数值孔径。在孔径角 $2\phi_{\max}$ 范围内进入光纤的无数光线均满足$\theta_1>\theta_c$，具有相同入射角的光线代表在光纤中传输的一个传导模式。

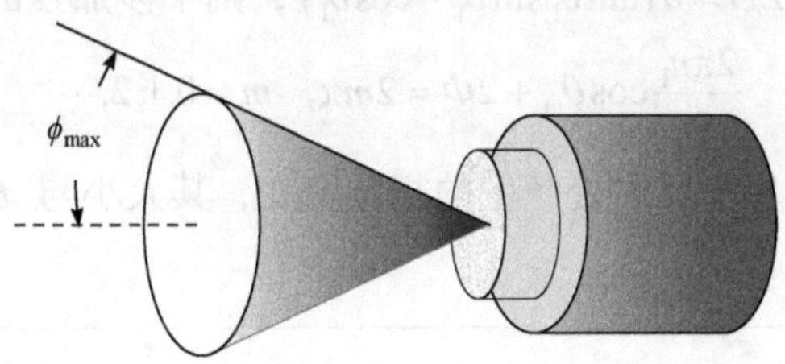

图 2.7　子午光线在阶跃光纤中的孔径角示意图

(2) 时间延迟。

根据图 2.6，以不同角度θ_1 入射的光线，沿“之”字形路径各自经历的路程长度是不相同的，以沿光纤轴方向($\phi=\theta_1=0$)经历的路程最短。在光纤中沿光纤轴方向传播 L 距离后，角度 θ_1 入射光线经历的时间为

$$\tau=\frac{L}{\sin\theta_1}\cdot\frac{1}{c/n_1}=\frac{n_1L}{c}\sec\theta_1 \tag{2.6}$$

则信号最大时间延迟(花费时间最多($\phi=\phi_{\max}$)与花费时间最少($\phi=0$)之差)为

$$\tau=\tau_{\max}-\tau_0=\frac{n_1L}{c}\sec\theta_c-\frac{n_1L}{c}=\frac{n_1L}{c}\frac{n_1-n_2}{n_2}\approx\frac{Ln_1}{c}\cdot\Delta=\frac{L}{2cn_1}\mathrm{NA}^2 \tag{2.7}$$

最大时间延迟与相对折射率差成正比，反映了经光纤传输后脉冲信号在时域发生展宽，产生信号畸变。不同入射角的光线经光纤传输后，产生的时间延迟不相同。可见，阶跃多模光纤因信号畸变限制了其传输带宽。

(3) 跳跃距离 L_s。

跳跃距离 L_s 指在光纤包层和芯区上下界面连续两次全反射之间的水平距离，$1/L_s$ 表示单位长度上光线的全反射次数。

$$L_s = 2a\tan\theta_1 = 2a\sqrt{\frac{n_1}{n_0\sin\phi} - 1} \tag{2.8}$$

(4) 光纤导模及传输特征方程。

根据式(2.4)定义的光纤数值孔径及最大孔径角，可知凡进入孔径角 $2\phi_{max}$ 范围内的入射光线均满足光纤芯区/包层界面的全反射，每条光线均能从光纤的输入端经“之”字形路径行进到光纤的出射端，不同入射角的光线代表在光纤中传输的不同传导模式。这似乎表示光纤中的传导模式会有无数多个，但实际情况不是这样的，还需附加一个条件。被光纤约束并能够最终传输到出射端的所有光线，除在上下界面上均全反射外，还需要满足相干加强条件。图 2.8 给出了阶跃光纤两束子午光线行进的光程差示意图，以θ_1角入射的光线 1 和光线 2 在上下界面处发生全反射，$\theta_1 > \theta_c$，两光线还必须在反射点处实现干涉加强，它们才能继续前进，顺利将光能量送达光纤的出射端。因此，光线 1 和光线 2 之间的路径差为 $AB\text{–}ED$，带来的相应相位差为

$$\frac{2\pi}{\lambda}(AB - ED) = \frac{2\pi n_1}{\lambda_0}(AB - ED) = 2dk_0 n_1\cos\theta_1 \tag{2.9}$$

式中，$AB = d/\cos\theta_1$；$ED = d(\tan\theta_1\sin\theta_1 - \cos\theta_1)$，则干涉加强的条件为

$$\frac{2\pi n_1}{\lambda_0}\cos\theta_m + 2\Phi = 2m\pi,\quad m = 0,1,2,\cdots \tag{2.10}$$

Φ 是光线 1 和光线 2 发生全反射处产生的相位突变，其大小与 θ、n_1、n_2 及入射光的偏振方向有关。

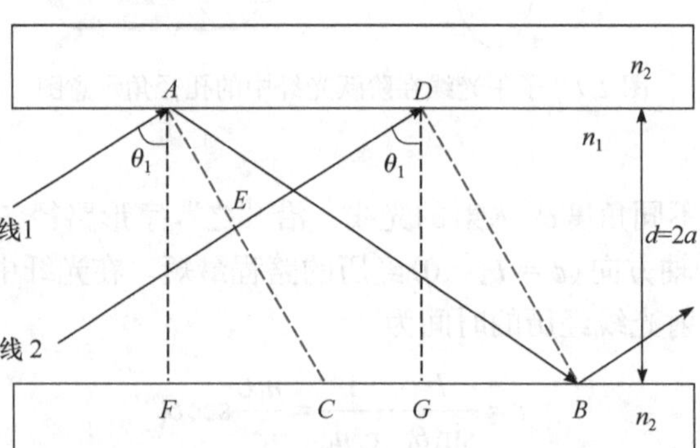

图 2.8　子午光线在阶跃光纤中的光程差示意图

式(2.10)为阶跃光纤的特征方程。m 是传导模的模阶，最低阶 $m = 0$ 的模称为基模。由此可见，光纤中可以传导的模的数量是有限的，具体模的数量取决于光纤的几何参数 a、n_1、n_2 和工作波长。

2) 光在渐变折射率光纤中的传播

渐变折射率光纤的纤芯折射率不是均匀的，而是连续变化的，它由纤芯中心的最大

值 n_1 向外逐渐减小，至纤芯与包层界面上的最小值 n_2，其横截面上的折射率沿半径的分布为

$$n(r)=\begin{cases} n_1(r)\sqrt{1-2\varDelta\left(\dfrac{r}{a}\right)^g}, & 0\leqslant r\leqslant a \\ n_2, & r>a \end{cases} \tag{2.11}$$

式中，r 和 a 分别为径向坐标和纤芯半径；g 为折射率指数，决定横截面上折射率的分布状况，如果 $g=\infty$，则表示阶跃型折射率光纤；如果 $g=2$，则表示抛物线折射率光纤。

由于纤芯中心处的折射率最大，向外沿半径方向折射率递减，在纤芯的上半部，光线的折射角逐渐增大，所以入射光线越来越向下偏向纤芯轴；在纤芯的下半部，光线也同样越来越向上偏向纤芯轴，这样入射光线沿渐变折射率光纤传输的轨迹不是折线，而是一条连续变化的准正弦曲线，如图 2.9 所示，使光线能基本被约束在纤芯内传播。

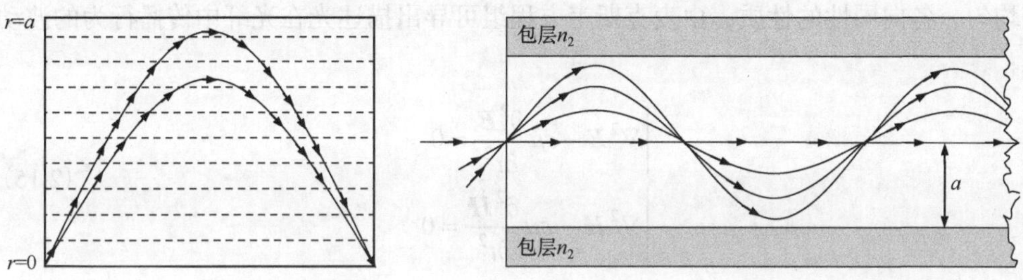

(a) 渐变折射率光纤中的子午光线轨迹　　　(b) 渐变折射率光纤中的光线自聚焦现象

图 2.9　子午光线在渐变折射率光纤中的传输路径示意图

因此，以不同入射角入射的光线经历的路程各不相同，与轴线夹角大的光线行走的路径要长一些，但它们均以准正弦轨迹在光纤中传播，光线会自觉地调整行进方向，所有这些光线在行进一段距离后，能交汇在纤芯轴线上同一点，这便是渐变折射率光纤的自聚焦效应。研究表明，当渐变折射率光纤的折射率指数取最佳值时，可以使芯区内所有被约束的光线在轴线上传播同样的距离所花的时间是相等的，即以不同入射角入射的光线虽沿不同的路径传播，但经过半个周期它们将汇聚到同一点。从而自聚焦效应对不同传播路径的光线起到了均衡的作用，可以消除多模光纤的模间色散，以减小多模光纤的色散。

类似地，对于折射率为 $n(r)$ 的渐变折射率光纤，其数值孔径为

$$\mathrm{NA}=\sqrt{n^2(r)-n_2^2}=n(r)\sqrt{2\varDelta} \tag{2.12}$$

当 $r=0$ 时，数值孔径最大，即 $\mathrm{NA}_{\max}=n(0)\sqrt{2\varDelta}$。光纤的相对折射率差为

$$\varDelta\approx\frac{n(r)-n_2}{n(r)} \tag{2.13}$$

2.2.2　电磁场理论分析(模式理论)

光波是电磁波，光波在光纤中的传播由麦克斯韦电磁场理论出发，严格求解光在光

纤中传输的波动方程，得出光纤中电磁场的分布(传输模式)，分析其性质才能深入理解光纤的导光原理及模式的传输特性。

1. 阶跃光纤的波动方程及电磁场的解

1)电磁场在光纤中传播的基本方程

光纤作为一种圆柱状的介质波导，具有圆柱形对称性。一般情况下，光纤芯区和包层间的折射率的差异很小($n_1 \approx n_2$，弱导光纤)。根据麦克斯韦方程组进行计算：

$$\begin{cases} \nabla \times \boldsymbol{E} = -\dfrac{\partial \boldsymbol{B}}{\partial t}, & \nabla \cdot \boldsymbol{D} = 0 \\ \nabla \times \boldsymbol{H} = \dfrac{\partial \boldsymbol{D}}{\partial t}, & \nabla \cdot \boldsymbol{B} = 0 \end{cases} \tag{2.14}$$

由于介质光纤的内部不存在自由电荷和传导电流($\rho = 0,\ \boldsymbol{J} = 0$)，光纤介质材料具有线性、均匀、各向同性的性质，由麦克斯韦方程组可导出描述光在光纤中传播行为的波动方程：

$$\begin{cases} \nabla^2 \boldsymbol{E} - \varepsilon\mu \dfrac{\partial^2 \boldsymbol{E}}{\partial t^2} = 0 \\ \nabla^2 \boldsymbol{H} - \varepsilon\mu \dfrac{\partial^2 \boldsymbol{H}}{\partial t^2} = 0 \end{cases} \tag{2.15}$$

式中，$\boldsymbol{D} = \varepsilon \boldsymbol{E}$; $\boldsymbol{B} = \mu \boldsymbol{H}$；$\varepsilon$ 为光纤介质的介电常数；μ 为介质的磁导率。设光纤中的电场和磁场为简谐波：

$$\begin{cases} \boldsymbol{E}(\boldsymbol{r},t) = \boldsymbol{E}_0 \mathrm{e}^{\mathrm{j}(k \cdot r + \omega t)} \\ \boldsymbol{H}(\boldsymbol{r},t) = \boldsymbol{H}_0 \mathrm{e}^{\mathrm{j}(k \cdot r + \omega t)} \end{cases} \tag{2.16}$$

将式(2.16)代入式(2.15)得到亥姆霍兹方程：

$$\begin{cases} \nabla^2 \boldsymbol{E} + k^2 \boldsymbol{E} = 0 \\ \nabla^2 \boldsymbol{H} + k^2 \boldsymbol{H} = 0 \end{cases} \tag{2.17}$$

式中，ω 为自由空间中光的圆频率；$k = \omega\sqrt{\mu\varepsilon}$，真空中的波数和光速分别为 $k_0 = \omega / c = 2\pi / \lambda_0$ 和 $c = 1/\sqrt{\mu_0 \varepsilon_0}$。

2)阶跃光纤中的光场

对于阶跃弱导光纤，因其圆柱对称性，选用柱坐标系(图 2.10)方便描述波动方程的解，光波沿光纤的中心对称轴 z 传播。这样，求解简谐光波在光纤中传播的波动方程(2.15)便转变为求解亥姆霍兹方程(2.17)，电场强度 $\boldsymbol{E}(E_r, E_\varphi, E_z)$ 和磁场强度 $\boldsymbol{H}(H_r, H_\varphi, H_z)$ 共有 6 个分量，其中只有两个分量是独立的，这里选择 E_z 和 H_z 作为独立分量。光纤中的电场和磁场的 z 分量用分离变量表示为

$$\begin{cases} E_z(r,\varphi,z) = E_z(r) E_z(\varphi) E_z(z) \\ H_z(r,\varphi,z) = H_z(r) H_z(\varphi) H_z(z) \end{cases} \tag{2.18}$$

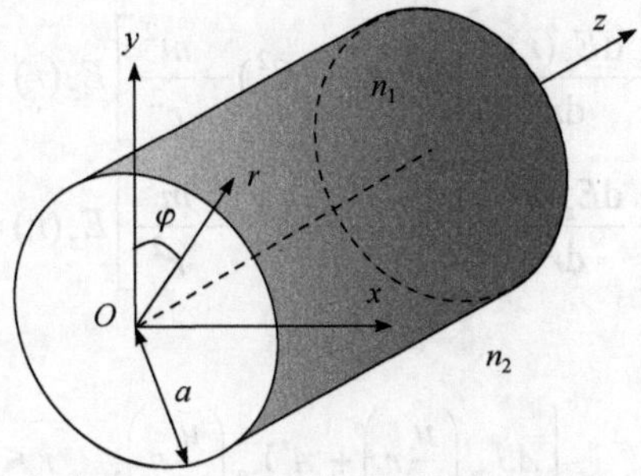

图 2.10　光线的柱坐标示意图

解出 E_z 和 H_z 后，借助麦克斯韦方程组便可求出电场和磁场的其他 4 个分量：E_r、E_φ 和 H_r、H_φ，即

$$\begin{cases} E_r = -\dfrac{\mathrm{j}}{k_0^2 n^2 - \beta^2}\left(\beta \dfrac{\partial E_z}{\partial r} + \dfrac{\omega\mu}{r}\dfrac{\partial H_z}{\partial \varphi}\right) \\ E_\varphi = -\dfrac{\mathrm{j}}{k_0^2 n^2 - \beta^2}\left(\dfrac{\beta}{r}\dfrac{\partial E_z}{\partial \varphi} - \omega\mu \dfrac{\partial H_z}{\partial r}\right) \\ H_r = -\dfrac{\mathrm{j}}{k_0^2 n^2 - \beta^2}\left(\beta \dfrac{\partial H_z}{\partial r} - \dfrac{\omega\varepsilon}{r}\dfrac{\partial E_z}{\partial \varphi}\right) \\ H_\varphi = -\dfrac{\mathrm{j}}{k_0^2 n^2 - \beta^2}\left(\dfrac{\beta}{r}\dfrac{\partial H_z}{\partial \varphi} - \omega\varepsilon \dfrac{\partial E_z}{\partial r}\right) \end{cases} \tag{2.19}$$

将式(2.18)中的 E_z 代入亥姆霍兹方程，进行分离变量后得到 3 个微分方程：

$$\frac{\mathrm{d}^2 E_z(z)}{\mathrm{d}z^2} + \beta^2 E_z(z) = 0 \tag{2.20a}$$

$$\frac{\mathrm{d}^2 E_z(\varphi)}{\mathrm{d}\varphi^2} + m^2 E_z(\varphi) = 0 \tag{2.20b}$$

$$\frac{\mathrm{d}^2 E_z(r)}{\mathrm{d}r^2} + \frac{1}{r}\frac{\mathrm{d}E_z(r)}{\mathrm{d}r} + \left(n^2 k_0^2 - \beta^2 - \frac{m^2}{r^2}\right)E_z(r) = 0 \tag{2.20c}$$

方程(2.20a)具有 $E_z(z) = \exp(-\mathrm{j}\beta z)$ 形式的解，β 为传播常数，其反映 E_z 沿 z 轴方向的相位变化；方程(2.20b)具有解的形式为 $E_z(\varphi) = \exp(\mathrm{j}m\varphi)$，光纤的圆对称性决定 $E_z(\varphi)$ 是角度 φ 的周期函数，从而 m 应为整数常数。所以，电场 E_z 分量的形式为

$$E_z(r,\varphi,z) = E_z(r)\mathrm{e}^{\mathrm{j}(m\varphi - \beta z)} \tag{2.21}$$

相应 $E_r(r)$ 分量满足的微分方程(2.20c)是著名的贝塞尔方程，光纤中传输的电场分布(横截面分布)便归结为最终求解贝塞尔方程。

结合式(2.1)给出的阶跃光纤横截面的折射率分布，式(2.20c)在芯区和包层中的 E_z 满足的方程为

$$
\begin{cases}
\dfrac{\mathrm{d}^2 E_z(r)}{\mathrm{d}r^2}+\dfrac{1}{r}\dfrac{\mathrm{d}E_z(r)}{\mathrm{d}r}+\left[(n_1^2k_0^2-\beta^2)-\dfrac{m^2}{r^2}\right]E_z(r)=0, & r\leqslant a\\
\dfrac{\mathrm{d}^2 E_z(r)}{\mathrm{d}r^2}+\dfrac{1}{r}\dfrac{\mathrm{d}E_z(r)}{\mathrm{d}r}+\left[(n_2^2k_0^2-\beta^2)-\dfrac{m^2}{r^2}\right]E_z(r)=0, & r>a
\end{cases}
\tag{2.22}
$$

式(2.22)的解为

$$
E_z(r)=\begin{cases}
AJ_{\mathrm{m}}\left(\dfrac{u}{a}r\right)+A'Y_{\mathrm{m}}\left(\dfrac{u}{a}r\right), & r\leqslant a\\
BK_{\mathrm{m}}\left(\dfrac{w}{a}r\right)+B'I_{\mathrm{m}}\left(\dfrac{w}{a}r\right), & r>a
\end{cases}
\tag{2.23}
$$

式中，A、A'、B、B'为待定常数；J_{m}、K_{m}为第一类贝塞尔函数；Y_{m}、I_{m}为第二类贝塞尔函数；u、w由式(2.24)定义：

$$
\begin{cases}
u^2=a^2(n_1^2k_0^2-\beta^2)\\
w^2=a^2(\beta^2-n_2^2k_0^2)\\
V=\sqrt{u^2+w^2}=ak_0\sqrt{n_1^2-n_2^2}=an_1k_0\sqrt{2\varDelta}
\end{cases}
\tag{2.24}
$$

式中，u、w、V为无量纲特征参数；称u为径向归一化相位常数；称w为径向归一化衰减常数；称V为归一化频率。考虑到光纤要将光能量约束在纤芯（$0\leqslant r\leqslant a$）中传输，光场在$r=0$处应为有限实数，在包层（$r>a$）中，光场沿径向r迅速衰减，当$r\to\infty$时，电磁场应趋于零，要满足这些要求，应$A'=0$，$B'=0$，则合并式(2.23)和式(2.21)得E_z的通解为

$$
E_z(r)=\begin{cases}
AJ_{\mathrm{m}}\left(\dfrac{u}{a}r\right)\mathrm{e}^{\mathrm{j}(m\varphi-\beta z)}, & r\leqslant a\\
BK_{\mathrm{m}}\left(\dfrac{w}{a}r\right)\mathrm{e}^{\mathrm{j}(m\varphi-\beta z)}, & r>a
\end{cases}
\tag{2.25}
$$

用同样的方法和计算过程，可以求得H_z的通解为

$$
H_z(r)=\begin{cases}
CJ_{\mathrm{m}}\left(\dfrac{u}{a}r\right)\mathrm{e}^{\mathrm{j}(m\varphi-\beta z)}, & r\leqslant a\\
DK_{\mathrm{m}}\left(\dfrac{w}{a}r\right)\mathrm{e}^{\mathrm{j}(m\varphi-\beta z)}, & r>a
\end{cases}
\tag{2.26}
$$

式中，C、D为待定常数。

2. 阶跃光纤的本征方程和传输模式

1）本征方程

根据在光纤芯区与包层分界面上 $\boldsymbol{E}$ 和 $\boldsymbol{H}$ 的切向分量连续，可以确定式(2.25)和式(2.26)中的常数A、B、C、D，即电磁场的连续性在$r=a$处有

$$\begin{cases} E_{z1}=E_{z2}, & E_{\varphi1}=E_{\varphi2} \\ H_{z1}=H_{z2}, & H_{\varphi1}=H_{\varphi2} \end{cases} \tag{2.27}$$

得到 A、B、C、D 需满足的 4 个齐次方程组成的方程组，只有当方程组系数矩阵的行列式为零时，方程组才有非奇异解，这个条件提供了决定传播常数 β 的一个方程(本征方程)，表示为

$$\left[\frac{J'_{\mathrm{m}}(u)}{uJ_{\mathrm{m}}(u)}+\frac{K'_{\mathrm{m}}(w)}{wJ_{\mathrm{m}}(w)}\right]\left[\frac{n_1^2J'_{\mathrm{m}}(u)}{uJ_{\mathrm{m}}(u)}+\frac{n_2^2K'_{\mathrm{m}}(w)}{wJ_{\mathrm{m}}(w)}\right]=\frac{\beta^2m^2}{k_0^2}\left(\frac{1}{u^2}+\frac{1}{w^2}\right)^2 \tag{2.28}$$

式中，“′”表示微分；本征方程(2.28)表明，给定一组 k_0、a、n_1 和 n_2 便可以求出确定的传播常数 β，继而由式(2.24)求得其他特征参数。通常对每一个整数 m，都有 n 个 β 值与之对应，记为 $\beta_{mn}(n=1,2,\cdots)$。每一组 m、n 对应一个确定的 β_{mn}，代表在光纤中传播光场的一个可能的空间分布，传播过程中光场只有相位变化，不发生形式的改变。

对于 $n_1\approx n_2$，式(2.28)可简化为弱导光纤的本征方程：

$$\frac{J'_{\mathrm{m}}(u)}{uJ_{\mathrm{m}}(u)}+\frac{K'_{\mathrm{m}}(w)}{wJ_{\mathrm{m}}(w)}=\pm m\left(\frac{1}{u^2}+\frac{1}{w^2}\right),\quad m=0,1,2,3,\cdots \tag{2.29}$$

2) 光纤的模式

光纤中满足一定边界条件、稳定的电磁场空间分布或场的形式称为光纤的一个模式，不同的 m、n 组合代表许多不同的模式。一根光纤中具体存在的可能模式数量由其结构参数(a、n_1、n_2)和工作波长共同决定，每个模式都有一个唯一的传播常数 β_{mn} 与之对应。光纤中光波的模式可以分为传导模式(导模)、辐射模式和泄漏模式。

(1) 传导模式及其标记。传导模式指在光纤中能够存在并传播的模式，其有唯一的传播常数并在芯区包层界面上发生全内反射，光能传输到光纤出射端。不同的导模在光纤中携带的光能量不同，模式间发生相互变换时，它们之间便会进行能量转移。导模存在的条件是 $u>0, w>0$，即

$$k_0n_2<\beta<k_0n_1 \tag{2.30}$$

导模的模式场特点为：理论上应具有在芯区为振荡形式，在包层为衰减形式，在空间场点的数值有限，在无限远处趋于零。导模场的横向分布由 m、u、w 决定，纵向(z 方向)的传播特性由 β 决定，m 决定光场沿 φ 角方向的分布状况，u 决定芯区内光场沿半径方向的分布规律，w 决定光场在包层中沿半径方向衰减的快慢程度。在阶跃多模光纤中，一般情况下传播的模式有四种矢量模，分别标记为 TE、TM、EH 和 HE，每种模式包含电场和磁场共 6 个分量($E_z,E_r,E_\varphi,H_z,H_r,H_\varphi$)。

TE 和 TM 分别是横电模式和横磁模式，两者对应于 $m=0$，表明场分布不是 φ 的函数，具有轴向对称性。TE 模式在传播方向上电场为零($E_z=0$)，TM 模式在传播方向上磁场为零($H_z=0$)，它们的模场只有 3 个分量不为零，常记为 $\mathrm{TE}_{mn}(H_z,H_r,E_\varphi)$ 和 $\mathrm{TM}_{mn}(E_z,E_r,H_\varphi)$，$m=0$，$n=1,2,\cdots$。EH 和 HE 模式对应的 $m\neq0$，它们模场的所有 6 个分量都存在，称为混合模式。EH 模式的 $E_z>H_z$，以电场贡献为主，HE 模式的 $H_z>E_z$，

以磁场贡献为主，它们两者的模场均不再具有轴向对称性，常记为 EH_{mn} 和 HE_{mn}。$2m$ 表示导模的场分量沿纤芯圆周方向的最大值个数，n 表示导模的场分量沿纤芯半径方向的最大值个数。与几何光学理论对应的是，入射的子午光线和斜射线均产生沿光纤传输的导模，子午光线在光纤内产生 TE 模式和 TM 模式，斜射线产生 EH 模式和 HE 模式。

对于相对折射率差 $\Delta \ll 1$ 的弱导光纤，其导模场的 E_z 和 H_z 都很小(近似为零)，横向分量很大，$\boldsymbol{E}$ 和 $\boldsymbol{H}$ 互相垂直，且垂直于 z 轴，具有横电场和横磁场的特性，它们场的分布与 z 方向无关，只与 r、φ 有关。传输时近似认为入射光线与光纤轴平行，横向的偏振方向几乎不变，因而视为线性偏振，用线性偏振模 LP_{mn} 标记，m、n 分别代表模场沿 r 或 φ 的分布 $(m>n)$。LP_{mn} 模式是弱导近似下的标量模，其场分量只有 4 个，由矢量模 TE、TM、EH 和 HE 的线性叠加得到，且 EH 模和 HE 模成对出现，它们的传播常数基本相等，称为简并模。因此，EH_{mn} 模和 HE_{mn} 模都有两个不同的偏振方向，LP_{0n} 模的简并度为 2，LP_{mn} $(m \geqslant 1)$ 模的简并度为 4。LP_{mn} 模与 TE、TM、EH 及 HE 模间的对应关系见表 2.1。

表 2.1 低阶模式对比及相应归一化频率范围

V 值范围	对应低阶模式		
	LP 模	矢量模	简并度数
0～2.405	LP_{01}	HE_{11}	2
2.405～3.832	LP_{11}	HE_{11}、TM_{01}、TE_{01}	4
3.832～5.136	LP_{21}	HE_{31}、EH_{11}	4
	LP_{02}	HE_{12}	2
5.136～5.520	LP_{31}	HE_{41}、EH_{21}	4
5.520～6.380	LP_{12}	HE_{22}、TM_{02}、TE_{02}	4
6.380～7.016	LP_{41}	HE_{51}、EH_{31}	4
7.016～8.654	LP_{03}	HE_{13}	2
8.654～10.173	LP_{13}	HE_{23}、TM_{03}、TE_{03}	4

由式(2.28)可以数值计算出光纤传播常数随归一化频率的变化关系，如图 2.11 所示，归一化频率是光纤的一个重要特征参数，它与光纤的工作频率成正比。

图 2.11 是阶跃光纤低阶模的色散曲线图，图中的每一条曲线表示一个导模的相位常数 β 随 V 的变化，$n_{\text{eff}} = \beta / k_0$ 称为模式的有效折射率。图 2.11 表明 TE、TM、EH 和 HE 都是色散波，它们的相位常数 β 都是归一化频率 V 的复杂函数。V 的值越大，光纤能够传导的模式越多，V 的值较小，则光纤只允许少数几个或单个模式传导，光纤可传导的模式数量与 V 的关系近似为

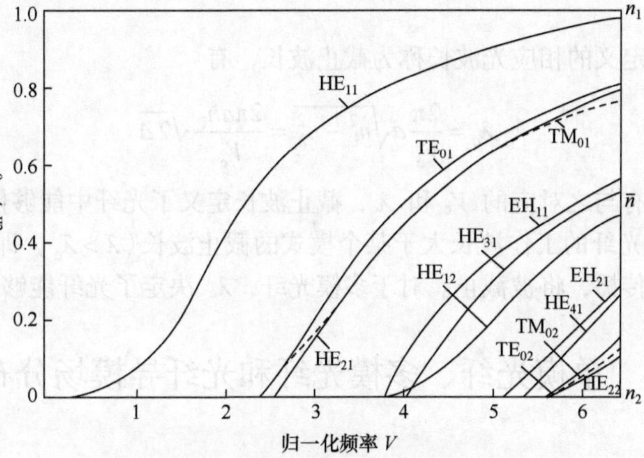

图 2.11　阶跃光纤低阶模的色散曲线图

$$\begin{cases} M \approx \dfrac{1}{2}V^2, & \text{阶跃光纤} \\ M_{\max} \approx \dfrac{1}{4}V^2, & \text{渐变折射率光纤} \end{cases} \tag{2.31}$$

(2)辐射模式指光在光纤中传输时，光失去被芯区的约束，进入包层后在包层中形成径向的传播，并从包层逃出光纤，最终不能到达光纤出射端的模式。这说明进入光纤芯区的部分光在芯区/包层界面上不满足全反射条件，产生了折射。产生辐射模式的条件是

$$0 \leqslant \beta \leqslant k_0 n_2 \tag{2.32}$$

(3)泄漏模式指光在光纤中传输时，因各种原因(在芯区/包层界面的吸收、光纤弯曲等)失去其部分能量的模式。泄漏模式既非导模也非辐射模。

3. 光纤传导模式的截止与传输条件

1)截止条件

由图 2.11 可见，每个导模对应图中一条曲线。如果一个导模不再被约束在芯区，其能量已不能集中在光纤芯区内传播而向包层弥散，则称这个导模被截止。导模被截止时，该导模的径向归一化衰减常数 $w=0$，这是一个模式究竟是导模还是辐射模的临界点，与之对应的归一化频率记为 V_c(归一化截止频率)，每个模式都有一个与之对应的 V_c。因此，当光纤的工作波长 λ、光纤结构参数 a、n_1、n_2 都给定后，光纤的归一化频率 V 是完全确定的，则光纤中任意一个可能的模式能否被传导的条件为(截止条件)

$$V > V_c \tag{2.33}$$

式(2.33)表明，如果 V 大于某个模式的归一化截止频率($V > V_c$)，则有 $w>0$，该模式可以在光纤中传播，成为导模；反之，如果 $V < V_c$，则有 $w<0$，该模式成为辐射模而不能在光纤中传播，模式被截止。

2)截止波长

由截止条件定义的相应光波长称为截止波长，有

$$\lambda_c = \frac{2\pi}{V_c} a\sqrt{n_1^2 - n_2^2} = \frac{2\pi a n_1}{V_c}\sqrt{2\Delta} \tag{2.34}$$

每个模式都有与之对应的 V_c 和 λ_c，截止波长定义了光纤中能够传导某个模式光的最大波长。如果光纤的工作波长大于某个模式的截止波长（$\lambda > \lambda_c$，即 $V < V_c$），则该模式不能在光纤中传播，将被截止。对于多模光纤，λ_c 决定了光纤能够传导的最高模阶。

2.3 单模光纤、多模光纤和光纤导模场分布图

2.3.1 单模光纤

1. 单模传输条件

光纤的归一化频率 V 越大，光纤中允许存在的模式越多，随着 V 的减小，有更多的模式被截止，则光纤中允许的模式就越少，当光纤的归一化频率为

$$0 < V < 2.405 \tag{2.35}$$

时，光纤中便只存在一个模式，其他模式均被截止。式(2.35)为阶跃光纤的单模判据。

2. 单模光纤特性

单模光纤是在给定的工作波长上，只存在一个模式传播的光纤(其余模式全部被截止)，这个模式称为基模。基模在任何光纤中都存在，阶跃光纤的基模为 HE_{11} 或 LP_{01}。当光纤的结构参数(a、n_1、n_2)已知时，根据式(2.34)得到相应单模光纤的截止波长为

$$\lambda_c = \frac{2\pi}{2.405} a\sqrt{n_1^2 - n_2^2} = \frac{2\pi a n_1}{2.405}\sqrt{2\Delta} = \frac{2\pi a}{2.405}\cdot \mathrm{NA} \tag{2.36}$$

此时单模的截止波长 λ_c 是光纤能以单模方式工作的最短波长。若光纤的工作波长大于此波长，光纤保持为单模光纤，否则，单模光纤将变为多模光纤。基模不会被截止，它可以以任意低的频率在光纤中传输。将式(2.36)改写得到单模光纤的最大直径为

$$D < \frac{2.405\lambda}{\pi\sqrt{n_1^2 - n_2^2}} = \frac{2.405\lambda}{\pi n_1\sqrt{2\Delta}} = \frac{2.405\lambda}{\pi\cdot \mathrm{NA}} \tag{2.37}$$

由式(2.34)可知，光纤中能够允许存在的模式数量由工作波长 λ、光纤结构参数 a、n_1、n_2 共同决定，当 λ、n_1、n_2 给定时，增大芯径便可增加光纤可能的导模数量，减小芯径可减少导模数量，这就是单模光纤的芯径往往很小的原因。对于确定结构参数(a、n_1、n_2)的光纤，改变工作波长可以调整光纤中可能的导模数量，使光纤从多模光纤变为少模光纤甚至单模光纤，或单模光纤变为多模光纤。一旦光纤的结构参数和工作光波长全部确定，光纤中能够存在的模式数量及其性质便已确定。外界输入的光只能激发起光纤所允许存在的模式，不会改变这些模式的固有性质。

注：由式(2.36)给出的单模截止波长只有理论意义，与工程中有一定出入。例如，G.652 单模光纤的工作波长是 1310nm，ITU-T 的 G.652 建议规定其截止波长范围为

$$1.10\mu\text{m} < \lambda_c < 1.28\mu\text{m} \tag{2.38}$$

1) 单模光纤的光场分布

单模光纤中传导的是基模 $HE_{11}(LP_{01})$，单模弱导阶跃光纤 LP_{01} 模场的横向分量为(其轴向分量 E_z 和 H_z 很小)

$$\begin{cases} E_{x1} = \dfrac{E_0}{J_0(u)} J_0\left(\dfrac{u}{a}r\right) e^{j\beta z}, \quad E_{y1} = -\dfrac{n_1}{Z_0} E_{x1}, \quad 0 \leqslant r \leqslant a \\ E_{x2} = \dfrac{E_0}{K_0(w)} K_0\left(\dfrac{w}{a}r\right) e^{j\beta z}, \quad E_{y2} = -\dfrac{n_2}{Z_0} E_{x2}, \quad r > a \end{cases} \tag{2.39}$$

式中，$Z_0 = \sqrt{\mu_0 / \varepsilon_0}$ 是真空中的波阻抗；E_0 是归一化常数。式(2.39)表明，基模代表两个正交线性偏振状态。在截止波长附近，LP_{01} 的模场分布近似于一个高斯分布(误差 <1%)：

$$\begin{cases} E_y = A e^{-\frac{r^2}{W^2}} \\ H_x = \dfrac{An_1}{Z_0} e^{-\frac{r^2}{W^2}} \end{cases} \tag{2.40}$$

式中，A 为模场的幅度；W 为 LP_{01} 模的模场半径，$2W$ 是单模光纤的模场直径(MFD)，为高斯分布从中心降低到 1/e 时的全宽度。普通单模光纤的模场半径可用纤芯半径和模式归一化频率近似表示为 $W / a = 0.65 + 1.619V^{-1.5} + 2.879V^{-6}$。对于单模光纤，基模光场的分布已覆盖光纤芯区并延伸进入包层，一般常用模场直径($2W$)而不是纤芯直径作为描述单模光纤的参数。单模阶跃光纤的模场分布如图 2.12 所示。

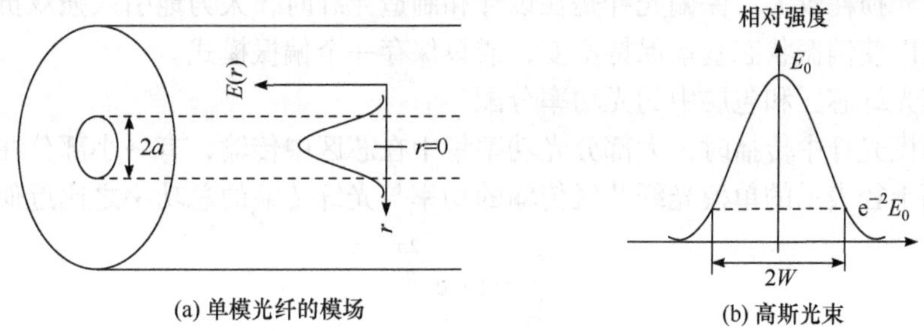

图 2.12　单模阶跃光纤的模场分布

2) 单模光纤的双折射

单模光纤中的基模 $HE_{11}(LP_{01})$ 不是严格意义上的单模，它有两种正交的偏振状态(简并)，可以分为分别沿 x 或 y 两个方向偏振的线性偏振模，记为 LP_{01}^x 和 LP_{01}^y。如果光纤是理想的圆柱体(各个横截面均是标准的同心圆)，折射率分布也是理想的轴对称，则这两个正交模具有相同的传播常数($\beta_x = \beta_y$)，它们在沿光纤 z 方向传播时，这两个正交模的相位常数完全相等，传输特性完全一样，从而在任一点 z 处它们的合成光场是一个偏振方向不随时间变化的线偏振。但实际的光纤因制造中的原因(材料内部残余应力、光纤

扭曲、拉制速度不均匀等)造成光纤纤芯的折射率不是轴对称的,横截面也不是理想的圆,光纤便存在双折射，这就导致这两个正交的模式不再简并，它们在传输过程中产生附加相位差，基模的偏振状态便沿光纤的轴线方向不断变化，如图 2.13 所示，出现线性偏振光—椭圆偏振光—圆偏振光—椭圆偏振光—线性偏振光的周期性变化。

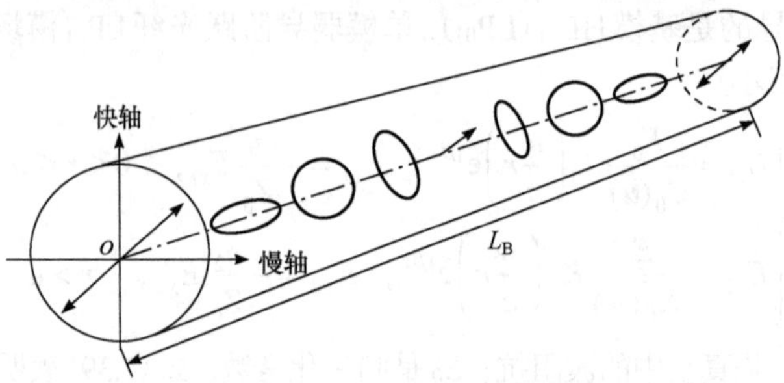

图 2.13 单模阶跃光纤中偏振态的变化

光纤的拍长定义为

$$L_{\mathrm{B}}=\frac{2\pi}{\Delta\beta}=\frac{2\pi}{B}=\frac{2\pi}{\beta_x-\beta_y} \tag{2.41}$$

式中，L_{B}表示单模光纤的偏振态变化一个周期所行进的距离；B 是光纤的双折射参数；β_x和β_y分别是沿慢轴(β 最大)和快轴(β 最小)传播的线性偏振模或右旋和左旋的圆偏振模的传播常数。L_{B}越长，光纤的双折射能力越弱，L_{B} 越短，光纤的双折射能力越强。一般单模光纤的 B 值为 10^{-6}～10^{-5}，$B<10^{-6}$时为低双折射光纤，$B>10^{-5}$时为高双折射光纤。因此，单模光纤的双折射效应导致普通单模光纤的偏振态是随机变化的，要保持光纤中基模场的偏振状态不变或稳定，需要使用偏振保持光纤(简称保偏光纤)来控制，但保偏光纤的光损耗较大。保偏光纤是在设计和制造光纤时，人为地引入强双折射，把 B 值增大到足以使偏振状态基本保持不变，或只保存一个偏振模式。

3)单模光纤芯区和包层中的光功率分配

光在单模光纤中传播时，大部分光功率集中在芯区中传输，有一小部分在包层中传输，用模场半径表示的单模光纤芯区传输的功率与光纤传输的总功率之比近似为

$$\frac{P_{\text{芯}}}{P_{\text{总}}}\approx 1-\mathrm{e}^{-\frac{2a^2}{W^2}} \tag{2.42}$$

当归一化频率$V=2$时，单模工作条件下，有 75%的功率集中在单模的芯区，而当$V=1$时，只有 20%的功率还留在芯区内，所以大多数单模光纤的 V 值都设计为 2.0～2.4。与之相对比的是，多模光纤的纤芯较粗，一般多模光纤芯区的功率可达 97%以上。

2.3.2 多模光纤

多模光纤是光纤中存在多于一个模式的光纤，含有基模和其他模式，$V>2.405$。光波在多模光纤中以多种传导模式传播，不同的传导模式具有不同的电磁场分布和不同的传播路径。在多模弱导光纤中，LP_{01} $(m=0)$ 为基模，其余 LP_{mn} $(m>0,n>1)$ 的模均是高

阶模，m、n 的数字越大意味着模的阶数越高。当由外界的光信号经耦合进入光纤后，光信号的功率将分配给光纤所允许传导的多个模式携带并传输，但各个模式的传输特性和所行走的路径不同。模阶越高，该模所携带的光功率越小。

由光的电磁场理论结果可知，光纤的模式是满足一定边界条件、稳定的电磁场空间分布形式，是波动方程的解。光纤中存在的导模数量是有限的、分离的，每个导模由不同的 m、n 组合标记，它具有特定的场分布、偏振及唯一的传播常数 β_{mn}，并对应一个特定的归一化频率。当光纤的工作波长及其结构参数(a、n_1、n_2)给定后，一根多模光纤中可能传导的模式总数便随之确定。但具体有多少个模式能够真正被激发出来，还取决于输入光场的分布、输入光场与各个模式间的耦合效率等因素，实际光纤中最终存在的导模数量要小于理论值。

从光线理论的角度来说，光纤的模式是从最大孔径角范围进入光纤，受光纤芯区约束，在芯区/包层上下界面上发生全内反射并满足相干加强条件的光线的一个传播方向。基模($m=0$)沿着光纤芯轴的方向传播，模阶越小(越低)，其光线入射角θ_1 越大(图 2.8)，在上下界面上的反射次数也越少，在纤芯中行进得越快。模阶越高，其光线的入射角θ_1 越小，在上下界面上的反射次数也越多，在纤芯中的行进更慢。最高阶模的光线以全反角(临界角)入射界面，在上下界面上反射的次数最多。

2.3.3　光纤导模场分布图

由于确定结构参数的光纤在一定工作波长下，其导模场是分离的且总数有限，模阶越高其模场分布越复杂。单独改变工作波长时，波长越长，模的总数减少(高阶模越少)；反之，模的总数增加。单独改变芯径时，纤芯越细，模的总数减少(高阶模越少)；纤芯越粗，模的总数增加(高阶模越多)。低阶矢量模 TE、TM、EH 及 HE 的光场幅度及其强度分布如图 2.14 所示，以及低阶 LP_{mn} 模的光场幅度及其强度分布如图 2.15 所示。

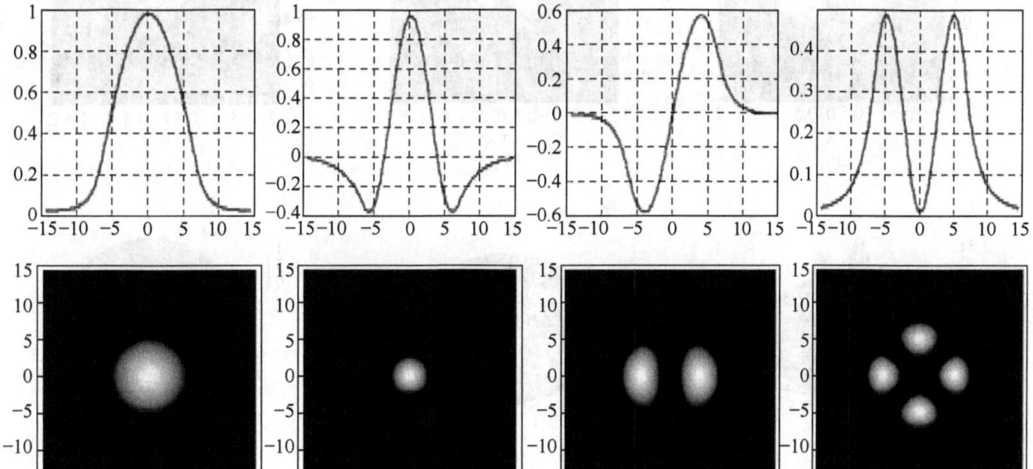

图 2.14　矢量模的光场幅度及其强度分布图

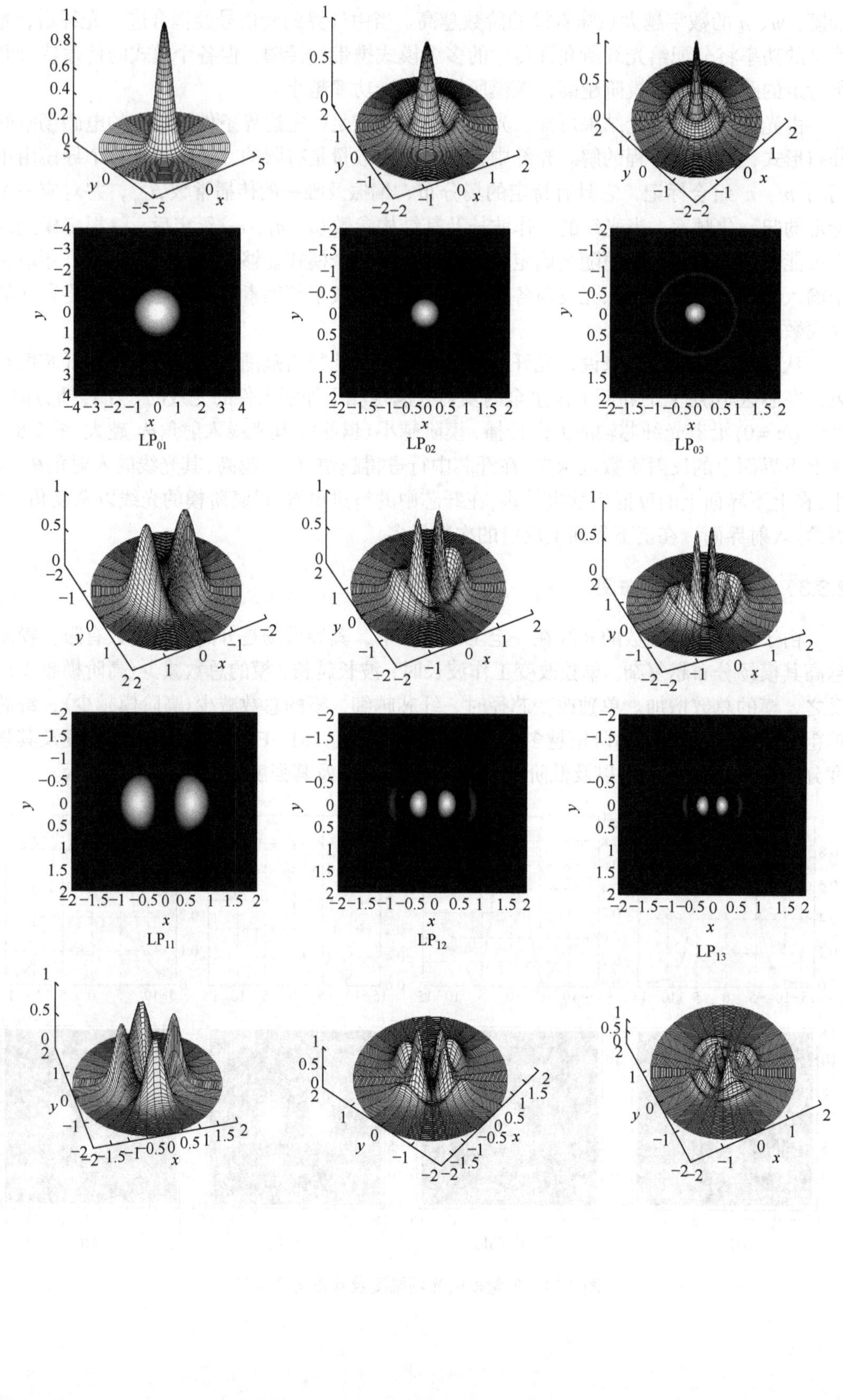
LP$_{01}$
LP$_{02}$
LP$_{03}$
LP$_{11}$
LP$_{12}$
LP$_{13}$

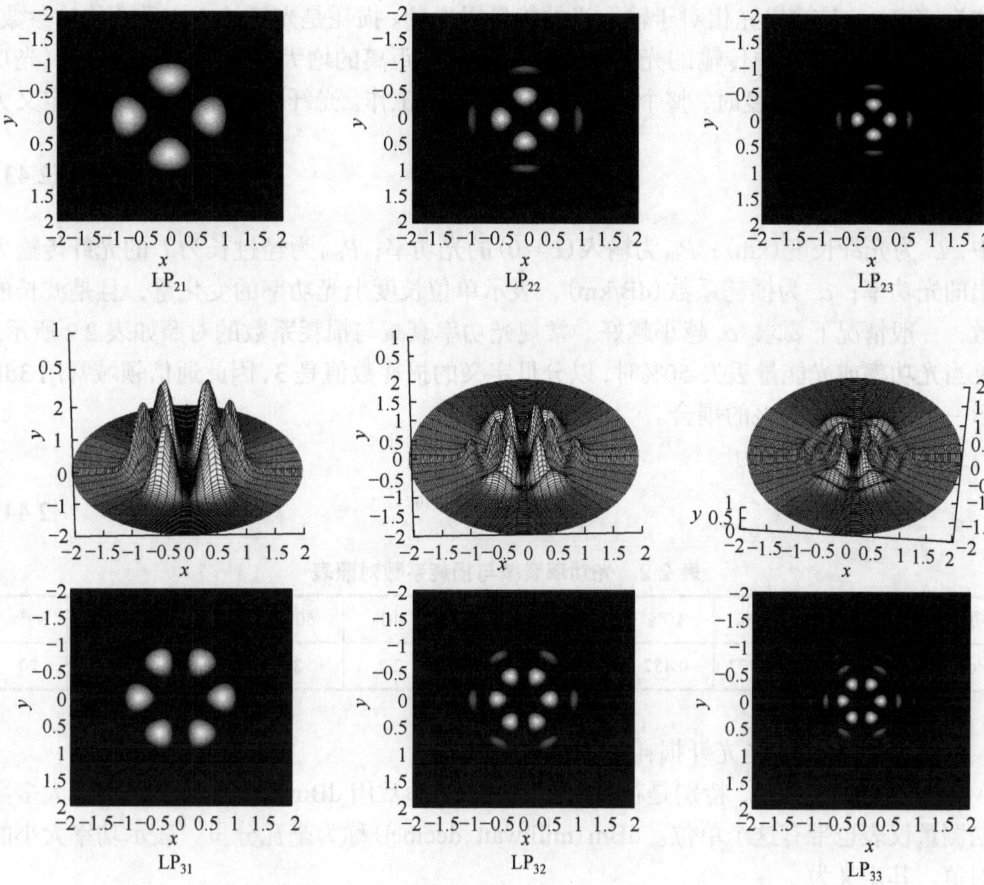

图 2.15　LP_{mn} 模的光场幅度及其强度分布图

2.4　光纤的传输特性

作为光的传输通路，光纤的功能是将进入光纤的光信号点到点地传输至目的地。信号传输过程中人们自然希望在一定的光功率前提下，光纤能将光信号以尽量小的失真传至最远，这决定了无须信号放大和再生的最大距离(光发射机和光接收机之间)。光纤的传输特性涉及光纤的损耗(衰减)特性、色散特性和非线性效应，光纤的损耗直接影响光信号在光纤中传输的距离，光纤的色散影响光信号传输的质量，两者共同决定光通信系统中继站距离的远近。光纤的非线性效应最终也会造成光信号能量衰减，信噪比降低，产生串扰，影响系统通信质量。

2.4.1　光纤的损耗特性

1. 损耗及分类

1) 光纤的损耗系数

光纤的损耗(loss)指光信号在光纤中传输时由各种原因造成的光功率减小(衰减)，

单位为 dB/km，是输出光相对于输入光的能量损失量。损耗是光纤的一个重要传输参数，光纤的损耗导致光纤中传输的光信号强度随着传输距离的增大而衰减，当光强度(光功率)逐渐减小到一定程度时，整个光纤通信系统不能工作。光纤的损耗(衰减)系数定义为

$$\alpha \equiv \frac{10}{L}\lg\left(\frac{P_{in}}{P_{out}}\right) \tag{2.43}$$

式中，L 为光纤长度(km)；P_{in} 为输入($L=0$)的光功率；P_{out} 为经过长为 L 的光纤传输后输出的光功率；α 为损耗系数(dB/km)，表示单位长度上光功率的变化量，且是波长的函数，一般情况下要求 α 越小越好。常规光功率衰减与损耗系数的对照如表 2.2 所示，可见当光功率或光能量丢失 50%时，以分贝定义的损耗数值是 3，因此通信领域常用 3dB 表示一半的损耗或 50%的耦合。

式(2.43)也可改写为

$$P_{out} = P_{in}10^{-\alpha L/10} \tag{2.44}$$

表 2.2 光功率衰减与损耗系数对照表

光功率衰减 P_{in}/P_{out}	0	4%	10%	20%	30%	40%	50%	70%	90%	99%
α/dB(取 L=1km)	0	0.177	0.457	1	1.5	2.2	3	5	10	20

2) 功率单位 dBm 与光纤损耗的关系

在工程实际应用中，特别是在通信领域，工程师常用 dBm 作为光功率单位，大多数通信测量仪表也带有这个单位。dBm(milliwatt decibel)称为毫瓦分贝，表示功率大小的绝对值。其定义为

$$\text{dBm} = 10\lg\left(\frac{P}{1\text{mW}}\right) \tag{2.45}$$

它是一个光功率 P(W、mW、μW)相对于 1mW 的分贝数，即分贝功率。使用 dBm 作功率单位的好处是：数值变小，读写和运算方便，在计算光纤链路的损耗时尤其便捷。

例如，光纤输入端的光功率是 P_1(dBm)，在输出端光纤的功率是 P_2(dBm)，则在输入端和输出端之间的光纤链路上产生的光传输损耗便是 P_1-P_2，损耗的单位为 dB。

光纤的损耗主要分为本征损耗和非本征损耗两大类，损耗的细分类如图 2.16 所示。本征损耗(如材料自身和杂质的吸收、光纤材料内部密度的微小起伏、折射率分布不均匀等结构中分子水平上的不规则造成的散射)是光纤固有的，无法避免且不能消除，只能尽量减少，它决定了光纤损耗的最低极限。非本征损耗是在制造和使用光纤的过程中，由人为因素导致的不完善(结构中有气泡、杂质、粗细不均、弯曲、芯区/包层界面粗糙或缺陷等)所引起的损耗，属于附加损耗，可以通过改进生产技术和工艺、提升生产设备、提高操作技能等手段来减少并消除。

图 2.17 给出了石英单模光纤的实验损耗特性曲线，包括光纤中本征损耗和非本征损耗的各种损耗贡献。

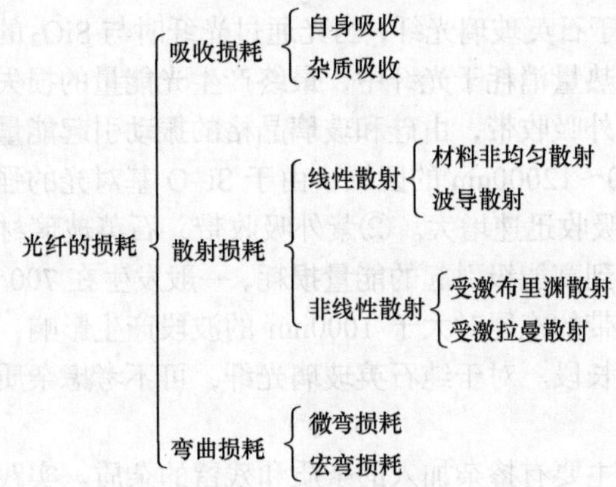

图 2.16　损耗的分类

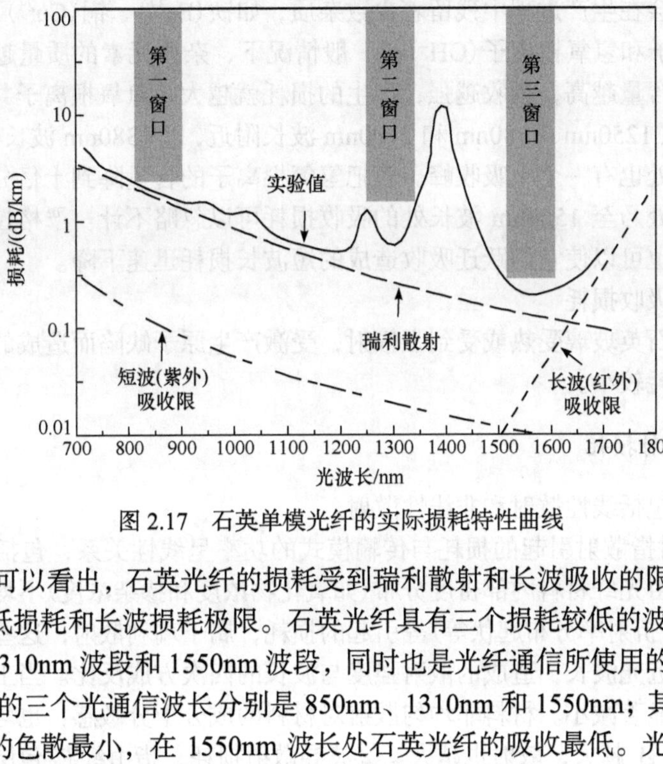

图 2.17　石英单模光纤的实际损耗特性曲线

由图 2.17 可以看出，石英光纤的损耗受到瑞利散射和长波吸收的限制，它们决定了实际光纤的最低损耗和长波损耗极限。石英光纤具有三个损耗较低的波段，它们分别是 850nm 波段、1310nm 波段和 1550nm 波段，同时也是光纤通信所使用的三个低损耗“透明窗口”，对应的三个光通信波长分别是 850nm、1310nm 和 1550nm；其中在 1310nm 波长处石英光纤的色散最小，在 1550nm 波长处石英光纤的吸收最低。光纤本身的损耗主要来自光纤的吸收损耗和散射损耗。

2. 光纤的吸收损耗

吸收损耗主要是材料的吸收损耗，光纤材料中的粒子在吸收光能量后产生振动、发热而造成光信号能量损失；此外，当光纤材料混入杂质后，将产生额外的吸收。

1) 材料自身的吸收损耗

光纤的吸收损耗与制造光纤的具体材料(纤芯材料)和工作波长密切相关，这也是光纤损耗的主要部分。不同光纤材料(如塑料、玻璃等)由于它们的结构不同，对光的吸收将出现较大的差异。对于石英玻璃光纤，当光通过光纤时与 SiO_2 的晶格作用造成部分光能量被吸收，或转变成热量消耗于光纤中，最终产生光能量的损失。石英玻璃光纤有两个主要的吸收带：①红外吸收带，由硅和玻璃晶格的振动引起能量损耗，这些分子共振吸收处于近红外的 8000～12000nm 的区域；由于 Si–O 基对光的强烈吸收，在波长大于 1700nm 的区域，红外吸收迅速增大。②紫外吸收带，石英玻璃材料中某一能级的电子吸收入射光能量后跃迁到高能级引起的能量损耗，一般发生在 700～1100nm 短波长范围内。石英玻璃红外吸收带的拖尾对大于 1000nm 的波段产生影响，紫外吸收带的拖尾主要影响通信波段的短波长段。对于纯石英玻璃光纤，可不考虑杂质引起的吸收损耗。

2)杂质的吸收损耗

光纤材料中的杂质主要有掺杂加入的杂质和残留的杂质。实践中为增大或降低石英玻璃的折射率，将锗、磷等元素(以氧化物形式，如 GeO_2、P_2O_5 等)掺杂进石英玻璃；同时光纤材料中会在生产过程中残留着少数杂质，如铁(Fe^{3+})、铜(Cu^{2+})、铬(Cr^{3+})、钴(Co^{3+})等金属离子和氢氧根离子(OH^-)。一般情况下，杂质元素的质量越轻，吸收波长越短；杂质浓度含量越高，吸收越强，产生的损耗就越大。氢氧根离子共振产生的吸收峰出现在 950nm、1250nm、1380nm 和 2700nm 波长附近，以 1380nm 波长处的吸收最强，在 1250nm 波长处也有一个小吸收峰。若把氢氧根离子的含量降到十亿分之一以下，其在 1380nm 波长处乃至 1550nm 波长处的吸收损耗可以忽略不计。严格控制铁、铜等金属离子的含量，也可以使它们跃迁吸收造成的短波长损耗迅速下降。

3)原子缺陷吸收损耗

制造光纤时石英玻璃受热或受到强辐射，受激产生原子缺陷而造成的吸收损耗，相对而言该吸收损耗较小。

3. 光纤的散射损耗

光纤的散射包括线性散射和非线性散射。

(1)线性散射指散射引起的损耗与传输模式的功率呈线性关系，包括：①材料非均匀散射损耗，指由光纤材料内部密度分布(如氧化物浓度和掺杂浓度)不均匀、结构缺陷(如气泡、裂痕、折射率分布起伏等)等引起的损耗，属于瑞利散射，这些非均匀散射体的尺度小于或接近光波长，造成的散射强度与波长的四次方成反比。当工作波长在长波时，瑞利散射将显著减小。材料非均匀散射对材料的成分十分敏感，也与光纤的相对折射率差 Δ 相关，Δ 越大，散射也越大。②波导散射损耗，指由纤芯/包层界面上存在的随机畸变或粗糙所造成的光纤波导结构的微小缺陷或不规则，引起传输光能量的丢失而产生的损耗，波导散射体的尺度比波长大得多，产生的散射与波长无关，属于米氏散射；相对而言，波导散射比材料非均匀散射小。材料非均匀散射和波导散射共同的结果是使光纤中传输的光改变其传输方向而逃出光纤芯区，出现传输模式的能量损失。瑞利散射决定了光纤损耗的最低理论极限，如果 $\Delta = 0.2\%$，在 1550nm 波长处，石英光纤损耗的最低理论极限为 0.149dB/km。

(2)非线性散射指散射引起的损耗与传播模式的功率呈非线性关系。当光纤中传输的光强度足够大时，会引起光纤中的非线性效应，导致在光纤中产生如四波混频、受激拉曼散射和受激布里渊散射现象，使光纤传输的光能量部分转移到新的频率分量上而产生非线性损耗。

4. 光纤的弯曲损耗

光纤的弯曲损耗是因光纤有一定曲率半径(光纤轴弯曲)造成光纤内传输的部分光改变其传播方向，进入光纤包层传输或泄漏出包层产生的能量损耗。弯曲损耗与传导模阶数有关，高阶模弯曲损耗大，低阶模弯曲损耗小。光纤弯曲时，高阶模式由于受芯区约束弱将容易先于低阶模流失。

(1) 宏弯损耗是光纤弯曲的曲率半径比光纤直径大得多产生的损耗，如光纤或光缆在安装、布线等使用中拐弯，或因受到不均匀侧压力或纵向应力而产生弯曲。随着光纤弯曲的曲率半径的变小，弯曲损耗呈指数规律急剧增大，当弯曲的半径大于 10cm 后，光纤的弯曲损耗可以忽略。

(2) 微弯损耗是光纤轴向产生的微米量级弯曲(畸变)引起的损耗，如成缆时沿轴向产生随机性微弯，或光纤材料与护套材料因它们热膨胀性能不同导致的松紧不一致引起的光纤微弯。微弯导致在弯曲处低阶模变成高阶模而进入包层成为辐射模，产生光损耗。

5. 损耗对光纤传输的影响

原理上光纤只需其芯区材料的折射率大于包层就能形成有效的波导结构而导光，这样除石英玻璃外可制造光纤的材料很多，但其他透明材料的光损耗均明显大于石英玻璃，目前使用的石英玻璃光纤的损耗已接近其理论极限。然而，光通信是靠传输的光功率多少来支撑的，光纤损耗(衰减)的大小直接影响光信号在光纤中能够传输的最远距离，或者中继站间隔距离设置的远近。当光纤的损耗过大时，将导致通信不畅，严重影响光信号传输的稳定性和可靠性，影响接收端信号的质量。由于损耗的累加性，随着光纤长度的增长，损耗对传输性能的影响就越大。通常为延长光纤的光传输距离，降低投资成本，必须尽量降低不可避免的光纤损耗，这对使用低功率光源的传输系统尤其重要，同时也对延长中继距离、降低光通信系统造价和系统维护成本具有较大的现实意义。

2.4.2 光纤的色散特性

光学的“色散”(dispersion)指电磁波的相速度随波的频率(或波长)而变化的现象。光纤的色散是指光纤中传输信号的不同频率成分，或导模的不同模式以不同的速度(群速度)传播，在传输过程中相互散开，到达一定距离后出现时间延迟、传输脉冲展宽的特性。其具体与光波长和传导模式有关，表现为：一方面光脉冲信号总是有一定的谱线宽度，具有多种频率成分，在光纤中传输时各个频率的相速度各不相同；另一方面在多模光纤中，同一个频率的光信号由若干个传导模式传输能量，不同的模式具有不同的群速度，它们行进的路径不同，叠加后在光纤输出端发生能量的分散。最终的作用体现在均对传输的光信号波形产生影响，造成传输信号失真或畸变(脉冲展宽)，从而限制光纤的传输容量和传输带宽。色散与材料种类有关，随波长而变化。

1. 光纤色散的表示

光纤的色散常用最大时延差表示，时延差表示不同速度的信号在传输了同等的距离后，各个信号传输时间的差异，用于反映光脉冲信号在光纤中传输后的展宽。时延差可以由不同的频率成分或不同的模式成分引起。

1) 不同频率成分的情况

当一频率为 $f(f=\omega/(2\pi))$ 的被调制光载波在光纤中传输时，其光能量在光纤中传输的速度(群速度)为 V_g，传输了 L 距离后经历的时间为

$$\tau=\frac{L}{V_g}=L\frac{d\beta}{d\omega}=\frac{L}{c}\frac{d\beta}{dk_0}=-\frac{\lambda}{2\pi c}\frac{d\beta}{d\lambda} \tag{2.46}$$

式中，$\beta=n_1k_0$，是光纤轴向的传播常数，$k_0=\omega\sqrt{\varepsilon_0\mu_0}=\omega/c$，群速度为

$$V_g=\frac{d\omega}{d\beta}=\frac{1}{c}\left(\frac{d\beta}{dk_0}\right)^{-1} \tag{2.47}$$

对于频谱宽度为 $\Delta\omega$ 的光脉冲传播 L 距离后，根据式(2.46)，群速度与频率相关性导致的时延差(脉冲展宽)为

$$\Delta\tau'=\frac{d\tau}{d\omega}\Delta\omega=L\frac{d^2\beta}{d\omega^2}\Delta\omega=\frac{Lk_0}{c}\frac{\Delta f}{f_0}\frac{d^2\beta}{d\omega^2}=\frac{Lk_0}{c}\frac{\Delta f}{f_0}\beta_2 \tag{2.48}$$

若将频谱宽度 $\Delta\omega$ 用光源的波长范围 $\Delta\lambda$ 表示，则式(2.48)又可以改写为

$$\Delta\tau'=L\frac{d^2\beta}{d\omega^2}\Delta\omega=-\frac{2\pi cL}{\lambda^2}\frac{d^2\beta}{d\omega^2}\Delta\lambda=DL\Delta\lambda \tag{2.49}$$

$$\beta_2=\frac{d^2\beta}{d\omega^2},\quad D=-\frac{2\pi c}{\lambda^2}\beta_2=\frac{\lambda}{c}\frac{d^2n_1}{d\lambda^2} \tag{2.50}$$

式中，β_2 为群速度色散，它决定了光脉冲在光纤中的展宽程度；D 为色散系数，其单位是 ps/(nm · km)，它是波长的函数，由材料折射率的二阶导数给出，代表波长间隔为 1nm 的光波在光纤中传输 1km 后到达的时间的延迟。

不同的频率成分引起的时延差由式(2.48)和式(2.49)给出，表示光信号谱宽(光源线宽) $\Delta\lambda$ 以中心波长 λ_0 为中点的两个频谱分量，传播距离 L 后的时延差。时延差与信号谱宽 $\Delta\lambda$ 成正比，称为色度色散或波长色散；或者与信号源的相对带宽 $\Delta f/f_0$ 成正比。色散的程度用时延差表示，时延差越大，色散就越严重。光源的相对带宽越小，色散也就越小，表明减小波长色散最有效的措施是采用窄线宽光源。

2) 不同模式成分的情况

对于阶跃多模光纤，进入光纤的光信号能量由光纤的传导模携带传输，即每一个频率成分可能由若干个模式分量来构成，不同的模式在光纤中行进的“之”字形路径长短不一，如图 2.18 所示。根据几何光学理论，芯区内的不同光线的传播速度相等，它们的时延差便与光纤中光线行走的最长路径和最短路径有关，子午光线沿光纤轴传播的距离最短(耗时最少 τ_{min})，在纤芯/包层界面上以全反角入射($\sin\theta_c=n_2/n_1$)的光线传播的距

离最长（耗时最多 $\tau_{\max}$），最长路径和最短路径的时延差为

$$\Delta\tau = \tau_{\max} - \tau_{\min} = \frac{n_1 L}{c}\sec\theta_c - \frac{n_1 L}{c} = \frac{n_1 L}{c}\cdot\frac{n_1 - n_2}{n_2} \approx \frac{L}{c}\cdot\frac{n_1^2}{n_2}\Delta \tag{2.51}$$

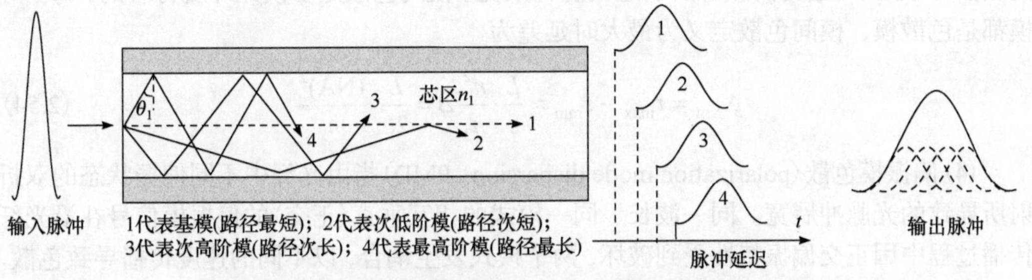

图 2.18　不同模式的光线在光纤中的色散及脉冲展宽示意图

由于时延差意味着光纤色散的程度，根据式(2.51)可知，减小相对折射率 Δ 可以减小光纤中脉冲的展宽，表明弱导光纤有利于低色散传输。但 Δ 小意味着光纤的接收孔径角小，相应光接收功率将下降。

2. 光纤色散的种类

光纤的色散主要包括色度色散、模式色散和偏振模色散。色度色散分为材料色散和波导色散。

(1) 材料色散(material dispersion)是由不同频率的光信号在光纤芯区中传输时各自的相速度不同而产生的延时差异，导致输出光脉冲展宽。材料色散取决于光纤材料本身的折射率随波长变化的特性，以及光脉冲(光源)的频谱宽度，纤芯材料的折射率越大，材料色散也越大。对于石英玻璃材料，在 $\lambda = 1276\text{nm}$ 时，其材料色散为零，但材料色散为零时并不意味着光纤没有色散。当光波长小于零色散波长时，材料色散为负值，否则材料色散为正值，在 1250～1660nm 波长范围内，石英玻璃材料色散的近似公式为

$$D_M \approx \frac{1.23\times10^{-10}}{\lambda}(\lambda - 1276) \quad (\text{ps/(nm}\cdot\text{km)}) \tag{2.52}$$

式中，λ 的单位为 nm。式(2.52)在有效范围内的相对误差小于 1%，反映了材料色散随波长的变化趋势，随着波长的变化，材料色散可正可负。

(2) 波导色散(waveguide dispersion)又称结构色散，因光信号在光纤芯区中传播时会有部分光进入包层中传播，在纤芯中传播的光比在包层中传播的光行进得慢($n_1 > n_2$)而导致信号脉冲展宽产生色散。波导色散源于纤芯与包层间光的分布，与光纤结构的波导效应有关，是波长的函数。波导色散的数值也有正有负，其绝对值随波长的增大而增加，反映出波长的变化对色散的影响。由于波导色散与光纤的几何尺寸和相对折射率差有关，可以通过特殊设计光纤的结构使其具有较大的负波导色散，以抵消某波长上的正材料色散，从而改变光纤的零色散点位置，如减小光纤芯区的直径、增大芯区的掺杂浓度，使光纤在 1550nm 处获得较大的负色散补偿，可将零色散波长移动至 1550nm(色散位移)。光纤波导色散的近似公式为

$$D_{\mathrm{W}} \approx -\frac{0.03}{c\lambda} \tag{2.53}$$

(3) 模间色散(intermodal dispersion)又称模式色散，是由光纤中不同传导模式(有不同相位常数)因传播时间差异所引起的脉冲展宽。模间色散是多模光纤所特有的，每个导模都是色散模，模间色散定义为最大时延差为

$$\Delta\tau_{\mathrm{m}} = \tau_{\max} - \tau_{\min} \approx \frac{L}{c}\cdot\frac{n_1^2}{n_2}\Delta = \frac{L}{2c}\cdot\frac{(\mathrm{NA})^2}{n_1} \tag{2.54}$$

(4) 偏振模色散(polarization mode dispersion，PMD)指由光纤中不同偏振状态的双折射所导致的光脉冲展宽。同一波长、同一模式的相互垂直(正交)的偏振模信号在沿光纤传播过程中因正交偏振特性受到破坏，两个模式发生耦合，以不同的速度传播导致色散。偏振模色散产生的展宽通过光脉冲的两个偏振分量之间传播 L 距离后的时间延时 $\Delta\tau$ 可表示为

$$\Delta\tau = \left|\frac{L}{V_{\mathrm{g}x}} - \frac{L}{V_{\mathrm{g}y}}\right| = L\left|\beta_{1x} - \beta_{1y}\right| = L\Delta\beta_1 \tag{2.55}$$

式中，$\Delta\beta_1$ 为两个正交偏振模的传播常数之差，其反映了光纤的双折射特性。因偏振模色散的随机性，式(2.55)不能直接用于估算偏振模色散，通常采用以下经验公式：

$$\Delta\tau = D_{\mathrm{PMD}}\sqrt{L} \tag{2.56}$$

式中，D_{PMD} 是偏振模色散的平均值($\mathrm{ps}/\sqrt{\mathrm{km}}$)，其典型值为 $0.1\sim1.0\,\mathrm{ps}/\sqrt{\mathrm{km}}$，由于与 $\sqrt{L}$ 相关，所以与群速度色散相比由偏振模色散导致的脉冲展宽较小。采用新工艺制作的低双折射光纤，已可以使 $\Delta\beta_1$ 达到 10^{-9} 数量级，可以不用再考虑偏振模色散对信号的影响。

3. 光纤的色散和带宽

光纤的带宽与光纤的长度有关，常用“带宽 · 距离”的乘积(BL 乘积)来表示光纤系统的频带特性，单位为 MHz·km 或 GHz·km。“带宽 · 距离”的乘积越大，距离一定时整个光纤系统的带宽就越大，光纤内允许传输的高频成分就越多，光脉冲的前后沿就越陡峭，脉冲间距就可以很小，越有利于传输高速码。例如，频带特性为 200MHz·km 的光纤，其意味着该光纤 1km 长度的带宽为 200MHz，或 100km 长度的带宽为 2MHz，光纤越长，其带宽越窄。

光纤中的总色散最终将限制光纤的传输带宽，影响光纤系统中信号的传输速率。对于数字通信系统，估计系统最大速率的大致准则为脉冲间隔应是色散的 4 倍，若光纤因色散产生的脉冲展宽为 $\Delta\tau'$，则光纤系统的速率为

$$B = \frac{1}{4\Delta\tau'} \tag{2.57}$$

带宽与速率的关系为

$$\Delta f = B/2，\text{非归零码} \tag{2.58}$$

$$\Delta f = B，\text{归零码} \tag{2.59}$$

对于模拟通信系统，色散造成信号的高频成分衰减，限制了模拟带宽(MHz·km)。若色散产生的脉冲展宽为$\Delta\tau'$，则系统的带宽为

$$\text{带宽} = \frac{350}{\Delta\tau'}(\text{MHz}) \tag{2.60}$$

这里模拟带宽定义为可探测信号相对低频下降 50%时的频率。

4. 单模光纤和多模光纤的色散

单模光纤中只传导基模一个模式，从而不存在模间色散，只有材料色散、波导色散和偏振模色散。在理想圆对称单模光纤中，由于简并，基模的两种偏振模式行为相同，不显出双折射。若在制造过程中出现内部应力和使用中有外界压力，光纤便会具有双折射，将引起偏振模色散。阶跃单模光纤因材料色散占主导地位，波导色散相对很小。常规单模光纤的偏振模色散是随机变化的，比材料色散小。即使是零色散波长的单模光纤，其带宽还要受到偏振模色散的限制，不可能是无限大。

多模光纤中所有的色散都存在，其模间色散占主导地位，材料色散相对较小，波导色散则往往可以忽略，即模间色散 ≫ 材料色散>波导色散。起主导作用的模间色散最终限制了多模光纤的传输带宽，但由于偏振模色散始终存在，长距离、高速率(>10Gbit/s)的光纤系统中偏振模色散的影响迅速上升，成为限制带宽的主要原因之一，所以高速光纤传输系统和主干网络都只用单模光纤传输信息。因阶跃多模光纤的模间色散较大，严重影响高速信号的传输；而多模渐变折射率光纤因其自聚焦效应可以显著降低模间色散，其光纤的总色散要比阶跃多模光纤的色散小，因此多模渐变折射率光纤更多适用于多模传输系统。

相比于多模光纤，单模光纤的传输性能好、频带宽，但单模光纤的纤芯直径尺寸小，接近光的波长，耦合效率较低。多模光纤的纤芯直径尺寸大，传输模式多，带宽窄，衰减系数大，连接耦合比较方便。无论是单模光纤还是多模光纤，偏振模色散都存在，这取决于光纤的双折射特性，只有当光纤芯区截面的折射率分布是理想的圆对称时，两个相互垂直的偏振模的群速度相等，偏振模色散才可能为零。但实际光纤的芯区折射率并不是各向同性的，偏振模色散无法消除；与色度色散相比，偏振模色散是次要的。在光纤中的各种色散往往交织在一起，很难截然具体分开，因此实际光纤中的色散往往指总色散。

5. 色散对信号传输的影响

虽然从理论上使用单色光源、制作完美的单模光纤可以消除光纤的材料色散、模间色散和偏振模色散，将光纤的总色散降至最低，但光纤通信系统中实际传输的光信号均具有一定的频谱宽度，光信号含有多个不同的频率成分，同时光纤的制造不会十分完美，制作和使用过程中光纤内会存在应力和压力，产生材料色散和偏振模色散，多模系统还

存在模间色散，从而光纤中总是具有一定的色散，将引起传输脉冲信号的展宽，色散越大，系统带宽越小。随着传输距离的增加，脉冲的展宽积累到一定程度时，相邻脉冲的混杂和部分脉冲的重叠造成传输信号的波形发生畸变，使得在接收端虽然信号还存在，但难以正确识别和解码，引起信号的码间串扰，产生误码。使用单模光纤可以使光信号在光纤中传输很长的距离而不产生严重的失真。而多模光纤则可容纳大的光功率，常用于短距离、大功率的信号传输。总之，考虑光纤的损耗和色散后，光纤通信系统传输的光信号的传输距离受到损耗和色散的双重影响，系统传输信号的速率受到限制，最终制约了光信号能被正确识别的最远传输距离。

2.5　光纤的其他特性

为保证光纤通信线路的正常运行，保障线路的可靠性并延长其使用寿命，光纤的温度特性和机械特性也是需要认真考虑的两个重要性能参数。

2.5.1　光纤的温度特性

光纤在使用过程中会遇到温度不同的区域和各种环境，温度的变化将对光纤的工作特性产生影响。光纤的温度特性是指在高、低温条件下对光纤损耗的影响。通常情况下，光纤的损耗受温度的影响不大，但光纤工作在高、低温环境时，光纤的损耗随着温度的升高或降低而增大。这种损耗的变化是由光纤的热胀冷缩效应引起的，低温环境下损耗的增加更大。石英玻璃的热膨胀系数很小，温度下降时几乎不收缩，而光纤上的涂覆层、套塑层等有机树脂和塑料材料的热膨胀系数比石英玻璃的热膨胀系数大很多，它们之间的热膨胀系数存在大的差异，光纤分别在低温收缩、高温膨胀时产生光纤轴向的压缩力或伸长力，光纤随之产生微弯，收缩或膨胀均导致光纤的损耗增大，尤其是在温度较低时更加显著，如图 2.19 所示。从图中可见，与较高温区域相比，低温区域的附加损耗要大很多，尤其是当温度降至-55℃左右时，损耗急剧增加，以致系统可能无法正常运行。对于寒冷地区的光纤或光缆线路(如架空光纤或光缆)，需要注意保温防护，避免低温影响通信质量。

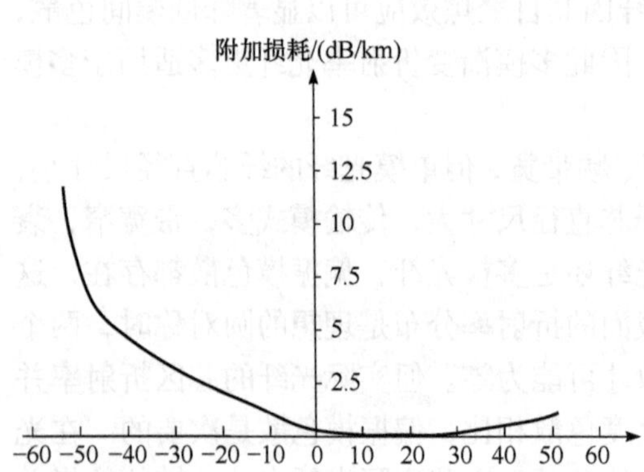

图 2.19　光纤附加损耗随温度的变化

2.5.2　光纤的机械特性

单根光纤很细，为保证其在各种复杂实际应用中的可靠性及一定的使用寿命，不产生裂纹或过多附加损耗，光纤必须具有一定的机械强度。通常只有纤芯和包层的通用石英裸光纤(单模或多模)的外直径为 125μm，在将石英玻璃拉制成直径为 125μm 的细丝过程中，光纤需具有 10～20kg/mm² 的抗拉强度，当光纤所受张力超过其承受能力时，光纤便将断裂。在裸光纤表面增加涂覆层可以增大光纤的抗拉强度，例如，涂覆层厚度为 5～10μm 时，光纤的抗拉强度增大为 330kg/mm²，涂覆层厚度为 100μm 时，光纤的抗拉强度则可达 530kg/mm²。因此，制造光纤时必须合理选择光纤的涂覆材料、套塑材料及其工艺。

石英玻璃的极限抗拉强度由其结构内的 Si–O 键的键合力决定，但光纤在拉制时内部难免存在一些微小的裂纹缺陷，使其抗拉强度大为降低。实用光纤一般按 20 年的使用寿命设计，要求光纤在 0.5%的拉伸应变下，光纤的抗拉强度不小于 240g(或 2.35N)的拉力。目前国内用于工程的光纤，其抗拉强度一般都大于 400g 拉力，国外较好光纤的抗拉强度大于 700g 拉力，用于海底光缆的光纤的抗拉强度比 700g 拉力还要高。国外通常对光纤的强度要求如表 2.3 所示。

表 2.3 国外通常对光纤的强度要求

用途	拉伸应变/%	拉力/g
陆地防潮光缆	0.5	430
水深在 1500m 以内的光缆	>1	860
水深在 1500m 以上的光缆	>2.2	1900

2.6 光纤的标准

为方便光纤及其产品的规范使用和推广，国际电信联盟电信标准化机构(ITU–T)制定公布了典型光纤特性的统一标准。

1. G.651 光纤(多模渐变折射率光纤)

G.651 光纤的工作波长有 1310nm 和 1550nm；其纤芯/包层尺寸分别为 50μm/125μm，62.5μm/125μm，85μm/125μm，100μm/140μm。该光纤在 1310nm 波长处有最小色散，在 1550nm 波长处有最小损耗，能有效降低多模光纤的模间色散，增加带宽，具有高带宽和较好的抗弯曲性能，适用于计算机局域网、千兆以太网和光接入网。

2. G.652 光纤(标准单模光纤)

G.652 光纤是第一代单模光纤，其零色散波长在 1310nm 处。当系统工作在 1310nm 波长时，传输距离便只受光纤损耗的限制，但该光纤在 1310nm 波长处的损耗大，为 0.3～0.4dB/km；在 1550nm 波长处的损耗小，为 0.2～0.25dB/km，而色散在 1550nm 波长处较大。该光纤是使用最广泛的单模光纤，国内外已敷设的光纤光缆绝大部分是这种光纤，广泛用于光电混合型中继方式的大容量和长距离光纤通信系统中，但因色散受限不适于 WDM 系统。G.652 光纤又细分为 G.652A、G.652B、G.652C、G.652D 四个子类。

3. G.653 光纤（色散位移光纤）

G.653 光纤是第二代单模光纤，其工作波长在 1550nm 处，该光纤将零色散波长从 1310nm 处移到了 1550nm 波长处，实现了最低损耗与零色散波长一致，克服了 G.652 光纤零色散与低损耗不在同一波长使用上的限制。它是单波长工作的最佳选择，非常适合点到点、长距离的单通道系统传输。但当复用信道（波长）较多时，因信道间距小和彼此相位匹配很好，传输中会产生较强的四波混频效应，导致信道间发生串扰，对信号传输产生严重干扰，不适于 WDM 系统。G.653 光纤也细分为 G.653A 和 G.653B 两个子类。

4. G.654 光纤（截止波长位移光纤）

G.654 光纤为长距离、大容量跨洋洲际海底光缆通信开发，工作波长在 1550nm 处，零色散波长在 1310nm 处。该光纤本质上与 G.652 单模光纤相同，其主要做了两个方面的改进：①进一步降低光纤的损耗，从 G.652 的 0.22dB/km 降至 0.185dB/km；②增大光纤的模场直径，光纤的截止波长移至约 1530nm 处，从而改善了光纤的非线性效应和弯曲附加损耗，光纤的弯曲性能好，提升了光纤通信系统的信噪比。G.654 光纤适于长距离地面线路系统和使用光放大器的海底光缆系统。G.654 光纤也细分为 A、B、C、D、E 五个子类。

5. G.655 光纤（非零色散位移光纤）

G.655 光纤是第三代单模光纤，是 G.653 光纤的改进版，它将零色散点移位到 1550nm 附近（1525nm 或 1585nm），而不是在工作波长 1550nm 处，因此存在少量色散，在 1550～1650nm 的色散值为 0.1～6.0ps/(nm · km)，允许单信道传输速率高达 10Gbit/s 而不需要色散补偿。G.655 光纤综合了 G.652 光纤和 G.653 光纤的优点，重要的是 G.655 光纤的有效面积较大，在复用时消除了四波混频效应，特别适用于高速、大容量的多信道 DWDM 系统的传输，已被广泛用于国内外光纤通信系统的升级换代，作为远距离、大容量密集波分复用光纤通信系统的首选光纤类型。G.655 光纤也细分为 A、B、C 三个子类。

6. G.656 光纤（宽带非零色散位移光纤）

G.656 光纤是一种宽带光传送非零色散平坦光纤，它的零色散点在 S 波段的短波侧，扩大了 G.655 光纤的非零色散位范围。该光纤在 S+C+L（1460～1625nm）3 个波段内的损耗系数都小于 0.4dB/km，并具有较合适的正色散系数值，最小色散系数大于 1ps/(nm · km)，最大色散系数不超过 14ps/(nm · km)；具有适中的有效面积，能有效抑制密集波分复用系统的非线性效应。G.656 光纤由于具有优异的色散特性，大大降低了色散补偿的代价，克服了 G.652、G.653 和 G.655 光纤的一些缺点，比 G.652 光纤的色散系数小，与 G.655 光纤相比能支持更宽的工作波长。G.656 光纤可保证通道间隔 100GHz、40Gbit/s 系统至少传输 400km，或成为继 G.652 光纤和 G.655 光纤之后又一被广泛应用的光纤。

7. G.657 光纤(弯曲损耗不敏感光纤)

G.657 光纤是为光纤接入网的发展、实现光纤到户的目标、在 G.652 光纤的基础上开发的一个最新光纤品种。该光纤最主要的特性是具有优异的耐弯曲特性，其弯曲半径可为常规 G.652 光纤的弯曲半径的 1/4～1/2。它有三个弯曲等级，分别对应 10mm、7.5mm 和 5mm 最小弯曲半径，因而该光纤非常适用于接入网中 FTTH 的信息传送、或用于室内或大楼内对光纤弯曲性能要求较高的安装环境中(如拥挤管道、接线盒或插座等狭小空间)。G.657 光纤细分为 A、B 两个子类。

2.7　光纤的制造

单根光纤是在裸石英光纤的外部再包裹有机树脂、塑料等多层材料，在进行内部结构保护的同时增强光纤的机械强度，以适应多种不同的应用场合。但即使有保护层，单根光纤因横截面积很小，质地相对脆弱、弯曲容易断裂，工作特性易受环境变化的干扰，也容易造成传输稳定性不足和施工布线质量不高。因此，为进一步增强光纤整体的机械强度，提高布线质量，延长光纤的使用寿命，将多根光纤按照一定方式分捆绑扎后分别装入保护套管(护套)，与支撑结构一同用多层外保护材料包裹构成传输信号的光缆，以增强光纤工作的稳定性和环境适应性，减小外部因素的影响。光纤是光缆的核心部分，光缆一般含有多束光纤。

2.7.1　光纤的基本原料

光纤需先进行设计，然后才进入制作阶段。光纤的设计主要涉及光纤的制备材料、几何结构和折射率分布，设计完成后便是光纤材料的选择及开发相应的制作工艺。材料是光纤的核心，尤其是纤芯材料需特别注意。材料的选择需考虑透明度高、纯度高、折射率易于精确控制的特性，同时还需要考虑材料的力学性能(如成形方便等)和化学稳定性。在综合分析气体、液体、固体(晶体、非晶体)各自的优势和弱点后，人们发现非晶态的玻璃是制造光纤的理想材料。主要由 SiO_2 组成的熔融石英玻璃没有固定熔点，它在高温下逐渐软化变形，具有优良的耐高温性能，从紫外、可见光至近红外光波段有很高的透过率。虽然耐酸，但不耐氢氟酸。石英玻璃是脆性材料，其耐压强度高，抗拉强度稍弱，具有良好的化学稳定性和较好的机械强度，通过添加不同的掺杂剂很容易改变纯石英玻璃的光学性能，且石英玻璃来源丰富，有利于降低光纤的成本。熔融石英玻璃的一些基本物理参数如表 2.4 所示。

表 2.4　熔融石英玻璃的一些基本物理参数

性能	数值
密度/(g/cm^3)	2.2
软化点/℃	1730
抗拉强度/MPa	50.0

续表

性能	数值
弯曲强度/MPa	66.6
抗扭强度/MPa	29.4
杨氏模量/(N/mm^2)	72900
剪切模量/(N/mm^2)	33000
线性热膨胀系数/K^{-1}	5.5×10^{-7}
折射率	1.46@550nm

目前，石英玻璃光纤已成为应用最广、制造技术最为成熟的光传输介质，是光纤的主体和代名词。制备石英光纤的主要原料是一些如四氯化硅($SiCl_4$)、四氯化锗($GeCl_4$)、三氯化磷(PCl_3)、三氯化硼(BCl_3)、三氯化铝($AlCl_3$)等的高纯度卤化物，制备光纤中需要这些液态卤化物的纯度很高，尤其是制备二氧化硅的主要原料 $SiCl_4$。通过精馏法、吸附法或精馏吸附混合等方法进行严格提纯，可将这些原料中金属杂质的浓度降低至十亿分之一的水平，含氢化合物的含量小于百万分之一，参与反应的氧气等气体的纯度达99.9999%以上，基本消除了过渡金属杂质(如 Fe、Cu、Co、Cr、Ni 等)离子、OH^-离子和碳氢化合物等的影响，便能制造出极低损耗的石英光纤。

1. 光纤的主体原料

超纯石英玻璃通常是通过四氯化硅与氧气的气相反应制成的，反应过程为

$$SiCl_4 + O_2 \xrightarrow{\text{高温氧化}} SiO_2 + 2Cl_2 \tag{2.61}$$

反应沉积出 SiO_2，同时放出氯气，再通过蒸馏便可制得纯度很高的 SiO_2，高纯的 $SiCl_4$ 的质量是制备高质量石英光纤的关键。

2. 光纤材料的折射率控制

通过添加不同的掺杂剂很容易改变纯石英玻璃的折射率，使石英玻璃的折射率增大或减小，满足用于光纤芯区或包层的不同功能，最常见的纤芯掺杂剂是锗、磷，掺杂反应过程为

$$\begin{aligned}
&GeCl_4 + O_2 \xrightarrow{\text{高温氧化}} GeO_2 + 2Cl_2 \\
&2POCl_3 + 4O_2 \xrightarrow{\text{高温氧化}} 2PO_5 + 3Cl_2 \\
&3SiCl_4 + 2O_2 + 2SF_6 \xrightarrow{\text{高温氧化}} 3SiF_4 + 3Cl_2 + 2SO_2 \\
&4BBr_3 + 3O_2 \longrightarrow 2B_2O_3 + 6Br_2
\end{aligned} \tag{2.62}$$

石英玻璃的折射率随常见掺杂剂浓度的变化如图 2.20 所示，可见锗、磷、铝等元素的掺入可使石英玻璃的折射率增加，硼、氟元素(用氟利昂 CCl_3F_3 或 C_2F_6)的掺入可使石英玻璃的折射率降低。

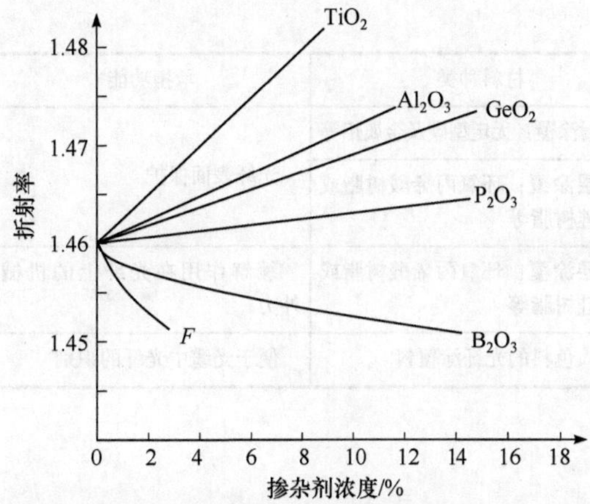

图 2.20　石英玻璃的折射率随掺杂剂浓度的变化

3. 光纤的涂覆材料

石英玻璃裸光纤被拉制成形后，需用紫外线光固化或热固化的材料(如丙烯酸酯、聚酰亚胺、硅树脂等)进行初步涂覆，防止裸光纤受外界灰尘的污染，同时增强光纤的机械强度和柔性。此后，在初步涂覆的基础上对光纤进行塑封，将光纤套上尼龙、聚乙烯或聚酯等塑料，保护光纤不受潮湿气体的影响和外力的擦伤，降低光纤的微弯附加损耗。常用的光纤原材料及其功能见表 2.5。

表 2.5　常用的光纤原材料及其功能

材料类型	材料功能	材料种类	承担功能	工艺
石英玻璃	结构材料	沉积管：高纯石英玻璃管	供改进的化学气相沉积、等离子气相沉积工艺使用	气相沉积
		液态卤化物基本原料：$SiCl_4$	供改进的化学气相沉积、等离子气相沉积、外部气相沉积、轴向气相沉积工艺使用，以形成光纤波导结构	
		掺杂剂：$GeCl_4$ 等		
		气体掺杂剂：C_2F_6、CCl_3F_3 等		
	功能材料	N_2、Cl_2、He、Ar 等	保护、脱水和固化	
	燃烧气体	H_2、O_2、CH_4 等	反应能源	
塑料	结构材料	纤芯：F-PMMA 等	构成新型光纤波导结构	界面凝胶或挤压扩散或高速离心扩散
		包层：PMMA 等		
光子晶体	结构材料	纤芯：石英玻璃或空气，塑料或空气	构成新型光纤波导结构	空心管成束或预制棒打孔(填充单体)拉丝
		包层：石英玻璃或塑料		
掺稀土材料	结构材料	纤芯：掺稀土元素石英玻璃	构成功能光纤	气相沉积+液体掺杂
		包层：石英玻璃		

续表

材料类型	材料功能	材料种类	承担功能	工艺
涂覆材料	保护光纤	密封涂覆：无定型碳及金属铝等	光纤表面保护	紫外光固化或热固化
		内层涂覆：环氧丙烯酸树脂或有机硅树脂等		
		外层涂覆：环氧丙烯酸树脂或有机硅树脂等	缓解作用在光纤上的机械外力	
着色涂料	光纤着色	加入色料的光纤涂覆料	便于光缆中光纤的识别	紫外光固化或热固化

2.7.2　光纤的制造工艺

石英光纤的制造主要分三步：光纤预制棒的制造、光纤的拉制、光纤的涂覆和套塑，其具体的制造工艺流程如图 2.21 所示。

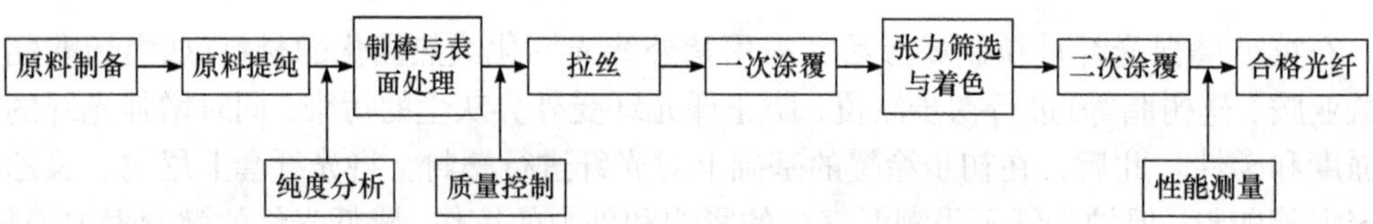

图 2.21　光纤的拉制流程

1. 光纤预制棒的制造

在进行光纤拉制之前，需要先制作光纤预制棒，一般预制棒制作成长 50～100cm，直径为 10～20cm 的圆柱体。预制棒具有芯区和包层的结构，其内层是高折射率的纤芯层，外层为低折射率的包层，首先通过高纯的 $SiCl_4$ 和 $GeCl_4$ 以氧化物的形式沉积成芯棒，然后增加外包层。制作光纤预制棒的工艺大体可分为气相沉积法和非气相沉积法，最为常用的方法是气相沉积法。气相沉积法将液态的 $SiCl_4$ 和氧气，或者 $SiCl_4$、掺杂剂和氧气在反应室里混合，通过氧化反应生成高纯的石英玻璃或掺锗的高纯石英玻璃粉末，随着反应的不断进行，生成的粉末持续沉积在基底棒上形成高纯的预制棒。通过控制沉积时间、反应物流量便可精确地控制石英玻璃粉末的折射率，获得预想的折射率分布。预制棒的制造工艺是光纤制造技术中最重要、难度最大的工艺。根据石英玻璃粉末沉积的方式和最终熔化为预制棒的方式，气相沉积法有以下几种方式。

1) 改进的化学气相沉积(modified chemical vapour deposition，MCVD)法

MCVD 的工艺于 1974 年由美国贝尔实验室开发，被广泛用于渐变折射率光纤的生产。该工艺是在石英反应管内沉积内包层和芯区的玻璃，整个系统处于封闭的超提纯状态下，预制棒分不同的工艺阶段进行，即沉积和成棒，但两个工艺步骤是在同一台玻璃车床上分不同时段完成的。MCVD 工艺因在全封闭系统内进行，故可生产高质量的预制棒，但预制棒的尺寸小。

2) 等离子体化学气相沉积(plasma chemical vapour deposition，PCVD)法

PCVD 工艺于 1972 年由荷兰飞利浦公司开发，是世界流行的四大光纤制造工艺。该

工艺也在石英反应管内沉积，用微波激活气体，使反应气体成为低压等离子体，借助气体的相互作用产生沉积反应，形成玻璃层。PCVD 的沉积和成棒两个工艺步骤各自分别使用一套玻璃车床完成。该工艺可以沉积数千层沉积层薄膜，为光波导、光纤的结构设计、材料的选择提供了一个灵活、自由的平台，具有极高的折射率控制精度和较高的沉积效率。

3) 外部气相沉积(outside vapour deposition，OVD)法

OVD 工艺于 1972 年由美国康宁公司开发，1980 年全面投入使用。该工艺通过沉积和固化两个步骤分别进行，在沉积设备中完成预制棒的沉积，在烧结炉内进行预制棒的脱水和烧结，最终完成预制棒的制作。OVD 工艺不采用反应管，原料的成本低，可制造大尺寸预制棒。

4) 轴向气相沉积(vapour-phase axial deposition，VAD)法

VAD 工艺于 1977 年由日本电报电话公司开发。该工艺与 OVD 类似，但其预制棒的生长方向是垂直的。

在上述四种光纤预制棒生产工艺中，管内沉积法(MCVD 和 PCVD)能够精确控制折射率的分布，更适用于生产折射率分布精确和复杂的光纤预制棒(如非零色散位移单模光纤和渐变折射率多模光纤)，外沉积法(OVD 和 VAD)则具有高速沉积速率的优势，适用于生产常规单模光纤预制棒。它们的工艺特点见表 2.6。

表 2.6　光纤预制棒生产工艺的主要特点

工艺	MCVD	PCVD	OVD	VAD
反应机理	高温氧化	低温氧化	火焰水解	火焰水解
热源	氢氧焰	低压微波等离子体	甲烷或氢氧焰	氢氧焰
沉积方向	管内表面	管内表面	靶棒外表面	靶棒轴向
沉积工艺	间歇	间歇	间歇	连续
沉积速率	0.5～3g/min	0.5～3g/min	20～30g/min	20～30g/min
沉积效率	50%～60%	85%～100%	50%～70%	50%～70%
预制棒尺寸	小	小	大	大
单棒拉丝长度	200～300km	300～400km	＞500km	300～400km
折射率分布控制	容易	极易	容易	复杂
原料纯度要求	严格	严格	不严格	不严格
使用厂家	美国 OFC 等	荷兰飞利浦公司、中国长飞光纤光缆股份有限公司等	美国康宁公司	日本住友电气工业株式会社、古河电气工业株式会社等

2. 光纤的拉制

拉制光纤是在已制得光纤预制棒的基础上，将预制棒送进高温炉中加热至软化，通过拉制设备使软化的预制棒尖端靠自身重量逐渐下垂变细而成为纤维，继而在牵引力的

作用下缓慢地将预制棒直径缩小至光纤所需的直径。掺入棒体中的掺杂剂在预制棒软化过程中不扩散，因而拉制成的光纤能保持预制棒原有的折射率分布形式和芯层包层外径比。在拉制过程中可以通过改变拉丝速率来控制光纤的外径，用非接触方法实时对光纤的外径进行监测，保证获得需要的产品，同时保持机械的稳定性和行进速率的均匀性。在工业生产中，拉制速率一般为 200～2000m/min，这对拉伸机械的稳定性、精密程度是很高的要求。

3. 光纤的涂覆和套塑

光纤拉制成形冷却后，随即通过涂覆器对行进中的光纤进行涂覆(一次涂覆)，将裸光纤涂上 30～150μm 厚的热固化硅树脂或紫外固化的丙烯酸酯，保护光纤的机械强度并隔绝能够引起微弯损耗的外应力，方便光纤与其他表面接触。随后对光纤进行塑封，将涂覆后的光纤套上尼龙、聚乙烯或聚酯等材料(二次涂覆)，经过强度筛选后便可将光纤卷绕到卷筒上。光纤的整个拉制过程如图 2.22 所示。

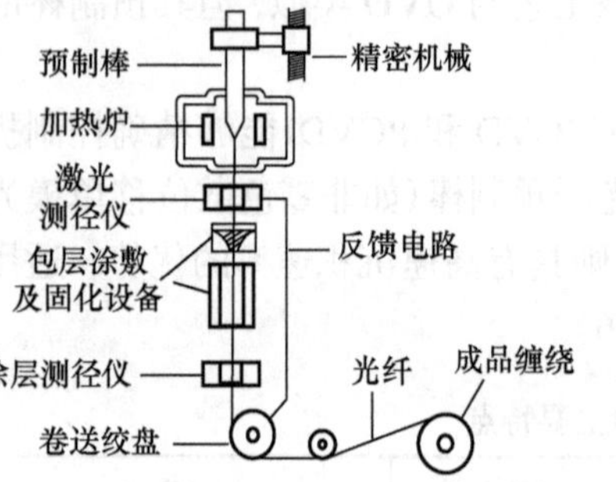

图 2.22　管棒法拉制光纤过程

除要求高精度、高稳定性的机械系统外，光纤的整个制造过程是在净化恒温的环境中进行的，预制棒制备、光纤拉制、测量等工序所在的净化车间的洁净度应在 10000 级以上，在光纤拉丝炉的光纤成形部位的洁净度应达到 100 级以上，才能保证拉制出高质量、低损耗的光纤。

2.8　光　缆

2.8.1　光缆的结构和类型

虽然单根裸石英光纤经涂敷、塑封后其机械强度和防护功能得到很大程度的改善和提高，但仍然不适用于各种复杂环境或场合，其质地还相对脆弱并容易弯曲断裂，不能直接用于工程线路，必须进一步增强光纤整体的机械强度，提高防护能力，保证足够长的使用寿命，增强光纤工作的稳定性，使之能方便、安全地用于线路施工、运行和维护，并能同时提供多个往返信号通路，这就需要将光纤制成光缆。光缆是将若干根光纤按照一定方式捆扎、绞合后分别装入护套，并用多层外保护材料包裹构成的导光线缆。光缆内部的支撑、加强和防护层等附属材料的主要作用是保护内部的光纤，提供承缆、敷设、储存、运输和使用所需的机械强度(有良好的抗拉能力、抗冲击能力、抗弯曲能力)，防止湿气及水的侵入，隔绝外部酸、碱等有害化学物质的侵蚀以及动物的啃咬。

光缆一般由缆芯、加强构件和护套组成，有时在护套外面还加有铠装。另外，根据需要还有防水层、缓冲层、绝缘金属导线等构件。

1. 缆芯

光缆的缆芯由涂覆光纤(又称芯线)组成，分为单芯型或多芯型两种。单芯型是由单根经二次涂覆处理后的光纤组成的，多芯型是由多根经二次涂覆处理后的光纤组成的，芯线的排布分为单位式结构或带状结构。芯线是光缆的核心，决定着光缆的传输特性。二次或二次以上涂覆的涂覆光纤主要有紧套、松套、束管式和带状式四种保护结构，如图 2.23 所示。

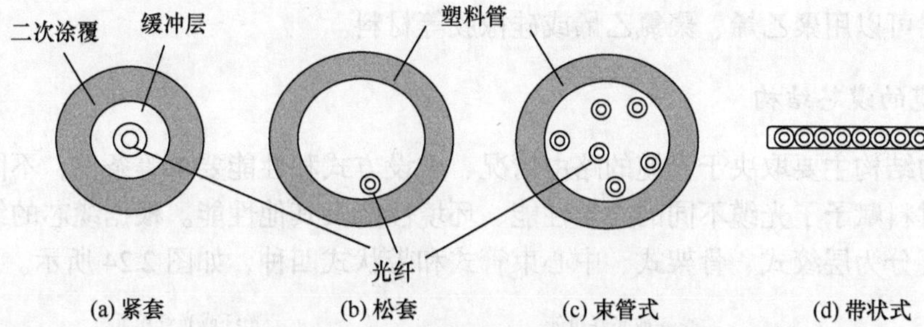

图 2.23　二次涂覆光纤的结构示意图

(1) 紧套结构是用尼龙或硬塑料套管紧紧套住包裹着缓冲层(如硅树脂)的光纤。光纤无法在光缆中自由移动，缓冲层能减小外力对光纤的作用，二次涂覆的尼龙套管能增强光缆的拉伸应力、减缓光纤温度变化，使光缆具有良好的机械特性和温度特性。紧套结构简单，并且测量和使用方便。

(2) 松套结构是将一次涂覆光纤放入高强度塑料套管(如聚酰胺塑料)内，套管内充填油胶或纤维。光纤在光缆中有一定的自由移动空间，缓冲层能减小外力对光纤的作用，这样有利于减小外界机械应力对涂覆光纤的影响，增强光缆的弯曲性能。松套结构的力学性能好、防水性好，便于成缆。

(3) 束管式结构是将多根分离的光纤放入塑料套管内并在套管内充入油胶，构成多芯松套结构，一般为 4 芯、6 芯、8 芯、12 芯。

(4) 带状式结构是将 4 芯、6 芯、8 芯、12 芯、16 芯甚至 36 芯的光纤平行排列形成带状，带状光纤一层层叠加构成带状单元芯线(带纤矩阵)，然后将其放入大松套管内，形成高密度光缆。

2. 加强构件

加强构件(加强芯)是用于增强光缆承受的张力或可承受负荷的圆棒，尤其是承受光缆敷设安装时的外力，它位于光缆中心或分散于护套中，有的光缆中的加强构件不止一根。加强构件可用镀锌或镀磷钢丝或非金属材料(如芳纶纤维、经处理的复合玻璃纤维棒等)制成。

3. 护套

护套将光纤、套管和加强构件包裹在内部。护套主要是对光纤芯线进行保护，避免外部的机械作用力和环境影响对光纤造成损伤，防止有害物质的侵蚀。所以护套需具有耐侧压力、防潮、温度特性好、耐化学腐蚀、重量轻、阻燃、密封等性能。

有些光缆的护套不止一层，可分为内护层、铠装层和外护层三层。内护层位于铠装层与缆芯之间，起保护和铠装衬垫的作用，一般采用聚乙烯或聚氯乙烯等材料。铠装层在内护层与外护层之间，起抗侧压力或抗张力的保护作用。铠装层通常由钢带或钢丝构成，钢带铠装层的主要作用是抗压，适于地下埋设；钢丝铠装层的主要作用是抗拉，适于水下或垂直敷设。外护层在铠装层外面，主要对铠装层进行防腐蚀保护。根据敷设条件，外护层可以用聚乙烯、聚氯乙烯或硅橡胶等材料。

4. 光缆的缆芯结构

光缆的结构主要取决于光缆的路由情况、敷设方式和性能要求等条件，不同的结构和使用的材料赋予了光缆不同的力学性能、环境性能及其他性能。根据缆芯的结构，一般光缆主要分为层绞式、骨架式、中心束管式和带状式四种，如图 2.24 所示。

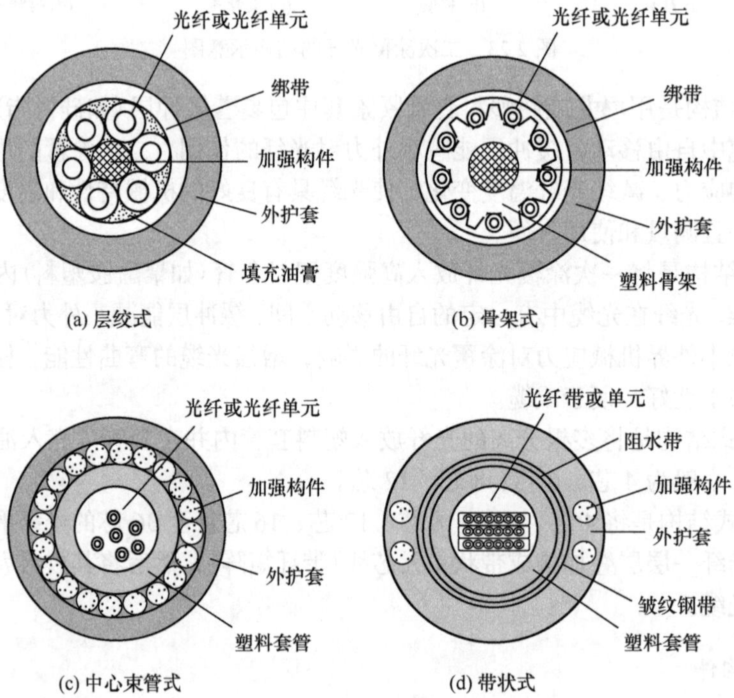

图 2.24 典型光缆结构

(1) 层绞式光缆是将含有光纤的松套管以一定的间距绕在中心加强构件周围以螺旋方式绞合而成的，又称古典式光缆，主要是紧套结构。层绞式光缆的基本结构如图 2.24(a) 所示，内套管的内空设计和套管的材料均影响光缆的性能，复杂的层绞式结构包括更多的内护套、阻水带或填充油膏等。这种光缆的制造设备简单，工艺比较成熟，使用时易于线路分支、配线、组合及中间接入。层绞式光缆容纳的纤芯数较多、密度较高（分离光纤 144 芯，光纤带在 720 芯以下），光缆的力学性能、环境性能、温度性能良好，是目前的主流光缆。

(2)骨架式光缆将光纤置放于横截面为 V 形或 U 形的塑料骨架槽中，一个槽可放置一次涂覆的单根光纤、多根光纤或光纤带。骨架式光缆使用骨架和中心加强构件为支撑单元，骨架采用高密度聚乙烯材料，抗侧压性能好，对光纤和光纤带形成很好的保护，并可防止开剥光缆时损伤到光纤，如图 2.24(b)所示。骨架槽沿光缆成螺旋式旋转，以保证放置于槽内的光纤带具有足够的余长；中心加强构件是单根钢丝或多根绞合钢丝(也可是介质材料)，骨架和中心加强构件黏结后形成一个整体，以保证光缆的力学(抗拉)性能、弯曲性能和温度性能。骨架式光缆结构紧凑、外径小、光纤芯密度高，接续效率高，抗侧压能力强，但制造工艺复杂。

(3)中心束管(中心管)式光缆将一次涂覆的光纤或光纤束放入大套管内，套管内可注入阻水油膏；加强构件配置在套管的周围，加强构件的材料可以是金属或者是介质，如图 2.24(c)所示。中心束管结构形成一个管腔，光纤集中松放在其中，加强构件同时起着护套的部分作用，有利于减轻光缆的重量，近年来该结构的光缆得到了较快的发展。

(4)带状式光缆首先把一次涂覆的光纤做成光纤带，光纤带分别是 6 芯、8 芯、10 芯、12 芯、24 芯或 36 芯，几层光纤带叠放构成带纤矩阵，然后将光纤带放入骨架槽中或将带纤矩阵放入大套管内与加强构件进行绞合，如图 2.24(d)所示。对于中心束管式带状光缆，一般采用两种结构：一种结构是用两根平行加强单元(金属或非金属)，比较适合于 216 芯以下的光纤带光缆；另一种结构是用加强单元绞合(金属或非金属绞合)，多用在 216 芯以上的光纤带光缆中，非金属绞合结构层既能对光缆主要起抗拉力作用，又能增强光缆的抗侧压能力，对光纤带(带纤矩阵)及套管起到很好的保护作用。与层绞式光纤带光缆结构相比，中心束管式光纤带光缆形成一个管腔，光纤带位于光缆的中心位置，加强构件同时起着护套的部分作用，具有较好的抗侧压性能及抗弯曲性能，带状式光缆重量轻，光纤密度大，光纤排列紧密有序，光缆外径较小，容易开剥，便于集中熔接等施工。

5. 光缆的种类

随着光纤通信及技术的发展，光纤和光缆的用途日益广泛与普遍。面对各种各样的使用场所和功能，以及敷设方式和特殊需求，光缆主要分为室外光缆、室内光缆、室内/外两用光缆和特种光缆；或可分为架空光缆、直埋光缆、管道光缆和水下光缆。通过采用合适的结构及材料，确保光缆在规定使用期内传输性能不发生大的永久性改变。随着光纤入户数量的剧增，室外光缆可通过架空、管道或路面开槽等方式引入建筑物内与室内光缆连接。

1)室外光缆

室外光缆主要敷设在建筑物之外，不时还暴露在日光和空气中，埋入地下或架空，因而光缆结构除采用层绞式、骨架式、中心束管式或带状式外，还需抗拉强度较大、防日晒等，主要需考虑填充物、加强构件、护套等的材料及对光缆内部的保护作用，因此室外光缆的保护层较厚重，通常加有铠装，以保持耐压、耐腐蚀及足够的机械强度，以适应季节温度变化和不同使用场合。

2) 室内光缆

室内光缆主要敷设在建筑物之内，具有与室外光缆类似的结构。但因其是使用在建筑物内的布线，以及网络设备之间的连接，无须暴晒在日光中。相较于室外光缆，室内光缆弱化对填充物、加强构件、护套等的材料对光缆内部的保护作用，所考虑的抗拉强度较小，保护层性能较弱，因而室内光缆的保护层薄，通常无铠装，加强构件均是介质材料，有一定的耐腐蚀性及机械强度，相对尺寸小、重量轻，保证在阻燃的基础上抗电磁干扰、耐弯曲、易布放。

3) 室内/外两用光缆

室内/外两用光缆可以由户外直接将光缆引入室内。室内/外两用光缆都是全阻水光缆，这样在建筑物之间构建传输链路时，光缆进入户内时室内/外两用光缆可以直接连接。其结构主要要求是易施工、防水、阻燃、抗老化、柔软耐弯曲、适合室内或室外两种环境。

4) 特种光缆

光缆除具有基本缆芯结构外，由于使用的场所和环境不同，需要根据具体使用的特殊性及要求，对光缆的结构进行特殊设计，对使用的材料进行优化选择，以赋予光缆满足特殊要求应具备的性能。

(1) 电力光缆。

电力光缆是应用于电力、铁路等系统中兼顾电力传输和信息通信的各类复合光缆和特种光缆。由于光纤不受电磁干扰，所以架空光缆成为电力和铁路系统通信、控制和测量信号的一种理想传输介质。智能电网要求电力系统中辅以信息技术为支撑，实现电网的信息化、自动化和互动化，因此催生了各种功能的电力光缆。电力光缆在使用中需具有高可靠性、易于扩展性和投资效益性、迅速性、高清晰度、能源环境保护性等特性。电力光缆的敷设通常是将光缆直接悬挂在电杆或铁塔上，或缠绕在高压电力的相线上，以架空形式为主。安装的光缆的抗拉强度需要能够承受自重、风力的作用和冰凌的重量，并能预防撞击、挂拉等的破坏。根据各种不同的使用场合，电力光缆主要有光纤复合地线、光纤复合相线、光纤复合低压电缆、金属自承光缆、全自承光缆和捆绑光缆等形式。

(2) 阻燃光缆。

阻燃光缆是具有减缓和阻滞燃烧进程功能的光缆。一些特殊场所如电力、煤矿、地铁、航空航天、核电站、船只、人口密集的大楼及住宅等使用的光缆需要考虑其阻燃性，随着光纤到户的快速发展，光缆越来越多地进入用户室内，加速了对光缆阻燃迫切性的要求，为降低火灾安全隐患，无卤、低烟、低毒的阻燃光缆备受关注。光缆的阻燃包括材料的阻燃性和光缆在火灾中保持信号畅通的能力(耐火性)，阻燃光缆在结构上多采用层绞、中心束管式，护套使用低烟无卤阻燃材料(如阻燃聚乙烯)，既能阻燃又能确保良好的阻水防潮性能，缆芯使用阻燃油膏、阻水纱或阻水带等填充或包裹。

(3) 海底光缆。

海底光缆是敷设于海底的光缆，它具有通信质量稳定可靠、保密隐蔽性好、抗干扰等优点，在隔海通信方面具有其他通信手段无法替代的优势。随着海底光缆的广泛使用和大量敷设，大容量海底光缆是保证国际信息交流的重要途径之一。海底光缆根据不同的海洋环境和水深可分为深海光缆和浅海光缆；根据不同的长度分为无中继的短距离系统和有中继的中、长距离系统。中继需要采用光放大技术，适用于沿海大城市之间或跨洋国际通信。

海底光缆具有以下特点：一是需耐受极大的水深压力(水每深 10m 增加压力为 1t，目前最深可达 8000m)；二是抗张力强度，能承受海底光缆布放、埋设和打捞维修时的张力，并抵抗钩锚、船网、水流等的冲击；三是具有纵向水密性及防止氢入侵光纤，造成光纤传输损耗波动；四是中继段跨距大，自重及附件重量大；五是耐海水腐蚀。因此，用于海底光缆的光纤比陆地光缆使用的光纤要求更高，海底光缆对结构有特殊要求，即要求结构坚固、有很好的机械强度，使用高密度保护套，常加铠装保护，并要求海底光缆在 25 年寿命期间内光性能稳定、可靠。

2.8.2　光缆的特性和技术要求

光缆的特性主要包括：光缆的传输特性、机械特性、环境特性及电气特性，涉及对光纤的保护和使用环境及适应性，对这些特性的具体要求由光缆使用的条件及场所决定。

1. 传输特性

光缆的传输特性取决于内部的光纤，涉及光纤成缆及以后的变化。当光纤在成缆后，经运输、储存和敷设等过程，受到各种外力的作用或环境温度发生变化，将引起光缆的传输特性发生改变。

2. 机械特性

机械特性包括拉力、压力、弯曲、扭转、冲击、振动等，需要根据国家标准的规定进行例行试验。

(1) 拉力特性指光缆在敷设和运行中能够承受的最大拉力，它主要取决于光缆内加强构件的材料(如钢丝、芳纶纤维、玻璃纤维增强塑料棒等)及其横截面积，一般要求长度大于 1km 光缆的自身重量为 100～500kg。

(2) 压力特性指光缆在敷设中能够承受的最大侧压力，它主要取决于光缆的护套材料、铠装和结构，多数光缆能承受的最大侧压力为 100～400kg/10cm。

(3) 弯曲特性指光缆在敷设施工中因光缆弯曲引起不可忽略的附加损耗，它主要取决于光缆的材料、结构和外径。一般光纤的最小弯曲半径为 20～60mm，光缆的最小弯曲半径一般为 200～500mm，使用中要求光缆的最小弯曲半径大于其外直径的 10 倍。

3. 环境特性

(1) 温度特性是指光缆中光纤的损耗随温度变化的特性，它主要取决于光缆的材料及结构的设计。环境温度变化时，光缆材料(塑料)的热膨胀系数比光纤材料(石英)大 2～

3 个数量级，热胀冷缩时光纤受到应力的作用而产生附加损耗。使用经合理选择的外护套材料，如采用硅酮树脂作裸光纤的缓冲层、尼龙作紧套光纤的二次涂覆层等，可改善光纤的温度特性；采用松套管二次涂覆光纤的光缆温度特性较好。我国对普通光缆的温度使用要求是低温地区–40～+40℃，高温地区–5～+60℃，超出上述温度范围使用的光缆需要特殊定制。

(2) 渗水特性指光缆外部的潮气和水分向光缆内部的渗透和迁移，水汽和潮气会引起水峰衰减，影响光缆寿命。具体可以采用光缆截面防水（填充阻水膏）、使用阻水带等手段，既能获得很好的吸水效果，又能对膨胀后的光缆进行较好的防水。

4. 电气特性

电气特性包括光缆内金属（铠装金属层）的电气性能及完整性、护套的电绝缘性。

(1) 光缆的电气性能及完整性指金属铠装层应在光缆纵向保持电气导通，以便于泄漏电流的接通。

(2) 护套的电绝缘性指光缆的外护套在电磁环境中具有良好的电气绝缘特性。

2.8.3　光缆的型号与规格代号

了解并掌握光缆型号对光缆的选型和采购具有重要意义，根据工业和信息化部制定的通信行业标准《光缆型号命名方法》（YD/T 908—2020），光缆的型号由光缆的类型代号和规格代号构成，两者中间用一短横线分开，普通光缆的型号表示如图 2.25 所示。类型代号是光缆的编码，由 5 部分组成，分别代表光缆的种类、结构、护套材料等信息；规格代号是光纤的类别代号，由 2 部分组成，分别代表光缆内光纤的数量和规格。光缆的规格由光纤规格和导电芯线的有关规格组成，光缆型号中的字母、数字代号具体代表的含义见表 2.7～表 2.10。光纤的规格代号包含光纤和导电芯线规格，它们之间用“+”号隔开。①光纤的规格由光纤数和光纤类别代号组成。光纤数常用光缆中同一类别光纤的实际有效数目的数字表示；也可用以光纤带（管）数和每带（管）光纤数为基础的计算加圆括号表示。②导电芯线的规格构成与电缆标准中铜导电芯线的构成规定一致，用大写的 A 和 B 分别代表多模光纤和单模光纤。

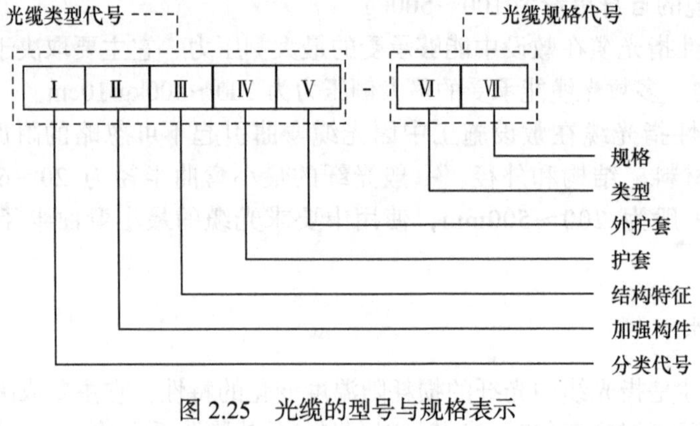

图 2.25　光缆的型号与规格表示

表 2.7 光缆类型代号

Ⅰ光缆分类代号	Ⅱ加强构件代号	Ⅲ结构特征代号	Ⅳ护套层代号	Ⅴ外护套代号
GY–通信用室(野)外光缆	无符号–金属加强构件	D–光纤带结构	Y–聚乙烯护套	见表 2.8
GR–通信用软光缆	F–非金属加强构件	无符号–光纤松套被覆结构	V–聚氯乙烯护套	
GJ–通信用室(局)内光缆		J–光纤紧套被覆结构	U–聚氨酯护套	
GS–通信用设备内光缆		无符号–层绞结构	A–铝-聚乙烯黏结护套(简称 A 护套)	
GH–通信用海底(水下)光缆		G–骨架槽结构	L–铝护套	
GT–通信用特殊光缆		X–中心束管结构	Q–铅护套	
GW–通信用无金属光缆		T–油膏填充式结构	G–钢护套	
GM–通信用移动式光缆		无符号–干式阻水结构	S–钢-聚乙烯黏结护套(简称 S 护套)	
		R–充气式结构	W–夹带平行钢丝的钢-聚乙烯黏结护套(简称 W 护套)	
		C–自承式结构		
		B–扁平式结构		
		E–椭圆结构		
		Z–阻燃结构		

注：Ⅰ 代表光缆的类别和使用场所；Ⅱ代表光缆中嵌入护套内的加强构件种类；Ⅲ代表光缆缆芯的主要类型和光缆的派生结构，当光缆类型有几个结构特征需要同时注明时，可用组合代号表示，其组合代号按结构特征代号自上而下的顺序排列；Ⅳ代表光缆的护套材料种类；Ⅴ代表光缆的外护套材料种类。当光缆具有外护套时，外护套可包括垫层、铠装层和外被层的全部或部分，外护套代号用两组数字表示(垫层不需要表示)，第一组数字表示铠装层(一位或两位数字)，第二组数字表示外被层(一位数字)，见表 2.8。

表 2.8 外护套代号

代号	铠装层	代号	外被层
0	无铠装层	1	纤维外被
2	绕包双钢带	2	聚氯乙烯套
3	单细圆钢丝	3	聚乙烯套
33	双细圆钢丝	4	聚乙烯套加覆尼龙套
4	单粗圆钢丝	5	聚乙烯保护套
44	双粗圆钢丝		
5	皱纹钢带		

表 2.9 多模光纤规格代号

光纤分类代号	特性	纤芯直径/μm	包层直径/μm	材料	对应 ITU-T 标准
A1a	渐变折射率	50	125	SiO_2	G.651
Alb	渐变折射率	62.5	125	SiO_2	G.651
Alc	渐变折射率	85	125	SiO_2	G.651
Ald	渐变折射率	100	140	SiO_2	G.651
A2a	突变折射率	100	140	SiO_2	—

表 2.10 单模光纤规格代号

光纤分类代号	名称	材料	对应 ITU-T 标准
B1.1（或 B1）	非色散位移型	SiO_2	G.652
B1.2	截止波长位移型	SiO_2	G.654
B2	色散位移型	SiO_2	G.653
B3	色散平坦型	SiO_2	—
B4	非零色散位移型	SiO_2	G.655

下面给出光缆型号实例。

(1) 型号 GYTA53−12A1a+5×4×0.9，表示：金属加强构件、松套被覆、填充式、铝-聚乙烯黏结护套、皱纹钢带铠装、聚乙烯外护套室外用通信光缆，内装 12 根 50/125μm 渐变折射率多模光纤，以及 5 根用于远供电及监测的铜线直径为 0.9mm 的 4 线组。

(2) 型号 GYTA−12B1，表示：金属加强构件、铝-聚乙烯黏结护套室外用通信光缆，内装 12 根 G.652 常规单模光纤。

(3) 型号 GYXTZW33−6A1B，表示：室外用中心束管结构、填充式、阻燃、夹带平行钢丝的钢-聚乙烯黏结护套、双细圆钢丝通信光缆，内装 6 根 G.651 多模光纤。

(4) 型号 GJDBZY−24B4，表示：室内用金属加强构件、光纤带、扁平式、阻燃、聚乙烯护套通信光缆，内装 24 根 G.655 单模光纤。

小　结

光纤是用高度透明材料制成的圆柱状细纤维，是工作在光波波段的一种介质光波导，也是光纤通信系统的信道。根据光纤纤芯和包层折射率沿径向的分布，将光纤分为阶跃光纤和渐变折射率光纤；或根据光纤的制作材料、使用功能等进行分类。首先，本章从光纤的导光原理最基本的几何光学方法出发，直观、简便地解释光在光纤芯区的传播过程，得到阶跃光纤的基本特征参数(如数值孔径、时间延迟和传输特征方程等)及初步的模式概念，其中几何光学方法得到的结论较为定性。接着介绍了光纤的电磁场理论，深入了解光纤导光的电磁场理论，理解并掌握模式的含义及特征；电磁场理论分析严格、精密，但过程较为复杂。学生通过学习，能从几何光学和电磁场理论两个方面对光纤模式进行描述及解释，深入理解不同理论的模式含义；能从模式的角度区分单模光纤或多模光纤，理解它们的特性及在应用上的差异。然后介绍了光纤的光传输特性，充分理解损耗、色散的定义、产生机理及对光纤导光性能及信号传输的影响，色散对传输带宽的限制；以及光纤的机械特性和温度特性，为在应用中更好地使用光纤及为光纤系统设计奠定基础。最后通过光纤的制作及工艺过程，介绍了石英光纤的制作原料和工艺原理、光缆的结构和类型，以及技术特性和型号规格。

习　题

1. 光纤的基本结构由哪三部分组成？它们各有什么作用？

2. 什么是光纤的数值孔径？其物理意义是什么？

3. 什么是光纤的模式，从几何光学和电磁场理论的角度如何理解？

4. 石英光纤损耗特性曲线上3个通信窗口指什么波长？各有什么特点？

5. 什么是单模光纤？什么是多模光纤？

6. 什么是光纤的损耗，如何定义？其单位是什么？

7. 产生光纤损耗的主要因素有哪些？如何改善？

8. 什么是光纤的色散，如何定义？其单位是什么？它对信号传输有什么影响？

9. 多模光纤的色散有哪些？

10. 色散和带宽的关系是什么？

11. 光纤和光缆有什么区别？简述光纤的拉制流程。

12. 光缆的结构和其应用有什么关系？

13. 已知某阶跃光纤的参数为：纤芯直径为50μm，芯区折射率为1.5，相对折射率差 $\Delta=0.01$，光纤长1km，试求：①光纤的数值孔径；②子午光线的最大时延差。

14. 已知一个阶跃光纤的芯区折射率为1.52，包层折射率为1.49，试求：①光纤放入水中($n_0=1.33$)，光从水中入射到光纤端面的最大接收角？②如果光纤放置在空气中，求其数值孔径？

15. 已知一个阶跃光纤的芯区折射率为1.52，包层折射率为1.5，纤芯直径为50μm，试求子午光线以临界角在光纤的上、下界面反射传输时，沿光纤轴线方向单位长度反射了几次？

16. 一个数值孔径为0.22的阶跃多模光纤，工作在850nm波长时，约有1000个模式，求其纤芯直径；若工作在1300nm波长，传播的模式数量为多少？

17. 一个单模光纤的纤芯直径为8.3μm，数值孔径为0.125，试求单模工作时：①光纤的截止波长；②如果工作波长为1310nm，传输的模式是否为一个？

18. 一个阶跃光纤的芯区折射率为1.5，工作波长为1300nm，试求：①若 $\Delta=0.25$，为保证单模传输，光纤的芯区半径应是多少？②若芯区半径为5μm，保证单模传输时，相对折射率差 Δ 应是多少？

19. 对于一个芯区半径为25μm的阶跃光纤，其芯区折射率和包层折射率分别为1.48

和 1.46，试求：①光纤的归一化频率；②分别在 850nm、1310nm 和 1550nm 波长上，此光纤各有多少模式可以传输？

20. 已知一个阶跃光纤的芯区折射率为 1.5，相对折射率差 $\Delta=0.01$，若光纤的芯区半径为 25μm，试求：①单模传输时的截止波长是多少？②模式 LP_{01}、LP_{02} 的截止波长分别是多少？

21. 某特定波长的光信号在光纤中传输 3.5km 后将损失其功率的 55%，求此光纤的损耗是多少？以 dB/km 表示。

22. 一段 20km 长的光纤线路，其损耗为 0.5dB/km，试求：①若在接收端保持 0.3μW 的接收光功率，则发射端的光功率至少是多少？②若光纤的损耗变为 0.25dB/km，则所需的输入光功率至少是多少？

23. 一个阶跃光纤在 1310nm 和 1550nm 处的损耗分别是 0.5dB/km 和 0.25dB/km，若这两个波长的光信号同时进入光纤，1310nm 波长的光信号功率为 150μW，1550nm 波长的光信号功率为 100μW，试求这两种波长的光信号在传输 40km 处的光功率各是多少 μW？

第 3 章　光纤的连接和测试

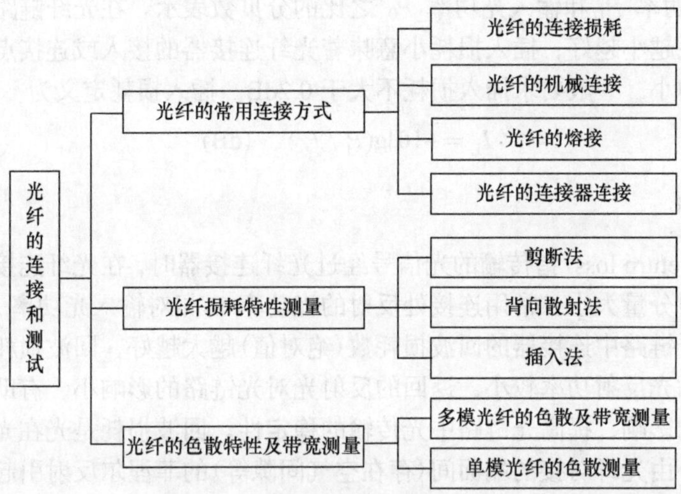

本章知识点框图

为充分利用光纤低损耗的传输特性，需要构建长距离的光纤传输链路和大范围的光纤网络，其中所使用的光纤并非一整根，而是由很多一段又一段的光纤连接起来构成的。光纤间的连接(接续)远不如金属导线间的连接简单、方便，需要使用特殊的器件、工具和设备，以最大限度地减少光纤连接时产生的光损耗。光纤的连接是光纤应用领域最基本、使用也最广的一项专门技术，在教学科研、光纤和光缆的生产、光缆的施工和运营维护中有着广泛的应用。

3.1　光纤的常用连接方式

光纤的连接(接续)指使用专用器件或手段将两根光纤连接起来，形成一个整体的光通路，将在一根光纤中传输的光能量传输到另一根接收光纤中；连接之前两根待接光纤的端面已经切割准备好(端面平整光滑，且与光纤轴垂直)。连接光纤常用的方法有完成光纤端面对接的熔接(热熔)和冷接两大类，冷接又包括机械连接和活动连接。熔接后在两根光纤的连接处存在一个连续的连接点，冷接则在两根光纤的连接处存在一个特定的不连续点(连接器件或装置处)。光纤连接后，光通过光纤的连接部位时光信号的功率会产生一定量的衰减或损失，称连接(接续)损耗。

3.1.1　光纤的连接损耗

衡量光纤连接性能好坏最重要的指标有插入损耗和回波损耗，它们反映连接后的连接点或用于连接光纤的连接器的引入所导致的传输光能量损失，以及对光纤链路的影响。

1. 插入损耗

插入损耗(insertion loss)指当光纤连接器接入(或连接点存在)光链路中(相对于未接入连接器或无连接点)所造成的传输信号有效光功率的减少量，常用光纤连接器(或过连接点)的输出光功率 P_1 和输入光功率 P_0 之比的分贝数表示。在光纤链路中，器件或连接点的插入损耗越小越好，插入损耗小意味着光纤连接器的接入或连接点的存在对光纤链路造成的影响小，一般要求插入损耗不大于 0.2dB。插入损耗定义为

$$I_L = -10\lg(P_1 / P_0) \quad (\text{dB}) \tag{3.1}$$

2. 回波损耗

回波损耗(return loss)指传输的光信号经过光纤连接器时，在光纤连接处产生的对入射光功率的反射分量大小，常用连接处反射的光功率 P_r 相对输入光功率 P_0 之比的分贝数表示。在光纤链路中连接器的回波损耗数(绝对值)越大越好，回波损耗大意味着在光纤连接处产生的光反射功率较小，返回的反射光对光链路的影响小，有助于减小反射光对光源和系统的影响，提高光链路中光传输的稳定性。回波损耗是光在光纤中传输通过光纤连接器时，由光纤对接的端面间(存在空气间隙等)的菲涅尔反射引起，如图 3.1 所示。回波损耗定义为

$$R_L = -10\lg(P_r / P_0) \quad (\text{dB}) \tag{3.2}$$

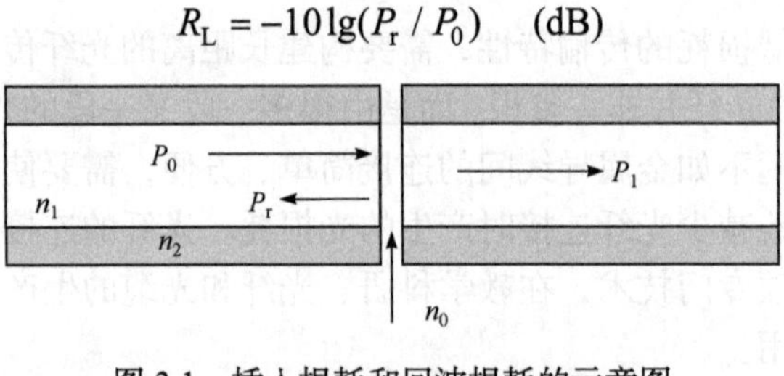

图 3.1　插入损耗和回波损耗的示意图

3. 引起光纤连接损耗的主要因素

光纤连接时造成损耗的原因很多，主要有本征因素(光纤结构参数失配)和外部因素两大类。

1)本征因素

本征因素主要有待接光纤的纤芯直径、光纤的模场直径和光纤的数值孔径彼此间不匹配，以及纤芯与包层的同心度偏差等。由本征因素导致的连接损耗不能通过改善连接工艺或接续方式减小。

(1)纤芯直径尺寸失配。两待接光纤的纤芯直径不相同，输入光纤的纤芯半径为 a_1，输出光纤的纤芯半径为 a_2，如图 3.2 所示，则连接时产生的损耗为

$$\text{Loss(dB)}=\begin{cases}-10\lg\left(\dfrac{a_2}{a_1}\right)^2, & a_1\geqslant a_2\\ 0, & a_1<a_2\end{cases} \tag{3.3}$$

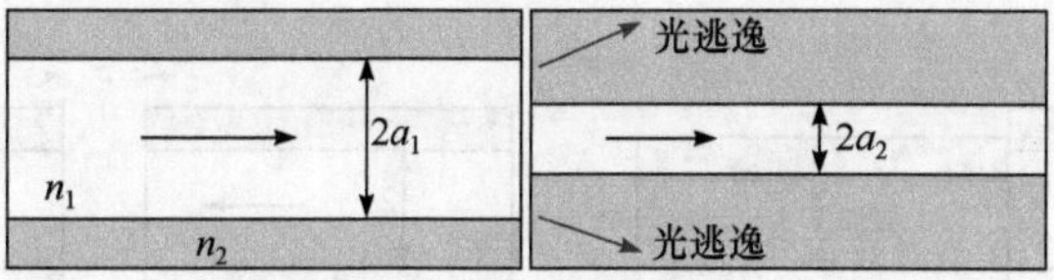

图 3.2　光纤纤芯直径失配示意图

(2)光纤的模场直径失配。两根准备连接的单模光纤的模场直径不相同，输入光纤的模场直径为 w_1，输出光纤的模场直径为 w_2，如图 3.3 所示，则连接时产生的损耗为(不同厂家的单模光纤也会因光纤的折射率差不同，造成单模光纤的纤芯直径或模场直径不相同)

$$\text{Loss}=-10\lg\left[4\left(\frac{w_2}{w_1}+\frac{w_1}{w_2}\right)^{-2}\right]\quad \text{(dB)} \tag{3.4}$$

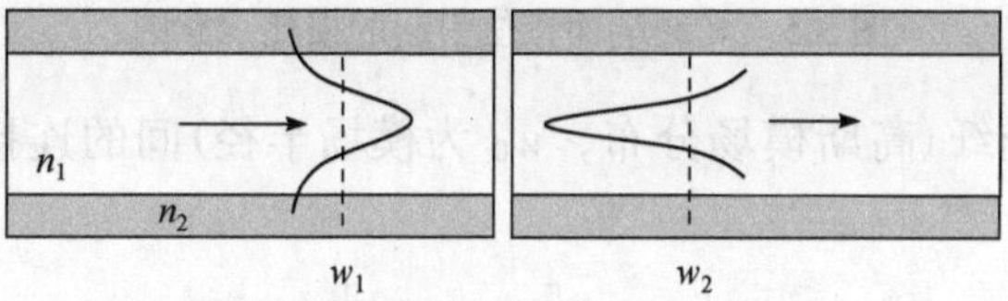

图 3.3　光纤模场直径失配示意图

按照 ITU-T 标准的建议，G.652 光纤的模场直径允许±10%的偏差，例如，模场直径分别为 10μm 和 8.7μm 的两光纤连接时，要产生额外 0.1dB 的连接损耗，当模场直径的偏差为 20%时，额外的损耗达 0.2dB。

(3)数值孔径失配。两根准备连接的光纤的数值孔径不相同，输入光纤的数值孔径为 NA_1，输出光纤的数值孔径为 NA_2，如图 3.4 所示，则连接时产生的损耗为

$$\text{Loss(dB)}=\begin{cases}-10\lg\left(\dfrac{NA_2}{NA_1}\right)^2, & NA_1\geqslant NA_2\\ 0, & NA_1<NA_2\end{cases} \tag{3.5}$$

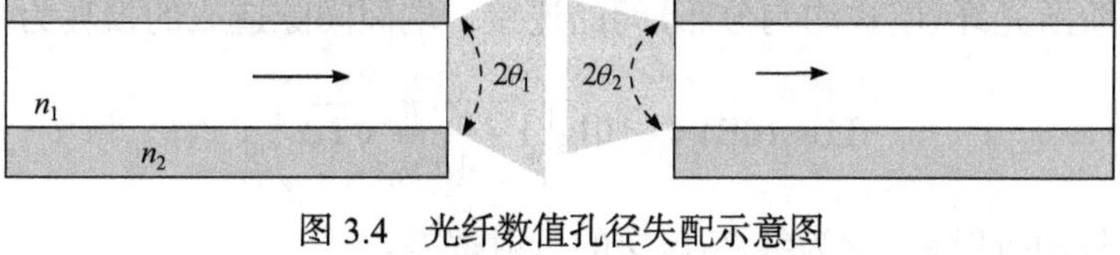

图 3.4　光纤数值孔径失配示意图

2)外部因素

外部因素主要有待接两根光纤的纤芯轴心错位、轴向倾斜、端面有间隙和端面不完

整等。由外部因素导致的连接损耗可以通过改善连接工艺或接续方式减小。

(1) 光纤的纤芯轴心错位。由两根准备连接的光纤连接时光纤的轴心发生横向错位引起的损耗，如图 3.5(a) 所示，它对连接损耗的影响非常大，当错位 1.5μm 时便能产生 0.5dB 的连接损耗。因此光纤连接时对光纤的准直精度有极高的要求，以降低连接损耗。

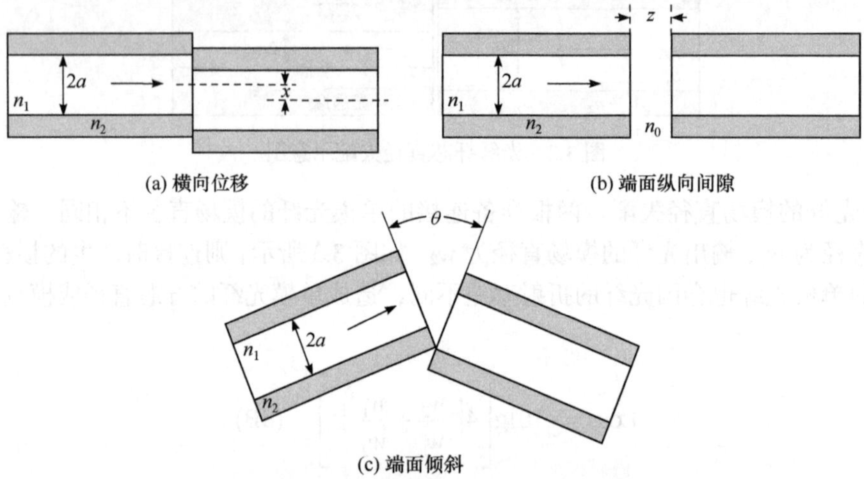

图 3.5　光纤端面错位引起的损耗示意图

对于单模阶跃光纤(高斯模场分布，w_0 为模场半径)间的连接，轴心错位造成的损耗为

$$\text{Loss} = -10\lg\left[\left(e^{-x/w_0}\right)^2\right] \quad (\text{dB}) \tag{3.6}$$

对于多模阶跃光纤(模式均匀分布)间的连接，轴心错位造成的损耗为

$$\text{Loss} = -10\lg\frac{2}{\pi}\left[\arccos\left(\frac{x}{2a}\right) - \frac{x}{2a}\sqrt{1-\left(\frac{x}{2a}\right)^2}\right] \quad (\text{dB}) \tag{3.7}$$

(2) 光纤端面有间隙。两根准备连接的光纤端面有间隙(端面沿光纤轴心发生纵向位移)，在连接时因光泄漏引起的损耗，如图 3.5(b) 所示。对于单模阶跃光纤(高斯模场分布，w_0 为模场半径)间的连接，端面间隙造成的损耗为

$$\text{Loss(dB)} = -10\lg\left(\frac{1}{1+s^2}\right), \qquad s = \frac{\lambda z}{2\pi n_0 w_0^2} \tag{3.8}$$

对于多模阶跃光纤(模式均匀分布)间的连接，端面间隙造成的损耗为

$$\text{Loss(dB)} = -10\lg\left(1 - \frac{z}{4a}\frac{n_1}{n_0}\sqrt{2\Delta}\right) \tag{3.9}$$

式中，n_0 为空气的折射率；Δ 为纤芯/包层的折射率差。

(3) 光纤端面倾斜。两根准备连接的光纤端面彼此倾斜，在连接时存在一定的夹角 θ 而发生光泄漏所引起的损耗，如图 3.5(c) 所示。对于阶跃单模光纤(高斯模场分布，w_0

为模场半径)间的连接，端面倾斜造成的损耗为

$$\text{Loss} = -10\lg\left\{\exp\left[-\left(\frac{\pi n_0 w_0 \theta}{\lambda}\right)^2\right]\right\} \quad (\text{dB}) \tag{3.10}$$

对于阶跃多模光纤(模式均匀分布)间的连接，端面倾斜造成的损耗为

$$\text{Loss} = -10\lg\left(1 - \frac{n_0\theta}{\pi n_1\sqrt{2\Delta}}\right) \quad (\text{dB}) \tag{3.11}$$

式中，n_0 为空气的折射率；Δ为纤芯/包层的折射率差。连接损耗对端面的倾斜特别敏感，若端面间的倾角为 1°，可引起约 0.46dB 的损耗，若要求连接损耗低于 0.1dB，则端面间的倾角必须小于 0.3°。

本征因素和外部因素对光纤连接的总损耗的贡献是不同的，总损耗是它们各自损耗的叠加，这些因素可能会同时存在。对于多模光纤，光纤纤芯直径 $2a$ 和纤芯/包层的折射率差 Δ 的偏差将引起较大的附加连接损耗，可达 0.05～0.2dB，光纤的折射率分布影响较小。横向位移和端面倾斜对连接损耗的影响比纵向位移(端面间距)严重得多，横向位移引起的附加损耗可达 0.02～0.2dB。对于单模光纤，其本征因素对连接损耗的影响远比多模光纤大；由于单模光纤的芯径很小，连接损耗对横向位移和端面倾斜极为敏感，因而连接单模光纤要比连接多模光纤难许多。

3.1.2 光纤的机械连接

机械连接是冷接的一种。机械连接光纤时采用接续部件(或装置)实现对两根光纤的对准，并由机械夹持装置或透明黏结剂来维持或固定这种对准，因而它是一种半永久性的连接，必要时还可以将连接重新拆开反复使用几次。机械连接在连接的两根光纤处存在一个特定的不连续点。

一个机械接续部件通常包括对准啮合光纤端面的接续部件、夹持装置和放在光纤端面间的匹配材料三个部分。机械连接不需要加热，接续部件简单，操作方便快速，成本低廉，待接光纤自动对准。待接光纤对准后可用紫外固化的黏结剂或其他透明黏结剂固定光纤，必要时在两光纤端面间点滴折射率匹配液或起匹配折射率作用的黏结剂。光纤的机械连接常被用于连接被测光纤、带插件的尾纤、特殊环境下的光纤连接等工程实践中，方便光纤链路的现场快速安装和抢修。机械连接的弱点在于待接光纤间的对准精度不够高，连接点在长期使用中稳定性不够，损耗会随使用时间的延长大幅度增加，故多在短时应急中使用。机械连接的损耗主要来自待接光纤的外径或纤芯尺寸的差异和偏心度大小(纤芯相对于光纤中心的位置)，其典型损耗为 0.1～0.3dB/点。

机械连接的关键是待接光纤的对准。一般采用无源对准，即直接利用光纤的包层或支撑光纤的套管的几何尺寸的一致性来确保待接光纤的对准，无须耦合光的帮助；前者称为直接对准，后者称为二次对准，如图 3.6 所示。直接对准接续对待接光纤的外径或纤芯同心度及尺寸的一致性有较高的要求。

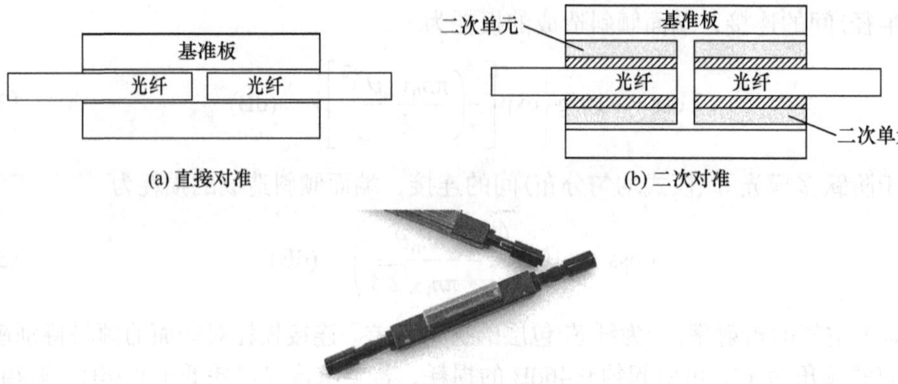

(a) 直接对准　(b) 二次对准

(c) 商用光纤冷接子

图 3.6　机械连接的对准

用于支撑光纤对准的机械接续部件(或装置)在平衬底(金属、塑料、陶瓷等)上刻出精度高、尺寸恰当的沟槽(如 V 形槽等)，以适合待接光纤的外径尺寸，方便光纤相互对准。待光纤对准并被黏结后，再用盖板将两根光纤固定，如图 3.7 所示。

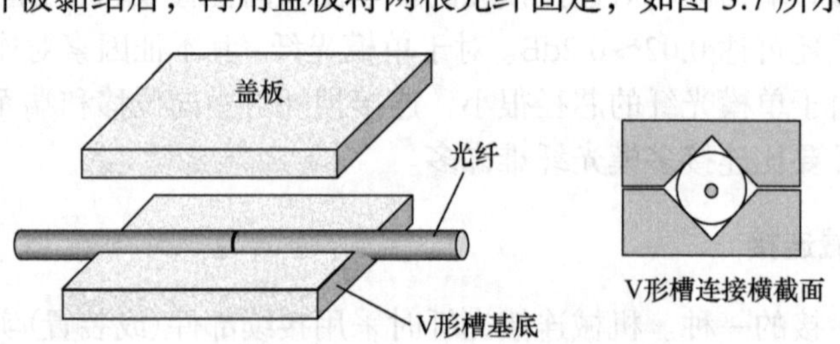

图 3.7　V 形槽连接部件及其横截面示意图

3.1.3　光纤的熔接

光纤的熔接是用光纤熔接机热熔石英玻璃光纤的断面，将光纤和光纤、光纤和尾纤连接起来。热熔接是提供固定、不可重复拆卸、永久性的光纤连接方式。光纤的熔接是光纤连接方式中使用最广泛的方式，熔接产生的光损耗比光纤的机械连接和活动连接器连接产生的光损耗小很多，是光纤连接的所有连接方法中损耗最小的，典型值为 0.01～0.03dB/点。熟练的操作人员常规操作时可以做到一个熔接点的损耗为 0.02dB(《电信网光纤数字传输系统工程施工及验收暂行技术规定》要求≤0.08dB)。因此，在远距离信号传输和长光纤链路连接且无须频繁光链路切换时，多采用熔接的方式把一段又一段光纤或光缆熔接成固定的长传输距离光纤链路，以降低光信号传输的衰减。

光纤熔接时需要使用专用设备——光纤熔接机，如图 3.8 所示。光纤熔接机在两根待接光纤的芯轴对准后，采用电弧放电时产生的 2000℃以上的高温，将两根光纤的端面连接点熔化合为一体连接起来，熔接后在两根光纤的连接处存在一个连续的连接点，因而存在一点光损耗。目前使用的光纤熔接机都是自动的，主要由高压源、放电电极、调芯装置、控制器和显示器组成。光纤熔接机中带有多种连接操作模式，既能选择熔接单模光纤也能熔接多模光纤，自动完成光纤的对芯、熔接和连接检测(熔接质量评估)，一次进行一对光纤的连接。

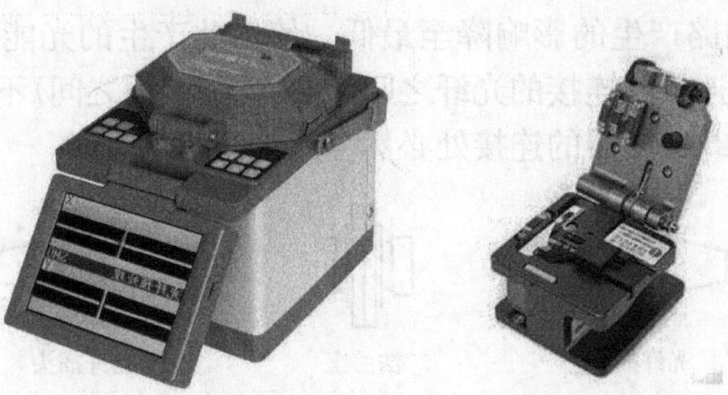

(a) 光纤熔接机　(b) 光纤切割刀

图 3.8　典型光纤熔接机和光纤切割刀实物图

光纤熔接机连接光纤的一致性好，质量可靠。为获得较佳的熔接效果，专业人员(或受过培训的人员)操作前需要进行待接光纤的端面准备，首先去除光纤的套塑层和一次涂层，再使用专用切割刀切割光纤，做出一个平整、无缺陷和损伤、清洁的端面，并且端面与光纤芯轴垂直，才能保证熔接后获得的连接损耗低。光纤接头处的熔接损耗与光纤本身的质量及现场施工水平有关，光纤接头处的低熔接损耗可增大光纤中继传输距离和提高光纤链路的损耗余量。

3.1.4　光纤的连接器连接

光纤的连接器连接是采用连接器将在一根光纤中传输的光能量最大限度地传输(耦合)到另一根接收光纤中。连接器连接能提供活动、可重复拆卸、简单可靠的光纤连接方式，也称活动接头。一般光纤连接器的插入损耗要求小于 0.3dB，主要用于室内设备间、设备和仪表、设备与光纤和光纤间的快速、可拆卸、低损耗的连接，形成完整的光纤系统链路，为网络布线、系统和光纤入户的调试、维护及管理等提供灵活的测试切入口。尤其是在实验室内搭建测试链路时，会不时更换连接的测试仪器或端口，改变测试链路，需要频繁地拆卸光纤。因此，连接器连接便提供了一种灵活方便、可重复拆卸的光纤连接方案，尽管其连接损耗比热熔接高，但是光纤的连接器连接已成为室内连接光纤或光纤连接测试仪器的主要方式。

1. 光纤连接器的构成

光纤连接器的基本构成分为三个部分、两个插头(插针)和一个法兰座(适配器)，如图 3.9 所示。两个插头内均装有待连接的光纤，插头的机械结构用于保护内部的光纤，插头的材料有不锈钢、陶瓷和塑料，法兰座起对准两个光纤插头及固定的作用。光纤连接器只有和同类型的法兰座配合使用，才能保证待接光纤两个端面间的精确对准和对接，并将光纤连接起来形成低损耗的光通路。

一根光纤的两端都装上连接器插头的光纤称为光纤跳线，其主要用于实现光链路的灵活改变和转接。一端装有连接器插头的光纤称为尾纤。使用光纤连接器连接光纤时，应做到使两根光纤的端面彼此同轴、尽量贴近地对接起来形成一个整体的光通路，将在一根光纤中传输的光能量传输到另一根接收光纤中，并取得尽可能大的光纤耦合效率，同时将对介入光纤通路产生的影响降至最低，使由此产生的光能量损耗降至最小。由图 3.9 可见，用活动连接器连接的光纤之间(光纤插头端面之间)不可避免地会存在一定的空气间隙，因而光纤连接器的连接处必然会产生菲涅尔反射。

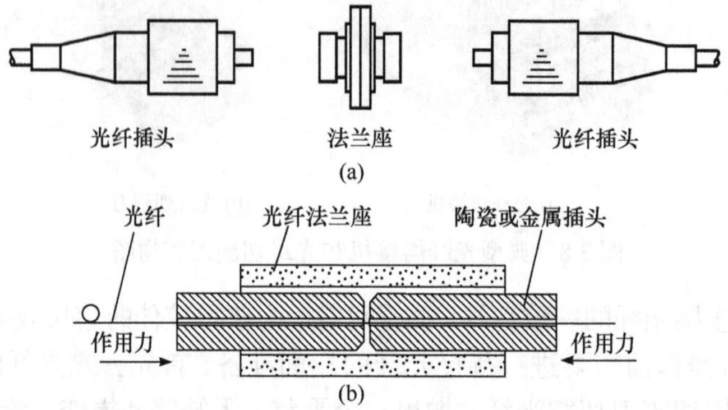

图 3.9　光纤连接器的基本结构及对接局部示意图

2. 光纤连接器的分类

至今为止国际上还没有统一的光纤连接器的标准，因而现在光纤连接器的结构种类繁多，千差万别，各种结构的连接器有其自己的特点及用途。全球共有 70 多种光纤连接器，几乎所有的光纤连接器的插头端面均采用研磨抛光的方式制备，连接器彼此的差异主要体现在固定光纤及对准方式，以及连接器的锁紧结构上。按照光纤连接头端面形状可分为 FC、UPC、PC 和 AFC 形式；按照连接头的结构形式可分为 FC、ST、SC、PC、BC、LC 和 MU 等多种类型。

1)常见的光纤连接器插头端面形式

为减小光纤连接器产生的菲涅尔反射，避免连接器插头端面产生的反射光返回输入光纤，光纤连接器的插头常采用不同形状的插头端面，以减少端面反射，改善连接器的回波损耗性能。根据插头端面的几何形状，应用中常用的光纤连接器连接头形式有FC型、UPC型、PC型和AFC型，如图 3.10 所示。

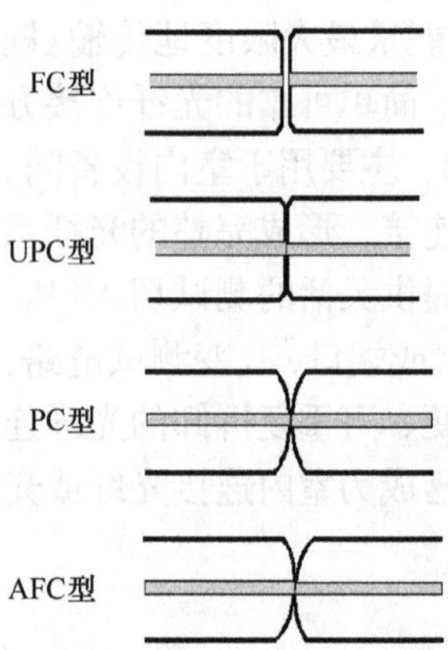

图 3.10　光纤连接器插头端面形状及对接示意图

由图 3.10 可见，FC 型连接由于插头平端面间存在空气间隙，易产生菲涅尔反射，回波损耗性能差。UPC 型连接时两个插头平端面刚好物理接触，既不产生大的面接触压力，又能消除端面间的空气间隙，降低菲涅尔反射，改善回波损耗性能。PC 型连接使用球形插头端面，进一步降低菲涅尔反射并提高回波损耗性能。AFC 型连接将球形插头端面倾斜一定角度(通常为 8°)，可大幅度地减少端面反射，极大地提高回波损耗性能。由于 AFC 型连接时插头端面有一定倾角，AFC 型的光纤连接头不能直接与 FC 型的光纤连接头对接，以免造成永久性的连接头损伤。

2）常见典型结构的光纤连接器

（1）FC 型光纤连接器。该型光纤连接器由日本 NTT 公司开发，由精密陶瓷（金属）插头和陶瓷套筒组成，插头直径为 2.5mm，通过旋拧螺纹的方式锁紧连接的两根光纤，外部元件采用金属材料制作的圆形连接件。其结构简单，操作方便，制作容易，但光纤端面对微尘较为敏感。接头的对接方式可以为 FC、UPC 和 AFC 形式，可以连接单模光纤或多模光纤。连接头插入光纤法兰座时需将连接头的“限位销”与法兰座的“限位槽”对准，如图 3.11 所示。

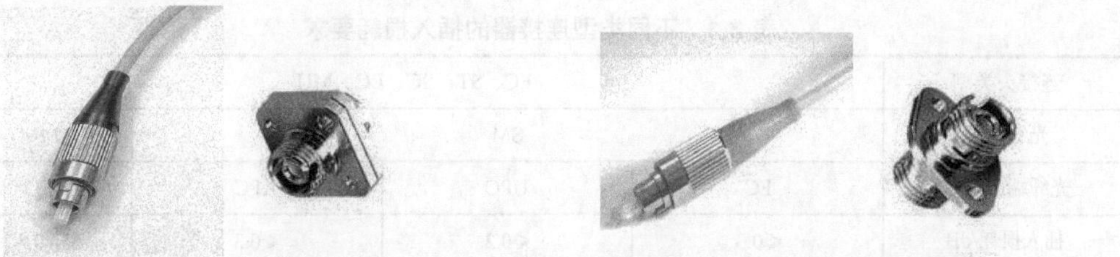

(a) FC型(UPC形式)连接器及法兰座　　(b) FC型(APC形式)连接器及法兰座

图 3.11　FC 型单模光纤连接器和专用连接法兰座

（2）ST 型光纤连接器。该型光纤连接器由美国 AT&T 公司开发，它的精密陶瓷（金属）插头直径为 2.5mm，锁紧结构和同轴电缆连接器类似，采用带键的卡口式锁紧结构，通过直插后旋拧的方式锁紧连接的两根光纤，如图 3.12（a）所示。接头的对接方式为 FC 和 UPC 形式，主要用于布线设备端连接多模光纤。

（3）SC 型光纤连接器。该型光纤连接器由日本 NTT 公司开发，其外壳呈矩形，用模塑制成，所采用的插头与套筒的结构尺寸与 FC 型光纤连接器完全相同。它采用矩形结构，通过锁扣和弹簧与法兰座闩锁机理锁紧连接两根光纤，直接插拔，不用旋转。接头的对接方式可以为 UPC 或 AFC 形式，主要用于连接单模光纤。拔插接头时需对准“限位槽”，如图 3.12（b）所示。该连接器价格低廉，体积小，插拔操作方便，插入损耗波动小，抗压强度较高，安装密度高，适于网络系统、多芯光缆等场合的高密度安装。

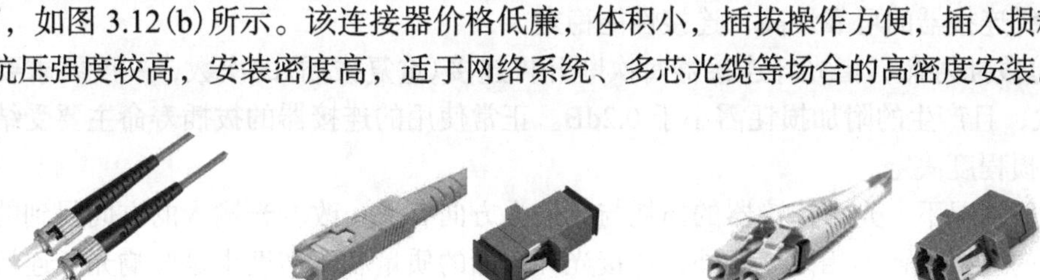

(a) ST型光纤连接器　　(b) SC型光纤连接器及法兰座　　(c) LC型光纤连接器及法兰座

图 3.12　常用的光纤连接器和专用连接法兰座

（4）LC 型光纤连接器。该型光纤连接器由美国 Bell 公司开发，外壳呈矩形，采用模块化插孔闩锁机理锁紧连接的两根光纤。它是尺寸减小一半的 SC 型光纤连接器，其所采用的插头和套筒的尺寸是普通 SC 型、FC 型使用尺寸的一半，插头直径为 1.25mm，如图 3.12（c）所示。可在常规尺寸的法兰座上进行两对光纤的连接，进一步提高光纤配线架中光纤连接器的密度，在单模光纤跳线的连接使用中，LC 型光纤连接器已占据了主导地位。

当不同型号的光纤插头需要连接时，需要使用恰当的适配器将两个不同型号的光纤插头对接起来。光纤适配器的两端可插入不同型号的光纤插头(需插头直径相同)，它把一种型号的光纤插头变换成另一种，如 FC/ST 适配器、FC/SC 适配器。

3) 光纤连接器的性能

对光纤连接器的连接性能要求主要有以下方面。

(1) 插入损耗，指光纤连接器接入光链路产生的光功率降低，插入损耗应越小越好，对各种端面形式的连接器的插入损耗要求见表 3.1。

表 3.1　不同类型连接器的插入损耗要求

连接头类型	FC、ST、SC、LC、MU			
光纤模式	SM			MM
光纤端面形式	FC	UPC	AFC	FC
插入损耗/dB	≤0.3	≤0.2	≤0.3	≤0.3
回波损耗/dB	≥45	≥50	≥60	≥35
重复性/dB	≤±0.1	≤±0.1	≤±0.1	≤±0.1
互换性/dB	≤±0.1	≤±0.1	≤±0.1	≤±0.1

(2) 回波损耗，衡量从连接器反射回来进入输入光纤纤芯，并沿输入光纤回返的输入功率的分量，常用分贝(dB)表示。该数值的绝对值越大越好。

(3) 互换性，指光纤连接器连接的每对光纤相互调换后，连接器的插入损耗变化量范围，变化量应越小越好，一般应小于 0.1dB。互换性反映连接器性能的一致性好坏。

(4) 重复性，指对同一光纤连接器，每对光纤在反复多次拔插后，每次连接得到的连接器插入损耗的变化量范围，变化量应越小越好，一般应小于 0.1dB。重复性好也意味着光纤连接器的可靠性高，连接性能稳定。

(5) 拔插寿命，指光纤连接器每次断开再连接(重复拔插)的次数，一般要求要大于 1000 次，且产生的附加损耗需小于 0.2dB。正常使用的连接器的拔插寿命主要受结构元件的磨损程度决定。

一般情况下，光纤连接器的损耗与光输入方向有关，改变光输入的方向得到的同一连接器的连接损耗不相同。此外，待接光纤端面的质量和清洁度也是影响光纤连接质量的重要因素。无论光纤的连接是采用热熔接还是活动连接器连接，连接前待接光纤的端面都必须事先处理好，保证光纤端面既无缺陷(划痕、凹坑、裂缝)也无污染物(灰尘微小颗粒等)，避免造成光纤连接损耗过大导致连接失败。

3.2　光纤损耗特性测量

损耗作为光纤或光缆的重要传输特性参数之一，对光纤(光缆)的正确使用、光纤链路及系统的设计具有决定性的影响，了解光纤损耗特性的测量有助于深入理解理论概念及其应用的意义。光在光纤中传输时，注入光纤的光能量将随着传输距离的增加而逐渐降低(衰减)，光纤的损耗就是对光信号在传输中能量损失的一种量度，一般测量得到的是光纤传输的总损耗(本征损耗+非本征损耗)。

ITU-T 建议的光纤光损耗测量的方法有三种，即剪断法、背向散射法和插入法。

3.2.1　剪断法

剪断法又称切断法，是 ITU-T 建议的光纤损耗测量的基准测量法，它是严格按照损耗的定义进行测量的，如图 3.13 所示。其测量原理是：将稳定的光功率注入(稳态注入)一定长度的被测光纤中，分别测量出通过光纤两个点的光功率进行计算，即在光纤的末端测得光纤的输出光功率 P_{out}，保持光注入条件不变，然后在距光注入端 2m 处剪断光纤，测量此处光纤的输出功率。由于光纤的光注入条件没有变化，此时测得的光纤输出功率便作为被测光纤的输入光功率 P_{in}，同时测量出剪去的光纤长度 L，根据式(3.12)就可以计算得到被测光纤的损耗系数。

$$\alpha = -\frac{10}{L}\lg\left(\frac{P_{\text{out}}}{P_{\text{in}}}\right) \quad (\text{dB/ km}) \tag{3.12}$$

通过改变注入光的波长，该方法还可用以测量光纤的损耗谱 $\alpha(\lambda)$。剪断法属于破坏性方法，测量精度可达 0.1dB，是误差最小的一种损耗测量方法，其成立的基础是忽略了剩余短光纤的传输损耗，认为 P_{in} 就是注入的光功率。

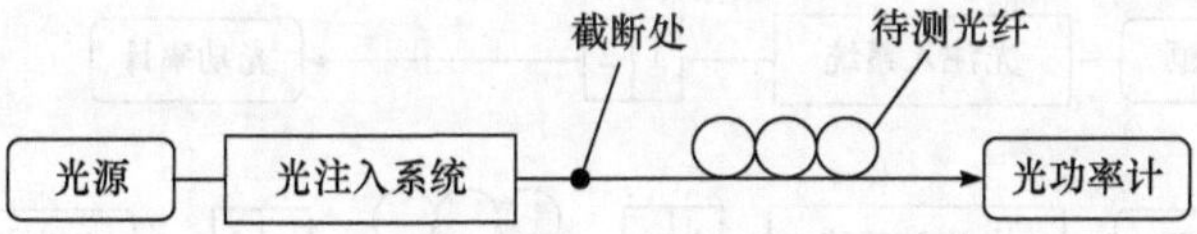

图 3.13　剪断法测光纤损耗系数示意图

注入系统主要包括调制器、滤膜器等装置。调制器的功能是用于测量微弱光输出功率，改善测量信噪比；滤膜器用于有效地滤除多模光纤内激发的高阶模，使其在截断处之前逃逸，充分保证激励基模，实现光功率的稳态注入。

3.2.2　背向散射法

背向散射法是光纤损耗测量的第一替代法。它将窄光脉冲送入待测光纤，利用光在光纤中传输时产生的背向散射光对光在光纤中的传输状况进行评价，通过测量背向散射光的功率确定光纤损耗随距离的变化，同时也确定光纤的长度及损耗的均匀性、光纤的光学连续性、存在的连接点和故障点等信息，属于间接测量方式。背向散射法的突出优点是非破坏性测量，所以非常适合工程现场的施工安装、验收、光网络的运营维护等应用场合。实际应用时，该方法是借助专用仪器——光时域反射仪(optical time domain reflectometer，OTDR)实现的，只需在光纤的一端进行测量，如图 3.14 所示。

背向散射法必须使用窄脉冲光源，因而不能用于测量光纤的损耗谱。该方法由于不能控制背向散射光的分布，会造成光纤前后两个方向上因背向散射不同而测得的光损耗系数有差异，所以需要进行双向测量并取两个结果的平均值，以消除误差，提高测量精度。该方法还对光纤的非均匀性很敏感，如光纤芯径、数值孔径等的变化对背向散射信号有影响，造成测量精度降低。

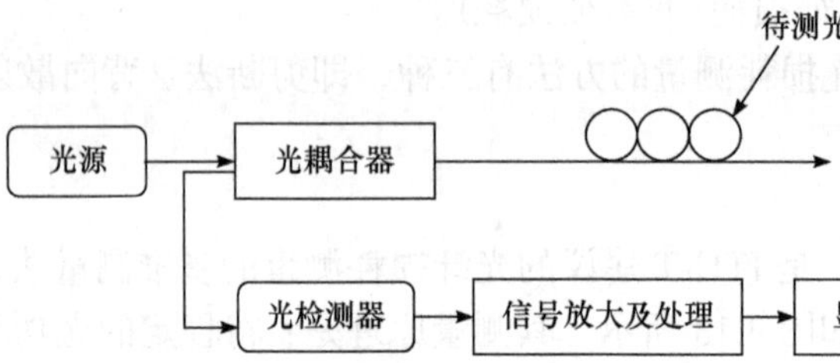

图 3.14　背向散射法测光纤损耗系数示意图

3.2.3　插入法

插入法是光纤损耗测量的第二替代法。插入法的测量原理与剪断法类似，通过带活动接头的光纤代替剪断法中的短光纤进行参考测量，如图 3.15 所示。具体在带活动接头的光纤(与待测光纤有相同特性)接入测量链路后，以这段光纤为参考进行校正，得到基准输入光功率 P_{in}，然后接入待测光纤，待接头获得最佳耦合后，测得待测光纤的输出光功率 P_{out}，便可由式(3.12)计算待测光纤的损耗系数。只是这里需要扣除校正光纤的损耗系数 α_1 和连接器引入的损耗 α_2，即

$$\alpha = P_{in}(\text{dBm}) - P_{out}(\text{dBm}) + [\alpha_1(\text{dB}) - \alpha_2(\text{dB})] \quad (\text{dB/ km}) \tag{3.13}$$

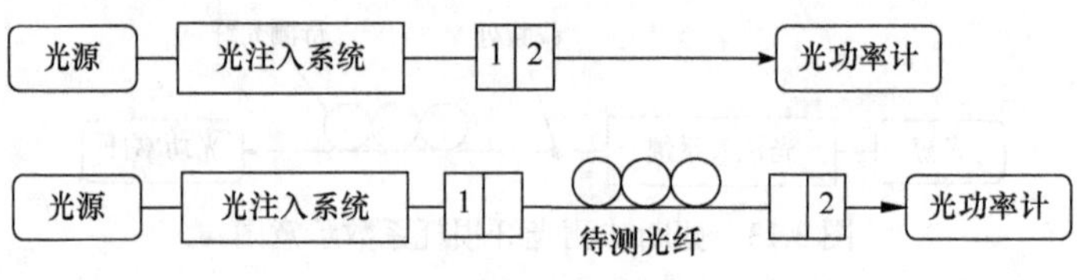

图 3.15　插入法测光纤损耗系数示意图

插入法测量的输入光功率 P_{in} 和输出光功率 P_{out} 没有剪断法那么直接，连接损耗系数 α_2 给测量带来误差；因此，插入法也是非破坏性方法，其测量精度低于剪断法，但操作简单。用插入法做成的便携式测量仪表可以满足现场光纤、光缆的损耗测量。

3.3　光纤色散特性及带宽测量

色散是光纤或光缆的另一个重要传输特性参数，同样对光纤(光缆)的正确使用、光纤链路及系统的设计具有决定性的影响，了解光纤色散特性的测量有助于深入理解色散概念及其应用的意义。光信号在光纤中传输时，色散导致不同频率或波长的光脉冲随着传输距离的增加在时间轴上不再同步，先后相互散开，从而光脉冲发生展宽。在数字光纤通信系统中，脉冲展宽将产生码间干扰，增大误码率，影响系统信号传输的码率和带宽，限制系统的传输容量。

色散的表示方法有四种：①用单位长度上的群时延差，即单位长度上模式最先到达

和最后到达终点的时间差表示；②用输出与输入脉冲宽度的均方根之比表示；③用光脉冲响应(基带响应)的 3dB 带宽，即光纤的传输带宽表示；④用单位长度、单位波长间隔内的平均群时延差——色散系数表示。

对于不同类型的色散，应使用不同的测量方式及仪器。对使用者而言，通常更多的是关注光纤的总色散，总色散由总时延差决定，即 $\Delta\tau_{总}=\sqrt{\Delta\tau_{\mathrm{I}}^{2}+\Delta\tau_{\mathrm{M}}^{2}+\Delta\tau_{\mathrm{W}}^{2}}$，$\Delta\tau_{\mathrm{I}}$、$\Delta\tau_{\mathrm{M}}$、$\Delta\tau_{\mathrm{W}}$ 分别是光纤的模间色散、材料色散和波导色散的时延差。三种色散中，模间色散>>材料色散>波导色散。

3.3.1　多模光纤的色散及带宽测量

多模光纤包含模间色散、材料色散和波导色散三种，模间色散(模畸变)是多模光纤的主要部分，测量模间色散的方法有时域法和频域法。为保证测量的稳定性和重复性，光注入需要采用满注入方式，即均匀激励多模光纤中的所有导模，实现入射光束的近场光斑直径大于被测光纤的纤芯直径，远场辐射角的数值孔径大于被测光纤的数值孔径，并具有均匀的空间分布。

1) 模间色散及带宽的时域测量

色散的时域测量法也称脉冲展宽法，是 ITU-T 建议的光纤模间色散测量方法。测量光纤的模间色散时，为提高测量的准确性，要求注入光脉冲信号宽度和检测器的响应宽度均小于预期的被测光纤的冲激响应宽度；对于低色散光纤，要求脉冲宽度小于 100ps。

如图 3.16 所示，首先用脉冲调制器调制并触发光源发出窄光脉冲信号，使其波形尽量接近高斯分布。随后测量输入光脉冲的脉冲宽度，用一根短参考光纤接入“1”“2”两端之间，经光检测器由示波器测出输入脉冲波形(相当于 P_{in})及相应的输入脉冲宽度 $\Delta\tau_1$。最后用待测光纤替换参考光纤接入“1”“2”两端之间，激发光脉冲信号由示波器测得输出脉冲波形 P_{out} 及其相应的脉冲宽度 $\Delta\tau_2$，将两次测得的脉冲宽度代入式(3.14)，便可计算得到光纤的模间色散及带宽。

$$\begin{cases}\Delta\tau_{\mathrm{m}}=\sqrt{\Delta\tau_2^2-\Delta\tau_1^2}\quad(\mathrm{ps})\\ B=\dfrac{441}{\Delta\tau_{\mathrm{m}}}\quad(\mathrm{GHz\cdot km})\end{cases}\tag{3.14}$$

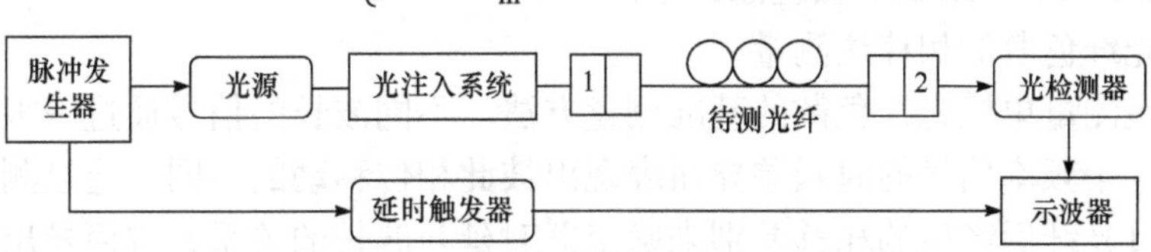

图 3.16　时域法测光纤模间色散示意图

2) 模间色散及带宽的频域测量

色散的频域测量法又称扫频法，也是 ITU-T 建议的光纤模间色散测量方法，其基本测量系统如图 3.17 所示。测量时利用扫频信号发生器输出一个等幅、频率可调的正弦信号对光源进行强度调制，获得幅度相同且频率连续变化的正弦输出信号注入测量系统。先用一根短参考光纤接入“1”“2”两端之间，经光检测器由频谱分析仪测出随不同调制频率而变化的输入光信号包络波形 $P_{\text{in}}(\omega)$。然后用待测光纤替换参考光纤接入“1”“2”两端之间，由频谱分析仪测得随不同调制频率而变化的输出光信号包络波形 $P_{\text{out}}(\omega)$，得出基带响应的幅频函数 $H(\omega)=P_{\text{out}}(\omega)/P_{\text{in}}(\omega)$，并由 $H(\omega)$ 的幅值(基带响应幅值)作出基带频响的幅频曲线，幅频曲线上-6dB(电带宽)点对应的频率便是被测光纤的带宽 B，利用式(3.14)可计算出脉冲展宽量$\Delta\tau_{\text{m}}$。色散频域测量法的准确度优于时域法。

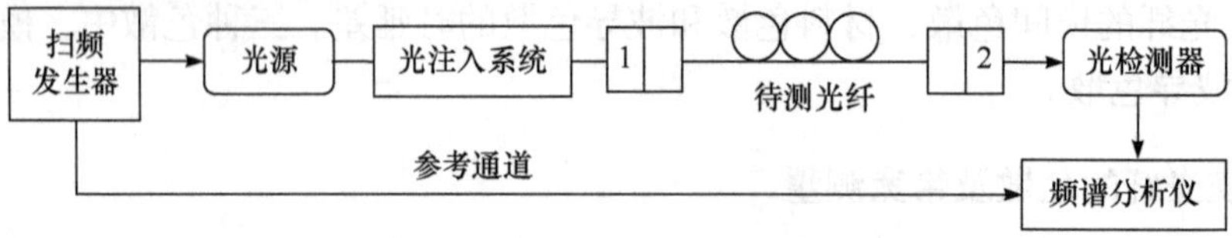

图 3.17　频域法测光纤模间色散示意图

注意：这里光纤带宽是用接收到的电功率来定义的，而光检测器输出电流的平方正比于被检测的光功率，所以用电参数表示带宽时，就是 6dB 点的频率范围。

3.3.2　单模光纤的色散测量

单模光纤只存在基模，没有模间色散，主要是材料色散和波导色散，与模间色散相比要小很多，所以总色散很小，单模光纤的带宽远大于多模光纤的带宽。单模光纤的色散与光源的单色性密切相关，光源的谱宽越窄，光纤的色散也越小。通常用色散系数来反映单模光纤的色散大小，它隐含了色散与光纤长度成正比的假设。色散系数表示在单位波长间隔内的光波行进单位长度的光纤后产生的平均时延差，即

$$\begin{cases} D=\dfrac{\mathrm{d}\tau(\lambda)}{\mathrm{d}\lambda} \quad (\text{ps}/(\text{nm}\cdot\text{km})) \\ B=\dfrac{441}{D\cdot\Delta\lambda} \quad (\text{GHz}\cdot\text{km}) \end{cases} \tag{3.15}$$

式中，$\Delta\lambda$ 是光源谱线宽度(nm)；B 是单模光纤带宽。因单模光纤的总色散很小，无法沿用多模光纤色散的测量方法，需使用更加精密的皮秒级时延差方法。单模光纤无模间色散，带宽极宽，通常不用 3dB 光带宽，直接从时域范围以光源谱宽为 1nm、传输 1km 的时延(ps/(nm · km))来表示其色散大小。

1)单模光纤色散的相移法测量

相移法是测量单模光纤色散的基准测量方法。不同波长的信号通过一根相同的光纤传输后，因各个频率信号的时延差异而表现出彼此相位移动的不同。通过测量经不同波长光信号通过光纤后产生的相移差别来确定群时延与波长的关系，进而导出色散系数。

设有波长为$\lambda_1, \lambda_2, \cdots, \lambda_n$的 n 个光源，分别用频率为 f 的正弦信号调制，光纤输入端的初始相位是 $\theta_1\sim\theta_n$，选择一个参考波长λ_{f}，不同波长通过被测光纤传输后产生的相移均相对于参考波长而言。不同波长的光信号传输 L 距离后，信号的群时延分别为 $\tau_1, \tau_2, \cdots, \tau_n$，则不同波长信号的相位分别为 $\theta_1+2\pi f\tau_1, \theta_2+2\pi f\tau_2, \cdots, \theta_n+2\pi f\tau_n$。若光信号通过短参考光纤时，不同波长光信号的参考时延都相同(τ_0)，则被测光纤的测量信号与参考光纤的测量信号对比后，每一波长的相移量和时延差分别为

$$\begin{cases}\Delta\phi_i(\lambda_i)=2\pi f(\tau_i-\tau_0)\\ \tau_i=\dfrac{\Delta\phi_i(\lambda_i)}{2\pi f}+\tau_0\end{cases},\qquad i=1,2,\cdots,n \tag{3.16}$$

单位长度平均时延差为 $\tau=\tau_i/L$。测出不同波长 λ_i 下的相移量 $\Delta\phi_i$，便可得到不同波长处的相对时延差 $\tau_i(\lambda_i)$；根据不同波长的时延差，采用多项式拟合：

$$\tau(\lambda)=A+B\lambda^{-4}+C\lambda^{-2}+D\lambda^2+E\lambda^4 \tag{3.17}$$

便可得出 τ 的最佳值，进而得到色散系数：

$$D(\lambda)=\frac{\mathrm{d}\tau}{\mathrm{d}\lambda}=-4B\lambda^{-5}-2C\lambda^{-3}+2D\lambda+4E\lambda^3 \tag{3.18}$$

式中，A、B、C、D、E 为待定常数，由曲线拟合给出。波长的单位为 nm，时间的单位为 ps，$D(\lambda)$ 的单位是 ps/(nm·km)。

测量系统如图 3.18 所示，要求各个光源的输出强度和波长稳定，光检测器有足够的分辨率，相位延迟检测测量参考信号与测量信号间的相位移动。

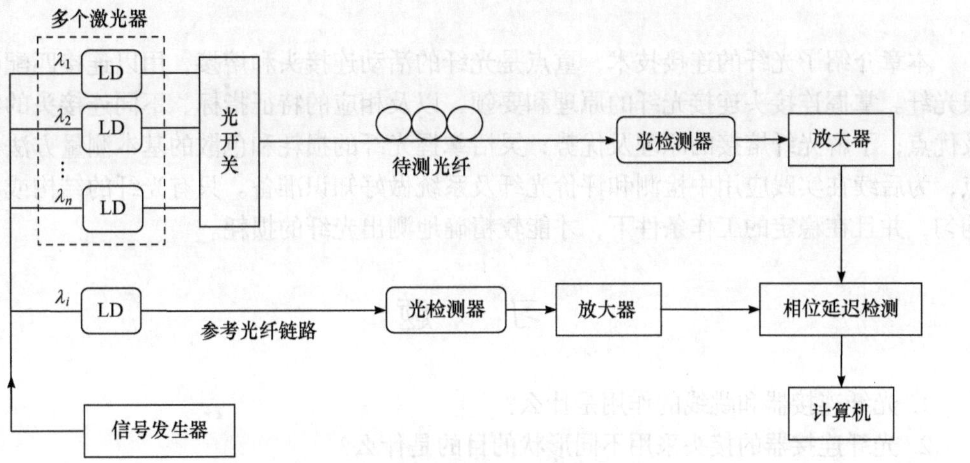

图 3.18　相移法测单模光纤色散示意图

2) 单模光纤色散的脉冲时延法测量

脉冲时延法是测量单模光纤色散的替代测量方法。该方法利用同一窄脉冲信号调制不同波长光源获得注入光信号，通过测量这些光信号经光纤传输后产生的时延差，直接按定义计算光纤的色散系数。设有波长为 $\lambda_1,\lambda_2,\cdots,\lambda_n$ 的 n 个光源，分别用频率 f 的正弦信号调制，被测光纤长度 L，选择一个参考波长 λ_{f}，不同波长通过被测光纤传输后产生的相移均相对于参考波长而言。通过示波器直接测量不同波长的光信号通过光纤后与参考波长间的时延差 τ_i，计算单位长度平均时延差为 $\tau(\mathrm{ps/km})=\tau_i/L$。随后采用与相移法类似的处理，通过多项式拟合，由式(3.17)和式(3.18)得出色散系数。

由于输入光脉冲经光纤传输后会发生脉冲展宽，所以只有使用足够窄的脉冲调制信号才能在接收端把两个不同波长的信号区分开。需要采用响应很快的光检测器和高带宽的高速示波器，才能测出不同波长间微小的相对时延差。脉冲发生器发出的、经时延后直接送到示波器的脉冲是作为参考波长的脉冲信号，如图 3.19 所示。

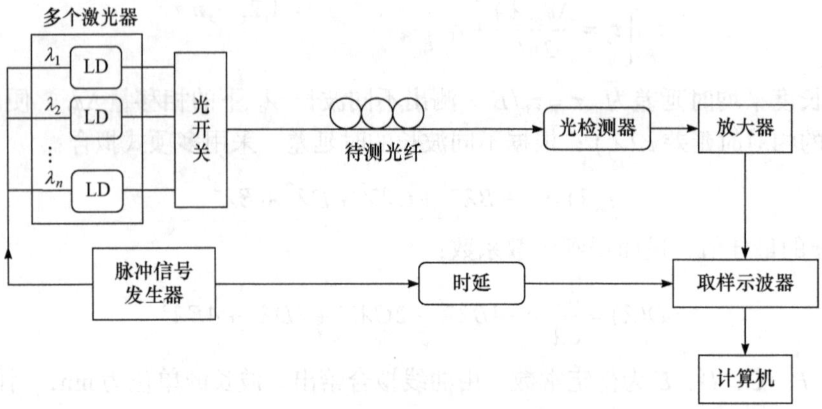

图 3.19　脉冲时延法测单模光纤色散示意图

小　　结

本章介绍了光纤的连接技术，重点是光纤的活动连接头和熔接，用以连接匹配的两根光纤。掌握连接头连接光纤的原理和要领，以及相应的特征指标、不同连接头的特点及优点；了解光纤熔接的原理及优势；灵活掌握光纤的损耗和色散的基本测量方法与要点，为后续在实践应用中检测和评价光纤及系统做好知识准备。只有光纤的结构或材料均匀，并且在稳定的工作条件下，才能较精确地测出光纤的损耗。

习　　题

1. 光纤连接器和跳线的作用是什么？
2. 光纤连接器的接头采用不同形状的目的是什么？
3. 光纤的损耗为何难以测准？如何改进其测量方法？
4. 利用截断法测量光纤损耗时如何考虑接头的影响？如何提高测量精度？
5. 光纤连接器的主要性能指标是什么？
6. 有一根 1.5km 长的国产多模光纤，测出输入、输出光脉冲的半宽度分别为 3ns 和 5ns，试求光纤总带宽和每千米光纤的带宽。
7. 两根 SI 型单模光纤对接，光纤纤芯直径为 9.0μm，归一化频率 $V = 2.0$，如果要求由于横向对准差错产生的损耗小于 0.2dB，试求横向对准误差的最大值。

第4章　光源和光发射机

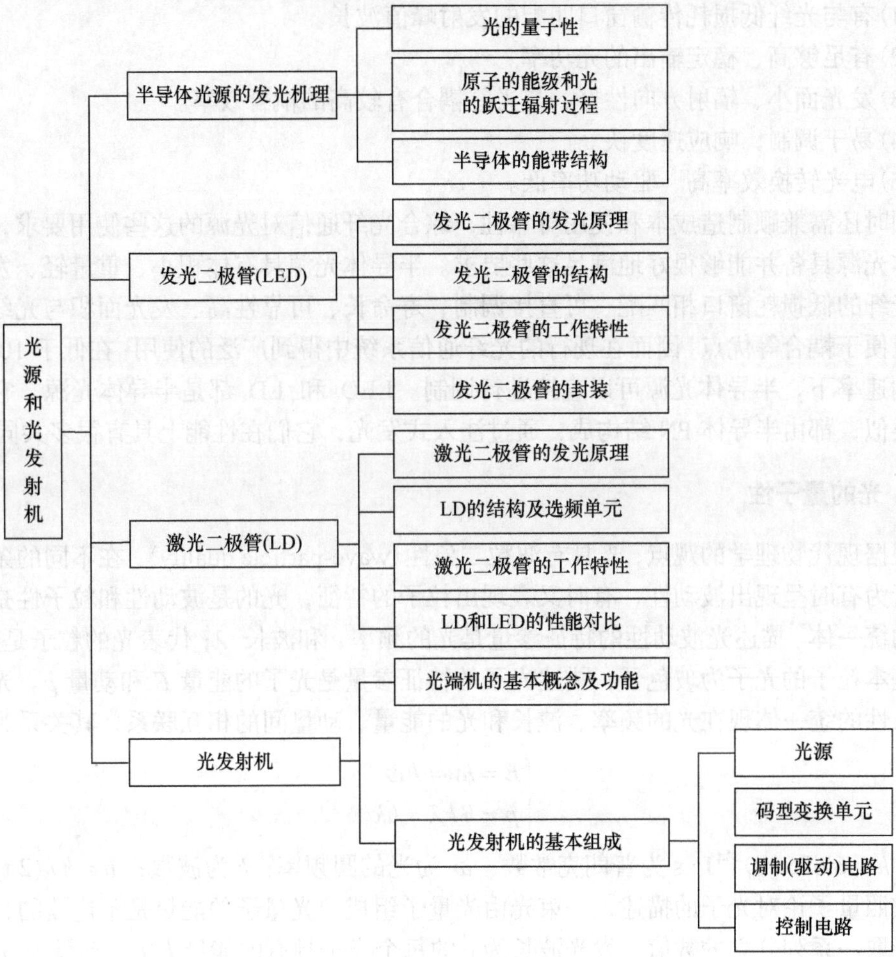

本章知识点框图

光发射机的功能是将电信号转换成光信号，再将光信号送入光纤进行传输。光发射机是光纤通信系统的基本组成单元，也是决定光纤通信系统性能的关键因素。光发射机的核心器件是光源，目前光纤通信系统中主要使用的光源是发光二极管(light emitting diode，LED)和激光二极管(laser diode，LD)，它们的性能奠定了光发射机性能的基础。激光二极管主要用于长距离、大容量、高速率的光纤通信系统，发光二极管则主要用于短距离、低速率的光纤通信系统。

4.1 半导体光源的发光机理

光纤通信技术的发展与光源技术的发展密不可分，光纤通信对所使用光源的基本要求有以下方面。

(1) 有与光纤低损耗传输窗口匹配的发射峰值波长。

(2) 有足够高、稳定输出的光功率。

(3) 发光面小、辐射方向性好、与光纤耦合有较高的耦合效率。

(4) 易于调制，响应速度快。

(5) 电光转换效率高、驱动功率低。

同时还需兼顾制造成本和使用可靠性，综合光纤通信对光源的这些使用要求，只有半导体光源具备并能够很好地满足这些要求。半导体光源具有体积小、重量轻、发射波长与光纤的低损耗窗口相匹配、可直接调制、寿命长、可靠性高、发光面积与光纤芯径匹配且便于耦合等优点，因而在现行的光纤通信系统中得到广泛的使用。在低于 10Gbit/s 的调制速率下，半导体光源可以直接进行调制。LED 和 LD 都是半导体光源，它们的结构类似，都由半导体 PN 结构成，通过注入式发光，它们在性能上具有很多共同点。

4.1.1 光的量子性

根据现代物理学的观点，光具有波粒二象性(wave-particle duality)，在不同的条件下光的行为有时呈现出波动性，有时又表现出粒子的特征，光的是波动性和粒子性是不可分割的统一体。描述光波动性的特征参量是光的频率ν和波长 λ；代表光的粒子是光子，作为基本粒子的光子为玻色子，描述光子的特征参量是光子的能量 E 和动量 p。光的波粒二象性的统一体现在光的频率、波长和光的能量、动量间的相互联系，其关系为

$$\begin{cases} E = h\nu = \hbar\omega \\ p = h / \lambda = hk \end{cases} \tag{4.1}$$

式中，$h = 6.626\times10^{-34}\text{J}\cdot\text{s}$ 为普朗克常数；ω 为光的圆频率；k 为波数；$\hbar = h/(2\pi)$。

按照量子论对光子的描述，一束光由光量子组成，光量子的能量是不连续的，其能量只能取一系列分立的数值。发光波长为ν的每个光子具有的能量为E，动量为p。当光照射在物质上时将产生光吸收、光发射等过程，这些反映光与物质相互作用的现象只有借助量子论才能被完美描述并解释。

4.1.2 原子的能级和光的跃迁辐射过程

1. 原子的能级

物质由原子组成，而原子由原子核和核外电子构成。电子在原子核外以确定的轨道绕原子核旋转，电子离原子核越远，其能量(势能)越大。组成物质的单个原子的能量只能取一系列分离的数值，这些分离的稳定能量状态(定态)称为能级，原子具有分离的能级是原子能量量子化的形象化表示。原子能级的划分与原子外层电子数无关，但是与其

核电荷数有关。原子的能级能量从低到高排列，能量最低的能级 E_1 称为基态，对应的轨道与原子核相距最近，其他能量比基态大的所有能级 $E_i(i=2,3,\cdots)$ 都称为激发态，如图 4.1 所示。

图 4.1　原子的能级

2. 光的跃迁辐射过程

单个电子或原子处于哪一个能级是随机的，但在热平衡时，各能级上的电子或原子数目服从玻尔兹曼正态分布，即能量为 E_1 和 E_2 的任意两个能级（$E_1 < E_2$，对应的粒子数目分别为 N_1 和 N_2）上的电子或原子数目为

$$\frac{N_2}{N_1} = e^{-\frac{E_2-E_1}{kT}} = e^{-\frac{E_g}{kT}} \ll 1 \tag{4.2}$$

式中，玻尔兹曼常数 $k = 1.380649\times10^{-23}$ J/K，表明在热平衡状态下，大多数粒子处于较低的能量状态，能级越高，粒子数越少，基态上的粒子数最多。若粒子从外界获得能量（受到激励），它便能从能量较低的状态跳到能量较高的状态（跃迁）。

当光照射到固体物质上时，光与物质之间发生相互作用，发生光的跃迁和辐射三个过程，即受激吸收、自发辐射和受激辐射，如图 4.2 所示。对于最简单的二能级系统，E_1、E_2 分别为电子的低能级和高能级。

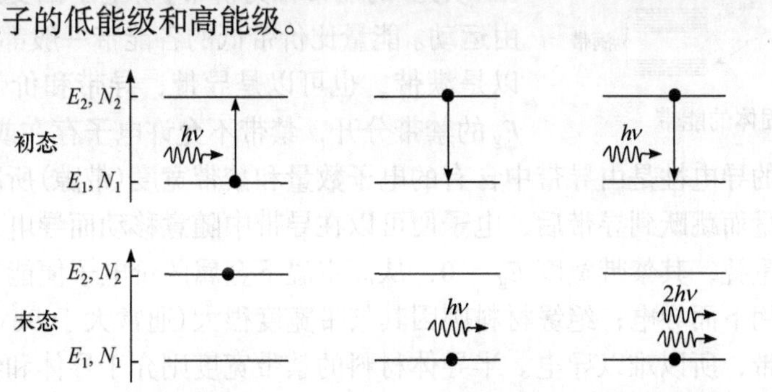

图 4.2　光的跃迁辐射三种过程

(1) 受激吸收。当处于低能级的电子受到外界的激励（如光照）时，若高、低能级间满足辐射跃迁选择定则，一个电子在吸收了一个能量等于高、低两能级之差的光子能量后，$h\nu = \Delta E = E_2 - E_1$，它便能从低能级 E_1（初态）跃迁到高能级 E_2（末态）上，这个过程称为受激吸收。受激吸收发生时需要消耗外来光子的能量，这是一个和外来辐射场相关的过程。

(2) 自发辐射。位于高能级上的粒子的状态是不稳定的，它总是企图使自己回到低能量的状态。初态处于 E_2 能级的电子不稳定，在没有任何外界作用的促使下，它会停留在 E_2 能级一个极短的时间后，自发地跳回到 E_1（向低能级跃迁），同时伴随着释放（发射）一个能量为 $h\nu = \Delta E = E_2 - E_1$ 的光子，这个过程称为自发辐射。在自发辐射过程中，发射出的光子的辐射方向、相位和偏振状态均是随机的，因而自发辐射产生的光为非相干光。

(3)受激辐射。初态位于高能级 E_2 的电子受到外来辐射的激励时，若激励光子的能量正好等于 $h\nu = \Delta E = E_2 - E_1$，则在该激励光子的诱导下，高能级 E_2 上的电子会跃迁到低能级 E_1，同时发出一个与入射光子的频率、相位、传播方向和偏振状态完全相同的光子，这个过程称为受激辐射。受激辐射也是一个和外来辐射场相关的过程，其实质是外来入射光的放大过程；因此，受激辐射是所有激光器和光放大器工作的基础。

4.1.3　半导体的能带结构

固体材料由大量的原子组成，作为固体的晶体，其结构粒子(原子、分子、离子)有规则地排列在周期性的晶格上。由于构成晶体的原子数量非常巨大，做共有化运动的电子受到周期性排列的原子的作用，导致晶体的能谱在原子能级的基础上按照共有化运动的不同而分裂，形成若干组彼此有一定宽度、组内能级相互很近(准连续)的能带，如图 4.3 所示。固体材料的能带结构由多条能带组成，能带分为传导带(简称导带)、价带(或称价电带)和禁带；导带是自由运动的电子所具有的能量范围，导带中的电子能够在外加电场作用下形成电流(导电)，价电子所占据(填充)的能带称为价带，价电子因受到束缚而不能自由运动。能量比价带低的各能带一般都是满带，价带可以是满带，也可以是导带；导带和价带之间被宽度为 E_g 的禁带分开，禁带不允许电子存在或占据。

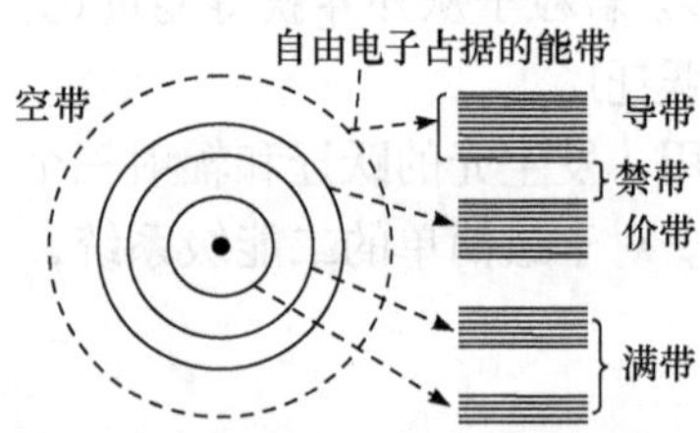

图 4.3　固体的能带

固体材料的导电性是由导带中含有的电子数量和禁带宽度(带隙)所决定的，当电子从价带获得能量而跳跃到导带后，电子便可以在导带中随意移动而导电。由于金属材料的价带和导带重叠，其禁带宽度 $E_g = 0$，从而室温下金属的价电子便能很容易地进入导带，在外场作用下而导电；绝缘材料则因其禁带宽度很大(通常大于 9eV)，电子很难从价带跳跃至导带，所以难以导电。半导体材料的禁带宽度则介于导体和绝缘体之间(1～3eV)，只要提供适当的能量或改变半导体的禁带宽度，半导体的导电性能就容易发生大的变化，内部的电子便容易跳跃至导带而导电。室温下半导体的导电性能类似于绝缘体，只有很少数的价电子具有足够的能量跃至导带。半导体因能带结构独特，其电阻率对微量杂质非常敏感，导电性能容易受到控制而发生改变，从而衍生出种类繁多、功能各异、用途广泛的半导体电子器件。

1. 半导体中的载流子

当半导体被施加一个电场后，半导体中的自由电子(电子)和空穴在电场作用下，分别逆着电场方向或顺着电场方向有规则地移动而形成电流，从而称这些运动的电子和空穴为半导体的载流子。空穴(带正电)是半导体中的价键空位，在电场驱动下价电子运动时依次替补空穴的位置，表面上看是空穴在运动，本质上空穴是一群价电子的另一种表述而已。一般自由电子位于导带的底部附近，空穴则位于价带顶部附近。半导体的很多性质取决于其电子和空穴在导带和价带中的分布及运动情况。载流子还可以分为多数载流子(多子)和少数载流子(少子)两种；数量较多、导电起主要作用的那类载流子为多数载流子，数量较少、导电起次要作用的那类载流子则为少数载流子。N 型半导体中的电子和 P 型半导体中的空穴为多数载流子，而 N 型半导体中的空穴和 P 型半导体中的电子则为少数载流子。

2. 本征半导体和杂质半导体

本征半导体是不含杂质、没有晶格缺陷、化学成分纯净的半导体，它在物理结构上有多晶体和单晶体两种形态。制造半导体器件必须使用单晶体，其纯度要达到 99.9999999%(九个 9)，典型的本征半导体有硅(Si)、锗(Ge)及砷化镓(GaAs)等。本征半导体中电子和空穴这两种载流子的浓度相等，常温下半导体导带中只有少量电子，所以其导电性差(电导率较小)，但其载流子浓度对温度变化敏感，很难对其半导体特性进行控制。

本征半导体的能带图如图 4.4(a)所示，低能量的价带聚集着大量的电子，在高能量的导带上几乎没有电子，电子脱离共价键的束缚从价带跃迁到导带所需的能量为 E_g，其费米能级位于禁带的中线处。本征半导体中的电子和空穴是成对出现的，热平衡状态下电子在半导体中各能级的分布服从费米-狄拉克分布。在一定温度时，一个能量为 E 的电子占据特定能级的概率 $P(E)$ 为

$$P(E)=\frac{1}{\mathrm{e}^{(E-E_f)/(kT)}+1} \tag{4.3}$$

式中，k 为玻尔兹曼常数；E_f 为费米能级，它是具有能量的量纲；T 为热力学温度。

在本征半导体中掺入某些微量元素作为杂质(主要是三价元素或五价元素)，可导致半导体的导电性能发生显著变化，掺杂后的本征半导体为杂质半导体，如 P 型半导体或 N 型半导体。在杂质半导体中，多数载流子主要来源于掺杂，其浓度主要取决于掺杂浓度；少数载流子主要来源于本征激发，其浓度随着半导体温度的升高呈指数式增大。

3. P 型半导体

P 型半导体是在本征半导体中掺入受主杂质形成的，也称空穴型半导体。当受主杂质原子进入本征半导体后，它将取代原晶格中的原子形成共价键。但受主杂质原子的外层电子比原晶格中原子的外层电子少，不足以与相邻晶格原子共享外层 8 个电子，形成稳定的 8 个共价键，缺少一个电子的共价键便形成一个空穴，如在纯净的硅晶体中掺入三价元素(如硼、铟、镓等)。空穴相当于带正电的粒子，P 型半导体的空穴浓度远大于自由电子浓度，它主要靠空穴导电，空穴为多子，电子为少子。外界掺入的杂质越多，空穴的数目增大(浓度提高)，导电性能就越强。P 型半导体的费米能级靠近价带，如图 4.4(b)所示，重掺杂情况下会使费米能级进入价带。

4. N 型半导体

N 型半导体是在本征半导体中掺入施主杂质形成的，也称电子型半导体。当施主杂质原子进入本征半导体后，它将取代原晶格中的原子形成共价键。但施主杂质原子的外层电子比原晶格中原子的外层电子多，在形成稳定的 8 个共价键后，还有多余的价电子游离于晶格中，形成易于跃迁的自由电子，如在纯净的硅、锗晶体中掺入五价元素(如磷、砷、锑等)。N 型半导体的电子浓度远大于空穴浓度，它主要靠自由电子导电，电子为多子，空穴为少子。外界掺入的杂质越多，自由电子的数目越大(浓度也越高)，导电性能就越强。N 型半导体的费米能级靠近导带，如图 4.4(c)所示，重掺杂情况下会使费米能级进入导带。

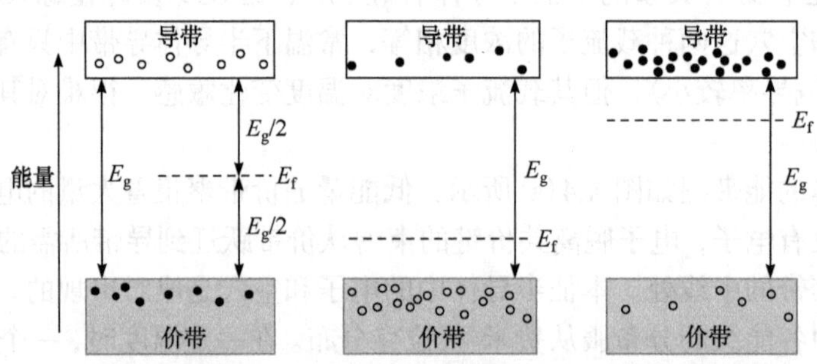

图 4.4　半导体的能带及费米能级

5. 半导体 PN 结

当用单晶半导体经掺杂形成的 P 型半导体和 N 型半导体接触时，它们接触面附近的特殊过渡区称为 PN 结。PN 结的形成是由于 P 型半导体中存在大量的空穴(多子)，N 型半导体中存在大量的电子(多子)，当 P 型半导体和 N 型半导体接触时，彼此载流子的浓度差异产生高浓度向低浓度的扩散作用，导致 P 区的多数载流子空穴向 N 区扩散，而 N 区的多数载流子电子向 P 区扩散。结果在 PN 接触面附近的 P 区留下不能移动的带负电的离子(电离受主)，产生一个带负电的区域(空间电荷层)，而在 N 区留下不能移动的带正电的离子(电离施主)产生的一个带正电的区域，从而在接触面附近形成一个特殊的过渡区——空间电荷区(PN 结)。该空间电荷区产生一个由 N 区指向 P 区的内建电场，如图 4.5 所示。内建电场的形成将阻止电子和空穴的扩散，也使载流子发生与扩散运动

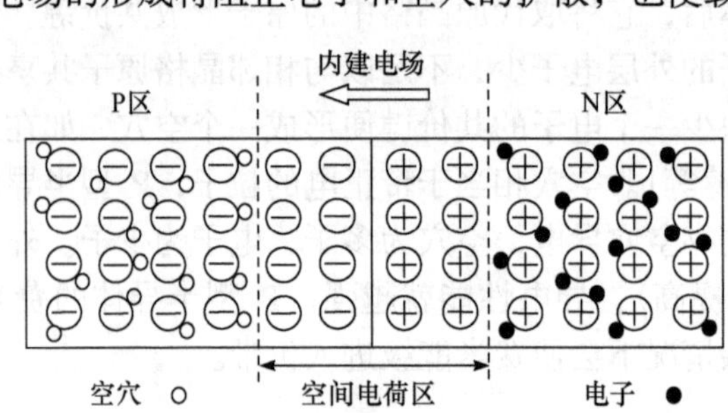

图 4.5　PN 结及空间电荷区的形成

相反的漂移运动。开始时载流子的扩散运动占据优势，随着扩散运动的继续，空间电荷密度增大，内建电场的强度逐渐加大，漂移运动随之不断增强。当内建电场达到一定程度时，扩散运动与漂移运动的作用相互抵消，净电流为零，达到动态平衡，最终在P型半导体和N型半导体交界面附近形成一个稳定的空间电荷区。空间电荷区内缺少载流子，电阻很大，也称耗尽层。

1) PN 结的能带

内建电场使 N 区电势提高，即造成 N 区的能级下降(包括费米能级)，电子将从费米能级高的 N 区向费米能级低的 P 区扩散，而空穴将从费米能级低的 P 区向 N 区扩散，PN 结形成时达到动态平衡。此时，PN 结有一个统一的费米能级，如图 4.6 所示。这样，P 区的费米能级上升，能级在空间电荷区内能带是倾斜的，形成势垒。势垒的高度由 P 区和 N 区的费米能级差决定，即由 P 区和 N 区两边的掺杂浓度决定。

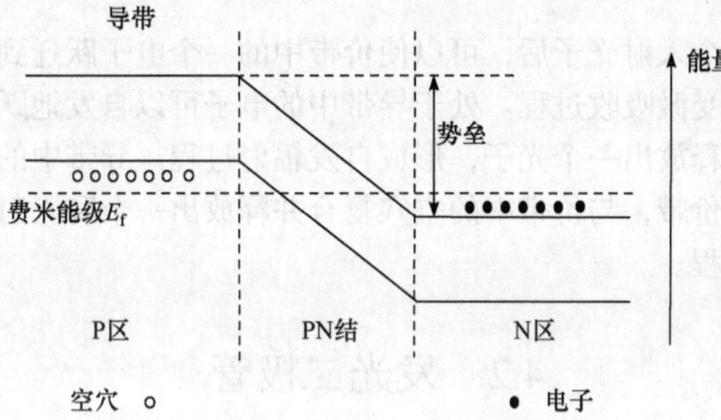

图 4.6　热平衡时的 PN 结能带图

2) PN 结的特点

PN 结最显著的特点是具有单向导电性，电流正向导通，反向截止。当外界给 PN 结加上正向偏压时(P 区接电源正极，N 区接电源负极)，也称正向偏置。由于外界电源的作用，将在 PN 结上产生一个外加电场，此时，外加电场的方向与内建电场的方向相反，削弱了内建电场，打破了原来的动态平衡，因而使原来的空间电荷区变窄，空间电荷形成的势垒降低。这样导致扩散运动超过漂移运动，P 区的多子空穴将通过 PN 结流向 N 区，N 区的多子自由电子流向 P 区，形成持续从 P 区到 N 区流动的正向电流(导通)。外加电场越大，正向电流也越大。

当外界给 PN 结加上反向电压时(P 区接电源负极，N 区接电源正极)，也称反向偏置。在反向偏置(反偏)状态下，电源将在 PN 结上加上一个与内建电场方向相同的外加电场，因而外加电场增强了内建电场，抬高了空间电荷形成的势垒，空间电荷区变宽，成为高电阻区。此时，P 区的少子自由电子与 N 区的少子空穴的总和，将在叠加后电场的作用下产生从 N 区到 P 区的漂移运动，漂移运动超过扩散运动，形成反向电流。由于反向偏置时是少子电子和空穴参加漂移运动，载流子数量很少，所以反向电流很小。因此，认为在反向偏置状态下的 PN 结不导通，被截止。当继续增大反向电压至某一数值时，反向电流会突然开始迅速增大，导致 PN 结被烧坏(击穿)。

PN 结存在结电容，它由势垒电容和扩散电容组成。PN 结的面积越大，结电容也越大，能够承受的电流也就越大；反之则结电容小。

3) PN 结的分类

PN 结按构成材料可分为同质结和异质结两种。用同一种半导体材料经不同的掺杂制成的 PN 结称为同质结(如 GaAs 等)。由于是同种半导体材料，不存在带隙差，掺杂后 PN 结两边材料的折射率差很小(0.1%～1%)。异质结是由带隙及折射率都不同的两种半导体材料构成的 PN 结(如 GaAl/GaAs、InGaAsP/InP 等)。制造 PN 结的方法有合金法(P 型半导体和 N 型半导体交界面处的杂质浓度分布是突变的，且分布均匀，突变结)、扩散法(交界面两边的杂质浓度分别是非均匀的，常按一定函数规律变化，缓变结)、离子注入法(一般是突变结)和外延生长法(一般是缓变结)等。

6. 半导体中的三种跃迁过程

半导体在吸收一个入射光子后，可以使价带中的一个电子跃迁到导带，而在价带中留下一个空穴，形成受激吸收过程。处于导带中的电子可以自发地跃迁回到价带，在与价带中的空穴复合时释放出一个光子，形成自发辐射过程。导带中的电子也可以在外界光子的作用下跃迁到价带，与价带中的空穴复合并释放出一个和入射光子状态一样的光子，形成受激辐射过程。

4.2　发光二极管

发光二极管(LED)是半导体光源的一种，其基于半导体 PN 结自发辐射机理发光，即当电流流过 PN 结时能直接把电能转化成光能，LED 由含镓(Ga)、砷(As)、磷(P)、氮(N)等的化合物制成。根据构成 PN 结的材料是否相同，发光二极管分为同质结和单异质结。LED 具有体积小、成本低、寿命长、节能环保等优点，被广泛用于各种信息显示、信号指示、灯光环境烘托、车用灯具、液晶屏背光源、通用照明等场合。发光二极管发出的光的颜色(对应于光子的能量)取决于电子跃过半导体带隙所需要的能量，常用的具有不同带隙能量的半导体材料及其发光波长见表 4.1。根据发光二极管材料的化学性质，LED 分为无机发光二极管(LED)和有机发光二极管(OLED)。

4.2.1　发光二极管的发光原理

发光二极管由一个 PN 结构成，具有正向导通、反向截止的单向导电性，反向电压过高时会被击穿，正常工作时必须给 LED 施加正向偏压。PN 结在正向偏置状态下，空穴由 P 区注入 N 区，电子从 N 区注入 P 区，在 PN 结附近数微米的区域内，它们分别与 N 区的电子和 P 区的空穴相遇(复合)，伴随着发光(注入式电致发光)释放多余的能量，并以发射光子的方式将电能直接转换为光能。由于外加偏压给 PN 结不断高效地注入载流子，电子处于导带，空穴处于价带，当电子从高能态的导带跃迁至低能态的价带与空穴复合时，其发射光子的状态(辐射方向、相位、时间等)均是随机的，最终 LED 以自发辐射发出荧光。因不同半导体材料中电子和空穴所处的能量状态不同，从而电子和空穴复合时释放出的能量多少不等，放出的能量越多，则辐射的光波长越短，反之则辐射光波长越长。不同材料及结构制造的二极管的 PN 结决定了半导体 LED 的发光波长，向制作 LED 的半导体化合物中掺入不同的杂质元素(如 Ga、As、P、N 等)时，LED 可以发出红光、黄光、绿光、蓝光以及眼睛看不见的红外光等多种光波长。

表 4.1　几种半导体材料的发光特性

材料	发光波长/nm	带隙能量/eV
GaP	550	2.24
AlAs	590	2.09
GaInP	640～680	1.82～1.94
GaAs	870	1.424
AlGaAs	800～900	1.4～1.55
InP	920	1.35
InGaAs	1000～1300	0.95～1.24
InGaAsP	900～1700	0.73～1.35
InAs	3600	0.34

4.2.2　发光二极管的结构

根据发光二极管的光发射方向，LED 可以分为面发光二极管和边发光二极管两种类型。面发光二极管的光辐射方向与其 PN 结的结平面垂直，如图 4.7(a)所示；边发光二极管间的光辐射方向与其 PN 结的结平面平行，如图 4.7(b)所示。

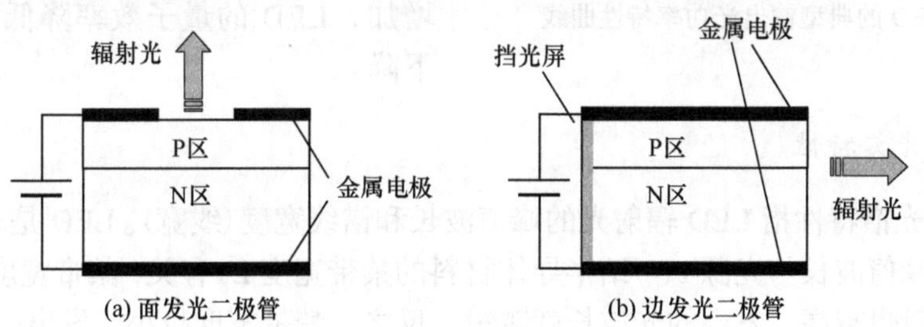

图 4.7　LED 的发光结构图

面发光 LED 是比较常见的发光二极管,可以用环氧树脂把光纤端面直接固定在 LED 发光面上，将 LED 发出的光导入光纤。光纤的芯径大小、数值孔径等参数决定了光纤与 LED 的耦合效率；或将光纤端面制成圆形、在 LED 发光面与光纤端面间使用微透镜都可以提高 LED 与光纤间的耦合效率。边发光 LED 由于受到 PN 结厚度的影响，其在结平面方向的光辐射范围受到限制，但其具有带宽较宽、效率较高的优势，在中短途、低速光纤通信系统中获得广泛应用。

4.2.3 发光二极管的工作特性

作为一个电致发光的 PN 结器件，发光二极管的工作特性包括电光转换的电学特性和发光器件的光学特性。

1. 伏安(*V-I*)特性

发光二极管的伏安特性与半导体 PN 结一样，具有正向导通、反向截止的单向导电性。反向电压过高时发光二极管会被击穿，正常工作时必须给 LED 施加正向偏压。一般情况下，发光二极管存在小的导通电阻，正向工作电压为 1.4～3V，正向工作电流在十几至几十毫安之间。

2. 输出功率(*P-I*)特性

发光二极管的输出工作特性表征 LED 输出的光功率随注入电流的变化关系。典型的 LED 输出功率为 1～10mW，正向驱动电流为 50～100mA，输出特性曲线如图 4.8 所示。

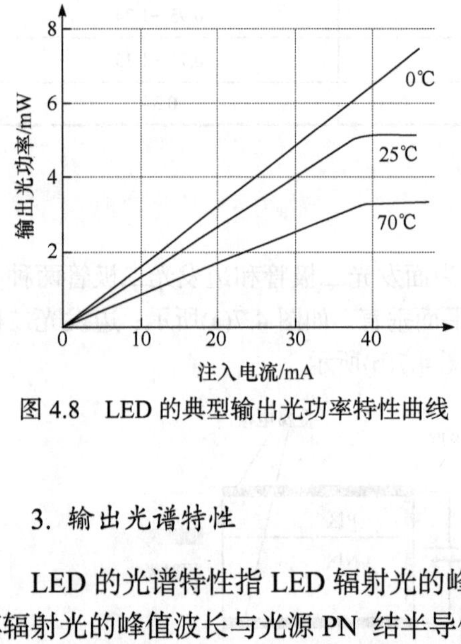

图 4.8　LED 的典型输出光功率特性曲线

图 4.8 表明：① 注入电流 *I* 较小时，输出光功率随注入电流的变化线性度较好；② 注入电流 *I* 较大时，输出光功率也在增加，因 PN 结发热导致输出线性特性破坏，输出光功率出现饱和；③ 随着 PN 结的温度上升，非辐射复合增加，LED 的量子效率降低，辐射功率下降。

3. 输出光谱特性

LED 的光谱特性指 LED 辐射光的峰值波长和谱线宽度(线宽)。LED 是非相干光源，其辐射光的峰值波长与光源 PN 结半导体材料的禁带宽度 E_g 有关，禁带宽度越大，所产生的光子能量也越高，发出的光波长就越短。反之，禁带宽度越小，发出的光波长就越长。在峰值波长附近一定频谱范围内均有光辐射，形成一个近似高斯函数分布的光谱分布，不是高度单色光。LED 的光谱线宽度较宽，辐射波长为 800～900nm 时，谱线宽度为 20～60nm；辐射波长在长波区域时，谱线宽度为 50～100nm。因此，LED 的宽光谱线不利于高速调制，使用 LED 的光纤通信系统将受到光纤色散的限制。

4. 输出量子特性

LED 的量子特性指注入 PN 结电流产生的电子-空穴复合量与输出光功率的关系。这涉及复合量转变为辐射光子的效率及 LED 的结构，LED 的量子效率一般较低。若发光的复合量相对于非发光复合量的比例越大，则光量子效率越高。

5. 调制特性

LED 的调制特性由该 LED 的 $P\text{-}I$ 特性确定，通过设置偏置电流，在注入电流是交流电流时，使输出光功率遵从与注入电流间的线性关系，按照注入电流的变化规律而变化。在高频电流注入(高频调制)下，PN 结的结电容和寄生电容将造成高频调制信号短路，交流功率降低。反映 LED 交流功率与直流功率关系的响应函数为

$$|H(\nu)| = \frac{P(\nu)}{P(0)} = \frac{1}{\sqrt{1+(2\pi\nu\tau)^2}} \tag{4.4}$$

式中，τ 为载流子的寿命，指电子从注入到复合的平均时间；ν 为调制频率；$P(\nu)$ 为调制频率为 ν 时的输出光功率。

影响高频调制特性的主要因素是载流子寿命，调制电流的变化必须比 τ 慢。在调制圆频率 $\omega = 2\pi\nu_c = 1/\tau$ 时，由式(4.3)可知交流功率减小到低频时的 70.7%；与之成正比的接收端光检测器测得的交流电流也降低至原来水平的 70.7%，接收机的电功率(正比于电流的平方)将减少到原来水平的 $0.707^2 = 0.5$(降低 3dB)。ν_c 为 LED 的截止频率，最高调制频率应低于截止频率，一般面发光 LED 的截止频率为 20～30MHz，边发光 LED 的截止频率为 100～150MHz。此外，还可以定义 $|H(\nu)| = 1/2$ 时为 LED 的 3dB 带宽(输出光功率降低到 0 频率的 0.5 时对应的频率)。为增大调制频率(或带宽)，需要缩短载流子的寿命，可以通过加大注入电流、提高载流子浓度来实现。

6. 光束方向特性

LED 没有反射面构成的谐振腔，光的方向性较差，光束发散角的范围一般为 40°～120°，其中，边发光 LED 由于其发光区域呈矩形，因而它的辐射光束是发散角为 30°～120°的椭圆形；面发光 LED 在输出方向上的光强度呈朗伯特(Lambert)分布，光束发散角约为 120°。

7. 温度特性

LED 的温度特性指其输出的光功率对温度的依赖关系。随着工作温度的上升，LED 输出的光功率有所下降；总的来说 LED 输出的光功率随温度的变化不是很敏感，温度在 20～60℃变化时，发光二极管的输出光功率变化不大，使用时一般无须添加温度控制装置或电路。

4.2.4　发光二极管的封装

发光二极管整体由芯片和封装两部分构成，芯片是发光二极管的发光部分，封装是对 LED 芯片进行密封。发光二极管芯片的封装主要有三种形式：插件、贴片和芯片集成封装。封装的作用既是对芯片进行保护，又是防止芯片氧化降低发光效率，影响 LED 的工作稳定性。在对芯片进行清洁、装架、压焊等处理后，完成芯片的电气互连，最后将芯片密封在封装体内。例如，插件封装常采用灌封的形式，先将压焊好的 LED 支架插入 LED 成形模腔内，然后将模腔注满环氧树脂，等放入烘箱的环氧树脂固化后，将成形的 LED 从模腔中取出。根据不同的使用环境和场合，LED 芯片的封装会做成各种外形，如

方形、长方形、圆形等，有时也会将几个 LED 芯片封装在同一个微型装置中，以适应特殊的应用，不同封装的 LED 模粒头如图 4.9 所示。

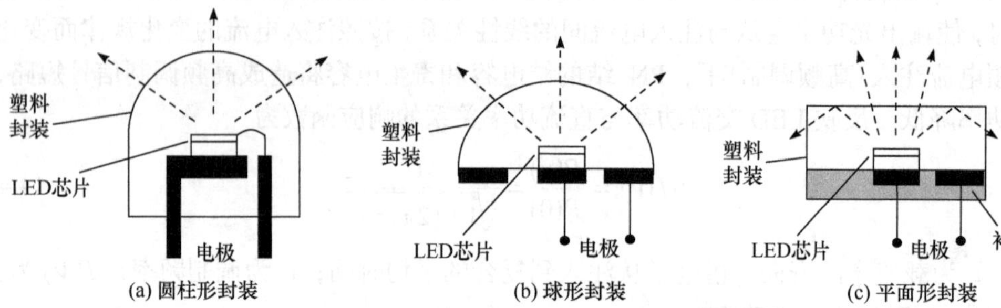

图 4.9　不同 LED 封装外形示意图

LED 的封装不仅要求能够保护芯片，还要求具有充足的透光性，让尽可能多的光从 LED 的结构中辐射出来，这就对封装材料及其外形有特殊的要求。①最大化芯片辐射出来的光，避免额外的光损失；②封装外形(模粒头形状)能够调整芯片发出光的分布，如考虑芯片的发光面积、辐射角及封装材料的折射率等；③封装材料要很纯净，对光的吸收小；其外形能够承担透镜功能，提高与光纤等的耦合效率。因此，不同的封装形式(包括支架、模粒头、环氧树脂中是否含有散射剂等)均会造成 LED 发光强度的分布产生较大变化，影响 LED 的空间光强分布。实际应用中，为使 LED 芯片发出的光子都能有效地成为向外的光辐射，LED 多采用圆柱形、圆球形模粒头封装。因圆形模粒头的凸透镜作用，封装后 LED 的发光强度便具有较强的指向性，发光强度便与角度高度相关。

总之，LED 最大的优点就是使用寿命长、结构简单、光输出线性好、温度稳定性较好、驱动电路简单、价格便宜。其主要缺点是辐射光谱线较宽(单色性弱)、输出光功率小、光发散角较大、高频调制性较差、非相干光。因此，兼顾可靠性、建设成本等因素，在近距离低、中速率光纤传输系统、局域网中，LED 还是作为首选光源使用。

4.3　激光二极管

激光二极管(LD)也称半导体激光器，是半导体光源的一种，它基于半导体 PN 结受激辐射机理发光，其外形如图 4.10 所示。LD 和 LED 最大的区别是 LD 在结构上有谐振腔，用于激光器的选频和提供实现光放大所需的正反馈。LD 本质上是一个半导体二极管，按照其 PN 结的构成材料是否相同，激光二极管有同质结、单异质结(SH)、双异质结(DH)等几种结构，如图 4.11 所示。同质结激光二极管和单异质结激光二极管在室温工作时多为脉冲光输出，而双异质结激光二极管在室温工作时可实现连续光输出。LD 具有体积小、效率高、能直接调制、寿命长、节能环保等优点，被广泛用于军事、医学、工业、通信、光信息处理、激光测距、激光打印等众多领域。相比于 LED，由于 LD 具有准单波长输出、输出光功率高、光束方向性和相干性好、调制频率高、与光纤耦合效率高的突出优势，作为光通信用光源在高速、长距离通信系统和网络中得到广泛应用，同时还可用作光放大器的泵浦源。

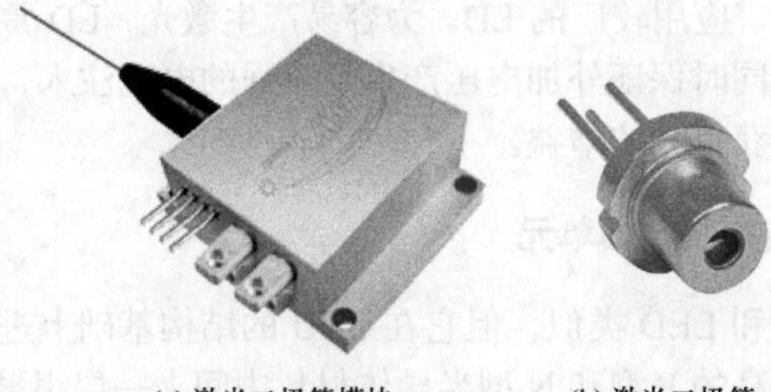

(a) 激光二极管模块　　(b) 激光二极管

图 4.10　激光二极管的外形图

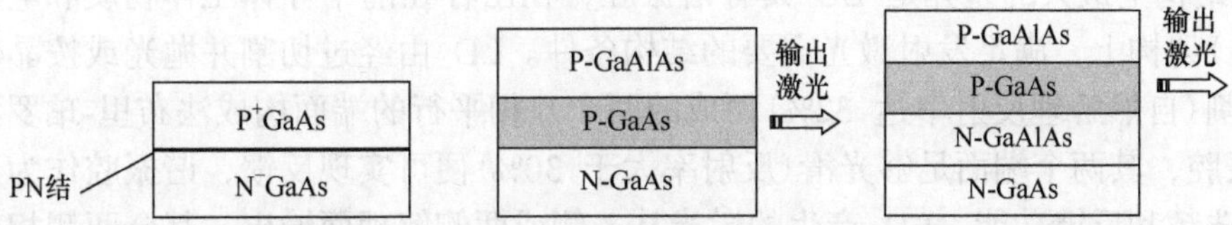

(a) 同质结　　(b) 单异质结　　(c) 双异质结

图 4.11　不同结构的 LD 示意图

4.3.1　激光二极管的发光原理

激光二极管的发光原理在本质上和 LED 没有明显区别，但一个光源要产生激光辐射需要满足三个基本条件：粒子数反转分布、受激辐射、正反馈。激光二极管也不例外，首先应对半导体 PN 结施加正向偏压，通过电激励注入能量把价带内的电子抽运到导带，在 PN 结附近区域呈现在导带底主要分布电子、在价带顶主要分布空穴的状况，通过非平衡载流子实现粒子数反转分布。随着外加偏压不断向 PN 结注入电流，电子与空穴复合而产生自发辐射。在此基础上，当自发辐射所产生的光子遇到 PN 结中存在的电子-空穴对时，促使它们二者复合而产生新的光子，这种光子诱导激发载流子复合而产生新光子的过程导致产生受激辐射。借助激光二极管两端(垂直于 PN 结平面)的光滑平面构成谐振腔的两个光学反射镜，使受激辐射光在这两个反射镜间往复多次反射，通过不断激发新的受激辐射而产生更多的光子，造成最初的受激辐射光不断得到增强(被放大)而形成正反馈。当谐振腔内被放大光辐射的增益大于激光二极管内的各种损耗时，激光二极管最终输出稳定的激光。

因制成激光二极管的半导体材料和结构不同，产生的激光辐射波长也各不相同，有红光、绿光、蓝光以及红外光等多种波长。目前性能较好、应用较广的是具有双异质结构的电注入式激光二极管。LD 产生粒子数反转时采用的激励方式有电注入、高能电子束激励和光泵浦三种。电注入式 LD 常用的工作物质有砷化镓(GaAs)、硫化镉(CdS)、磷化铟(InP)和硫化锌(ZnS)等，将其制备成半导体面结型二极管，沿正向偏压注入电流进行激励，便可在结平面区域产生受激辐射。光泵浦式 LD 常用 N 型或 P 型半导体单晶(如 GaAs、InAs、InSb 等)作为工作物质，用其他激光器发出的激光作为光泵激励。高能电子束激励的 LD 多用 N 型或者 P 型半导体单晶(如 PbS、CdS、ZnO 等)作为工作物质，从外部注入高能电子束进行激励。目前在诸多结构的 LD 中，双异质结电注入式 GaAs

激光二极管是性能较好、应用较广的 LD。为容易产生激光，LD 常采用重掺杂的 P 型和 N 型材料构成 PN 结，同时保证外加电压产生足够强的电流注入，以增大离子数的反转数量，使谐振腔内的光获得大的增益。

4.3.2 激光二极管的结构及选频单元

激光二极管的结构和 LED 类似，但它在 LED 的结构基础上进行了改进。典型的激光二极管由带隙能量较高的 P 型和 N 型半导体材料中间夹一层很薄(约 0.1μm)的带隙能量较低的另一种半导体材料(有源区)构成，LD 的三明治夹心结构如图 4.12 所示。LD 和 LED 在结构上最大的差异是 LD 具有谐振腔，在已存在的半导体工作物质和电激励源(泵浦源)架构上，满足发射激光需要的结构条件。LD 由经过切割并抛光或按晶体的解理面切割(自然解理反射率达 32%)而成的两个互相平行的端面构成法布里-珀罗型(F-P 型)谐振腔，其两个端面足够光滑(反射率大于 30%)便可实现反馈，谐振腔作为选频单元提供选频和反馈功能。LD 产生的激光从一侧或两侧解理面输出，其余两侧相对粗糙的端面自然阻止该方向激光辐射的形成。

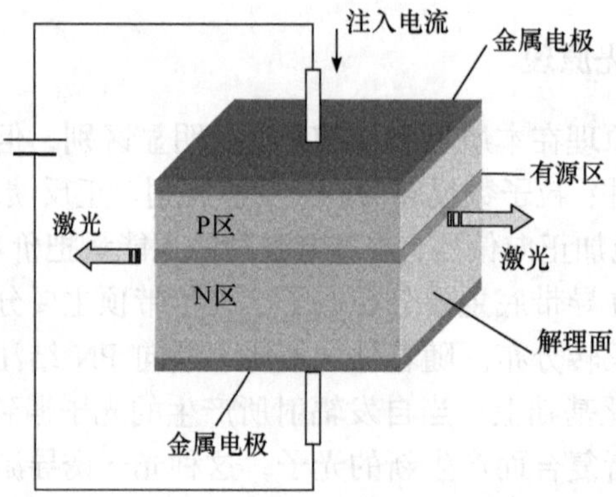

图 4.12 LD 的典型结构图

同质结 LD 形成的有源区对载流子和光子的限制及束缚作用较弱，有一部分光子会进入无源区，从而损耗较大；并且同质结激光二极管的阈值电流高，不能在室温下连续工作。利用带隙不同带来的差异构成的异质结(尤其是双异质结)可将载流子(电子和空穴)限制在有源区内复合而发光，降低注入电流，同时利用不同半导体材料的折射率差异将光场有效地限制在有源区内，从而增大 LD 的输出光功率和提高辐射的方向性。

4.3.3 激光二极管的工作特性

激光二极管本质上还是一个 PN 结器件，通过电致发光，激光二极管的工作特性同样包括电学特性和光学特性。

1. 伏安(*V-I*)特性

激光二极管与半导体 PN 结一样具有正向导通、反向截止的单向导电性。LD 需在正向偏置电压下工作，一般情况下其导通电压小于 1V。当偏置电压小于导通电压时，LD

内没有电流通过；只有当偏置电压大于导通电压时，LD 内部才有电流产生，如图 4.13 所示。反向电压过高时激光二极管会被击穿。

2. 输出功率(*P-I*)特性

激光二极管的输出功率特性表征 LD 输出的光功率随注入电流的变化关系。在正向偏置电压的驱动下，LD 的典型输出光功率特性曲线如图 4.14 所示。

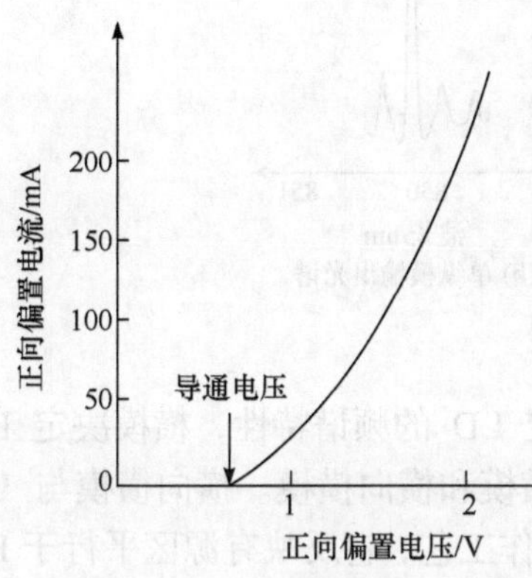

图 4.13　LD 的典型伏安特性曲线

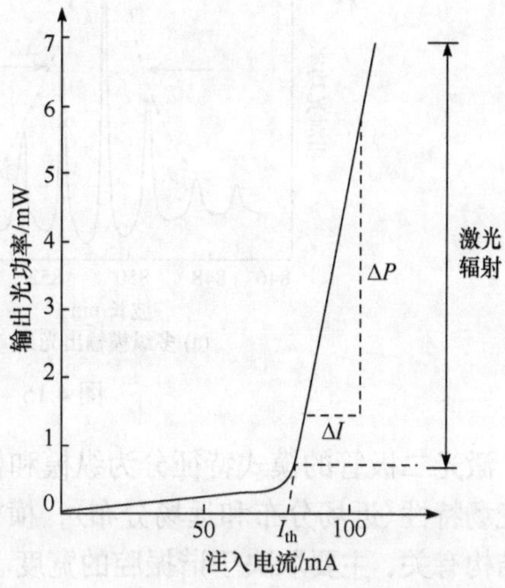

图 4.14　LD 的典型输出光功率特性曲线

由图 4.14 可见：① 激光二极管具有阈值特性。当正向注入电流小于 I_{th} 时，LD 有微弱的光输出，且输出光功率随注入电流的增加缓慢增大。这时 LD 表现为 LED，发出的是由自发辐射产生的荧光。②当注入电流大于 I_{th} 时，受激辐射产生，LD 发射激光，其输出光功率随着注入电流的增加而迅速增大。在一定注入电流范围内，输出的光功率与注入电流基本呈线性关系。I_{th} 为激光二极管的阈值电流，阈值电流与 LD 谐振腔的损耗、尺寸、有源区材料和厚度等因素有关，随着温度的升高阈值电流增加。对一个激光二极管而言，其阈值电流 I_{th} 越小越好，可增加 LD 的温度稳定性。③随着 LD 注入电流的继续增大，输出的光功率将出现饱和。

3. 输出光谱特性

LD 的光谱特性指 LD 辐射光的峰值波长和谱线宽度(线宽)。当注入电流低于阈值电流，即 $I < I_{th}$ 时，LD 发出荧光，光谱很宽；当注入电流超过阈值电流，即 $I > I_{th}$ 时，谱线中心强度急剧增加，光谱突然变窄，发出激光，单色性加强。LD 是相干光源，其辐射光的峰值波长与光源 PN 结材料的禁带宽度 E_g 有关，LD 的连续输出波长涵盖了红外光到可见光范围，输出光功率通常为几毫瓦，但也可高达百瓦级。一般 LD 的光谱宽度相对较宽，不如其他激光器窄。由于半导体激活材料的增益谱很宽(约 10THz)，尽管通过 F-P 谐振腔的选模，多数具有 F-P 谐振腔的 LD 常能有多个纵模起振，含有多条光谱线，成为多纵模输出的激光二极管。多纵模半导体激光二极管功率最大的峰值波长是其主中心波长，谱线宽度为包络线从峰值下降至 50% 处所对应波长的宽度，一般为 1～3nm，如图 4.15(a)所示。若进一步采取措施(使用分布式光栅)可抑制其他纵模，使激光二极管只存在一根光谱线，实现半导体激光二极管的单纵模工作，其中心波长谱线宽度一般小于 0.1nm，如图 4.15(b)所示。

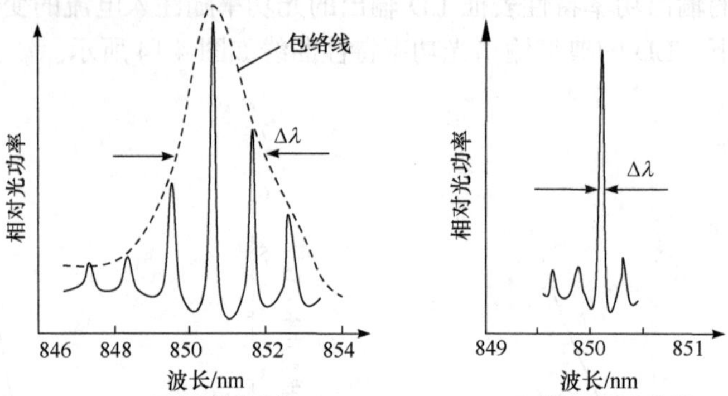

(a) 多纵模输出光谱　　(b) 单纵模输出光谱

图 4.15　LD 输出光谱曲线

激光二极管的模式特征分为纵模和横模。纵模决定 LD 的频谱特性，横模决定 LD 的光场特性(近场分布和远场分布)，横模又分为纵向横模和横向横模。横向横模与 LD 的结构有关，主要取决于谐振腔的宽度、材料种类及制作工艺，它反映有源区平行于 PN 结方向光场的空间分布；纵向横模表示垂直于 PN 结方向光场的空间分布。

4. 转换效率

LD 的转换效率指激光二极管将电功率转换为输出光功率的效率，常用量子效率和功率效率来衡量。量子效率有内量子效率、外量子效率、微分量子效率三种表示方法。

(1) 内量子效率表示有源区产生的光子数与注入有源区的电子-空穴对数之比，意味着并非所有注入的电子与空穴的复合都能产生光子，其计算公式为

$$\eta_{\text{in}} = \frac{\text{有源区每秒产生的光子数}}{\text{有源区每秒注入的电子}-\text{空穴对数}} \tag{4.5}$$

(2) 外量子效率表示由激光二极管发射的光子数与注入有源区的电子-空穴对数之比。产生的光子中有的被内部吸收，有的被 LD 的结构限制，导致并非全部有源区内产生的光子都能从 LD 中发射出来，尽管有的 LD 的内量子数可以很高(甚至接近 100%)。外量子效率的计算公式为

$$\eta_{\text{ex}} = \frac{\text{激光二极管每秒发射出的光子数}}{\text{有源区每秒注入的电子}-\text{空穴对数}} \tag{4.6}$$

若激光二极管所加正向电流为 I，输出光功率为 P，光的频率为 ν，则有

$$\eta_{\text{ex}} = \frac{P/(h\nu)}{I/e} = \frac{Pe}{h\nu I} \tag{4.7}$$

(3) 微分量子效率定义为 LD 达到阈值后，其输出光功率曲线线性范围内的斜率(光

子数增量与注入的电子-空穴对数增量之比），如图 4.14 所示。

$$\eta_d = \frac{\text{输出的光子数增量}}{\text{注入的电子-空穴对数增量}} = \frac{e\Delta P}{h\nu\Delta I} = \frac{e\Delta P}{E_g\Delta I} \tag{4.8}$$

η_d 随温度的升高而下降，$\Delta P / \Delta I$ 等于 P-I 特性曲线的斜率。实际工作中 η_d 使用较多，η_d 与激光二极管的结构参数、工艺水平及温度有关，合适的 η_d 值有利于 LD 的工作，通常 η_d 的值为 15%～20%，对于高性能器件，其值可达 30%～40%。

(4) 功率效率定义为

$$\eta = \frac{\text{激光二极管辐射的光功率}}{\text{激光二极管消耗的电功率}} = \frac{P}{IV_{LD}} \tag{4.9}$$

式(4.7)～式(4.9)中，e 为电子电量；E_g 为半导体禁带宽度；V_{LD} 为 LD 上的电压降。当 $I < I_{th}$ 时，η 的数值很小，当 $I > I_{th}$ 后，η 的数值迅速增大；通常 η 的数值取 5%～10%，高于气体激光器。

5. 调制特性

调制是将输入电信号加载到激光二极管的输出光功率上的过程。针对目前广泛使用的数字光纤通信系统，调制的方式是直接利用输入电信号来改变 LD 的注入电流（直接调制），从而调制或控制 LD 的输出光功率大小，使 LD 输出相应的光脉冲信号。为保证信号的高速传输，要求调制得到的光脉冲信号跟得上输入电脉冲信号的快速变化，调制前后的电、光脉冲序列有着良好的对应关系，避免信号失真、产生误码，从而导致传输信息的丢失。LD 的调制特性由该 LD 的 P-I 特性确定，在注入电流大于阈值电流后，通过合理设置偏置电流，在输入脉冲信号的调制下，输出光功率的变化遵从与调制电信号间的良好线性关系，按照调制电信号的变化规律获得相应的光脉冲信号。对 LD 进行模拟调制时，将偏置电流工作点选在 P-I 特性曲线线性区域的中点，进行数字调制时，则应将偏置电流选在阈值电流附近。反映 LD 调制特性的指标是调制频率，表示在无误码的情况下，输入 LD 的电脉冲序列中相邻码元最小允许间隔时间的倒数，它在数值上等于码元的最大允许速率。目前，激光二极管的调制频率可达 100GHz 以上，但当调制频率较高(>10GHz)时，一般就需要使用外调制技术。高速数字调制时需要考虑由于：①电光延迟（输出光脉冲和注入电脉冲间存在一个初始延迟时间）；②弛豫振荡（电流脉冲注入 LD 后，输出光脉冲出现幅度逐渐衰减的振荡）；③自脉动（注入 LD 的电流达到某个范围时，输出光脉冲出现持续等幅的高频振荡）的影响给 LD 输出光信号带来的信号失真。

6. 光束方向特性

LD 具有反射面构成的谐振腔，输出的是激光，具有较好的方向性，便于与光纤耦合而获得较高的耦合效率。激光二极管 PN 结的面结构特征决定了其在垂直于结平面和平行于结平面方向上对光的约束性不同，造成由 PN 结发出的激光在这两个相互垂直的方向上光束的发散程度有较大差异，光束的方向性用其发散角表示，光束在垂直于结平面的方向上的半功率点的张角称为纵向发散角；在平行于结平面的方向上的半功率点的张角称为横向发散角。①光束的发散角与有源区的端面尺寸（厚度和宽度）有关，在垂直或平行于 PN 结平面的两个方向上的发散角均较大，且不对称。在垂直于结平面方向上激光束的发散角要大于平行于结平面方向上激光束的发散角，一般典型 LD 的纵向发散角为 30°～40°，横向发散角为 10°～20°，呈一个椭圆光斑，如图 4.16 所示。②两个方向上激光束的束腰不在同一位置，即存在固有像散。与 LED 相比，LD 的发散角已大大减小，但与其他激光器相比发散角仍然较大，与光纤的耦合效率可达 30%～50%。

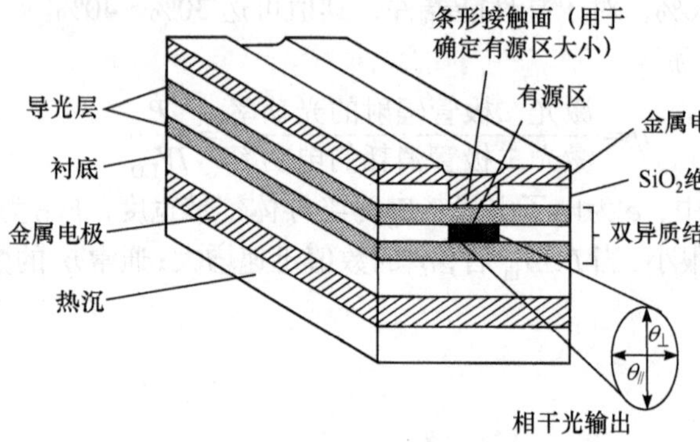

图 4.16　LD 光束的空间分布示意图

7. 温度特性

LD 的温度特性指其输出的光功率对温度的依赖关系。环境温度的变化对 LD 的输出光功率影响很大，如图 4.17 所示。为了使光纤通信系统稳定、可靠地工作，需在系统中增加对温度进行控制的装置或电路，通过自动温度控制系统来保持 LD 的输出光功率稳定。由图 4.17 可得出以下结论。

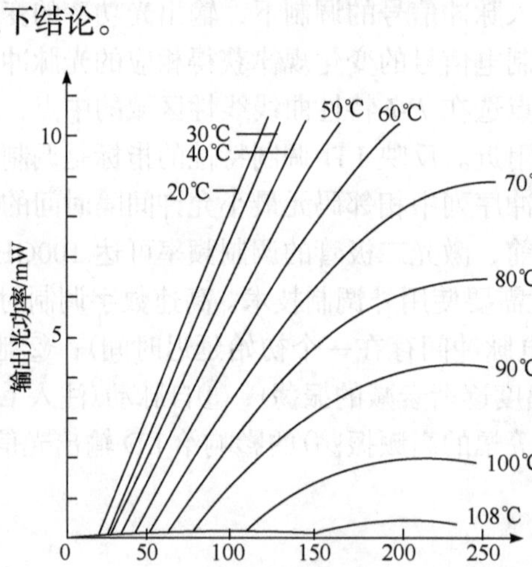

图 4.17　LD 输出光功率的温度依赖性

(1)温度在 20～60℃范围内变化时，激光二极管的输出特性变化不大。随着注入电流的增加，LD 的 PN 结温度会升高，伴随着非辐射复合增多，LD 的量子效率降低，输出光功率增速减缓，与注入电流呈现非线性失真。

(2)LD 的阈值电流随温度而变化。当环境温度为 T 时，阈值电流随温度呈指数式增长，$I_{th}=I_0e^{T/T_0}$；T_0 是 LD 的特征温度，代表 I_{th} 对温度的灵敏度或激光二极管的热稳定性，一般长波长 LD 比短波长 LD 的 T_0 小。T_0 与器件的材料、结构等有关，较高的 T_0 意味着当温度快速增加时，激光二极管的 I_{th} 变化不大。

(3)温度的变化会影响 LD 的发射波长。当环境温度升高时，LD 的发射波长将向长波方向漂移，这是由半导体的禁带宽度和折射率随温度的变化而引起的，如图 4.18 所示。该效应可以用于波分复用系统，通过改变温度进行波长调谐。

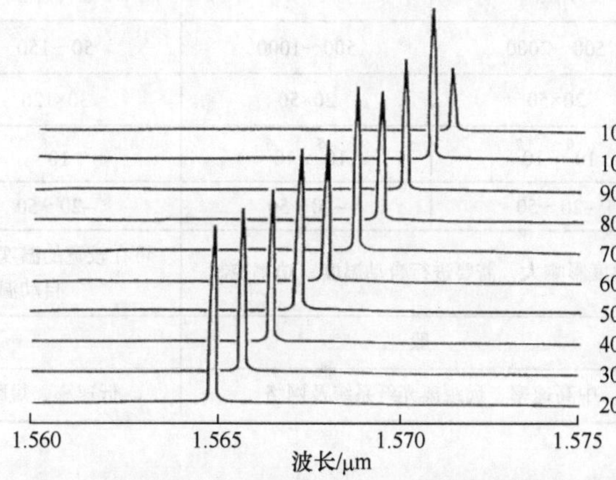

图 4.18　LD 输出光波长随温度的漂移

总之，LD 最大的优点就是输出功率大、光束发散角小、辐射光谱线窄(单色性好)、调制带宽大、相干光、响应速度快。其主要缺点是温度稳定性较差(需要温控装置)、对背向反射敏感、成本相对较高。因此，由于 LD 突出的优势及技术的进步，LD 在远距离中、高速率光纤传输系统、主干网中得到广泛使用。

4.3.4　激光二极管和发光二极管的性能对比

LD 和 LED 二者的结构相似，基本结构是 PN 结，它们的工作物质均是半导体材料，由于禁带宽度不同而发射不同的光波长；它们彼此的最大结构差异是 LED 没有谐振腔，而 LD 有谐振腔。因此，LD 的工作机制是受激辐射，发射的是相干光，LED 是自发辐射，发射的是非相干光，LD 存在阈值电流，LED 无阈值电流。二者均通过电激励而发光，相对而言，LD 输出的光功率较高，工作时对温度变化很敏感，温度的升高将导致 LD 的输出光功率下降，需要进行温度控制。LD 和 LED 的典型参数对比见表 4.2。

表 4.2　LD 和 LED 的一般性能及典型参数对比

参数	LD		LED	
PN 结偏置转态	正向		正向	
发光机制	受激辐射，发射激光		自发辐射，发射荧光	
谐振腔	有		无	
工作波长 λ/nm	1300	1550	1300	1550
光谱线宽度 $\Delta\lambda$/nm	1～2	1～3	50～100	60～120

续表

参数	LD		LED	
阈值电流 I_{th}/mA	20～30	30～60	—	—
工作电流 I/mA	—	—	100～150	100～150
输出光功率 P/mW	5～10	5～10	1～5	1～3
入纤功率/mW	1～3	1～3	0.1～0.3	0.1～0.2
调制带宽 B/MHz	500～2000	500～1000	50～150	30～100
光束辐射角θ/(°)	20×50	20×50	30×120	30×120
寿命/h	10^6～10^7	10^5～10^6	10^8	10^7
工作温度 T/℃	–20～50	–20～50	–20～50	–20～50
	受温度影响大，需要进行自动温度、功率控制		可在较宽的温度范围内正常工作，无须自动温度、功率控制	
可靠性	一般		较好	
应用场合	中高速率、远距离光纤系统及网络		低速率、短距离光纤系统及网络	

4.4 光发射机

光发射机(光发送机)是光纤通信系统中的光发射装置，其承担的任务是把需要传输的电信号转变成光信号，并将其送入光纤链路进行传输。光发射机的核心部件是光源(包括激光二极管、发光二极管等)和调制电路。

4.4.1 光端机的基本概念及功能

光端机是光纤通信系统中必不可少的设备，通常包括光发射机和光接收机。光发射机处于光纤通信系统的发送端，是光有源器件，其主要的功能是完成从电能到光能(电-光或 E/O)的转换，通过输入电信号对光源进行调制，再将获得的稳定调制光信号耦合送入光纤传输系统，直至到达光接收机。光发射机的主要性能由发射机的各个组成部分共同实现。此外，还要求光发射机的尺寸小、控制电路尽量简单、成本低、稳定性好、可靠性高，以满足工程应用需求。

光发射机的主要性能指标如下。

1)平均输出光功率

光发射机的平均输出光功率是经过调制后光发射机发出的平均光功率，通常指耦合进入光纤的功率(入纤功率)，用相对值“dBm”或绝对值“mW 或 μW”表示。光发射机的入纤功率一般为 0.01～10mW。

2)输出光功率稳定度

环境温度的变化和光源老化对光源输出有一定影响，为保证光通信系统的传输质

量，要求光发射机输出的平均光功率变化应当在允许范围内，输出光功率稳定度定义为

$$\delta = \frac{\left|\Delta \bar{P}\right|}{\bar{P}} \times 100\% \tag{4.10}$$

式中，$\bar{P}$ 为平均输出光功率；$\Delta \bar{P}$ 为输出光功率起伏的平均值。通常情况下，数字通信系统的稳定度要小于 ±5%，模拟通信系统的稳定度要小于 1%，对模拟系统的稳定度要求高。

3) 消光比

消光比定义为光发射机全“1”码平均发射光功率 P_1 与全“0” 码平均发射光功率 P_0 之比，ITU-T 协议定义为

$$\text{EXT} = 10\lg \frac{P_1}{P_0} \quad (\text{dB}) \tag{4.11}$$

消光比是光发射机的重要技术指标，一般要求 EXT≥10dB。在数字通信系统中，一台完善的光发射机发送“0”码时，光发射机应无光功率输出。但由于光发射机自身的缺陷，实际的光发射机在发送“0”码时有残留尖脉冲存在或直流偏置的设置不当，光发射机将会有少量光功率输出，消光比正是光发射机这种缺陷程度的反映。消光比的大小将影响后续光接收机的接收灵敏度，数字光发射机的消光比越大，输出光功率的利用率越高，接收机的灵敏度也相应提高，反之则接收机的灵敏度将显著降低。

4.4.2　光发射机的基本组成

光发射机在进行电-光转换的过程中，涉及的核心部件是光源及驱动电路。在数字通信中，数字光发射机的基本组成包括光源、码型变换单元、调制电路，以及光源控制电路和保护、监测电路等，如图 4.19 所示。

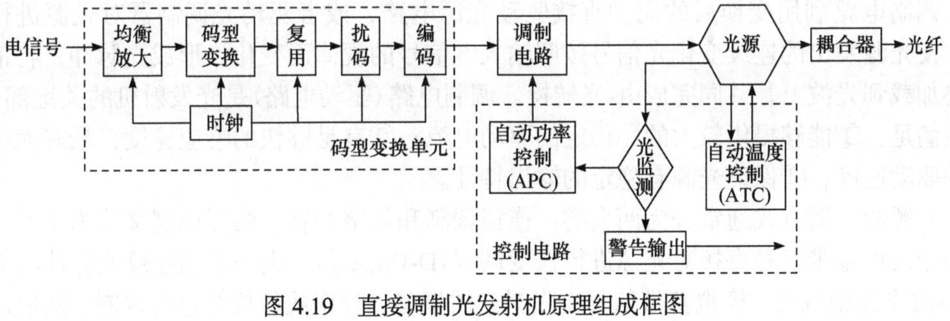

图 4.19　直接调制光发射机原理组成框图

1. 光源

光发射机的光源是产生作为光载波的光信号，对光源的要求首先是光源能发出合适的光波长(850nm、1310nm、1550nm 等)，波长符合光纤的低损耗传输窗口，并同时满足：①有足够的光功率输出；②光源单色性好(光谱线窄)；③电-光转换效率高，方向性好；④调制速率高，响应速度快；⑤温度稳定性好，可靠性高，寿命长；⑥体积小，重量轻，安装使用方便，价格低。

其中，输出光功率、光束方向性、谱线宽度和调制速率将直接影响光纤通信系统的传输容量和传输距离，是光源中最重要的技术指标。

2. 码型变换单元

码型变换单元将输入的电信号(如 PCM 脉冲)进行整形，变换成适于光纤线路传输的码型(如 NRZ 码)后直接驱动光源或者送到光调制器。具体进程包括以下 6 方面。

(1)均衡放大。对由输入送来的 HDB3 或 CMI 码流进行均衡和放大，补偿由电缆传输所产生的衰减和均衡畸变的波形，保证电、光端机间信号的幅度、阻抗适配，以便正确译码。

(2)码型变换。将 HDB3 码(三阶高密度双极性码)或 CMI 码(传号反转码)变换为 NRZ 码(非归零码)，即将双极性码变为单极性的 0、1 码，以适应光纤通信系统的直接强度调制。

(3)复用。用一个大传输信道同时传送多个低容量的用户信息及开销信息的过程。

(4)扰码。为避免信码流中出现长连“0”或长连“1”给时钟信号的提取带来困难，扰码过程通过有规律地扰乱长连“0”或长连“1”的码流，使信号达到“0”“1”的均衡分布(等概率出现)，以利于接收端从线路数据码流中提取时钟。

(5)时钟。从均衡放大后的信号中提取时钟信号，作为依据供给码型变换、复用、扰码及其他电路使用。

(6)编码。对经过扰码后的码流进行编码，便于不间断业务的误码监测、区间通信联络、监控及克服直流分量的波动。编码后的信号变为适合在光纤通信链路中传输的线路码型。

3. 调制(驱动)电路

调制电路利用变换后的码型直接驱动光源电路，或者驱动光调制器对光源进行调制，使光源发出的连续变化光信号按照输入电信号的规律而变化，形成光脉冲，将信息最终加载到光波上，共同完成电-光转换。调制电路(驱动电路)是光发射机的关键部分，它应满足：①能够提供较大的、稳定的驱动电流；②有足够快的响应速度，最好大于光源的驱动速度；③保证光源有稳定的输出特性。

光源的调制方式通常分为两大类：模拟调制和数字调制。模拟调制又分为两类，一类是用模拟基带信号直接对光源进行强度调制(D-IM)；另一类是采用连续或脉冲的射频(RF)波作为副载波，模拟基带信号应先对它的幅度、频率或相位等进行调制，然后用该受调制的副载波去对光源进行强度调制，如图 4.20(a)所示。模拟调制的优点是设备简单、占用带宽较窄，但它的抗干扰性能差，中继时噪声累积。数字调制是光纤通信的主要调制方式，它将模拟信号抽样量化后，以二进制数字信号“1”或“0”对光载波进行通断调制，并进行脉冲编码(PCM)，如图 4.20(b)和(c)所示。数字调制的优点是抗干扰能力强、中继时噪声及色散的影响不累积，因此可实现长距离传输，其缺点是需要较宽的频带，设备也较复杂。具体针对光波被调制的参数，调制又分为强度调制、频率调制、相位调制和偏振调制。

根据光源和调制手段的关系，调制分为直接调制和外调制两种。

1) 直接调制

直接调制(内调制)指直接将信号加载到电流上形成电调制信号(预调制)，用预调制电流来驱动半导体光源，实现对光波参数(光强度、频率等)的控制，获得光频或光强变化的调频波或调幅波。直接调制采用的是电源调制方法，多用于光强度调制，使被调制的光信号强度或功率与光源驱动电流的大小成正比。直接调制的优点是系统结构简单、成本低、易实现，但响应带宽有限(约 2.5Gbit/s)，调制速率受到载流子寿命及高速率下的性能退化的限制(如频率啁啾等)，多用于小功率(小于 20mW)和低速率(小于 2.5Gbit/s)的场合。直接调制光源时不需要外加调制器，只需要一个驱动电路。驱动电路驱动光源使其发出随注入电信号的变化而变化的输出光，这里的调制本质就是驱动，光源的驱动依靠的是电流而不是电压。

2) 外调制

外调制也称间接调制，它是让光源输出的光波(光强度和频率等恒定)通过光调制器，借助电光效应、磁光效应或声光效应等手段控制调制器，以光源出光之后再加载调制信号为特征，实现对通过光调制器的光波的强度、频率及相位等参量的调制，完成对信息的加载。外调制需要使用调制器，通过外电路对调制器施加调制电压，系统结构复杂，成本高，难以与光源集成，对光的偏振敏感；但可获得优良的调制性能，调制信号啁啾小，尤其适合于高速率通信的调制，可实现大于 10Gbit/s 速率或 40Gbit/s 以上的模拟带宽。

调制特性好指光发射机输出的光信号强度随调制的电信号在使用范围内呈现很好的线性关系，产生的非线性失真小。目前光纤通信系统中应用最多的是光源的基带直接强度调制、副载波强度调制及数字调制，高速率传输时常采用外调制。

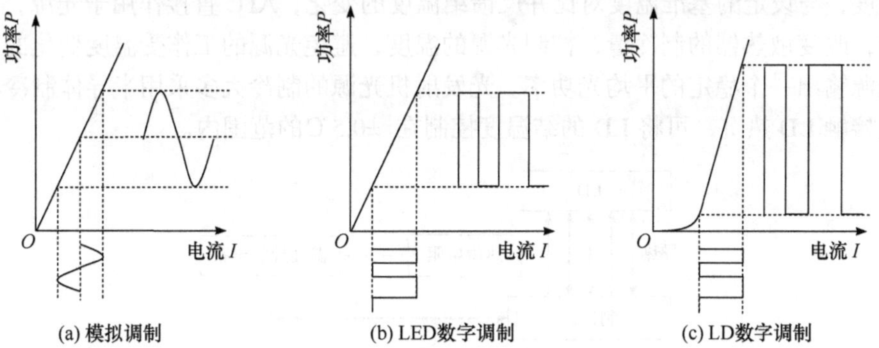

图 4.20　直接调制原理图

3) 数字直接调制中偏置电流和调制电流大小的选择

(1) 增大偏置电流使其逼近激光二极管的阈值电流 I_{th}，这样可极大地减小电光延迟时间，抑制张弛振荡。

(2) 偏置电流置于阈值附近时，较小的调制脉冲电流即可得到足够大的光脉冲输出，可极大地减小码型效应和结发热效应的影响。

(3) 过大直流偏置电流将会使光信号消光比(EXT)恶化，直接影响接收机的灵敏度。

(4)实验发现异质结激光二极管的散粒噪声在阈值处出现最大值，因此偏置电流不能正好偏置于阈值处。

(5)调制电流幅度的选择应根据激光二极管的 *P-I* 曲线决定，既要有足够的输出光脉冲幅度，又需要考虑光源的负担。若激光二极管在某些区域有自脉动现象发生，则 I_{th} 的选择应避开自脉动发生的区域。

4. 控制电路

光发射机的光源组件主要由激光二极管芯片、散热器和光检测器(光敏二极管)构成。控制电路包括光功率监测、保护及警告电路、自动功率控制电路和自动温度控制电路等，其主要功能是解决由温度变化和器件老化引起的发射机光源输出光信号的不稳定问题，需要通过控制电路对光源的工作状态进行自动调整，通常从温度控制和功率控制两方面入手，以保证输出的信号平均光功率稳定，并对光功率异常输出发出警告。

1)自动功率控制(APC)

自动功率控制和自动温度控制两者的目的都是保持光源的输出平均光功率稳定，但两者各自针对的对象不一样。APC 针对的是光源使用一段时间后，因出现老化造成的输出光功率降低，借助光检测器实时监测激光二极管的光功率输出，与参考光功率比较，根据比较结果反馈发射功率的变化，APC 自动调整 LD 的直流偏置电流，驱动 LD 使其输出光功率回到之前的输出状态，最终使光发射机的输出光功率峰值保持为一个稳定值。

2)自动温度控制(ATC)

自动温度控制由制冷器、热敏电阻和温度控制电路组成，如图 4.21 所示。光源在使用中因器件发热引起阈值电流变化，导致输出光功率降低；借助热敏电阻实时检测 LD 的结温度，与设定的基准温度对比并反馈结温度的变化，ATC 直接作用于光源，自动做出反应，改变散热器的制冷量，控制光源的温度，避免光源的工作受温度变化的影响，保证光源输出一个稳定的平均光功率。光发射机光源的制冷大多采用半导体制冷器，将其直接接触 LD 热沉，可将 LD 的结温度控制在 ±0.5℃的范围内。

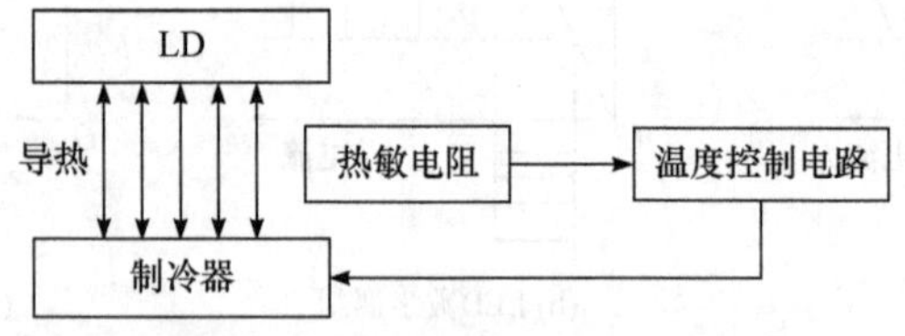

图 4.21　自动温度控制原理图

3)其他保护、监测电路

光发射机除 APC 和 ATC 控制电路外，还有保护、监测和警告电路。保护电路起到以下作用：①光源过流保护电路，限制 LD 的偏流，避免偏流过大烧毁半导体二极管；限制 LD 的工作电流不超过额定电流，保证其安全工作；②光源慢启动保护电路，避免同一电网上其他电器的开关引起的瞬间过载电流对 LD 的冲击；③无光警告电路，对光发射机电路出现故障或输入信号中断等造成 LD 不发光的现象，监测电路通过警示电路发出警告提示。

小　结

本章讲述了光端机的前部——光发射机。光发射机是有源器件，其功能是将输入的电信息加载到光波上，通过耦合把光送入光纤传输，完成电-光转换。光发射机的核心部件是光源和调制电路，首先详细介绍发光二极管和激光二极管的基本构成、发光机理、工作特性；然后讲述光发射机的基本构成和主要性能指标，以及光源的调制方式和调制特性。发光二极管和激光二极管均是光纤通信中最常用的光源。发光二极管通过自发辐射发光，是非相干光源，发出的谱线较宽，光功率较低，方向性较差，响应速度慢，只适合短距离、低速率数字通信和较窄带宽的模拟通信系统。激光二极管通过受激辐射发光，是相干光源；由于激光二极管发光必须满足一定的阈值条件，属于阈值器件。激光二极管有谐振腔，发出的光谱线窄、功率较高、定向性好，响应速度比发光二极管快很多，在中高速率、远距离光通信系统中得到广泛的应用。

习　题

1. 光发射机有哪些组成部分？它们各有什么功能？
2. 什么是同质结、异质结？
3. 能带和能级的区别是什么？如何理解？
4. 激光二极管的主要性能指标有哪些？
5. 发光二极管和激光二极管最大的共性是什么？它们结构上主要的差异是什么？
6. 对光的调制可以采取什么方式？
7. 为什么要给半导体 PN 结加正向偏压，才能使 LED 和 LD 发光？
8. 光发射机的性能指标有哪些？
9. 为什么激光二极管发射的光是相干光？
10. 为保证 LD 正常工作，需要增加什么电路或装置？
11. 温度升高对 LD 输出光功率和波长有什么影响？
12. 根据玻尔兹曼分布规律，一个激光器低能级 E_1 和高能级 E_2 上相应的粒子数分别为 N_1 和 N_2，试计算：①当光频率为 3000MHz，$T = 300\text{K}$ 时，N_2/N_1 是多少？②当 $\lambda = 1\mu\text{m}$，$T = 300\text{K}$ 时，N_2/N_1 是多少？③当 $\lambda = 1\mu\text{m}$，$N_2/N_1 = 0.1$ 时，环境温度 T 为多少？
13. 一个波长为 1.1μm 的光子的能量是多少？分别计算频率为 1MHz、100MHz、10GHz 的无线电波的能量？
14. 一个 GaAs 激光二极管发出 $\lambda = 850\text{nm}$ 的红外光，输出光功率为 5mW，试计算：①该红外光中单个光子的能量是多少？②该激光二极管每秒钟发射出多少个光子？
15. 激光二极管发射光子的能量近似等于半导体材料的禁带宽度，已知 GaAs 材料的 $E_g = 1.43\text{eV}$，某一种 InGaAsP 材料的 $E_g = 0.96\text{eV}$，求它们的发射波长？

16. 假设给某 LD 施加 3V 的电压时，产生 150mA 电流和 3mW 的光功率，试求此 LD 的电光转换效率？

17. 已知一个 LD 的输出波长为 1550nm，微分量子效率为 10%，试求该 LD 的输出 *P-I* 特性斜率？

18. 若波长为 1310nm 的 LD 的驱动电流为 50mA，输出的光功率是 2mW，试求该 LD 的微分量子效率？

第 5 章　光检测器和光接收机

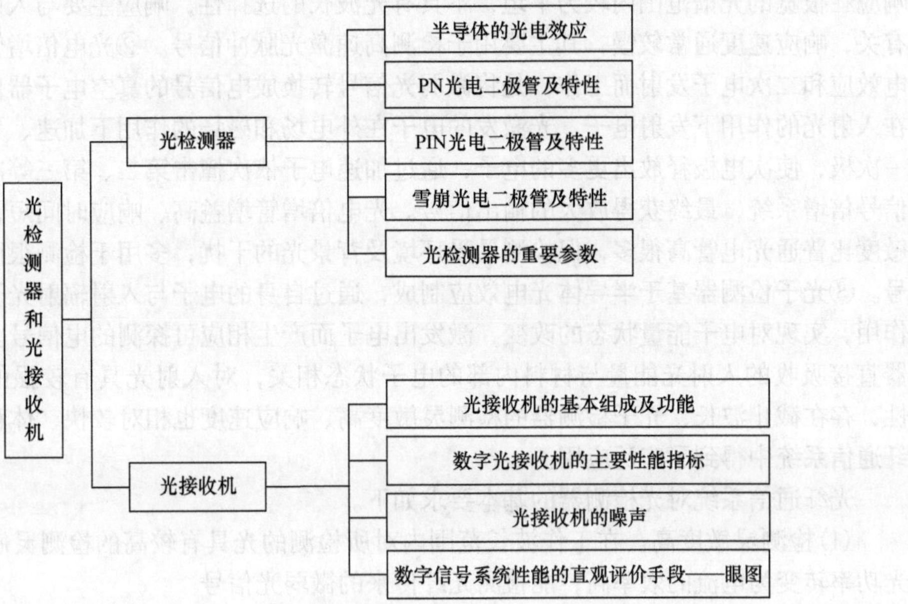

本章知识点框图

光接收机的功能是将光发射机发出并经光纤传输的光信号转换为电信号，通过放大、整形、再生为原始的电信号，还原出由光载波所携带的原信息后，再送入电缆网络给用户。光接收机是光纤通信系统的基本组成单元，是决定光纤通信系统信息识别、判断质量的至关重要因素。光接收机的核心器件是光检测器，检测光信号的方式有直接检测和外差检测两种。直接检测是通过光检测器直接把光信号转换为电信号，该方式所使用的设备简单、实用、成本较低，是大多数光纤通信系统普遍采用的方式。目前光纤通信系统中主要使用的光检测器是 PIN 光电二极管和雪崩光电二极管，它们的性能奠定了光接收机性能的基础。PIN 光电二极管光检测器主要用于一般中、短距离和中、低速率光纤通信系统，雪崩光电二极管光检测器主要用于对接收灵敏度要求高的长距离、高速率光纤通信系统。

5.1　光 检 测 器

光检测器的基本任务是将接收到的光信号转换成电信号。目前使用的光纤通信系统中，处理信息大多仍然是采用“电处理、光传输”的方式，在发送端用光发射机将电调制信号转换成光信号(电-光转换)后送入光纤传输至接收端；在接收端则需要将传输过来的弱光信号转换为电信号，再进行判读、识别、再生等过程的处理，以恢复原来传输的信息，鉴于光检测器担负的光-电转换角色，光检测器也称光电检测器或检测器。

光检测器包括光热检测器、光电倍增管、光子检测器三大类。①光热检测器基于光热效应工作，它在吸收入射光辐射后将其部分能量转变为材料晶格的热运动能量，材料的温升导致与温度有关的材料电学性质产生可探测的变化信号。光热检测器对入射光的响应在很宽的光谱范围内较为平坦，不具有光波长的选择性，响应主要与入射光的强度有关，响应速度通常较慢，其主要用于检测高速激光脉冲信号。②光电倍增管基于外光电效应和二次电子发射而工作，是将微弱光信号转换成电信号的真空电子器件。光阴极在入射光的作用下发射电子，光激发的电子在外电场和磁场的作用下加速、聚焦撞击第一次极，使次电极释放出更多的电子，通过加速电子依次撞击第二、第三等次极，形成信号倍增系统，最终获得放大的输出信号。光电倍增管增益高、响应时间短，其检测灵敏度比普通光电管高很多，但检测易受环境及背景光的干扰，多用于检测很微弱的光信号。③光子检测器基于半导体光电效应制成，通过自身的电子与入射辐射光子间的相互作用，实现对电子能量状态的改变，激发出电子而产生相应可探测的电信号。光子检测器直接吸收的入射光能量与材料内部的电子状态相关，对入射光具有较强的波长选择性，存在截止波长，光子检测器的检测灵敏度高、响应速度也相对较快、体积小，在光纤通信系统中得到了广泛应用。

光纤通信系统对光检测器的基本要求如下。

(1) 检测灵敏度高。在工作波长范围内对所检测的光具有较高的检测灵敏度，即把光功率转变为电流的效率高，能检测光纤传来的微弱光信号。

(2) 响应速度快。光电转换的响应速度快(具有足够的带宽)，响应信号延迟小，具有检测并还原高速率、大容量光信号的能力。

(3) 噪声小。检测器自身的噪声应尽可能低，以降低器件本身对信号的影响，提高光接收机的灵敏度和光纤传输系统的性能，保证重现信号的质量。

(4) 线性度好。检测器的响应与入射光功率具有良好的线性关系，能保证光信号在转换为电信号的过程中不失真。

(5) 性能稳定可靠。检测器的主要性能受外界或环境温度变化的影响小，工作寿命较长，系统的稳定性和可靠性高。

5.1.1 半导体的光电效应

当一束光照射到本征半导体表面时，被厚度为 W 的本征半导体吸收的入射光功率可表示为

$$P(W) = P_0(1 - \mathrm{e}^{-\alpha(\lambda)W}) \tag{5.1}$$

式中，$P(W)$ 为通过厚度为 W 的半导体后被吸收的光功率；P_0 为入射光功率；$\alpha(\lambda)$ 为材料的吸收系数，其数值与材料的种类有关，且随波长而变化。

在入射光的照射下，当入射光子的能量大于半导体材料的禁带宽度 E_g 后，半导体每吸收一个光子就会产生一个电子-空穴对。一旦给该半导体加上电压，在外加电场的作用

下，光照产生的电子和空穴将分离并流向电极，从电极流出半导体并在外电路形成电流。因这个电流（载流子）是光照射所激发的，故称为光生电流（光电流）和光生载流子，若入射半导体表面的反射系数为 R_f，则光电流 I_p 的大小为

$$I_p = \frac{e}{h\nu} P_0 (1 - e^{-\alpha(\lambda)W})(1 - R_f) \tag{5.2}$$

式中，e 是电子电量；h 是普朗克常数；ν 是入射光的频率。

对于频率为 ν 的入射光，其照射到半导体表面能产生光电效应的条件是 $h\nu > E_g$，将 $\nu = c/\lambda$ 代入，有

$$\lambda < \lambda_c = \frac{hc}{E_g} = \frac{1.24}{E_g(\text{eV})} \ (\mu\text{m}) \tag{5.3}$$

式中，禁带宽度 E_g 的单位是电子伏特，$1\text{eV} = 1.6\times10^{-19}\text{J}$；$\lambda_c$ 为截止波长。式(5.3)表明，只有在入射光波长 $\lambda < \lambda_c$ 时，受光照射的这种材料才能产生光生载流子（光电流）。也说明只要光波长短于 λ_c 的入射光都能激发光电子并被检测到，且波长越短效果越好。由于半导体材料对光的吸收系数是波长的函数，入射光波长 $\lambda > \lambda_c$ 时，材料的吸收系数很小，不产生光电流。用波长为截止波长的光照射半导体材料时，其吸收系数 $\alpha(\lambda)$ 为零。不同半导体材料的吸收系数的数值不同，其是随波长而显著变化的函数，如图 5.1 所示。间接带隙半导体（如 Si、Ge）也能用于制作光检测器，尽管其吸收边不像直接带隙半导体那么陡。

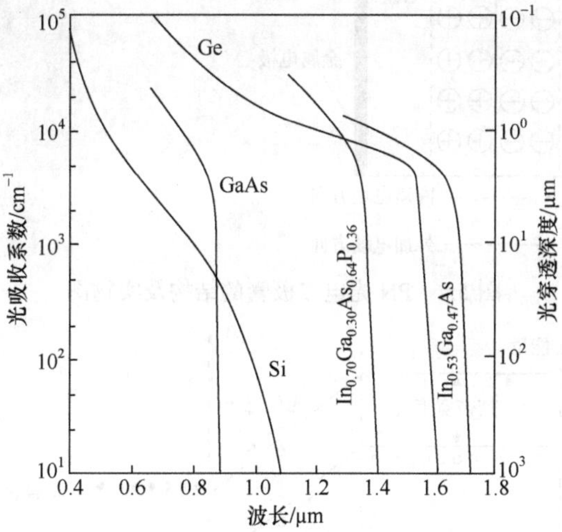

图 5.1　几种常用半导体材料的吸收系数随波长的变化

入射光波长较短时，吸收系数变大，导致大量的入射光子在光电二极管表面附近很薄的区域里就被材料完全吸收，无法进入耗尽层产生电子-空穴对而形成光生电流，从而光电二极管的光电转换效率降低，产生一个截止波长下限（下截止波长）。因此，由不同半导体材料制作的光检测器对光波长的响应便各有一定的范围，如 Si 材料光电二极管的 $\lambda_c = 1060\text{nm}$，但其响应波长范围为 500～1000nm，Ge 的 $\lambda_c = 1600\text{nm}$，但其响应波长范

围为 1100～1600nm。采用 InGaAs 材料($In_{0.53}Ga_{0.47}As$)可以将响应波长范围上推至 1670nm。对大多数半导体材料来说，它们的吸收系数已足够大，能够在 10μm 的厚度内吸收几乎所有入射光。

基于半导体光电效应、用半导体材料制作、满足光检测器基本要求的光电转换器件称为半导体光检测器，常用的半导体光检测器有 PN 光电二极管、PIN 光电二极管和雪崩光电二极管。

5.1.2　PN 光电二极管及特性

PN 光电二极管的基本结构是一个半导体 PN 结，工作时反向偏置，是光检测器的基本形式，其结构和能带分别如图 5.2 和图 5.3 所示。P 型和 N 型半导体接触，无偏压时，由于 P 型和 N 型半导体中不同载流子的扩散，在 PN 接触面附近形成一个稳定的空间电荷区，该空间电荷区产生一个由 N 区指向 P 区的内建电场。内建电场的形成将阻止电子和空穴的扩散，使载流子发生与扩散运动相反的漂移运动。扩散开始时，内建电场强度随载流子的扩散逐渐增大，当内建电场强度达到一定水平时，载流子的扩散运动与漂移运动作用彼此相互抵消，达到动态平衡(净电流为零)，PN 结形成。在空间电荷区中，载流子的数量极少，电阻很大，称该区为耗尽层，此时外电路接通也没有电流。

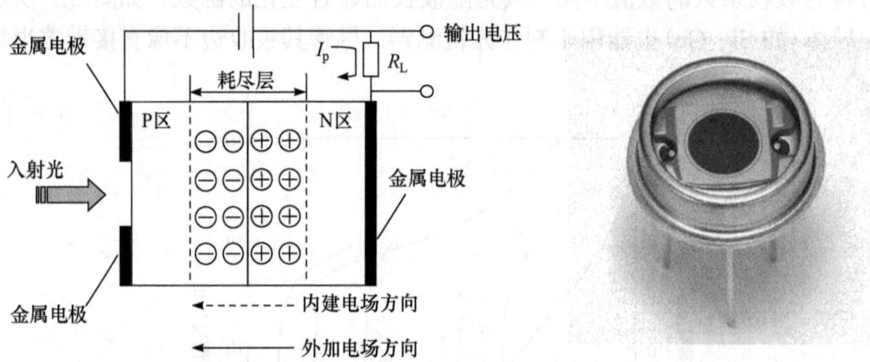

图 5.2　PN 光电二极管的结构及实物图

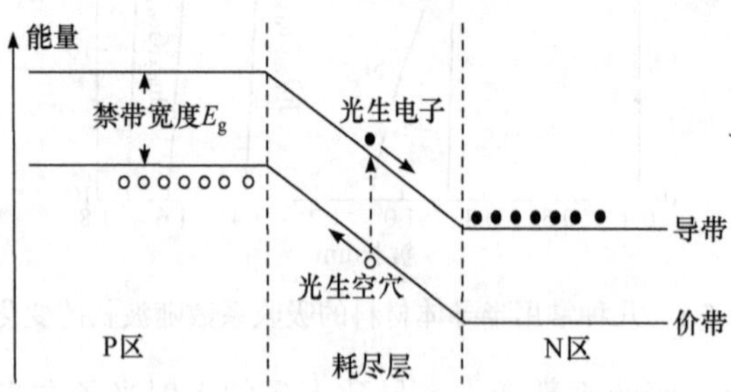

图 5.3　PN 光电二极管的能带简图

当用适当波长的光($\lambda < \lambda_c$)照射 PN 结时，在光照射下价带(低能级)中的电子吸收入射光子能量，越过禁带而跃迁到导带(高能级)，在价带中留下空穴，产生电子-空穴对(光生载流子)。通常光电二极管的设计可使大部分入射光在耗尽层中被吸收，造成大部

分光生载流子也在耗尽层内产生，电子-空穴对在耗尽层内的内建电场作用下分离，导带中的电子向 N 区漂移，价带中的空穴向 P 区漂移，于是 P 区存在过剩的空穴积累，N 区存在过剩的电子积累。这时若接通外电路，电子、空穴则在 PN 结外构成的回路中产生流过负载 R_L 的光电流（光生电流 I_P）。并且当外界光照射很强时，会出现光电流产生的电场与内建电场相等的情况，这时耗尽层不复存在。虽然光生载流子仍然能在 PN 结中产生，但是由于没有电场引导和加速，在杂乱无章的扩散过程中，多数光生空穴和光生电子将复合而消失，不能形成外部电流。因此，若给 PN 结加上一个反向偏压，PN 结耗尽层内的内建电场方向将和外加电场方向一致，耗尽层内的电场增强，PN 光电二极管的耗尽层将加宽（势垒加强），可以提高光生载流子流向电极的漂移速度，维持光电流的存在，器件的光电转换效率也将得到提高。所以，给 PN 光电二极管施加反向偏压便是它作为光检测器必需的正常工作模式。当照射到反向偏置 PN 光电二极管表面的光功率发生变化时，产生的光电流也随之线性变化，并与入射光功率成正比，最终把入射的光信号转换成带有原信息的电信号输出，完成对光信号的检测。

对于 PN 光电二极管而言，由于入射光被整个光电二极管吸收（PN 结耗尽层、P 区和 N 区），光照后产生的载流子存在两种运动形态。因 P 区和 N 区内的电场很小，在 P 区和 N 区产生的光生载流子主要做扩散运动，基本没有漂移运动，响应速度慢，它们中的大多数便会在一个扩散长度内与多数载流子复合而湮灭，对光生电流基本没有贡献，且导致光电转换效率降低。而耗尽层中的载流子则在电场的加速作用下分别向 P 区和 N 区漂移，到达边界处被收集并在外电路形成光生电流，响应速度快，所以 PN 光电二极管产生的光电流主要来自耗尽层的光生载流子。

给 PN 光电二极管施加一个反向偏压的好处是既能加宽耗尽层，增大耗尽层中的电场，又能够迅速分离在耗尽层中产生的电子-空穴对，使之有效地形成光生电流，从而提高器件的响应速度，降低其暗流，改善响应的线性度，但并不能提高耗尽区中的光生载流子的数目。PN 光电二极管是结构最简单的半导体光检测器，它的缺点是响应速度慢、暗电流不易降低、工作带宽有限、器件的稳定性较差、耗尽层相对较小，所以实践中不适合用作光纤通信系统的光检测器。

5.1.3　PIN 光电二极管及特性

PIN 光电二极管是 PN 光电二极管的改进。鉴于 PN 光电二极管的主要缺点：①耗尽层薄（几微米），不利于充分吸收入射光子；②结电容（耗尽区电容）较大，*RC* 时间常数较大，不利于检测高频调制信号，PIN 光电二极管在 PN 光电二极管的基础上进行了结构改进，如图 5.4 所示，以克服 PN 光电二极管的缺点，具体做法是：在掺杂浓度较高的 P 区和 N 区（如以 Si 或 InGaAs 为基底）之间加一层较厚的轻掺杂的 N 型半导体（I 层）。I 层（intrinsic，本征层）的厚度为 5～50μm，P 区和 N 区较薄（数微米）。由于 I 层是轻掺杂，层内几乎没有自由电荷，电阻很高，外偏置电压大部分降在该层，导致其内部电场很强，P 区和 N 区的载流子扩散后便形成一个覆盖 I 层的很宽的耗尽层，能有效地增大入射光子在 I 层被吸收的概率。

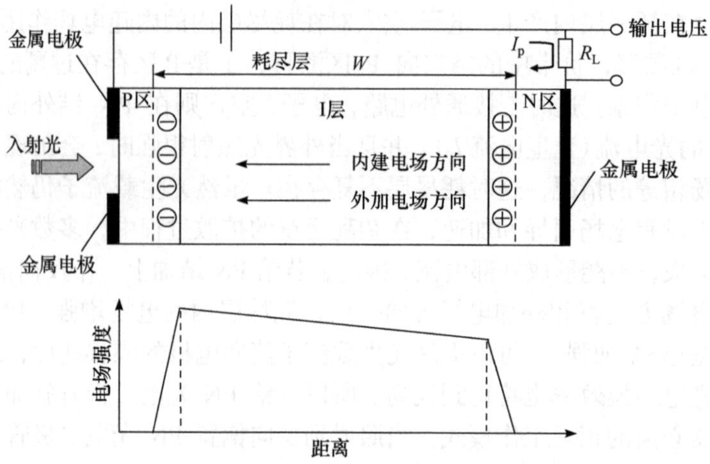

图 5.4 PIN 光电二极管结构示意图

因此，在外加反向偏压的加持下，PIN 光电二极管耗尽层得以大大加宽，被光照射时，绝大部分入射光在 I 层内被吸收并产生大量的电子-空穴对，且在耗尽层强电场的作用下，电子-空穴立刻分离并迅速通过 I 层形成漂移电流；而薄的 P 区和 N 区则吸收入射光的比例很小，产生的载流子形成扩散电流。从而漂移电流分量相比扩散电流分量在光生电流中占主导地位，这便是 PIN 光电二极管和 PN 光电二极管的主要区别。半导体光检测器的响应速度取决于载流子流过耗尽层的时间和电路的 *RC* 时间常数。本征层的引入增大了耗尽层的宽度，加之明显减小厚度的 P 区和 N 区，这些措施均有利于缩短载流子的扩散过程(渡越时间短)，大大提高了光检测器总的响应速度。同时，宽的耗尽层可以减小检测器的结电容，从而有效降低电路的 *RC* 时间常数。

相对于 PN 光电二极管，结构的改进使 PIN 光电二极管的检测效率、响应速度、光电转换效率等都得到明显的改善，具体有：①灵敏度高；②频带宽(可达 10GHz)；③渡越时间短、响应速度快(几纳秒或更少)；④结电容和 *RC* 时间常数小；⑤噪声低(暗流降低)；⑥线性输出范围宽。尤其是采用双异质结构可以进一步提升 PIN 光电二极管的性能，目前双异质结构的光检测器已实现几百兆的带宽。所以，PIN 光电二极管已广泛用于中、短距离的光纤通信系统。然而，I 层的宽度并不是越宽越好，过宽的 I 层会增加载流子在耗尽层中的漂移时间，影响带宽及响应速度，设计器件时需要综合考虑和平衡。对影响响应速度的主要因素，除增大 I 层宽度外，还需配合减小 PIN 光电二极管的表面积，才能降低结电容；并通过合理选择负载电阻，做到 *RC* 时间常数一同减小。

5.1.4 雪崩光电二极管及特性

雪崩光电二极管(avalanche photodiode，APD)是具有内部增益的一种光检测器件，它利用 PN 结在高反向偏压下产生的雪崩倍增效应得到光电流的增益或放大，以获得检测灵敏度的提高。APD 是对 PIN 光电二极管的进一步改进，在结构上 APD 与 PIN 的最大不同在于 APD 内部增加了一个附加层 P，如图 5.5 所示。图中，P^+ 和 N^+分别是重掺杂低电阻的 P 型半导体和 N 型半导体，附加层 P 是具有高电阻的 P 型材料，I 层是较宽的本征层，大部分入射光子在这里被吸收并产生最初的电子-空穴对。P 型材料的掺杂浓度 $P < I < P^+$，在 P^+N^+ 内部形成一个沿光入射方向依次递增的强电场区。偏置电压较低时，大部分电压降在 PN^+ 结上，本征区 I 层未耗尽，不发生碰撞电离。当偏压足够高时，耗尽区增大并从结区拉通至 I 层与 P^+ 相接范围，贯穿整个 I 层。因此，图 5.5 所示的结构也是 APD 最常用的拉通型雪崩光电二极管(RAPD)，整个电场区分为两部分：一部分是使光生载流子逐渐加速的低电场区，另一部分是产生雪崩倍增效应的高电场区，这样的电场分布有利于降低 APD 的工作电压。

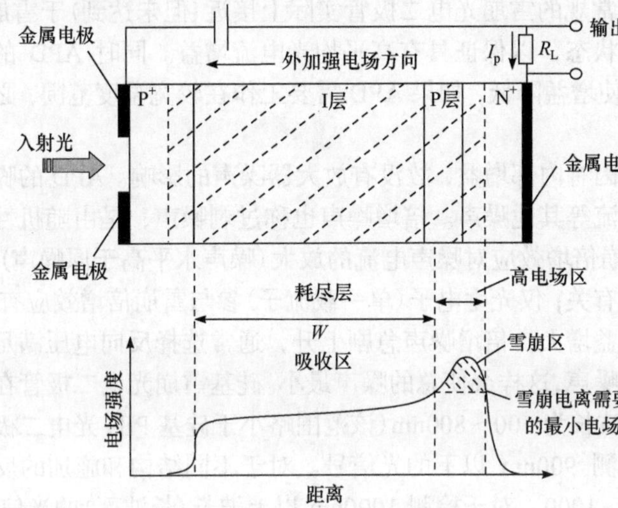

图 5.5　APD 结构示意图

雪崩光电二极管工作在较高反向偏电压(通常几十伏甚至上百伏)下时，入射光子从 P^+ 区进入，在耗尽层被吸收并产生光生电子-空穴对(一次载流子)，产生的光生空穴漂移到 P^+ 区被外电路收集，光生电子(一次电子)则在漂移中被内部强电场加速至具有很大的动能，漂移到 P 层后高速电子便与晶格原子发生碰撞，使晶格原子电离(碰撞电离)产生二次电子-空穴对(二次载流子)，新的二次载流子继续在高电场作用下通过碰撞电离效应产生三次电子-空穴对等，这样载流子被 PN^+ 结中的强电场引发多次碰撞电离，反向电流迅速增大，形成“雪崩倍增”效应。雪崩倍增过程只发生在几微米的距离中，雪崩倍增致使雪崩光电二极管具有内部增益(在 I 层产生的空穴向 P^+区漂移，不参与增益过程)，多次碰撞电离产生的载流子数目远大于一次光生载流子数目，最终雪崩光电二极管能把输入信号放大很多倍。

雪崩光电二极管的雪崩倍增过程是一个复杂的随机过程，通常用平均雪崩增益 M 表示 APD 的倍增增益，表示为

$$M = I_M / I_p \tag{5.4}$$

式中，I_M 是倍增后的总输出电流的平均值；I_p 是初始光电流(未经倍增的一次光电流)。平均倍增增益也可以用一个经验公式表示，即

$$M = \frac{1}{1-(V/V_B)^n} \tag{5.5}$$

式中，V 是加在 APD 上的反向偏压；V_B 是 APD 上的反向击穿偏压，对不同材料和结构的 APD 来说，V_B 为 20～500V，使用中数值越小越好；n 是一个与温度、材料性质及注入载流子的类型有关的特征指数，一般为 2.5～7。

当外加偏压非常接近反向击穿电压时，$M \to \infty$，APD 获得很高的光电流增益，此时雪崩倍增噪声也将非常大，称为 APD 的雪崩击穿。工作中 APD 的外加反向偏压不能超过反向击穿电压，常规的雪崩光电二极管实际上接近(但未达到)于雪崩击穿、PN 结面上高度均匀的工作状态，以保证具有高平均光电流增益。同时 APD 的增益与温度有关，温度升高通常会使增益降低，如果 APD 需要工作在较宽温度范围，必须采取温度稳定或补偿措施。

雪崩光电二极管因有内部增益，故没有放大器噪声的影响。APD 的噪声主要是倍增噪声，并伴随有暗电流等其他噪声。倍增噪声也称过剩噪声，是由随机性电流起伏带来的附加噪声，它是雪崩倍增效应对噪声电流的放大(噪声水平高于原噪声)，与反向电压、材料性质和装置设计有关；仅光生电子(单一载流子)参与雪崩倍增效应有利于降低 APD 的雪崩倍增噪声。增益增大，倍增噪声急剧上升，通常选择反向电压满足倍增过程噪声约等于电子放大器的噪声，这样会使总的噪声最小。硅基雪崩光电二极管在 450～1000nm 波长范围较敏感，在波长为 600～800nm(该范围略小于硅基 PIN 光电二极管)时最灵敏，被广泛用于短波区检测 900nm 以下的光信号。对于不同结构和施加的反向电压差异，Si-APD 的增益为 50～1000。对于检测 1000nm 以上波长(长波区)的光信号，APD 需要采用 Ge 或 InGaAs 材料，它们的增益较小，为 10～40，且 InGaAs 雪崩光电二极管的价格比 Ge 雪崩光电二极管高，但 InGaAs 雪崩光电二极管有更好的噪声特性和更宽的检测带宽。检测大于 1600nm 波长时，需使用 AlGaSb(铝镓锑)/GaSb(镓锑化物)等材料的光检测器。

雪崩光电二极管具有灵敏度高、响应速度快、带宽大、光电转换效率高、噪声低等诸多优点，尤其适用于检测微弱光信号，在中长距离、高速率光纤通信系统中已得到广泛应用，此外 APD 还应用于成像、测距、高速激光扫描仪等场合。与没有内部增益的 PIN 光电二极管类似，APD 的带宽、响应速度也受限于载流子的渡越时间和电路的 RC 时间常数。受限于渡越时间的雪崩光电二极管，其上升时间可低至十分之几纳秒。

5.1.5　光检测器的重要参数

1. 光谱响应

光谱响应(spectral response)是表征光检测器的响应随波长而变化的性能参数。只有当入射光子的能量大于光检测器材料的禁带宽度($h\nu > E_g$)时，检测器才能对入射光做出反应，产生光生载流子并输出光电流。这表明光检测器输出的光电流大小是入射光波长的函数，检测器只能检测波长小于截止波长的入射光，否则材料对光透明，不能进行光电转换。截止波长决定了光检测器的长波限，短波限则取决于材料吸收系数的陡增，意味着光检测器仅对一定波长范围的辐射有响应信号输出。因此，检测具体某一波长的光辐射时要选择具有恰当光谱响应的光检测器，使光辐射峰值波长与光检测器的响应峰值波长尽可能匹配，以获得高的检测灵敏度。

2. 响应度

响应(responsivity)度也称灵敏度，是光检测器的输出光电流 I_p 与入射光功率之比，表示为

$$R = I_p / P_{in} \tag{5.6}$$

式中，P_{in} 是分布在某一光谱范围内的入射光总功率；光检测器的响应度是波长 λ 的函数，单位是 A/W，它描述单位光功率产生的光生电流大小，衡量光检测器将光信号转换为电信号(光电转换)的能力和效率，R 的数值越大，表明光检测器越灵敏，如图 5.6 所示。R 的典型值是 0.5～1.0A/W，APD 光检测器的响应度是 0.75～130A/W；而 Si 光检测器在 900nm 时的 R 值是 0.65A/W；在 1300nm 时，Ge 光检测器和 InGaAs 光检测器的 R 值分别是 0.45A/W 和 0.9A/W；InGaAs 光检测器在 1550nm 时的 R 值是 1.0A/W。

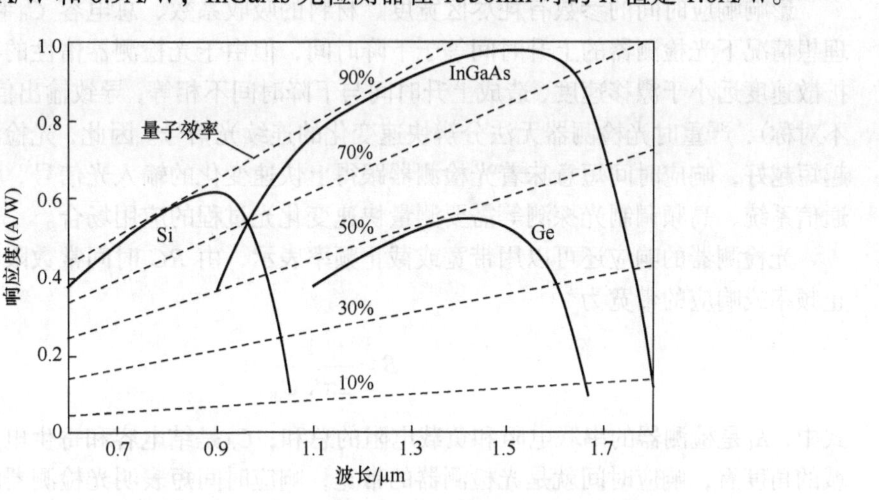

图 5.6　几种不同材料的 PIN 光电二极管响应度及量子效率随波长的变化

3. 量子效率

量子效率(quantum efficiency)是光检测器能转换为光生电流的光子数与入射的总光子数之比，表示为

$$\eta = \frac{I_p / e}{P_{in} / (h\nu)} = R\frac{h\nu}{e} \tag{5.7}$$

式中，e 是电子电量；h 是普朗克常数；ν 是入射光的频率；量子效率的范围为 30%～95%，代表某一波长下单位时间内平均每个光子所能激发的电子-空穴对(载流子)数，数值大小与入射光波长 λ 相关。光检测器的响应度从宏观视角描述光检测器的光电、光谱及频率特性，而量子效率则是对同一光电转换现象的微观描述。在确定的光波长下，大多数

光电二极管的量子效率和入射到光电二极管上的光功率无关，所以响应度便随光功率呈线性变化。减小入射光在光检测器表面的反射，最大化入射光子在耗尽层内的吸收，避免光生载流子在形成光生电流前复合等，可以有效地增大光检测器的量子效率。

4. 响应时间及带宽

响应时间(response time)指光检测器对输入的光信号做出反应时，存在的一个时间上落(滞后)后过程，它表示光检测器对高速变化(高速调制)光信号的响应能力，反映了光检测器的惰性。对于数字脉冲信号，响应时间一般用输出脉冲的上升时间和下降时间表示，即光生电流脉冲响应信号值从最大稳态值的 10%上升至 90% 所用的时间，或从稳态最大值的 90%下降至 10% 所用的时间。响应时间取决于：①耗尽层外的光生载流子到达电极的扩散时间；②耗尽层内的光生载流子到达电极的漂移(或渡越)时间；③与负载电阻并联的结电容和寄生电容所决定的电路 RC 时间常数。其中，电路的 RC 时间常数起决定性作用，要缩短光电检测器的响应时间，需要尽量降低检测器的结电容，同时合理选择负载电阻。

影响响应时间的参数有耗尽区宽度、材料的吸收系数、总电容 C_d 和总电阻 R_t 等。理想情况下光检测器的上升时间等于下降时间，但由于光检测器惰性的存在，且载流子扩散速度远小于漂移速度，造成上升时间与下降时间不相等，导致输出信号的畸变(脉冲不对称)，严重时光检测器无法分辨快速变化的连续光信号。因此，光检测器的响应时间越短越好，响应时间短意味着光检测器跟得上快速变化的输入光信号，尤其是超高速光通信系统、高频调制光探测等需要测量快速变化光过程的应用场合。

光检测器的响应还可以用带宽或截止频率表示，由 RC 时间常数限制的光检测器截止频率或响应的带宽为

$$B = \frac{1}{2\pi R_t C_d} \tag{5.8}$$

式中，R_t 是检测器的串联电阻和负载电阻的总和；C_d 是结电容和寄生电容的总和；从频域的角度看，响应时间就是光检测器的带宽，响应时间短表明光检测器的带宽宽。光检测器可视为一个 RC 低通滤波器，截止频率表示当入射光频率小于此频率时，检测器的响应(输出的光电流)能线性再现输入光功率的变化。

5. 噪声

噪声是反映光检测器特性的一个重要参数，它直接影响输出信号的质量。通常光检测器需要在各种干扰及随机信号中尽可能提取出微弱的有用信号，光检测器必须具有较高的量子效率(获得较大信号功率)和很低的噪声。光检测器的噪声包括信号电流和暗电流产生的散粒噪声与由负载电阻和后继放大器输入电阻产生的热噪声，其中散粒噪声包含量子噪声、暗电流噪声、表面漏电流噪声和倍增噪声，散粒噪声属于白噪声。光检测器是一种电流输出器件，因随机的噪声对时间的平均值为零，而这些值的均方根不为零，所以噪声的大小用噪声电流的均方值(在 1Ω负载上消耗的噪声功率)表示。

(1) 量子噪声是由于光电子的产生是随机起伏的，产生和收集的过程具有统计特性

(泊松分布)，在带宽 B 内，量子噪声与光电流 I_p 的平均值成正比，其均方值表示为

$$\sigma_Q^2 = \left\langle i_Q^2 \right\rangle = 2eI_p BM^2 F(M) \tag{5.9}$$

式中，<> 表示平均值；$F(M) \approx M^x$ 是倍增噪声系数，与雪崩过程的随机特性有关，M 是 APD 的雪崩增益，x 为增益噪声系数，数值为 $0 \leqslant x \leqslant 1.0$，与具体材料有关。

(2)暗电流噪声是在没有光照射到光检测器时，检测器偏置电路存在的残留电流，它是由 PN 结内热效应产生的电子-空穴对形成的，对于 APD，这种载流子也可能产生雪崩效应而倍增，其均方值 σ_d^2 表示为

$$\sigma_d^2 = \left\langle i_d^2 \right\rangle = 2eI_d BM^2 F(M) \tag{5.10}$$

式中，I_d 是初始(未倍增的)暗电流，与检测器的结构和材料有关，对温度变化非常敏感。对于硅光电二极管，I_d<1nA，对于锗光电二极管，I_d 可达几百纳安，对于 InGaAsP 光电二极管(长波长)，其暗电流则要比硅光电二极管小很多。

当暗电流 I_d 不可忽略时，散粒噪声均方值 σ_s^2 表示为

$$\sigma_s^2 = \left\langle i_s^2 \right\rangle = 2e(I_p + I_d)BM^2 F(M) \tag{5.11}$$

(3)表面漏电流也称表面暗电流，它是由器件表面物理特性的不完善，如表面缺陷、不清洁、表面积大小和偏置电压大小所引起的，其均方值 σ_{ds}^2 表示为

$$\sigma_{ds}^2 = \left\langle i_{ds}^2 \right\rangle = 2eI_L B \tag{5.12}$$

式中，I_L 是表面暗电流。因雪崩倍增是体效应，表面暗电流不流过 PN 结内部，故表面暗电流不受雪崩过程的影响。

(4)热噪声由载流子的无规则热运动产生。任何电阻的内部均有大量的电子在做无规则热运动，因此在电阻上会形成无规则弱电流，每个电阻都有热噪声。当温度高于 0K 时，电阻中形成电阻的热噪声均方电流 σ_T^2 为

$$\sigma_T^2 = \left\langle i_T^2 \right\rangle = \frac{4kTB}{R_L} \tag{5.13}$$

式中，k 是玻尔兹曼常数；T 是热力学温度；R_L 是负载电阻。后继放大器的输入电阻一般远大于负载电阻，因此光检测器的热噪声主要由负载电阻决定。

光检测器的总均方噪声电流 σ^2 为

$$\sigma^2 = \left\langle i^2 \right\rangle = 2e(I_p + I_d)BM^2 F(M) + 2eI_L B + \frac{4kTB}{R_L} \tag{5.14}$$

对于 PIN 光电二极管，$F(M)$ 和 M 都等于 1。由于 APD 具有倍增能力，它的暗电流要比 PIN 光电二极管的暗电流大很多，且随着温度的升高，暗电流将急剧增加。

PIN 光电二极管简单、偏压低(10～20V)，无须偏压控制，但内部无增益。APD 内部有增益，APD 可以产生比 PIN 光电二极管高很多的光电流，这对检测高速、弱光信号较为有利，可以提高检测信号的信噪比，改善光接收机的判决，进而提高光接收机的接

收灵敏度。采用APD作为光纤通信系统的光检测器，能有效地延长系统的传输距离，代价就是需要使用较高的偏置电压、偏压控制或温度补偿电路，最终导致系统成本增加。此外，还需注意APD的倍增噪声对检测结果的影响。因此，对于信号不很弱、检测灵敏度要求不很高的中、低速信号场合，多使用PIN光电二极管。表5.1给出三种不同材料的PIN光检测器和APD光检测器的典型参数。

表 5.1 三种材料的 PIN 光检测器和 APD 光检测器的典型参数对比

参数	Si 光检测器		Ge 光检测器		InGaAs 光检测器	
	PIN	APD	PIN	APD	PIN	APD
波长范围/nm	400～1100		800～1800		900～1700	
峰值波长/nm	900	830	1550	1300	1300，1550	1300，1550
响应度/(A/W)	0.4～0.6	80～130	0.5～0.7	3～30	0.6～0.9	5～20
量子效率/%	65～90	77	50～55	55～75	60～70	60～70
增益 G	1	100～500	1	50～200	1	10～40
增益噪声系数 x		0.02～0.05		0.7～1.0		0.5～0.7
偏压/V	60～100	150～400	6～10	20～40	5～6	20～30
暗电流/nA	1～10	0.1～1.0	50～500	50～500	1～20	1～5
结电容/pF	1.2～3.0	1.3～2.0	2～5	2～5	0.5～2.0	0.5
上升时间/ns	0.5～1.0	0.1～2.0	0.1～0.5	0.5～0.8	0.02～0.5	0.1～0.5
带宽/GHz	0.3～0.6	0.2～1.0	0.5～3.0	0.4～0.7	1.0～10	1.0～10

5.2 光 接 收 机

光接收机是光纤通信系统中的光接收装置，是光端机的一种，位于光传输系统的末端。所承担的功能是以最小的附加噪声及失真，把光纤链路传输过来的光信号转换为电信号，充分恢复出光载波所携带的信息，最终将信息通过电路送给用户。因此，光接收机的输出特性综合反映了整个光纤通信系统的信号传输性能。用于模拟光纤通信系统和数字光纤通信系统的光接收机分别称为模拟光接收机和数字光接收机，模拟光接收机相对简单，鉴于数字光接收机的普遍性，本节重点介绍数字光接收机。光接收机的主要性能由接收机的各个组成部分共同实现，工程上要求接收机的尺寸小、控制电路尽量简单，使用中性能稳定、可靠性高、成本低。

5.2.1 光接收机的基本组成及功能

光接收机在进行光-电转换的过程中，涉及的核心是光检测器及信号的再生和恢复。在数字通信系统中，光发射机发射的光信号经过传输后，不仅幅度减小，脉冲波形也会展宽，光接收机需要检测传输过来的微弱、失真的光信号，将其放大、整形、再生并还原，输出符合要求的电脉冲信号(与发射端的脉冲信号波形及码型相同)。数字光接收机的主要基本组成有光接收机前端、线性通道、数字信号恢复及解码和译码四部分，具体包括光检测器、前置放大器、主放大器、均衡滤波器、时钟恢复电路、判决器、自动增益控制、解扰码、码型变换、警告电路等，如图 5.7 所示。

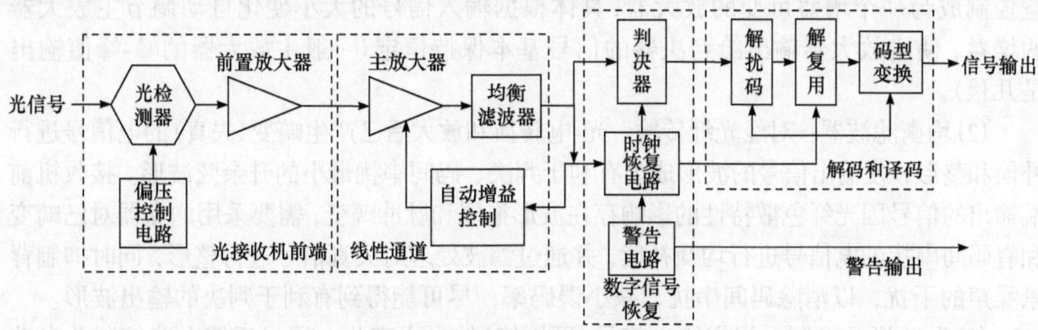

图 5.7　数字光接收机原理组成框图

1. 光接收机前端

光接收机前端主要由光检测器、偏压控制电路和前置放大器组成，要求具有低噪声、高增益、高灵敏度、足够的带宽。其功能是把光信号转换为电信号，进行预放大，获得较大的信噪比，送后级做进一步处理。

(1) 光检测器：将从光纤传输过来进入检测器的光信号转变为随时间变化的电信号。根据光纤通信系统的设置及要求，选择合适的光检测器(PIN 或 APD)，做到灵敏度高、响应快、噪声低、成本低和可靠性高，完成光-电转换。光检测器后面的一系列处理和操作的对象都是电信号。

(2) 偏压控制电路：针对不同的光检测器向其提供合适的反向偏压。偏压控制电路实质上是一个直流变换器，受自动增益控制，可自动调节供给 PIN 或 APD 的反向偏压。

(3) 前置放大器：对光检测器输出的微弱电信号进行预放大(电流-电压转换)，获得较大的信噪比，提供给后级(主放大器)做进一步的放大和处理，前置放大器的输出信号一般在 mV 量级。因光信号在长距离光纤的传输中受到光纤传输特性(损耗特性和色散特性)的影响，信号到达接收端后不同程度地存在功率降低和波形失真。光接收机对转换的电信号的处理首先就是补偿信号能量，放大微弱电信号。前置放大过程中必然会引入一定量的噪声，这对光接收机的灵敏度影响极大，即使引入的噪声很小，经过主放大器后此噪声也将很可观，所以前置放大器不同于普通放大器，它必须是低噪声、高增益和高带宽的，以便使经过前置放大的信号不失真放大，保证噪声最小，使信号能容易地从噪声中分辨出来，为后续主放大器的工作奠定基础。前置放大器主要有三种类型：低阻抗型、高阻抗型和跨(互)阻抗型。

2. 光接收机的线性通道

光接收机的线性通道主要由主放大器、均衡滤波器和自动增益控制(AGC)组成，对光接收机前端输出的电信号做进一步放大，并对主放大器输出的失真数字脉冲进行整形和补偿，使其成为有利于判决、码间串扰最小的波形。

(1) 主放大器：作为光接收机的两级放大之一，主放大器一般是多级放大器，具有高的增益(一般大于 50dB)，它将由前置放大器输出的信号放大至判决电路所需的信号电平。由于前置放大器输出的信号随变化的接收信号可能忽大忽小，主放大器借助自动增益控制成为一个增益可变的放大器，具体根据输入信号的大小变化自动调节主放大器的增益，使主放大器输出给判决器的信号基本保持恒定(一般主放大器的峰-峰值输出是几伏)。

(2) 均衡滤波器：对经光纤传输、光-电转换和放大后已产生畸变(失真)的电信号进行补偿和整形，使输出信号的波形成为有利于判决、码间串扰最小的升余弦波形。接收机前端输出的信号因光纤色散特性的影响存在波形拖尾和脉冲畸变，需要采用均衡器对已畸变和有码间串扰的电信号进行均衡补偿，并通过滤波处理对失真信号进行整形，同时抑制背景噪声的干扰，以消除码间串扰，减小误码率，尽可能得到有利于判决的输出波形。

(3) 自动增益控制：根据输入信号(平均值)的大小变化，通过反馈电路控制并自动调整主放大器的增益，使主放大器的输出信号在一定范围不受输入信号的影响，并能维持恒定，以扩大接收机的动态范围。在采用 APD 的光接收机中，还通过控制 APD 的高压来控制其雪崩增益。

3. 光接收机的数字信号恢复

数字信号恢复主要由判决器、时钟恢复电路组成。它对信号进行再生，把线性通道输出的升余弦波形恢复成理想数字信号，信号再生过程如图 5.8 所示。

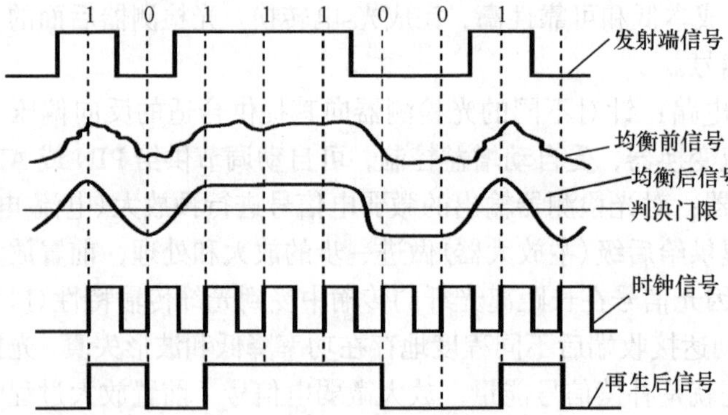

图 5.8 信号再生过程

(1) 判决器：线性通道将幅度、波形都符合要求的信号送至判决器。判决器根据给定的判决门限电平，按照时钟信号所“指定”的瞬间来判决由均衡器送过来的信号(包含噪声)，逐一地对码元波形进行取样判决(超过判决门限判为“1”，低于判决门限判为“0”)，将信号恢复成理想的数字信号，得到原发送的码流。

(2) 时钟恢复电路：把携带在信号中的时钟信号(码元时钟)提取出来，为判决器提供作为标定用的准确时钟信息。

4. 光接收机的解码和译码

解码和译码主要由解扰码、解复用和码型变换组成，对再生信号进行解码、识别，通过码型反变换进行复原，还原成脉冲编码调制(pulse code modulation，PCM)系统中的相关码型输出。具体对由判决器输出的数字信号码流通过解扰码进行判读和识别，并通过码型变换处理恢复原码流，还原码流成适于在 PCM 系统中传输的码(HDB3 码或 CM 码)，并将最后复原的信号输出到 PCM 系统送达用户。过程中若发送端已采用复用技术提高信道的利用率，还需在解扰码后进行解复用操作，将各个信道分开。

5. 其他辅助电路

另外，还有钳位电路、温度补偿电路、警告电路等。钳位电路在判决器前，承担将已均衡信号的幅度底部钳制在一个固定的电位上，使输入判决器的信号稳定。温度补偿电路对 PIN 或 APD 的偏压加上温度补偿电路，通过稳定 PIN 或 APD 的工作温度实现保持 PIN 或 APD 的增益和接收机灵敏度的稳定。警告电路对进入光接收机的光信号太弱或无光信号的状态发出警告信号。

5.2.2 数字光接收机的主要性能指标

数字光接收机的主要性能指标包括误码率、灵敏度、动态范围和信噪比，深刻理解这些指标对于掌握光接收机的运行特性、合理使用并保障光接收机的安全运行具有重要意义。对于数字光接收机，重点指标是误码率(bit-error rate，BER)、灵敏度(sensitivity)和动态范围，对于模拟光接收机，重点指标是灵敏度和信噪比。

1. 误码率

误码是光接收机对发射机发送的原信号的误判。光纤传输系统因色散、损耗等影响，引起的信号失真、噪声、相位抖动等均会造成光接收机对接收信号的判决失误或出现差错，把发射的“0”码误判为“1”码，或把“1”码误判为“0”码。光接收机对码元的误判多少用误码率表示，在二元制情况下，每个码元只承载 1 比特信息，则误码率等于误比特率。

误码率定义为一定时间内被统计的码元数足够多时，数字信号中出现误码的码元数与同一时间内所收到数字信号的总码元数之比，同时也表示接收端发生码元差错的概率，即

$$\mathrm{BER}=\frac{N_{\mathrm{e}}}{N_{\mathrm{t}}}=\frac{1}{2}[P(1|0)+P(0|1)] \tag{5.15}$$

式中，N_{e} 是误判的码元数目；N_{t} 是接收到的总码元数目；$P(1|0)$ 是把“0”误判为“1”的概率(收到 0 码)；$P(0|1)$ 是把“1”误判为“0”的概率(收到 1 码)。图 5.9 所示为“1”码信号和“0”码信号在电平 I_1 和 I_0 附近的高斯概率分布，以及当 $I_1>I_{\mathrm{D}}$ 或 $I_0<I_{\mathrm{D}}$ 时的错误识别概率。

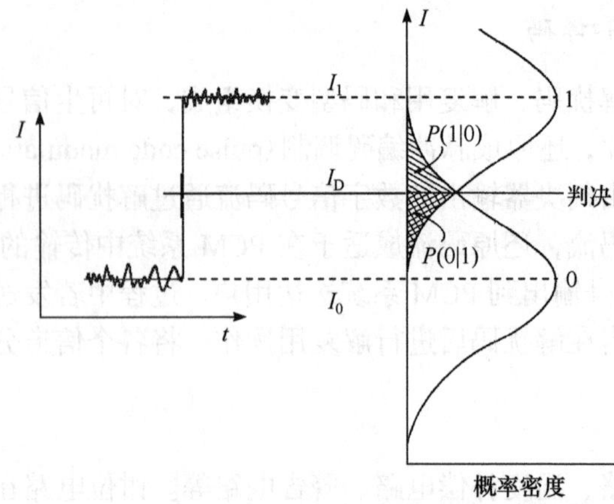

图 5.9　接收信号与它们的概率密度

误码率是衡量数据在规定时间内传输精确性的指标，也是数字通信系统传输可靠性的一种统计指标。误码的来源主要是码间串扰和噪声。脉冲信号在传输过程中，光纤的色散及非线性效应造成脉冲展宽，导致比特能量向其他比特泄漏，从而接收机对 0 和 1 的判决错误，出现误码，这种问题在高速传输系统中尤为突出。若用高斯分布近似描述实际光接收机中的各种噪声的概率分布，则 $P(0|1)$ 和 $P(1|0)$ 可以分别表示为

$$P(0|1)=\frac{1}{\sigma_1\sqrt{2\pi}}\int_{-\infty}^{I_D}\exp\left[-\frac{(I-I_1)^2}{2\sigma_1^2}\right]dI \tag{5.16}$$

$$P(1|0)=\frac{1}{\sigma_0\sqrt{2\pi}}\int_{I_D}^{\infty}\exp\left[-\frac{(I-I_0)^2}{2\sigma_0^2}\right]dI \tag{5.17}$$

式中，σ_0^2 代表接收“0”码时的总均方噪声电流；σ_1^2 代表接收“1”码时的总均方噪声电流；I_0 是对应“0”码时的光生电流；I_1 是对应“1”码时的光生电流；I_D 是判决门限电流。

误码率与门限电流 I_D 有关，可以通过选择合适的 I_D 使误码率最小，此时图 5.9 中两部分阴影面积之和最小，门限电流 I_D 的最佳值为

$$\frac{I_1-I_D}{\sigma_1}=\frac{I_D-I_0}{\sigma_0}=Q \ \Rightarrow Q=\frac{I_1-I_0}{\sigma_1+\sigma_0} \tag{5.18}$$

式(5.18)定义的系数 Q 可用于衡量接收机的接收性能。它本质上是信号电流与噪声电流之比，称为数字信噪比，Q 值越大，误码率就越小。数字光纤通信系统中的误码率通常为 10^{-12}～10^{-9}，对于一般系统，要求 $\text{BER}\leqslant 10^{-9}$，即每发送 10 亿个脉冲只能出现一个误码，对应的 $Q\geqslant 6$。而对于高级系统，则要求 $\text{BER}<10^{-12}$，这样必须使 $Q>7$。

2. 灵敏度

光接收机的灵敏度指在要求的一定误码率(如 10^{-9})或信噪比条件下，光接收机需要的最小平均光功率(平均最小输入光功率) $\overline{P}_{\min}$，单位为瓦(W)或分贝毫瓦(dBm)，即

$$P_r = 10\lg\left[\frac{\overline{P}_{min}(W)}{10^{-3}}\right] \quad (\text{dBm}) \tag{5.19}$$

dBm 代表以 1mW 光功率为基础的绝对功率。式(5.19)表示当入射光功率大于限定的 $\overline{P}_{min}$ 时，光纤系统的 $BER < 10^{-9}$，系统能可靠工作；而入射光功率小于 $\overline{P}_{min}$ 时，系统的误码率较大，不能正常工作。灵敏度是光接收机的重要技术指标，是光接收机综合性能的体现，表示接收机调整到最佳状态时，能够检测微弱信号的能力，灵敏度高意味着光接收机能够接收更微弱的光信号，同时能保证好的通信质量。噪声(尤其是前置放大器的噪声)是限制接收机灵敏度提高的主要因素，除噪声外，发射“0”码时接收光功率不为零、激光强度噪声(光功率波动)、接收信号的波形(引起码间串扰)、信号速率(灵敏度随码率升高而减小)、定时抖动等因素也将造成接收机灵敏度的降低，最终导致最小接收平均光功率的增大。光接收机的灵敏度与光检测器的材料密切相关。

1) 理想光接收机的灵敏度

对于一台理想光接收机(放大器完全没有噪声，系统可以检测出单个光子形成电子–空穴对产生的光电流，没有暗电流，判决阈值为 0)，其灵敏度只受到光检测器量子噪声的制约，若考虑光电转换时的量子效率 η，则理想光接收机的灵敏度可表示为

$$\overline{P}_r = \frac{N_P h\nu B}{2\eta} = \overline{N}_P h\nu B/\eta \tag{5.20}$$

式中，B 是信号速率；$h\nu$ 是一个光子的能量；N_P 是一个码元的平均光子数；当“0”码不携带能量时(无光照射，无光生电流)，每比特接收的平均光子数 $\overline{N}_P = N_P/2$。对于 100%量子效率的光接收机($\eta = 1$)，$BER = 10^{-9}$ 时，$N_P \approx 21$。这表明若要求系统的 $BER < 10^{-9}$，N_P 必须大于 20，即每个“1”码必须至少含有 20 个光子，这是考虑到入射光的量子波动得出的，此数值称为光检测器的量子极限。量子极限是对系统特性的基本物理限制，实际上大多数受热噪声制约的系统要达到 $BER = 10^{-9}$，N_P 需接近 1000。

2) 实际数字光接收机的灵敏度

在数字通信系统发射“0”码和“1”码的过程中，假设信号的消光比足够大，可近似认为发射“0”码时无光功率，发射“1”码才有光功率，同时略去暗电流，通过式(5.17)和光电流功率大小，可计算出限定误码率的光接收机的灵敏度为

$$\overline{P}_r = \frac{Q}{R}(e\Delta f M^x Q + \sigma_T / M) \tag{5.21}$$

式中，Q 是数字信噪比；R 是响应度；Δf 是噪声带宽；M 是 APD 的倍增增益；σ_T 是热噪声电流；x 是 APD 的增益噪声系数，表示由于倍增作用而增加的噪声，其数值为 0.3～1。对应于某一特定误码率的 Q 值，可以得到该误码率下数字光接收机的接收灵敏度。需注意这个灵敏度计算是较粗糙的，它忽略了传输波形引起的码间串扰的影响、均衡器频率特性影响等因素，这些因素均造成光接收机灵敏度的降低。

对于 PIN 光接收机，无内部增益时 $M = 1$，热噪声占优势，散粒噪声可忽略，即 $\sigma_T \gg \sigma_s$，式(5.21)简化为

$$\overline{P}_{\mathrm{r}}=\frac{Q\sigma_{\mathrm{T}}}{R} \tag{5.22}$$

σ_{T}不仅与负载电阻有关，还和噪声带宽 Δf有关；对于 NRZ 码，其$\Delta f = B/2$，B是信号速率。

3. 动态范围

光接收机的动态范围指在限定的系统误码率指标条件下，光接收机所能承受的最大平均接收光功率与所需最小平均接收光功率之比，即

$$\mathrm{DR}=10\lg\frac{\overline{P}_{\max}}{\overline{P}_{\min}}\quad(\mathrm{dB}) \tag{5.23}$$

动态范围反映光接收机接收光信号的变化范围或对输入信号的适应能力。实际应用中，由于光发射机发出的光功率变化、系统中继距离不同、光纤链路的损耗随温度变化等因素的影响，光接收机的输入光功率也随之变化，对光接收机而言，动态范围数值越大越好，可以保证光接收机在不同输入条件下都能正常工作。数字光接收机的动态范围一般应大于 20dB，而模拟光接收机的动态范围约为 10dB。

4. 信噪比

光接收机的信噪比(signal-to-noise ratio，SNR)是接收到的信号功率平均值与总的噪声功率之比，即

$$\mathrm{SNR}=\frac{\text{光电流信号功率}}{\text{光检测器噪声功率}+\text{放大器噪声功率}}=\frac{\left\langle i_{\mathrm{S}}^{2}\right\rangle}{\left\langle i_{\mathrm{N}}^{2}\right\rangle} \tag{5.24}$$

式中，$\left\langle i_{\mathrm{S}}^{2}\right\rangle$和$\left\langle i_{\mathrm{N}}^{2}\right\rangle$分别是均方信号电流和均方噪声电流，信噪比有时也用 dB 为单位。对于数字系统，信噪比与误码率直接相关；对于模拟系统，信噪比直观地反映噪声对信号的干扰程度。任何通信系统均希望系统的信噪比尽可能低，要提高光接收机的信噪比，光检测器必须具有很高的量子效率，以产生较大的信号功率；同时光检测器和放大器的噪声均要降至尽可能低的水平。系统的传输速率越高对信噪比的要求也越高，通常到达光接收机的信号很微弱，在系统各种器件噪声的干扰下，接收机的信噪比往往小于 1。

5.2.3 光接收机的噪声

光纤传输系统的各个环节均会产生噪声，噪声将对传输的光信号发生干扰，并直接影响光接收机的接收灵敏度。应用中人们总希望接收机的噪声尽量低，以便其能接收更低的光功率。光接收机的噪声包括两部分，一部分是由外部的电磁干扰造成的，此部分可以通过电磁屏蔽或滤波来降低或消除；另一部分是光接收机内部产生的随机噪声，这部分噪声是接收机在检测和放大信号过程中引入的，不能完全消除，只能尽可能减少。

对于前置放大器增益足够大的数字光接收机，其噪声的主要来源是光接收机前置放大器和光检测器，主要是散粒噪声和热噪声，如图 5.10 所示。

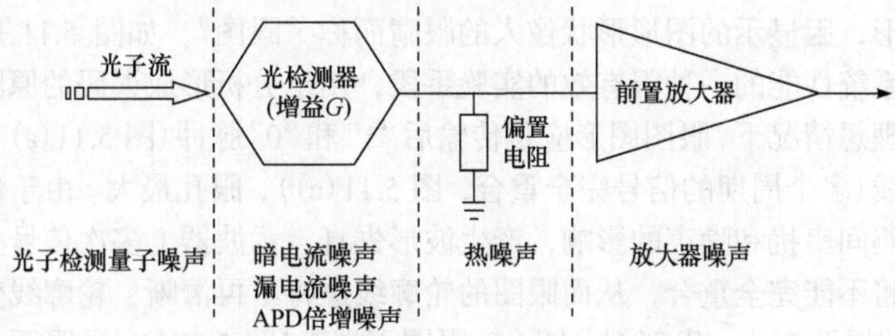

图 5.10　数字光接收机前端噪声源及分布

1. 量子噪声

光接收机的量子噪声是当光信号入射到光检测器上时，光电效应产生的光生载流子数(电子-空穴对数)是随机变化的，光电子的产生和收集过程具有统计特性(泊松分布)，即实际接收到的光子数是在一个统计平均值附近变化。所以量子噪声附着在信号上，只能减小而不能消除，成为限制接收机灵敏度的终极因素，当其他条件都达到最优时，接收机的灵敏度便具有一个最低极限。

2. 光检测器噪声

光检测器产生的噪声包括暗电流噪声、漏电流噪声和 APD 倍增噪声。暗电流噪声和漏电流噪声是由工作中的热激励、宇宙线或放射性物质的激励、检测器表面有缺陷和污染等引起的，这些激励和表面情况的随机性，导致无光照射时光检测器会产生随机的光电流(暗电流噪声)。APD 倍增噪声是由雪崩光电二极管的倍增效应所致，产生倍增的碰撞电离过程复杂且随机，致使 APD 对噪声的放大倍数比信号放大倍数高很多。

3. 热噪声

光接收机的热噪声包括光检测器负载电阻及放大器发热引起的噪声，是光接收机中的器件在有限温度下，电阻性材料内的自由电子和振动离子间不规则热相互作用产生的一种随机脉动。一定温度下即使没有外加电压和光功率输入，电子的热运动始终存在，仍然存在热噪声。

4. 放大器噪声

放大器有输入阻抗，所以放大器工作时同样产生热噪声。

光接收机的噪声是上述这些噪声的总和。量子噪声、暗电流噪声、漏电流噪声、APD 倍增噪声都属于随机的散粒噪声，光检测器偏置电阻的热噪声和放大器噪声属于热噪声；降低器件的温度可以减小其热噪声，减小接收机的带宽也能达到降低热噪声的目的。前置放大器放大的是很弱的输入信号，其噪声对接收机的信噪比影响很大。

5.2.4　数字信号系统性能的直观评价手段——眼图

眼图(eye diagram)是在示波器屏幕上显示的多个周期二进制码波形累积或叠加在一

个周期内的图形，因显示的图形形状像人的眼睛而称“眼图”，如图 5.11 所示。眼图是评估数字传输系统性能的一种很有效的实验手段，用于分析形成误码的原因。在无码间串扰和噪声的理想情况下，眼图图形应是传输后“1”和“0”脉冲(图 5.11(a)和图 5.11(b))叠加的清晰单线(多个周期的信号完全重合，图 5.11(c))，眼孔最大。由于信号在实际传输过程中受到码间串扰和噪声的影响，产生波形失真，示波器上多次信号叠加时每次信号的扫描线迹将不能完全重合，从而眼图的轮廓线迹将不再清晰，轮廓线变粗、扭曲且粗细不均，最终眼孔变小，出现部分闭合，眼图不端正(图 5.11(d))。眼图包含了丰富的系统关键信息，体现了数字信号整体的特征，是观测、评估系统传输质量、监控光接收机性能最直观、最简单的方法。借助眼图不仅可以分析数字系统信号的码间串扰和噪声对信号的影响，还可以分析形成误码的原因，找出改善传输系统性能的途径，也可以用于对接收机滤波器的特性加以调整，以减小码间串扰，改善系统的传输性能。眼图的形状好，表征传输的信号品质整体没有问题。

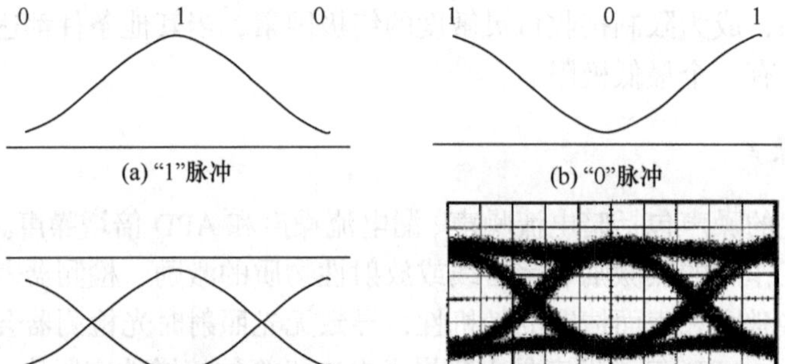

(a) “1”脉冲　(b) “0”脉冲

(c) 图(a)和图(b)的理想图　(d) 图(a)和图(b)的劣化图

图 5.11　非归零码(NRZ 码)的理想眼图及劣化眼图

对一个眼图进行系统优劣程度的评估时，根据“眼睛”不同部位的表征，运用如眼高、眼宽、抖动、占空比等常见的衡量指标，可以迅速判断和定性信号的传输问题，确定码间串扰的大小和噪声的强弱，如图 5.12 所示。

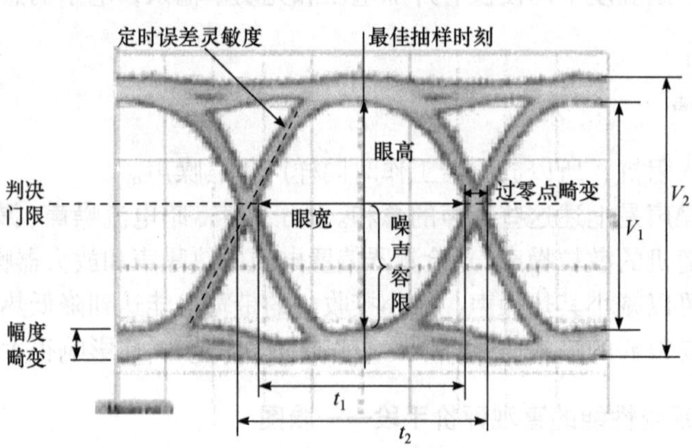

图 5.12　眼图显示的参数信息

由图 5.12 可得出以下结论。

(1) 最佳判决(抽样)时刻是在“眼睛”张开最大处对应的时刻，即眼图中眼高(眼开度)最大的位置处。

(2) 眼图斜边的斜率(眼睛斜率，改变眼睛闭合的程度)表示系统对抽样定时误差的灵敏程度——定时误差灵敏度。斜率越大，对定时误差就越灵敏，对系统的影响也越大。反之，定时误差的可能性增大。

(3) 眼图上、下两分支的垂直高度 V_2 表示信号的幅度畸变(最大信号)范围，V_2 代表最佳抽样时刻的信号失真。

(4) 眼图中央的横轴位置对应判决门限电平。

(5) 在判决(抽样)时刻上，眼图上、下两分支离门限电平最近的那根线迹至门限电平的距离表示电平的噪声容限，即眼睛睁开度(简称眼开度)，噪声瞬时值超过它就可能发生错误判决，眼开度受噪声和码间干扰的影响。“眼睛”越小，系统就越难以识别信号中的“0”和“1”。

(6) 眼图倾斜分支与横轴相交区域的大小是过零点畸变，$(t_2-t_1)/2$ 表示接收波形零点位置的变动范围，反映定时抖动的程度，抖动很大将造成误码率增加，抖动越小代表信号质量越好，发生误码的概率越小。由于噪声和定时抖动的影响，眼图上的空白区域会变小(占空比减小)，造成眼图的部分闭合。过零点畸变对于利用信号零交点的平均位置来提取定时信息的接收系统有很大的影响。

(7) 眼睛垂直张开度 $E_{\perp}=V_1/V_2$，表示系统的抗噪声能力。水平张开度 $E_{//}=t_1/t_2$，表示过门限失真的大小。$E_{//}$ 减小，将导致提取出的时钟信号的抖动增加。t_1 是横向眼开度确定的时间宽度，它定义了不会由于码间干扰产生误码的时间范围。

(8) V_2-V_1 表征幅度畸变(眼皮厚度)，体现噪声对幅度的影响大小。理想情况下，$V_2-V_1=0$，眼睛垂直张开度(纵向眼开度)为 1。V_2-V_1 的差值大将引起“1”码的电压幅度垂直波动而低于样点，导致逻辑“1”码错误地标为逻辑“0”码，产生误码。

高速信号传输的眼图变化如图 5.13 所示。

(a) 直接传输　　(b) 传输80km

图 5.13　典型的 10Gbit/s 信号及传输后的眼图对比(图中单位为 30ps/div)

眼图中眼睛的开闭合程度关系到系统能取得的最终误码率，能直观地表明噪声和码间串扰的影响，可用于评估系统的优劣程度。现在针对不同接口的高速信号，给出了眼图的眼高和眼宽的测量规范，以提供对应不同误码率标准的客观测量要求。眼图张开度受噪声和码间串扰的影响，眼图张开越大，眼图越端正，表明对噪声和抖动的容许误差越大，接收机的判断灵敏度越好，信号的码间串扰越小，信号失真小，反之信号的码间串扰越大，信号失真大。当系统只存在噪声时，叠加上噪声的信号表现在眼图上造成线迹变得模糊不清；若还同时存在码间串扰，眼睛将半睁半闭(眼孔变小)。系统噪声越大，眼图的线迹就越宽、越模糊，码间串扰越大，眼图便越不端正。接收机输出信号噪声很大时，眼图张开度主要受码间串扰影响。码间串扰越大，眼图劣化越严重(眼睛越眯)，表明系统的传输质量下降。

小　结

本章讲述了光端机的后端——光接收机。光接收机也是有源器件，其功能是进行光-电转换，将光发射机发送来的光信号转换成电信号，经判读识别、再生后恢复原码流，还原出原来传输的信息，最后进行码型变换把复原的信号输出到 PCM 系统送达用户。光接收机的核心部件是光检测器和信号的再生和恢复电路，光检测器的响应波长范围由器件自身的半导体材料性质决定，由不同材料制成的光检测器的响应范围不同。在详细讲解半导体光电效应的基础上，介绍了 PN 光电二极管、PIN 光电二极管和雪崩光电二极管的构成、光检测原理、工作特性，以及光检测器的重要参数。随后讲述了光接收机的基本组成和功能，重点放在数字光接收机的主要性能指标上，同时介绍了光接收机的噪声以及噪声对光接收机性能的影响。PIN 光电二极管和雪崩光电二极管均是光纤通信中最常用的光检测器。PIN 光电二极管无内部增益，结构简单，偏压低且无须偏压控制；雪崩光电二极管内部有增益，检测灵敏度高，但需要较高的偏置电压和偏压控制，成本较高。PIN 光电二极管多用于信号不很弱、对检测灵敏度要求不很高的中、低速信号系统，雪崩光电二极管则多用于远距离、高速、弱信号系统。最后对眼图的产生、表示的系统传输特征信息和应用做了简明的介绍。

习　题

1. 光接收机有哪些组成部分？它们各有什么功能？
2. 什么是半导体的光电效应？
3. 禁带宽度如何影响光检测器的截止波长？
4. 光接收机的噪声主要有哪些？分析其主要来源。
5. 光接收机中的前置放大器与主放大器的功能有什么主要区别？
6. 为什么 APD 具有内部增益？
7. 为什么要给半导体光检测器加反向偏压才能使其正常工作？
8. 试解释 PIN 和 APD 光接收机的接收灵敏度为什么有较大的差异？
9. 在数字光接收机中，设置均衡滤波电路的目的是什么？
10. 光接收机的误码率表示什么？常规数字光接收机要求的 BER 是多少？
11. 速率为 100Mbit/s 的数字光纤系统(NRZ 码)要求 $BER<10^{-9}$，一台 PIN 光接收机接收的信号光波长为 850nm，信号速率为 8.448Mbit/s，光检测器的量子效率是 0.7，检

测器的热噪声 $\sigma_T = 0.5\mu A$ 占主导，求该接收机的接收灵敏度。

12. 一个用 GaAs 构成的光电二极管，在 300K 时其带隙能量为 1.43eV，求这种材料的截止波长。

13. 已知在 1300nm$<\lambda<$1600nm 时，InGaAs 材料的量子效率大约是 90%，求在这个波长范围内这种材料的响应度(用波长表示)，并求在波长 1400nm、1550nm 处的响应度，说明为什么在 1550nm 处 PIN 比较灵敏。

14. 速率为 100Mbit/s 的数字光纤系统(NRZ 码)要求 BER$<10^{-9}$，采用 PIN 光检测器和前置放大器为接收部件，其中热噪声 $\sigma_T = 0.1\mu A$ 远大于其他噪声因素，响应度为 0.9A/W，求该接收机的接收灵敏度。

15. 一个 APD 管用于检测 1550nm 的光波长，APD 的雪崩增益为 20，响应度为 0.6A/W，当每秒钟有 1000 个光子入射时，试计算其量子效率和输出的光电流大小。

16. 一个 Si 雪崩光电二极管在波长为 900nm 时的量子效率为 65%，假设 0.5μW 入射光功率产生的倍增电流为 10μA，试求该 APD 的倍增因子。

17. 若系统的工作波长为 1550nm，传输速率为 100Mbit/s，光接收机采用 PIN 光电二极管作为光检测器，该 PIN 检测器在 5000 光子/比特的平均入射功率下可以达到 BER$\leqslant 10^{-9}$ 的要求。试求该接收机的灵敏度。

18. ①在满足一定误码率的条件下，光接收机的最大接收光功率为 0.1mW，最小接收光功率为 1000nW，求该接收机的灵敏度和接收机的动态范围。②已知某个光接收机的灵敏度为 −40dBm(BER = 10^{-10})，动态范围是 20dB，若接收到的光功率为 2μW，问该接收机能否正常工作?

19. 在 125μs 内系统传输了 256 个二进制码元，若该信息在 4s 内出现 5 个码元误码，试计算系统的信息传输速率和误码率。

第 6 章　光中继器和光放大器

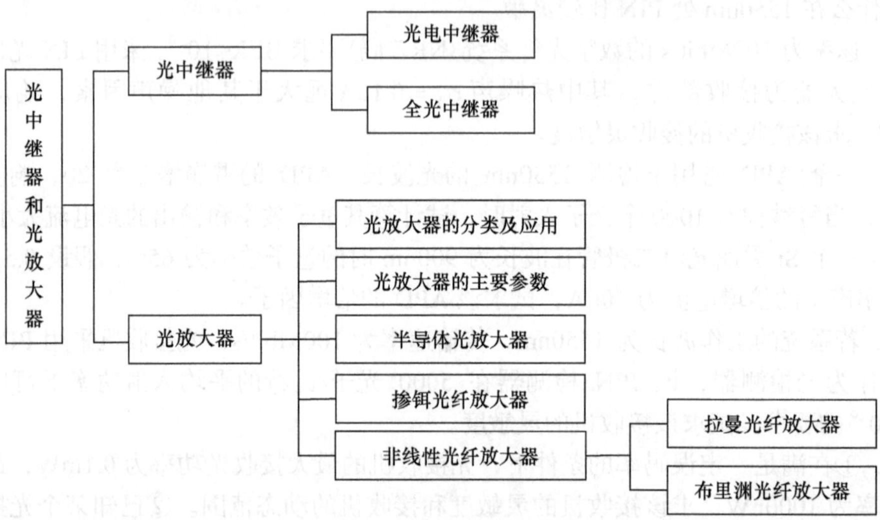

本章知识点框图

为补偿光信号在光纤通信系统传输过程中能量的损失，需要用光放大器对衰弱的光信号进行放大；同时为修复传输中畸变的光信号，还需要光中继器再生恢复光信号的形状和幅度，既延长光信号的传输距离，也保证传输信号的质量，减小传输的误码率。光中继器和光放大器均是光有源器件，光放大技术是 20 世纪光通信领域的一项伟大发明，它为实现超长距离、超大容量的光纤传输系统奠定了基础。

6.1　光 中 继 器

光信号在长距离的光纤通信系统中传输时面临两个问题：一是因光纤的损耗带来的光信号幅度衰减，限制光信号的传输距离；二是因光纤的色散引起的光信号波形畸变（失真），产生信号的码间干扰，导致误码率增大，限制系统的传输容量。所以，从发射机输出的光信号由于受发射光功率、光接收机灵敏度、光纤线路损耗、色散等因素的影响及限制，从光发射机到光接收机之间的最大传输距离是有限的。在大容量、远距离光纤通信系统中，必须在光纤传输线路中每隔一定距离（50～70km）设置一个光中继器（optical repeater），延长光信号在光纤通信系统中的传输距离，保证光信号的高质量远距离传输，并确保系统的通信容量。

光中继器的主要功能是：①补偿光纤线路中光信号的衰减（能量损失）；②对畸变（失真）的光信号进行整形矫正，降低信号的噪声。

光中继器是在长距离的光纤通信系统中补偿光纤线路光信号的损耗和消除信号畸变及噪声影响的设备，是光纤通信设备的一种，也属于有源器件。光中继器接收光纤中的弱光信号，对信号进行再生、放大和整形，使其成为较强的光信号后，再送入光纤继续传输。因此，具有再放大(re-amplifying)、再整形(re-shaping)和再定时(re-timing)功能的中继器称为 3R 中继器(再生中继器)。仅有放大功能或具有放大和整形功能的光中继器分别称为 1R 中继器和 2R 中继器。为便于维护，光中继器具有公务联络、监控、告警等功能，有的还有区间通信功能。光中继器主要分为两类：光电中继器(O/E repeater)和全光中继器(all optical repeater)

在光网络中，光中继器通常处于两个光网络节点之间，进行物理信号的双向转发工作，实现光信号的复制、调整和放大功能，不对传输内容做任何修改(保持与原数据相同)，以此来延长光网络的长度。通常，中继器两端连接的是相同的介质，因为网络标准对光信号的延迟范围有具体的规定，所以实践中不能通过使用很多光中继器来无限延长光纤传输链路。

6.1.1　光电中继器

光电中继器由光检测器与前置放大器、主放大器、判决再生电路、光源等组成，并包含远供电源接收、遥控、遥测等辅助设备，如图 6.1 所示。光电中继器属于传统的光中继器，因其结构中含有电子元器件，在进行补偿光纤线路光能量的损耗、矫正信号失真和消除信号噪声的过程中，光电中继器以光-电-光(O-E-O)的方式工作，不进行线路码型变换或反变换，是 3R 中继器。

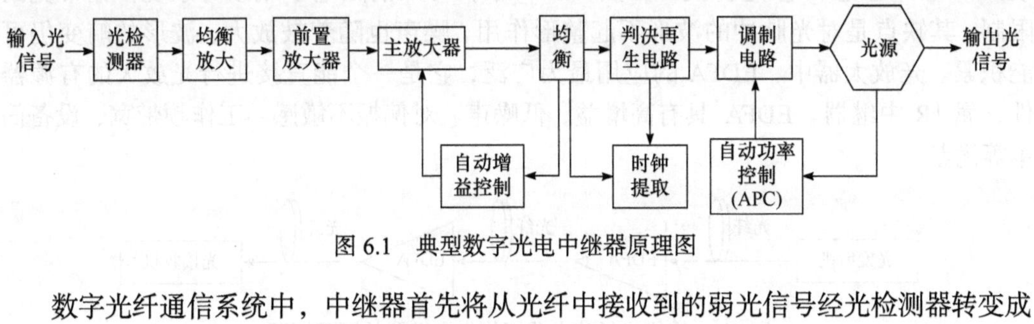

图 6.1　典型数字光电中继器原理图

数字光纤通信系统中，中继器首先将从光纤中接收到的弱光信号经光检测器转变成电信号(O/E 转换)，随后通过电子电路对已失真的小信号进行均衡放大、定时判决、整形再生，恢复得到与发射端一样的脉冲数字信号，再用矫正后的电信号激励光源(调制)，并将电信号转变成较强的光脉冲信号(E/O 转换)送入光纤，实现光信号的中继传输，如图 6.2 所示。此外，光电中继器还能实现区间通信和公务联络、监控、倒换等辅助信息的上、下功能(由电分插复用单元承担)。对于一个双向通信系统，一个光中继器内包含有两套接收、发送和电分插复用单元。

光电中继器构造复杂、体积较大、能耗大。在多信道复用和双向复用光纤通信系统中，使用光电中继器将使系统变得很复杂，且成本高昂。光电中继器一般设置在机房内，有箱式和罐式，可以直埋或架空。安装在机房中的光电中继器在结构上应与机房内原有的设备配套，供电电源种类、引出线接口端子应统一并匹配。对于直埋或架空的室外光

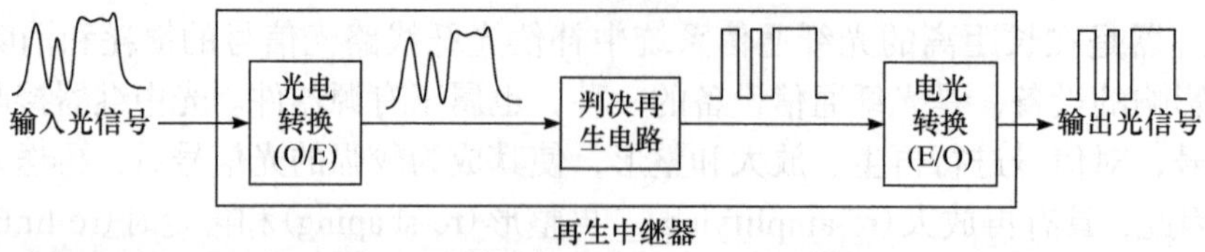

图 6.2 典型数字光电再生中继器原理框图

电中继器，必须具有良好的密封和防水、防腐蚀性能，便于运维人员的遥测遥控，或能实现无人维护工作。目前使用的光纤通信系统(中等速率、单波长传输)还有不少仍使用光电中继器。经光-电-光中继器再生后输出的脉冲信号，消除了附加的噪声和畸变，即使对于由多个中继器组成的光纤通信系统，噪声和畸变也不会积累，这也正是数字信号系统作为远距离通信的突出优点。目前，工程中使用的光电中继器已逐渐采用集成结构的光收发模块，并将其监控纳入网络管理系统，这样其结构更加简便、维护更加方便。

6.1.2 全光中继器

光电中继器在光纤通信系统中工作时还是一种间接的信号放大过程。随着光纤通信技术和光器件的快速发展，在中继器内直接对衰减、畸变的弱光信号进行放大的中继器——全光中继器已应运而生。尤其是 20 世纪 80 年代掺铒光纤放大器(erbium doped fiber amplifier，EDFA)的出现，光纤放大器作为光中继器的用途日益受到重视，使用也越来越广泛。光放大器以光-光-光(O-O-O)的方式工作，直接对传输的光信号进行放大，无须光/电、电/光转换，如图 6.3 所示，可以消除电子瓶颈对系统传输带宽的限制；其缺点是对光脉冲的波形不起整形作用，噪声也随着被放大，波形的畸变仍可能积累。光放大器中，EDFA 的应用最为广泛，它是一个能直接进行光放大的有源器件，属 1R 中继器。EDFA 具有高增益、低噪声、对偏振不敏感、工作频带宽、设备简单等优点。

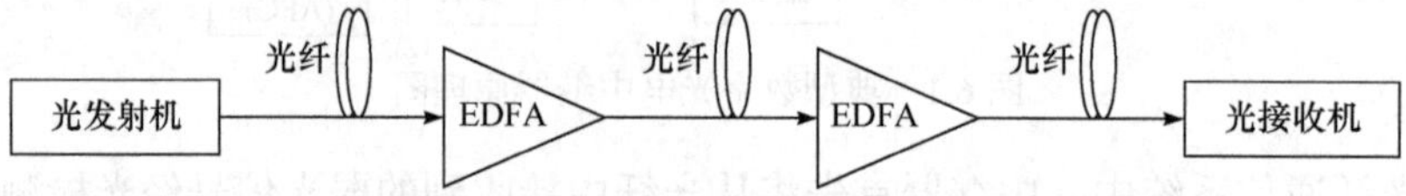

图 6.3 掺铒光纤放大器用作光中继器的原理框图

目前，大多数光放大器只有再放大功能(1R)，尚无再整形和再定时功能。在多级放大光纤系统中，需要采取其他措施解决色散补偿和被放大的自发辐射噪声积累问题。随着光放大器的日趋成熟，光放大器作为 1R 中继器(仅仅放大)可代替 3R 或 2R 中继器，构成全光光纤通信系统；或与 3R 中继器组成混合中继方式，可极大地简化光纤通信系统的结构。由于光电中继结构复杂、成本过高，光放大器出现后通常都使用光放大器代替光电中继，一般常用的放大器有掺铒光纤放大器和拉曼光纤放大器，也有新出现的色散补偿放大器。

6.2 光放大器

为使光信号在光纤中传输更远的距离，这期间需要增强传输的光信号，对其在传输中损失的能量进行补偿。在光放大器出现之前，用于增强光信号的传统方法中存在光-电转换、电放大和信号再生过程，即在对失真的脉冲光信号进行整形再生前，需要对光信号进行放大。该方法最大的缺陷是信号的再生只能在确定的格式和速率下，不同的信号格式和速率需要不同的再生器，且每一路信号均需要一个再生器，导致传输系统设备复杂、成本高、可靠性和稳定性降低，系统的传输容量受到限制。光放大器的发展最早可追溯到 1923 年奥地利物理学家 A.G.S 思梅卡尔理论预示的自发拉曼散射，经过世界科学家持续半个多世纪的大量研究，1987 年英国南安普敦大学成功研制出掺铒光纤放大器，1989 年安捷伦科技有限公司成功研制首个半导体光放大器。光放大器的成功开发，消除了以往光放大过程中存在的光-电或电-光转换，以及信号再生过程，光放大器是光纤通信技术发展史上的重大技术变革和重要里程碑。光放大器基于受激辐射机理直接对光信号进行放大(在光域中)，解决了光纤通信线路中的无电中继问题，消除了“电子瓶颈”，它具体能做到：①对任何传输速率和格式的光信号都加以放大(对任何速率和信号格式透明)；②对在一定波长范围内的若干个光信号同时进行放大；可解决因传输光能量的损耗所导致的信号传输距离受限问题，有效地延长中继距离，极大地促进光复用、光孤子通信等新技术在光纤通信中的应用和发展。但光放大器存在噪声的积累，不能进行信号再生，即不能消除光纤色散带来的脉冲展宽对系统带宽的限制。

光放大器是对弱光信号进行放大的有源器件，是光中继器的关键部件，所有光中继器的内部都含有光放大器，承担在对失真脉冲光信号进行整形再生前对光信号进行放大、补偿信号能量损耗的功能。一般光信号传输 500～800km 距离后，可通过光放大器增强或放大光信号，补偿信号传输的能量损失或衰减；当光信号的传输超过这个距离时，就必须使用再生中继器恢复并再生光信号的形状和幅度，修复传输中光信号的畸变，保证传输信号的质量，减小传输的误码率。

6.2.1　光放大器的分类及应用

1. 光放大器的分类

光放大器主要分为两大类，即半导体光放大器(semiconductor optical amplifier，SOA)和光纤放大器(optical fiber amplifier，OFA)。半导体光放大器基于半导体 PN 结构成，利用处于粒子数反转态的半导体 PN 结对光的增益效应实现对入射光的放大，具有较宽的增益带宽，在近距离光通信中得到广泛应用。半导体光放大器同时具有开关特性、光功率放大特性，分为谐振式和行波式。光纤放大器基于光纤构成，包括掺杂光纤放大器和非线性光纤放大器。掺杂光纤放大器通过掺杂元素离子(如稀土元素离子)在泵浦光的作用下形成粒子数反转，进而产生受激辐射实现对入射光的放大作用。非线性光纤放大器则是利用光纤中的非线性效应制成，有拉曼光纤放大器(Raman fiber amplifier，RFA)

和布里渊光纤放大器(Brillouin fiber amplifier，BFA)。此外，按照使用波段可划分为常规 C 波段光放大器(1528～1562nm)、长波 L 波段光放大器(1570～1610nm)、短波 O 波段光放大器(1300nm)、短波 S 波段光放大器(1490～1530nm)、短波 S^+波段光放大器(1450～1520nm)、超长波 U 波段光放大器(1650nm)。

光放大器提供光域上的光信号放大，放大时不需要经过光-电转换、电-光转换和信号再生等复杂过程，直接对输入光信号进行全光放大，但输出的放大光信号不是相干光。光放大器同时放大带宽内的所有信道，具有很好的"透明性"，消除了"电子瓶颈"的限制，具有高功率增益、低噪声的优势，特别适合长途光纤通信的中继放大，能有效增大光纤线路的光功率，扩大接入网用户数，促进新一代全光网络的发展。

2. 光放大器的应用

在光纤通信系统中，光放大器主要有四种典型应用，如图 6.4 所示。

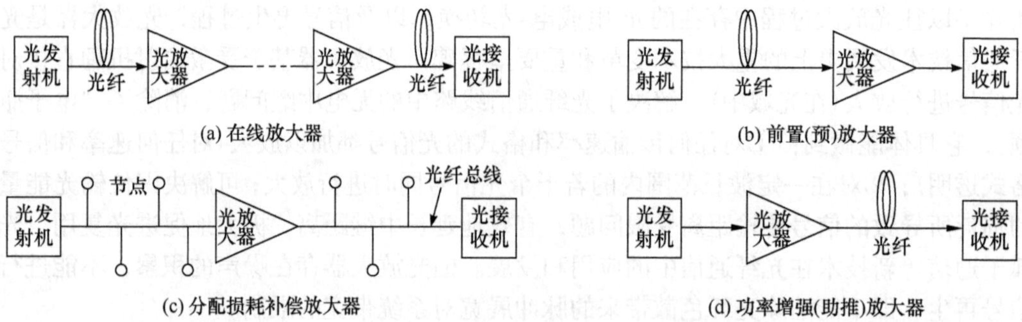

图 6.4　光放大器在光纤通信系统中的典型应用

(1) 在线放大器(in-line amplifier)：放置在远离局站传输链路的关键点处对光信号进行在线远端放大，具有较高的增益和较大的输出能量，用以取代光-电-光中继器，周期性地补偿光纤线路传输光信号的损耗，恢复传输光信号的功率水平，延长光信号传输距离，如图 6.4(a)所示。

(2) 前置(预)放大器(pre-amplifier)：放置在光接收机输入端之前，对微弱光信号进行预放大，以提高光接收机的灵敏度，如图 6.4(b)所示。

(3) 分配损耗补偿放大器(distribution loss compensation amplifier)：放置在局域网的干线或支线末端，补偿网络分路带来的损耗及其他损耗，以推动多路光节点的输出，扩大网络及网络的节点数量和用户数量，如图 6.4(c)所示。

(4) 功率增强(助推)放大器(booster amplifier)：放置在光发射机之后，用于增强或提升进入光纤链路的光功率，以弥补光发射机输出功率的不足，增大光信号的传输距离或与下一个放大器间的传输距离，如图 6.4(d)所示。

6.2.2　光放大器的主要参数

所有的光放大器均是在泵浦源能量(电或光)的激励下，造成粒子数的反转并通过光的受激辐射获得光增益，实现对入射光的放大或增强，其机理与激光器相同。但光放大器的反馈非常小，甚至没有。光放大器的增益不仅与入射光信号的频率(或波长)和强度有关，还与放大器的介质特性紧密相关，根据激光原理，对于均匀加宽的二能级增益介质，其增益系数表示为

$$g(\nu,P)=\frac{g_0(\nu)}{1+(\nu-\nu_0)^2T_2^2+P/P_{\mathrm{sat}}} \tag{6.1}$$

式中，$g(\nu,P)$的单位是1/m；$g_0(\nu)$是峰值增益，由放大器的泵浦强度和介质决定；ν是入射光信号的频率；ν_0是增益介质原子的跃迁频率；P是被放大的光信号功率；P_{sat}是饱和光功率，与增益介质的辐射时间(荧光时间)T_1(100ps～10ms)、辐射截面等介质参数有关；T_2为偶极子弛豫时间(非辐射弛豫时间)，其大小为0.1ps～1ns。

对于光放大器的性能，重点考虑三个重要特性：增益(放大倍数)频谱及增益带宽、增益饱和、噪声大小。

1. 增益频谱和增益带宽

对小信号(非饱和状态)进行放大时，若$P/P_{\mathrm{sat}}\ll 1$，增益系数可由式(6.1)简化为

$$g(\nu,P)=\frac{g_0(\nu)}{1+(\nu-\nu_0)^2T_2^2} \tag{6.2}$$

式(6.2)称为小信号增益系数，表明当入射光信号频率与介质原子的跃迁频率相同时($\nu=\nu_0$)，增益最大；当$\nu\neq\nu_0$时，增益随ν的改变按洛伦兹分布变化，如图6.5所示，而实际放大器的增益频谱可能与洛伦兹分布偏离较大。增益带宽定义为增益频谱曲线$g(\nu)$半极大值全宽(FWHM)。当$g(\nu)$降至极大值的一半时，$(\nu-\nu_0)^2T_2^2=1$，此时$\Delta\omega_{\mathrm{g}}=2/T_2$，记$\Delta\omega_{\mathrm{g}}=2|\nu-\nu_0|$。对于洛伦兹频谱分布曲线，增益带宽$\Delta\nu_{\mathrm{g}}$为

$$\Delta\nu_{\mathrm{g}}=\frac{\Delta\omega_{\mathrm{g}}}{2\pi}=\frac{1}{\pi T_2} \tag{6.3}$$

由式(6.3)可见，在小信号入射条件下，光放大器增益带宽主要取决于增益介质的偶极子弛豫时间T_2。对于半导体激光放大器，$T_2\approx 0.1\mathrm{ps}$，可得增益带宽$\Delta\nu_{\mathrm{g}}\approx 3\mathrm{THz}$。在光纤通信系统中(尤其是多信道系统)，希望光放大器具有很宽的增益带宽，以保证多信道在整个带宽内的增益基本不变。

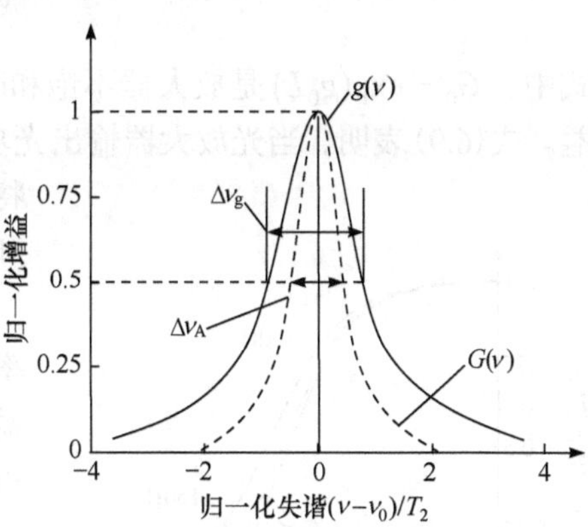

图6.5　光放大器归一化增益频谱(G/G_0，g/g_0)与相应介质的洛伦兹分布增益

实际情况中，人们更多会使用放大器带宽$\Delta\nu_{\mathrm{A}}$，而不是增益带宽$\Delta\nu_{\mathrm{g}}$。光放大器的增益或放大倍数定义为

$$G=P_{\mathrm{out}}/P_{\mathrm{in}} \tag{6.4}$$

式中，P_{in}和P_{out}分别是光放大器信号的输入光功率和输出光功率。光放大器的增益与放大器的长度L、增益频谱$g(\omega)$呈指数关系变化：

$$G(\nu)=\exp[g(\nu,P)L] \tag{6.5}$$

当$\nu=\nu_0$时，放大器增益$G(\nu)$和增益系数$g(\nu)$均达到最大；因$G(\nu)$是指数函数，所以当入射光频率偏离ν_0时，$G(\nu)$比$g(\nu)$下降得更快。光放大器的带宽$\Delta\nu_A$定义为增益频谱曲线$G(\nu)$半极大值全宽，如图 6.5 所示，与介质增益带宽$\Delta\nu_g$的关系为

$$\Delta\nu_A=\Delta\nu_g\left(\frac{\ln 2}{g_0L-\ln 2}\right)^{\frac{1}{2}} \tag{6.6}$$

可见，光放大器的带宽要远小于增益介质的增益带宽，$\Delta\nu_A \ll \Delta\nu_g$。

2. 增益饱和

根据式(6.1)，当入射光功率 P 不断增大时，增益系数$g(\nu)$随之减小，出现增益饱和的现象。为简化讨论，考虑输入光信号频率ν与增益介质原子的跃迁频率ν_0一致的情况（$\nu=\nu_0$），此时，增益系数简化为

$$g(\nu,P)=\frac{g_0(\nu)}{1+P/P_{sat}} \tag{6.7}$$

而光放大器中距离光输入端为z点处的光功率$P(z)$可表示为

$$\frac{dP}{dz}=g(\nu,P)P(z)=\frac{g_0(\nu)P(z)}{1+P(z)/P_{sat}} \tag{6.8}$$

利用初始条件：$P(0)=P_{in}$，$P(L)=P_{out}=GP_{in}$，对式(6.8)在 0～L 长度上进行积分，可得光放大器的放大增益为

$$G=G_0\exp\left(-\frac{(G-1)P_{out}}{GP_{sat}}\right) \tag{6.9}$$

式中，$G_0=\exp(g_0L)$是放大器不饱和时的放大倍数，也是小信号（$P/P_{sat}\ll 1$）的峰值增益。式(6.9)表明，当光放大器输出光功率P_{out}接近饱和光功率P_{sat}时，光放大器的增益将明显减小，为增益饱和现象，如图 6.6 所示为饱和效应典型曲线。增益饱和会引起严重的信号失真。

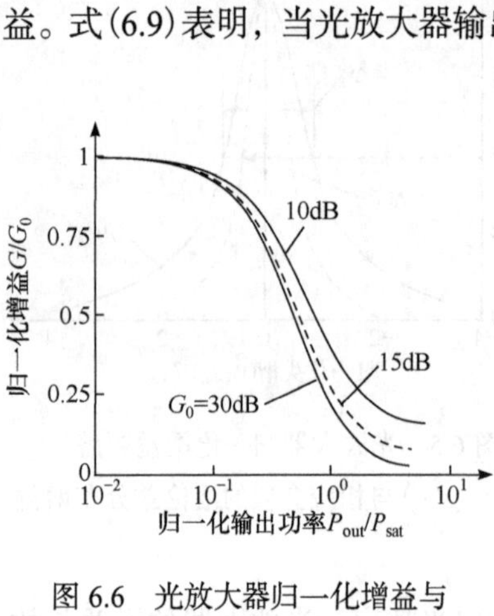

图 6.6　光放大器归一化增益与输出功率的关系

在实践中，人们感兴趣的参数是饱和输出光功率P_{out}^{sat}，它定义为光放大器增益 G 从小信号峰值增益 G_0 下降一半(3dB)时输出的光功率，由式(6.9)可以求出：

$$P_{out}^{sat}=\frac{G_0\ln 2}{G_0-2}P_{sat} \tag{6.10}$$

通常情况下，G_0 的数值为 100～1000(20～30dB)（$G_0\gg 2$，当 $G=30$dB 时，$G_0=1000$），所以$P_{out}^{sat}\approx(\ln 2)\ P_{sat}\approx 0.69P_{sat}$，表明光放大器的饱和输出功率只达到介质饱和功率的 70%左右，对于

$G_0 > 20\,\text{dB}$，P_{out}^{sat} 几乎与 G_0 无关。

3. 放大器噪声

光放大器通过受激辐射放大入射光信号时，绝大多数的受激粒子因受激辐射而被迫跃迁到较低的能级上，但也会有部分粒子是因自发辐射而跃迁至这些较低的能级上，并自发地辐射光。这些自发辐射光的频率在信号光的范围内，其相位和辐射方向却是随机的，其中那些辐射方向和信号光相同的自发辐射便与光信号一同被光放大器放大，并一起传输，因此放大的自发辐射(噪声)便叠加到了信号上，导致信号放大后的信噪比(SNR)下降，所有的光放大器无一例外，表征光放大器的噪声系数 F (反映信噪比的劣化)定义为

$$F = \frac{(\text{SNR})_{in}}{(\text{SNR})_{out}} \tag{6.11}$$

式中，光放大器输入端信噪比 $(\text{SNR})_{in}$ 和输出端信噪比 $(\text{SNR})_{out}$，都是由接收端光检测器将光信号转变为电信号后的电功率计算的，而不是放大前后的光功率之比。

对于一个增益为 G 的光放大器，$P_{out} = GP_{in}$，相应光检测器的电功率就是 $(RGP_{in})^2$，若噪声仅由散粒引起，输入端的信噪比 $(\text{SNR})_{in}$ 为

$$(\text{SNR})_{in} = \frac{<I_{in}>^2}{\sigma_{s,in}^2} = \frac{(RP_{in})^2}{2q(RP_{in})\Delta f} = \frac{P_{in}}{2h\nu\Delta f} \tag{6.12}$$

式中，$<I_{in}> = RP_{in}$ 是检测的输入信号光电流；R 是光检测器的响应度，理想光检测器(量子效率为 1)的响应度 $R = q/(h\nu)$；ν 是入射光频率；h 是普朗克常数；Δf 是检测器的带宽；$\sigma_{s,in}^2$ 是放大器输入端的均方散粒噪声电流，它由信号光的起伏引起，其值为(由暗电流为零，即 $I_d = 0$，求出)

$$\sigma_{s,in}^2 = 2q(RP_{in})\Delta f \tag{6.13}$$

针对输出端放大信号的信噪比 $(\text{SNR})_{out}$，需要考虑来自自发辐射对检测器噪声的贡献。自发辐射引入噪声的频谱密度几乎是一个常数(白噪声)，放大的自发辐射噪声谱 $S_{sp}(\nu)$ 可表示为

$$S_{sp}(\nu) = (G-1)n_{sp}h\nu \tag{6.14}$$

式中，n_{sp} 是自发辐射系数或粒子数反转系数，对于一个完全粒子数反转的放大器(所有原子均处于激发态)，$n_{sp} = 1$，但当粒子数反转不完全时，$n_{sp}<1$。对于一个二能级系统有

$$n_{sp} = \frac{N_2}{N_2 - N_1} \tag{6.15}$$

式中，N_1 和 N_2 分别是基态和激发态的粒子数浓度。自发辐射对光放大器的影响是增加一些起伏到放大后的光功率上，在光电探测过程中引起光电流的起伏或漂移。研究表明，光检测器的噪声主要来自自发辐射噪声和信号本身的拍频噪声，即

$$\sigma_{\mathrm{s,out}}^2 = 2q(RGP_{\mathrm{in}})\Delta f + 4(RGP_{\mathrm{in}})(RP_{\mathrm{out}})\Delta f \tag{6.16}$$

式中，第一项是放大的散粒噪声，第二项是落在光检测器带宽内自发辐射和信号光产生的拍频噪声。自发辐射与放大后的信号在光检测器相干混频，产生光电流的外差成分。为简化计算，略去所有其他检测器噪声，输出端的信噪比为

$$(\mathrm{SNR})_{\mathrm{out}} = \frac{<I_{\mathrm{out}}>^2}{\sigma_{\mathrm{s,out}}^2} = \frac{(RGP_{\mathrm{in}})^2}{[2q(RGP_{\mathrm{in}}) + 4(RGP_{\mathrm{in}})(RS_{\mathrm{sp}})]\Delta f} \tag{6.17}$$

如果同时考虑$G \gg 1$，式(6.16)中的第一项也可略去，则有

$$(\mathrm{SNR})_{\mathrm{out}} = \frac{GP_{\mathrm{in}}}{4S_{\mathrm{sp}}\Delta f} \tag{6.18}$$

结合式(6.12)、式(6.18)和式(6.11)可得光放大器增益比较大时的噪声系数为

$$F = \frac{(\mathrm{SNR})_{\mathrm{in}}}{(\mathrm{SNR})_{\mathrm{out}}} = \frac{2n_{\mathrm{sp}}(G-1)}{G} \approx 2n_{\mathrm{sp}} \tag{6.19}$$

式(6.19)表明，即使是理想的放大器($n_{\mathrm{sp}} = 1$)，放大后信号的 SNR 也要比输入信号的 SNR 低 3dB。而实际多数光放大器的 n_{sp} 值为 1.4～4，噪声系数 F 超过 3dB。在光通信系统中，应采用噪声系数 F 尽量小的光放大器。

6.2.3 半导体光放大器

半导体光放大器(SOA)是由半导体材料制成的光电子器件。在外驱动电路的激励下，使 PN 结有源区(增益区)的非平衡载流子处于粒子数反转状态，经入射光子的诱导作用，处于高能态的电子以光子的形式失去能量而返回到基态，引发受激辐射而对入射光信号进行放大。放大的光信号保持与入射光相同的偏振、线宽、频率等基本物理特性，随着工作电流的增加，半导体光放大器输出的光功率也随之增大。除电激励外，SOA 也可以通过光激励工作。半导体光放大器具有体积小、结构较为简单、效率高、功耗低、寿命长、成本低、制作工艺成熟、易与其他光电子器件集成等优点，还具有开关特性、光功率放大特性，可作为串级全光中继放大器、光接收机前置放大器、局域网中分支损耗补偿放大器等应用，可节约投资，降低系统成本，有着光明的发展前景。同时 SOA 的增益响应速度快，具有处理高速信号(大于 10Gbit/s)的能力，尤其适用于交换及信号处理等光网络、强度调制直接检测光纤通信系统、相干光纤通信系统。

1. 半导体光放大器的分类

半导体光放大器的结构类似于半导体激光器，其放大特性主要取决于放大器反射端面(谐振腔)的反射特性和有源区的介质特性，根据放大器反射端面的反射特性(反射系数大小)和工作偏置条件，半导体光放大器可分为法布里-珀罗放大器(Fabry-Perot amplifier)和行波放大器(travelling-wave amplifier)两种。

(1)法布里-珀罗放大器(FP-SOA)。该放大器的两侧有由半导体解理面形成的谐振腔(F-P 谐振腔)反射面，反射面的自然反射率达 32%。当入射光信号进入谐振腔后，不断

在两个部分反射面间来回反射而被放大(获得大的增益)，并以较高的光功率发射出放大器，如图 6.7(a)所示。这种结构相当于将半导体激光器当作光放大器使用，需要输入信号的频率与 F-P 谐振腔的谐振模严格匹配，同时要求放大器有足够高的温度稳定性(±0.05℃)和电流稳定性(±0.15mA)，以确保 F-P 谐振腔的谐振频率和增益的稳定。

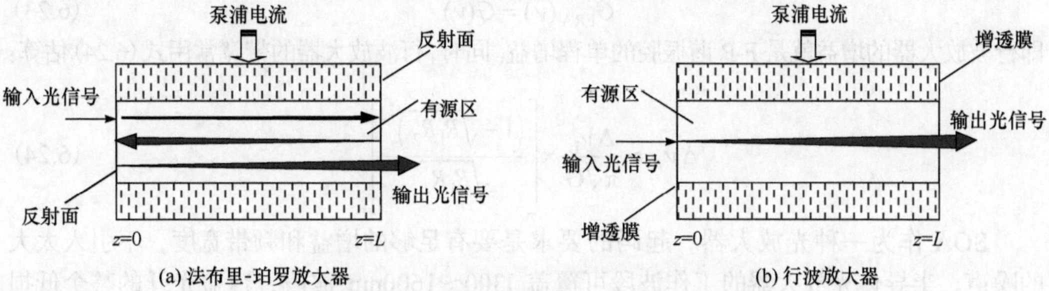

图 6.7　半导体光放大器的结构示意图

(2) 行波放大器(TW-SOA)。该放大器的结构与法布里-珀罗放大器相同，只是在光放大器两个反射端面上涂有增透膜(抗反射膜)，也可以使两端面倾斜适当的角度，以降低或消除两反射端面的反射，获得宽频带、高输出、低噪声。这样，当入射光信号进入放大器后，其谐振腔的端面不发生反射(或反射率很低，小于 0.1%)，入射光信号通过一次便获得放大，只有单程增益，是没有内部反馈的半导体光放大器，如图 6.7(b)所示。因单程增益有限，为获得较大的增益，需要施加较大的驱动电流。行波放大器具有较宽的增益谱带宽，故在一个较宽的光频率范围内，行波放大器都有放大作用。

2. 半导体光放大器的主要性能参数

1) 法布里-珀罗放大器参数

(1) 放大倍数。

$$G_{\mathrm{FRA}}(\nu)=\frac{(1-R_1)(1-R_2)G(\nu)}{(1-G\sqrt{R_1R_2})^2+4G\sqrt{R_1R_2}\sin^2[\pi(\nu-\nu_{\mathrm{m}})/\Delta\nu_{\mathrm{L}}]}\tag{6.20}$$

式中，R_1 和 R_2 是放大器前后面(腔体解理面)的反射率；ν 是入射光频率；ν_{m} 是谐振腔的谐振频率；G 是谐振腔的单程增益；$\Delta\nu_{\mathrm{L}}$ 为纵模间距(F-P 腔的自由光谱范围)。

(2) 带宽。

$$\Delta\nu_{\mathrm{A}}=\frac{2\Delta\nu_{\mathrm{L}}}{\pi}\arcsin\left[\frac{1-G\sqrt{R_1R_2}}{(4G\sqrt{R_1R_2})^{1/2}}\right]\tag{6.21}$$

为获得大的放大系数，$G\sqrt{R_1R_2}$ 应尽量接近 1。当入射光频率 ν 与腔体谐振频率中的一个相等时($\nu=\nu_{\mathrm{m}}$)，G_{FRA} 达到峰值。增大 F-P 谐振腔的反射率，可显著地提高放大器的增益，但当反射率增大到一定数值时，光放大器将变为激光器。

2) 行波放大器参数

降低 F-P 谐振腔的端面反射率(镀增透膜、倾斜解理面等)，法布里-珀罗放大器便变成行波放大器。对于行波放大器，其端面反射率必须很小(小于 10^{-3})，在实践中比较困难，一般使用条件：

$$G\sqrt{R_1R_2} < 0.17 \tag{6.22}$$

作为行波放大器的条件。在式(6.20)中令 $R_1 = R_2 = 0$，可得出行波放大器的放大倍数：

$$G_{\text{FRA}}(\nu) = G(\nu) \tag{6.23}$$

即行波放大器的增益就是F-P谐振腔的单程增益。同时，行波放大器的带宽常用式(6.24)估算：

$$\Delta\nu_{\text{A}} \approx \frac{\Delta\nu_{\text{L}}}{\pi\sqrt{G}} \times \left[\frac{\left(1-\sqrt{R_1R_2}\right)^2}{\sqrt{R_1R_2}}\right]^{\frac{1}{2}} \tag{6.24}$$

SOA作为一种光放大器，起码的要求是要有足够的增益和频带宽度，不引入太大的噪声。半导体光放大器的工作波段可覆盖1300～1600nm波段，覆盖光纤的整个低损耗窗口，因半导体具有能带结构，其增益带宽比光纤放大器的要宽。通过采用不同的半导体材料组合，可以增大行波放大器的带宽，对带宽内的多个波长进行放大，这是半导体光放大器的一个突出特点。半导体光放大器的性能优势与缺点具体有：①半导体光放大器的增益典型值为20～30dB。增益谱主要由其材料的增益谱决定，增益饱和特性与半导体光波导的微分增益系数、波导横截面积和载流子寿命等密切相关，理论计算得到的饱和输出功率典型值为5～10mW。F-P光放大器的增益较大，行波放大器的增益较小，但后者的增益平坦性好。②带宽反映的是增益介质的增益谱宽，F-P光放大器的增益带宽较小，行波放大器的3dB带宽约是70nm(9THz)，比F-P光放大器的带宽大两个数量级以上。③半导体光放大器的噪声主要是放大的自发辐射，噪声系数的贡献有：一是粒子数反转系数；二是载流子的非辐射损耗，它导致放大器的净增益系数减小；三是端面的残余反射率，所以放大器的噪声系数比理想值3dB大，典型噪声系数范围为5～7dB。④因PN结有源区的截面是矩形，SOA的增益随入射光的偏振状态变化，具有固有的偏振敏感性，TE模式和TM模式的增益相差可高达5～8dB，通过改变有源区波导的尺寸和让光信号通过同一个放大器两次等方式，可以降低放大器对入射光偏振状态的敏感性。⑤与光纤的耦合损耗太大，是应用上的最大弱点。此外，SOA串扰较大，工作状态易受环境温度的影响，导致稳定性较差。

SOA最大的优势是体积小、增益可靠，可与其他半导体器件实现集成。但SOA对光信号偏振态的高敏感性以及增益的饱和性限制了它在光纤通信中的实际应用，尤其是密集波分复用系统。它在增益、输出功率瞬态特性、非线性失真、偏振敏感性、连接耦合等性能上的表现不如掺铒光纤放大器，因而目前光纤通信系统中光放大、光中继均普遍采用掺铒光纤放大器，SOA还是作为光纤放大器的一种补充。

6.2.4 掺铒光纤放大器

1. 稀土元素掺杂

掺杂光纤放大器通过向光纤的纤芯掺入杂质形成增益介质，掺杂元素离子在泵浦源的作用下产生粒子数反转而提供光增益，输入光信号激发介质产生受激辐射实现对入射光的放大。掺杂元素的选择标准是具有合适的能级结构，掺杂后使光纤改性，能在泵浦源的作用下使光纤在较宽的波长范围内产生增益，可实现对需要的光波长进行放大。掺杂光纤放大器的特性主要由掺杂元素决定，不同掺杂元素产生的增益及带宽不同。为实现对石英光纤低损耗窗口区(1300～1600nm)的覆盖，目前光纤掺杂的元素主要是稀土元素；选择不同的稀土元素进行掺杂，可使光纤放大器工作在石英光纤的不同低损耗窗口(1310nm 波段和 1550nm 波段)，实现对宽波段范围红外光的放大。稀土元素属镧系元素(有 15 种)，它们最外层的电子数相同，光的吸收和辐射引起的能级跃迁均发生在 4f 分层内，辐射发生时，所产生的辐射叠加到外来的光信号上而增强入射光——产生光放大。为获得最有效的光放大，需要对光纤的掺杂浓度、掺杂长度(光纤放大器长度)进行优化，以获得最佳的掺杂比和最佳掺杂长度。现阶段研究较多的是铒(Er^{3+})、镨(Pr^{3+})、铥(Tm^{3+})、钕(Nd^{3+})和镱(Yb^{3+})等稀土元素。例如，掺镨光纤放大器在以 1300nm 为中心较宽的波长范围内提供增益，与 G.652 光纤的零色散点相吻合，泵浦光源波长是 1017nm，但掺镨光纤放大器的机械强度较差，与普通光纤熔接较困难；掺铥光纤放大器的增益带覆盖 E 波段和 S 波段(1450～1480nm，1480～1510nm)，常用的泵浦光源波长是 1064nm；掺钕光纤放大器是最早制成的掺稀土元素光纤放大器，其增益带在 1060nm 及 1330nm 附近，常用的泵浦光源波长是 800nm；掺镱光纤放大器的增益带在 970～1200nm 范围，泵浦光源的波长是 940nm；掺铒光纤放大器的增益带较宽，覆盖 S 波段、C 波段和 L 波段。掺铒光纤放大器具有高增益、大带宽、低噪声、全光放大的特点，具有传输耦合损耗低、无串扰、放大特性与光偏振状态无关，以及对传输信号的格式和传输速率透明等优点，是目前使用最广的光放大器，极大地促进了新一代长距离高速光纤通信系统、波分复用、光孤子通信等重要技术的发展。

2. 掺铒光纤放大器的特点

掺铒光纤放大器(erbium doped fiber amplifier，EDFA)于 1987 年由英国南安普敦大学科学家 D. N. Payne 等研制成功，EDFA 的发明是光通信历史上划时代的里程碑，它在很短的时间内就进入市场，极大地推动了光纤通信技术的发展。1989 年基于 EDFA 的海底电话光缆便完成了通话的光通信实验；自 20 世纪 90 年代中期起，几乎所有长距离光纤通信系统都在使用 EDFA，EDFA 和波分复用技术的结合，使光纤通信在 1550nm 波长的通信优势和通信容量的潜力得到充分发挥。EDFA 通过在制作光纤时将铒元素掺入光纤纤芯，利用铒离子(Er^{3+})作为增益介质。掺铒光纤是 EDFA 的核心部件，它以石英光纤为基质，在几米至几十米的掺铒光纤内，光通过与物质的相互作用而被放大和增强。EDFA 主要工作在 C 波段(1530～1560nm)和 L 波段(1570～1610nm)，它的工作波段与石英光纤的低损耗窗口一致(被 C 波段覆盖)，可对 1550nm 波长进行放大，因而 EDFA，特别适用于高速、长距离光纤通信的中继放大。

3. EDFA 的工作原理及结构

1) EDFA 的工作原理

EDFA 的放大原理与激光产生的原理类似。光纤中掺杂的铒离子(Er^{3+})的能级结构决定了它吸收和发射的典型跃迁波长，如图 6.8 所示。在热平衡、无任何外界激励的情况下，Er^{3+} 处于最低能级 $^4I_{15/2}$(基态)上，$^4I_{13/2}$、$^4I_{11/2}$、$^4I_{9/2}$ 分别是 Er^{3+} 的第一、第二和第三激发态(高能级)，这些能级实际上是由受斯塔克分裂的大量精细能级形成的能带。第一激发态 $^4I_{13/2}$ 是亚稳能级，吸收过程有从基态 $^4I_{15/2}\to{}^4I_{9/2}$(对应波长 800nm)，$^4I_{15/2}\to{}^4I_{11/2}$(对应波长 980nm)，$^4I_{15/2}\to{}^4I_{13/2}$(对应波长 1480nm)；发光过程从激发态 $^4I_{13/2}\to{}^4I_{15/2}$，由于能带中包含很多精细能级(有一定宽度)，从 $^4I_{13/2}\to{}^4I_{15/2}$ 产生的自发辐射波长范围为 1500～1600nm。当铒离子(Er^{3+})受到外界激发，在吸收适当波长的泵浦光(800nm、980nm 或 1480nm)能量后，铒离子将随不同的入射波长激励从基态跃迁到相应的高能级激发态。跃至 $^4I_{9/2}$ 能级的离子在该能级很不稳定，它很快通过非辐射跃迁的方式(将能量转移给材料)衰变到 $^4I_{11/2}$ 能级；同样，$^4I_{11/2}$ 能级也不稳定，跃至或停留在该能级的铒离子在纳秒级时间内也迅速以非辐射跃迁的方式衰变至 $^4I_{13/2}$ 能级。由于 $^4I_{13/2}$ 能级是相对稳定的亚稳态，离子能够停留在该能级的时间相对较长(约 10ms)，因此，随着激励(泵浦)的继续进行，源源不断转移到 $^4I_{13/2}$ 上的铒离子很容易在此能级产生聚集，形成离子数量远多于 $^4I_{15/2}$ 能级的粒子数反转分布。这样，当有适当波长(波长为 1500～1600nm)的外部光进入时，铒离子在入射光激励下触发受激辐射，使处于 $^4I_{13/2}$ 的铒离子回到基态，同时发射出与入射光中的光子同样的一个光子，造成入射光中的光子数量增多，实现输入光信号的增强和放大。EDFA 产生光放大正是对应于能级 $^4I_{13/2}$ 到 $^4I_{15/2}$ 之间的跃迁，在 1550nm 信号光入射处于非平衡激发态的掺铒光纤时，诱发受激辐射而获得光信号的直接放大。与此同时，在铒离子受激辐射的过程中，会有少数离子以自发辐射的方式从 $^4I_{13/2}$ 自行回到基态，产生放大的自发辐射(方向、相位杂乱无章的光子)，消耗部分泵浦功率并引入噪声。

根据铒离子的能级结构，激发铒离子的泵浦光源的波长可以是 520nm、650nm、800nm、980nm 和 1480nm 等，但 980nm 以下的泵浦波长存在较强的受激吸收，泵浦效率低。目前 EDFA 一般用 980nm 和 1480nm 波长的 LD 作为泵浦源，它们产生的噪声系数均较低，获得的泵浦效率高。

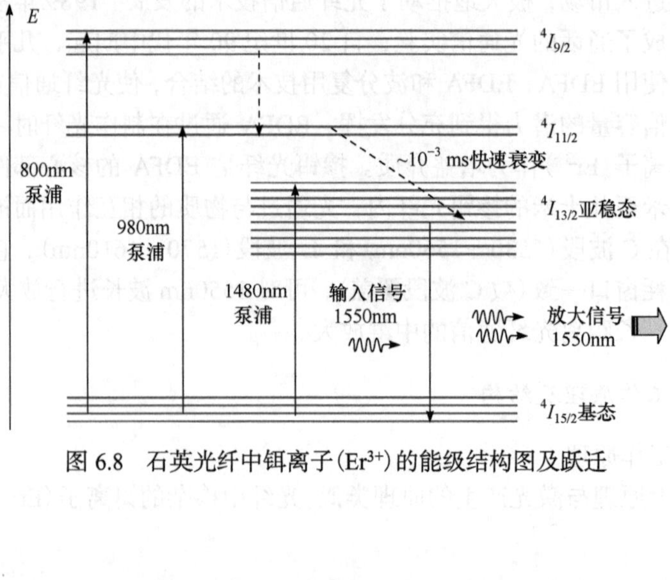

图 6.8　石英光纤中铒离子(Er^{3+})的能级结构图及跃迁

2) EDFA 的结构

EDFA 的基本组成如图 6.9 所示，主要包括掺铒光纤、泵浦光源、光隔离器、光耦合器(波分复用器)、光滤波器等。掺铒光纤(长度为 10～30m，掺杂浓度为 25～1000ppm)是放大器的核心，为信号光提供增益，通过熔接与普通通信光纤连接。位于两端的光隔离器保证输入信号光的单向传输，其中输入端的光隔离器用于阻断反向放大的自发辐射噪声沿光纤返回，输出端的光隔离器用于阻断后续光纤中的微弱反射光，隔绝反射光的返回对放大器增益的扰动和产生噪声。光耦合器或波分复用器实现将 980nm 或 1480nm 的泵浦光耦合进入光纤与信号光混合后一同传输。泵浦光源的作用是给掺铒光纤提供能量，在信号光与泵浦光同时进入掺铒光纤时，激发掺铒光纤使处于基态的铒离子跃迁到高能态，产生粒子数反转，在 1550nm 波长信号光进入时引起受激辐射，实现对入射光信号的放大。光滤波器用于滤除光放大器的噪声，提高系统的信噪比，降低噪声对系统的影响。

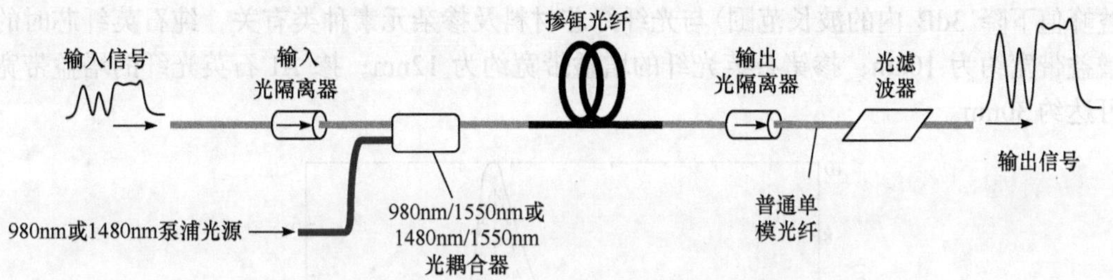

图 6.9　同向泵浦掺铒光纤放大器的结构示意图

通常情况下，泵浦光与信号光沿同一方向进入掺铒光纤，称为同向泵浦；泵浦光也可以沿与信号光相反的方向进入掺铒光纤，即反向泵浦；或泵浦光同时沿与信号光相同和相反的两个方向进入掺铒光纤，即同向泵浦和反向泵浦同时泵浦的结构。同向泵浦的噪声性能较好，而反向泵浦产生的增益较高，输出信号功率大，但噪声系数最大，双向泵浦兼具高增益和低噪声的特性。实践中为获得较大的输出光功率，同时又具有较低的噪声系数，还可采用多个泵浦源并用的多级泵浦结构，中间加上隔离器进行相互隔离；或采用混合泵浦结构，把 1480nm 光源作为反向泵浦，980nm 光源作为同向泵浦。泵浦光输出功率的波动将导致 EDFA 增益的起伏，因此需要采取必要措施(如自动功率控制)保证泵浦输出功率的稳定。为提高泵浦的有效性，掺铒光纤在泵浦光和信号光波长上均为单模传输，所以单模光纤的截止波长应短于泵浦波长。

4. EDFA 的性能参数

EDFA 属于光放大器，它的性能主要包括增益及带宽、输出功率和噪声。

1) 增益及带宽

EDFA 的增益受到 Er^{3+} 的掺杂浓度、掺杂光纤的长度及光纤芯径、泵浦光功率、输入光功率等因素的影响，可表示为

$$G(\lambda)=\frac{P_{\text{out}}}{P_{\text{in}}}=\int_0^L g(\lambda,z)\mathrm{d}z=\int_0^L \Gamma_{\mathrm{s}}n_{\mathrm{Er}}[\sigma_{\mathrm{e}}(\lambda)N_2-\sigma_{\alpha}(\lambda)N_1]\mathrm{d}z \tag{6.25}$$

式中，Γ_s是光纤的限制因子；n_{Er}是光纤芯区的铒离子浓度；σ_e和σ_α分别是信号光的受激发射截面和吸收截面，它们是波长的函数；N_1 和 N_2分别是基态和亚稳态的粒子数浓度。

式(6.25)表明，EDFA 的增益不仅与发射截面和吸收截面有关，还严重依赖于粒子数的反转情况。例如，用 980nm 的光进行泵浦，能够在强泵浦作用下抽空基态粒子，使N_1→0，获得较高的增益，泵浦效率(放大器增益与吸收的泵浦功率之比，dB/mW)较高，可达 11dB/mW；而用 1480nm 的光进行泵浦，能获得的最大粒子数比 $N_2/N_1\approx 3$ ，增益取决于该波长下的截面积之比，泵浦效率约为 5dB/mW，不及 980nm 的光。

EDFA 的典型吸收谱和增益谱如图 6.10 所示。由图可见，EDFA 的整个谱呈双峰结构(1532nm 和 1550nm)，最大增益峰值在 1532nm，带宽很宽(1530～1560nm)，整个带宽范围内的增益不平坦,但在 1550nm 附近增益较为平坦。EDFA 的增益谱形状及带宽(增益峰值下降 3dB 内的波长范围)与光纤纤芯材料及掺杂元素种类有关，纯石英纤芯时的增益带宽约为 10nm；掺锗石英光纤的增益带宽约为 12nm；掺 Al 石英光纤的增益带宽可达约 30nm。

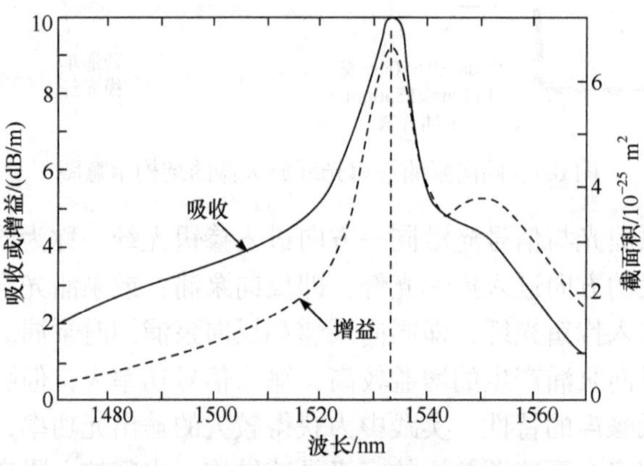

图 6.10 典型掺铒光纤的吸收谱和增益谱

掺铒光纤放大器通常可获得 15～40dB 的增益。在小信号输入时，对于给定的放大器长度(掺铒光纤长度)，开始时放大器的增益 G 随泵浦功率呈指数增加，当泵浦功率超过一定数值时，G 的增加变缓并趋向于一定值(饱和)。由于放大器对泵浦光能量的消耗，确定的 EDFA 具有一个最佳放大器长度(对应一定的泵浦功率)，这时放大器具有最大的增益，如果放大器长度超过此值，增益很快下降，信号不再被放大。因此需要选择合适的泵浦功率并配合最佳放大器长度，以获得放大器最大增益 G。EDFA 的饱和输出功率因放大器参数不同而不同，典型值为 6～30mW，大功率 EDFA 的饱和输出功率可达 1mW～10W。

2)输出功率

当输入功率增大到一定程度时，EDFA 的 G 变缓而出现饱和，导致放大器的输出功率趋于平稳。泵浦功率越大，饱和功率也越高。EDFA 的最大输出功率用 3dB 饱和输出功率表示，即当饱和增益降低 3dB 时对应的输出功率值，表示 EDFA 的最大输出能力。

3) 噪声

EDFA 的噪声系数与放大器的长度、泵浦光功率和泵浦方向有关。理论上 EDFA 的噪声系数 $F = 2n_{sp}$，实际上 EDFA 的基态仍然有粒子存在，$N_1 > 1$，所以粒子数反转系数 $n_{sp} = N_2 / (N_2 - N_1) > 1$。同时，伴随着铒离子的受激辐射，有少数处于亚稳态 $^4I_{13/2}$ 的粒子会以自发辐射的方式自行回到基态，产生被放大的自发辐射(amplified spontaneous emission，ASE)，形成随机噪声(信号光与放大自发辐射光波间的差拍、放大自发辐射不同频率间的差拍)叠加在放大的光信号上。其他噪声还有信号光的散粒噪声、被放大自发辐射的散粒噪声，所有因素造成 EDFA 的噪声系数总是大于 3dB，实际 EDFA 的噪声系数为 4～6dB。用 980nm 泵浦时容易获得较高的粒子数反转分布，从而噪声系数较低；而用 1480nm 泵浦较难获得较高的粒子数反转分布，所以 1480nm 产生的噪声系数比 980nm 高。由于掺铒光纤吸收谱和增益谱在不同波长范围内的不均匀性,EDFA 在 1550nm 附近波段的噪声特性要明显好于其他波长较短区域。

EDFA 作为掺杂光纤放大器的代表，具有独特的性能和优势。EDFA 的工作波段在光纤通信的最佳波段，即 C 波段和 L 波段(覆盖 1530～1610nm)，与石英光纤的 1550nm 波段低损耗窗口一致，可对 1550nm 波长进行直接放大。EDFA 与其他稀土元素结合可以使放大器工作范围覆盖整个石英光纤的低损耗窗口，具体表现在：①EDFA 的增益高，典型增益为 20～40dB；饱和输出功率典型值为 6～30mW，但输出光功率不会大于泵浦功率。②增益带宽大，在 1550nm 窗口有 20～40nm，方便多信道传输和有利于扩容。③EDFA 的噪声指数较低，典型噪声系数范围为 4～7dB。④增益对入射光的偏振状态、环境温度不敏感，且与光信号的传输方向无关，这是 EDFA 与 SOA 的主要区别之一；EDFA 中无隔离器时可实现双向放大。⑤增益与系统传输速率和数据格式无关，信道间串扰很低。⑥放大器所需要的泵浦功率较低，仅需几十毫瓦，泵浦效率很高。⑦掺铒光纤的纤芯直径很小，通常为 2～4μm，与普通通信光纤熔接时需采取一定的特殊措施以减小连接损耗。EDFA 接入光纤链路的插入损耗较低，甚至可达 0.1dB，与其他光纤器件的耦合效率高。

由于掺铒光纤的掺杂浓度有限，需要有足够的长度(几十米)来弥补单位长度光纤增益的不足，以实现所需要的增益，因而 EDFA 有一定的器件尺寸。同时 EDFA 的不足之处有：放大波长范围固定，只能在 1550nm 窗口、增益带宽不够平坦、产生放大的自发辐射噪声。作为典型的光纤器件，低插入损耗、偏振不敏感等特性为 EDFA 赢得了广泛应用，尤其是在石英光纤最低损耗窗口的高增益、大带宽及很低的信道间串扰的特性，使 EDFA 在多信道传输、扩大传输容量的应用中占据优势。在常规光纤通信系统中，使用 EDFA 可省去大量的光中继器并极大地延长中继距离，降低系统成本，如在光纤线路上设置 1～2 个掺铒光纤放大器，线路中信号的传输距离即可提高 100～200km。因此，EDFA 成为构建大容量、高速率、长距离密集波分复用的全光光纤通信系统不可缺少的关键器件。在实际应用中 EDFA 还具有多功能性，在光纤通信系统中可以用作前置放大器、在线放大器和功率放大器，且由于 EDFA 的结构简单、成本低，因而使用中可靠性高，是性价比较高的光放大器。

6.2.5 非线性光纤放大器

采用 EDFA 进行光功率放大时，需要注意控制单信道注入光纤的光功率大小，过高的入纤光功率将导致放大信号出现光纤非线性效应，产生非线性损伤。EDFA 约 40nm 的增益带宽已逐渐难以满足日益增长的通信发展要求，人们开始寻找更大带宽、更低噪声的光放大器，于是利用光纤非线性效应制造的新型光放大器进入人们的视野。非线性光纤放大器正是基于光纤的非线性效应机制，当一个强泵浦光与弱信号光同时在石英光纤中传输，注入光纤的泵浦光功率增大到一定程度时，光纤便产生非弹性散射(受激拉曼散射或受激布里渊散射)，散射数量沿光纤增加，这些散射产生泵浦光的频率变化(斯托克斯频移)，这一频移可以对频率处于该波段的入射弱光信号进行放大。非线性光纤放大器包括拉曼光纤放大器(RFA)和布里渊光纤放大器(BFA)。

1. 拉曼光纤放大器

基于受激拉曼散射(stimulated Raman scattering，SRS)机制工作的光放大器称为拉曼光纤放大器，SRS 是强激光在光纤中传输时产生的三阶非线性效应。

1) RFA 的工作原理

当一个长波长弱信号光(ν_s)和一个短波长强泵浦光(ν_p)同时在一根光纤中传输时，泵浦光通过 SRS 效应将部分能量转移给频率下移的光(宽带斯托克斯光)，即泵浦光的光子被介质分子散射成低频的斯托克斯光子，其余的能量以分子振动态间的跃迁消耗在光纤材料的分子振动中；如果弱信号光的波长在泵浦光的拉曼增益带宽内，则弱信号光(长波)便获得拉曼增益(实现泵浦光的能量转移)，从而被该光纤放大。被放大的光信号又被光纤吸收而衰减。拉曼放大是由非线性散射实现的放大，无须粒子数反转，是一个非谐振、分布式的放大过程，即沿整个光纤逐渐放大。斯托克斯光的频率下移量由介质的振动模式和入射泵浦光频率决定，理论上只要有适合的泵浦光源，就可以获得任意波长的拉曼放大，所以拉曼放大的带宽很宽，几乎不受限制。

2) RFA 的种类和性能

(1) RFA 的增益与带宽。在小信号放大、忽略泵浦光损耗的条件下，拉曼光纤放大器的增益为

$$G_A = \frac{I_s(L)}{I_s(0)\exp(-\alpha_s L)} = \exp\left(\frac{g_R P_0 L_{eff}}{A_{eff}}\right) \tag{6.26}$$

式中，g_R 是拉曼增益系数；A_{eff} 是光纤在泵浦波长处的纤芯有效面积；P_0 是泵浦光功率；L 是放大器的实际长度；L_{eff} 是光纤的有效互作用长度；$I_s(L)$ 是 L 处的信号光强：

$$I_s(L) = I_s(0)\exp\left(g_R I_0 L_{eff} - \alpha_s L\right), \quad L_{eff} = [1-\exp(-\alpha_p L)]/\alpha_p \tag{6.27}$$

其中，I_0 是 $z=0$ 处的泵浦光强；$I_s(0)$ 是 $z=0$ 处的信号光强；α_s、α_p 分别是光纤在信号光(斯托克斯光)和泵浦光波长处的损耗系数；拉曼散射的阈值泵浦功率 P_R 可近似表示为

$$P_R = \frac{16A_{\text{eff}}}{g_R L_{\text{eff}}} \ (\text{W}) \tag{6.28}$$

由式(6.26)可见，对于确定的光纤长度，增益 G_A 随注入泵浦功率 P_0 的增加呈指数增大，因存在泵浦损耗，在泵浦光功率 P_0 增大到一定数值后，G_A 将出现饱和。高掺杂光纤通常具有较高的拉曼增益系数，为获得高增益，要求光纤的有效纤芯面积小，光纤的损耗小(有效作用长度大)。光纤的拉曼增益谱是一个连续的宽带谱，当信号光与泵浦光的频率差为 13.2THz 时，拉曼增益取得最大值，该频率差对应的信号光比泵浦光波长大 60～100nm，石英光纤的拉曼增益频谱宽达 40THz。式(6.28)表明，阈值泵浦功率与光纤的纤芯有效面积成正比，与拉曼系数成反比，随光纤有效互作用长度的增加而降低，对于超低损耗的单模光纤，拉曼阈值将很低。同时，拉曼光纤放大器的增益还与光的偏振状态相关，如果输入的信号光和泵浦光的偏振状态彼此正交，则光纤无拉曼增益。RFA 的泵浦方式既可以同向泵浦，也可以反向泵浦或双向泵浦；为降低泵浦噪声对信号的影响，一般采用反向泵浦。通过双向泵浦及合适的泵浦波长可同时实现增益与噪声系数的平坦化。

(2) RFA 的噪声。拉曼光纤放大器的噪声主要来源有自发辐射噪声、串扰噪声和瑞利散射噪声。①放大的自发辐射噪声由自发拉曼散射经拉曼放大而产生，与泵浦光功率有关。由于拉曼光放大器是分布式放大器，分布式放大器的等效噪声比分立式放大器的噪声小。②拉曼光纤放大器的串扰噪声分两种：一种是泵浦光源的波动导致的泵浦光与信号光之间的串扰(信号串话)，采用反向泵浦可有效降低这部分噪声；另一种是当放大波分复用信号时，因增益不平坦造成的复用信道间功率大的信道对功率小的信道的串扰，表现为一个信道对另一个信道的调制作用，且信道越多，相互间的串话影响越大。③瑞利散射噪声是拉曼光放大器的另一种重要噪声源，主要由光纤的折射率微观上的起伏和变化引起，产生瑞利背向散射；背向散射再经一次散射便变为向前传输，叠加在信号上。

通常用等效噪声系数来描述拉曼光纤放大器的噪声。拉曼光纤放大器的噪声与其增益成反比，放大的自发辐射噪声功率沿光纤长度逐渐降低，放大器反向泵浦的输出信噪在光纤后段比较高。高的泵浦功率会导致串扰噪声恶化，系统误码率增大。而增益越大，传输链路越长，瑞利散射噪声就越大。采用放大器级联系统可抑制瑞利散射噪声，放大器个数越多，抑制效果越好。因此，在输入信号光功率确定的情况下，存在一个最佳的泵浦功率以获得最小的拉曼光放大器等效噪声系数。

(3) RFA 的分类。根据 RFA 的结构，RFA 主要分为分立式和分布式两类，它们各有特点，并适合不同的应用领域。

① 分立式 RFA 所用的增益光纤相对较短，一般是几千米(10km 以内)，多使用色散补偿光纤或高非线性光纤，拉曼光纤放大器与传输光纤分开。因增益光纤短，要产生高增益，就需要比较高的泵浦功率；几瓦至几十瓦的泵浦功率可以获得 40dB 以上的高增益，但成本相应增加。分立式 RFA 主要用在 EDFA 无法放大的波段进行集总放大(放大过程发生在含有掺铒光纤的封闭模块中)，EDFA 也属于分立式放大器。

② 分布式 RFA 所用的增益光纤较长，一般是几十千米(多使用普通单模光纤作为增益介质)。拉曼光纤放大器使用传输光纤本身作增益介质，泵浦的功率可降低到几百毫瓦，

拉曼泵浦位于每一跨距的末端，采用反向泵浦，具有比分立式更低的噪声系数。分布式RFA主要是配合EDFA，提高波分复用系统的性能，抑制非线性效应，保持信噪比，进行在线中继放大，实现光纤通信系统光信号的透明传输。

(4) RFA的优势与缺点。RFA作为全波长光纤放大器，具有独特的优势和出色的性能，具体表现在：①RFA的增益介质就是传输光纤本身，无须其他增益介质，有利于降低放大器成本，而EDFA需要特殊掺杂的光纤作为放大介质。②噪声低，其噪声系数可低到3dB以下，优于EDFA。RFA和EDFA二者配合使用，可以有效地降低系统总噪声，提高系统的信噪比，增加无中继距离和总传输距离。③增益带宽大，RFA是分布式放大，选择合适的泵浦源理论上便可得到任意波长(全波长)的放大信号，增益带宽可达约320nm(40THz)，可用平均增益范围为20～30nm。单波长泵浦时可实现约40nm的增益带宽，采用多波长泵浦，可获得大于200nm的增益带宽，同时获得20～40dB的增益，饱和输出功率高。EDFA的工作波长在1525～1625nm范围，带宽最大也不到100nm，通过RFA的全波长放大特性，可以充分利用并开发普通光纤1270～1670nm的低损耗区间，拓展放大波长范围。④RFA可以使用普通光纤作为放大介质，因而与其他光纤及光纤器件熔接时无须采用特殊措施，操作简便，连接损耗通常小于0.1dB，可获得高耦合效率，连接损耗比EDFA低很多。⑤利用对光信号进行的分布式放大，RFA可以实现长距离和远程泵浦，获得数百千米的远距离无中继传输，这尤其适用于岛屿间的海底和沙漠光缆通信等不方便设立中继器的场合。⑥串扰小、温度稳定性好。⑦放大作用的时间短，可用于对超短脉冲的放大。

拉曼光纤放大器是各类光放大器中噪声性能最好的，其突出的弱点是需要大功率的泵浦源、增益与信号的偏正态相关。例如，对1550nm波长的光进行放大，需要工作波长约1450nm的大功率(数百毫瓦至一瓦)泵浦光源，而同样情况使用EDFA放大，泵浦源功率则只需数十毫瓦，这便是EDFA获得广泛应用的主要原因。

由于拉曼光纤放大器突出的全波段放大、低噪声、可抑制非线性效应的优点，近年来日益引起人们的关注，现已开始商品化，只是价格较高。在应用中，RFA主要用作分布式放大器，增大无中继传输距离。由于其等效噪声系数极低(–2～0dB)，比EDFA的噪声系数低4.5dB，所以在长距离主干网和海底光缆中无中继传输的地位已得到确认。同时，拉曼光纤放大器还能辅助EDFA进行信号放大，填补EDFA无法应用的波段区域，拓展通信波段，提高频谱利用率。在传输速率不变的情况下，结合密集波分复用技术，进一步增加传输光纤的信道复用数，以获得现有整个系统传输速率和系统容量的提升。另外，还可以在保证接收端的误码率不变的条件下，采用与前置放大器相结合的RFA来提高信噪比，实现通信系统升级。从技术前景来看，独具特性的拉曼光纤放大器是其他类型光放大器无法替代的，是超大容量、超长距离光传输系统的关键技术，也是将现有传输系统的传输速率升级到40Gbit/s必需的关键器件。但目前在实际光纤链路使用中，拉曼光纤放大器的增益不超过16dB，还需要提高性能；虽然EDFA的噪声系数不如拉曼放大器，但小信号增益可以超过30dB，因此将拉曼光纤放大器与EDFA相结合的混合放大器是一种理想的应用形式。

2. 布里渊光纤放大器

基于受激布里渊散射(stimulated Brillouin scattering，SBS)机制工作的光放大器称为布里渊光纤放大器。SBS 和 SRS 一样，均是强激光在光纤中传输时产生的三阶非线性效应。

1) BFA 的工作原理

当一个弱信号光(ν_s)和一个强泵浦光(ν_p)同时在一根光纤中传输时，泵浦光通过SBS效应将部分能量转移给向长波方向频移的光(窄带斯托克斯光)，即泵浦光的光场与介质声波场进行的非线性相互作用，将一部分泵浦光能量借助 SBS 过程转移给信号光，使信号光(波长稍长于泵浦光)获得布里渊增益而被放大。布里渊放大也是由非线性散射实现的放大，无顺粒子数反转，是一个非谐振、分布式的放大过程，即沿整个光纤逐渐放大。斯托克斯光的频率下移量由介质的非线性特性决定，在普通单模光纤中，斯托克斯光相对于信号光的频移量约为 11GHz(0.089nm)。

受激布里渊散射和受激拉曼散射在物理本质上稍有差别。受激拉曼散射的频移量在光频范围，而受激布里渊散射的频移量在声频范围。光纤中的受激拉曼散射发生在前向，受激布里渊散射发生在后向。

2) BFA 的性能

受激布里渊散射的增益由声波的阻尼时间或等效声子寿命 T_B 决定，若设声波按 $\exp(-t/T_B)$ 的形式衰减，则布里渊光纤放大器的增益为

$$g_B(\Omega)=\frac{g_B(\Omega_B)}{1+(\Omega-\Omega_B)^2T_B^2} \tag{6.29}$$

式中，$g_B(\Omega_B)$ 是声波频率在布里渊频率时的布里渊峰值增益，$\Omega_B=\nu_p-\nu_s$；T_B 是等效声子寿命；布里渊频移为

$$\nu_B=\frac{\Omega_B}{2\pi}=\frac{2n_p\nu_A}{\lambda_p} \tag{6.30}$$

式中，n_p 为在信号波长 λ_p 处的有效折射率；ν_A 为光纤中的声速。式(6.29)和式(6.30)表明布里渊散射的增益谱同样具有洛伦兹分布线形，增益谱带宽较窄，SBS 的频移反比于泵浦波长。根据石英光纤中的典型值，即 $\nu_A=5.96\text{km/s}$，$n_p=1.45$，则当 $\lambda_p=1550\text{nm}$ 时，$\nu_B\approx 11.1\text{GHz}\ \ (0.089\text{nm})$。而增益谱的半宽高(FWHM)为

$$\Delta\nu_B=\frac{1}{\pi T_B} \tag{6.31}$$

等效声子寿命 T_B 的典型数值是 10ns，所以 $\Delta\nu_B<100\text{MHz}$。

虽然受激布里渊散射的增益和受激拉曼散射的增益在形式上类似，放大的信号也随泵浦功率的增加呈指数增大，但 SBS 有其独有的特征，具体为：①SBS 只有当信号光方向与泵浦光方向相反时才能产生放大，即反向泵浦结构。②SBS 的频率移动(斯托克斯频移)量小，比 SRS 的频移小 3 个数量级。③SBS 的增益带宽很窄，范围为 30～100MHz。④产生受激布里渊散射的信号光功率阈值较低，一旦入射功率达到阈值，大部分泵浦光

功率将会转移给信号光。阈值功率与入射信号光的谱宽有关，谱宽越宽，阈值越高。在1550nm 波长处，激光阈值功率一般为 7～8dBm。⑤布里渊散射的增益具有偏振相关性，当泵浦光与斯托克斯光是正交偏振的线偏光时，布里渊增益为零；若泵浦光和斯托克斯光以 45°线偏振入射到保偏光纤中，有效布里渊增益减小一半，而布里渊阈值增大一倍。

由于 SBS 的增益带宽很窄，对光谱宽度远小于布里渊增益带宽 $\Delta\nu_B$ 的入射信号光，布里渊增益较大，对频谱宽度大于 $\Delta\nu_B$ 的信号光，布里渊增益显著减小。与受激拉曼放大器的增益相比，受激布里渊的增益要大其约 300 倍。这样，布里渊光纤放大器用于对窄谱线弱光信号进行放大时，采用普通的 1～10mW 的低功率泵浦光源，便可以将信号放大 30～35dB。同时，较低的受激布里渊散射阈值光功率，有利于消除光纤放大器的高功率在光纤中产生的光纤纤芯损伤和各种非线性效应。

布里渊光纤放大器(BFA)是一种高增益、低阈值功率、窄带宽的光纤放大器。高增益、窄带宽的放大特性使其更多地被用作前置放大器，以提高接收机的接收灵敏度，目前在一般光通信系统中的应用有限，但可作为一种选频放大器，在相干和多信道光波通信系统中有一定用处。受激布里渊散射是光纤单频激光系统中常见的非线性效应，很容易被激发，光纤长度越长，布里渊阈值越低；在光纤放大器中会阻碍单频激光系统输出功率的提升，限制信道功率。随着波分复用信道间隔的减小，当波分复用信道间隔(波长间隔)与布里渊频移量相等时，就会引起信道间的串扰及信道能量的损失。

各主要光放大器典型性能比较见表 6.1。

表 6.1　各主要光放大器典型性能比较

性能参数	EDFA	RFA	BFA	SOA
小信号增益/dB	>40	>40	>40	>30
小信号噪声系数/dB	3～4	约 3	约 3	约 6
饱和输出功率/dBm	单泵浦 15/双泵浦 33	30	—	>10
效率(增益/泵浦功率)	5～11dB/mW	>0.08dB/mW	>5.5dB/mW	>28dB/50mA
泵浦光功率	低	高	低	无
增益带宽范围	1500～1600nm	1270～1670nm	≤100MHz	1300～1600nm
增益介质	掺铒光纤	传输光纤	传输光纤	半导体材料
增益偏振敏感	否	是	是	是
本征偏振保持	否	否	否	是
连接损耗/dB	<1	<1	<1	6～10
放大模块体积/cm³	几百	几百	几百	几
放大方式	集中	集中	分布	分布
费用成本	高	高	高	低

小　结

本章讲述了光中继器及其核心部分——光放大器。光中继器和光放大器都是有源器件，其功能是补偿光信号在光纤通信系统传输过程中能量的损失，并使光信号进行再生，消除光信号在传输中产生的畸变，减小传输的误码率，延长光信号的传输距离。还讲述了光放大器的主要功能、性能指标及分类。半导体光放大器以增益高、体积小、效率高、易集成受到重视，但因噪声系数较大、耦合损耗大、偏振敏感在应用上受到限制。EDFA具有增益高、带宽大、噪声低、输出功率大、覆盖 1550nm 石英光纤低损耗窗口、连接损耗低等优势，在光纤通信系统中得到广泛应用，是迄今为止在使用上最为成功的光放大器。拉曼光纤放大器和布里渊光纤放大器基于光纤的非线性分布放大过程实现光放大，并且增益高、噪声小，拉曼光纤放大器配合 EDFA 开发普通光纤 1270～1670nm 的低损耗区间，拓展放大波长范围，实现超宽带光信号的放大。布里渊光纤放大器是一种高增益、低阈值功率、窄带宽光纤放大器，可作为一种选频放大器，在相干和多信道光波通信系统中有一定用处。

习　题

1. 光中继器的作用是什么？传统的光中继器如何工作？
2. 纯光中继与传统的光中继主要差异是什么？有何优势？
3. 光放大器的分类及其主要的性能特点是什么？
4. EDFA 光放大器是如何工作的？有哪些突出优点？
5. RFA 和 BFA 的工作原理有何异同？
6. 什么是光纤放大器的双向泵浦？应如何设置？
7. EDFA 和 RFA 的放大原理有什么本质的不同？
8. 放大的自发辐射噪声是如何产生的？
9. 光放大器的主要应用方式是什么？其主要特性有什么？
10. 一个光放大器能将 −10dBm 的光信号放大到 100mW，当 0dBm 的光信号输入该放大器时，输出的光功率是多少？已知该光放大器的饱和输出功率为 23dBm。
11. 设 EDFA 的饱和输出功率为 20mW，每毫瓦泵浦功率能产生 5dB 的增益，若泵浦功率为 5mW，没有饱和的最大输入光功率是多少？
12. 某 EDFA 的带宽约为 20nm（1530～1550nm），可以同时放大多少 10GHz 信道？

第 7 章　常用光无源器件

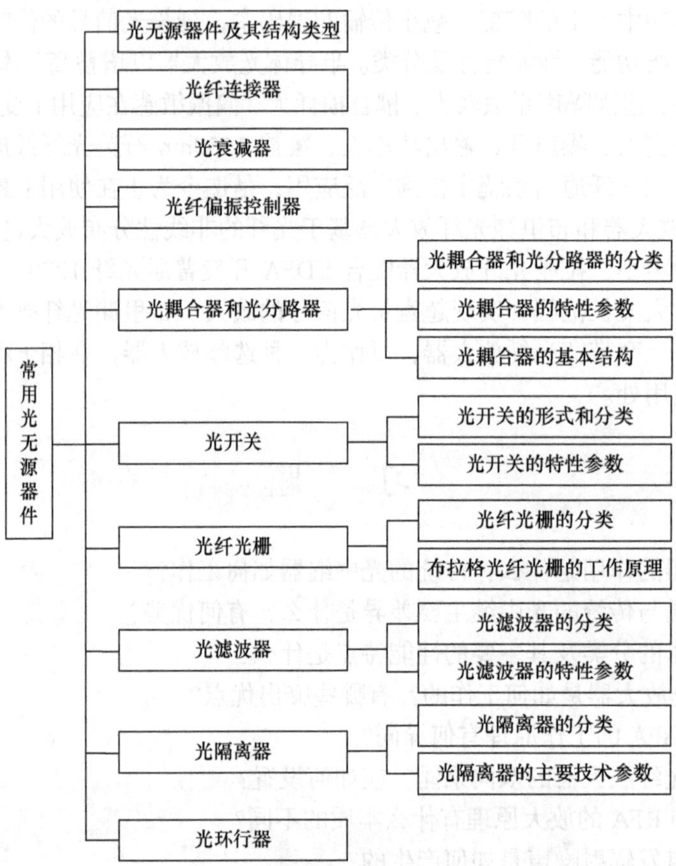

本章知识点框图

由光发射机、光中继器、光接收机和光纤便可组成一个基本的光纤通信系统，能够实现光信息的发射、传输和接收，但这样构成的基本系统功能单一、不能适应并满足应用中的众多需求。除光发射机、光中继器、光接收机和光纤外，一个完善、多功能的光纤通信系统还包括许多其他光器件，这些光器件许多属于光无源器件，它们在光通信系统中承担连接、能量衰减、连通或切断、分路或合路、反向隔离、滤波、多路复用等功能。

7.1　光无源器件及其结构类型

光无源器件指在实现自身功能的过程中无须外界提供任何能量(内部无光电能量转

换)，自身能够完成某种具体光学功能的光学元器件。光无源器件是一种能量消耗型光器件，光通过它们时均存在光能量的损失和消耗。而在实现自身功能的过程中需要外界提供能量才能正常工作(有电信号的介入)的光器件称为光有源器件，光发射机、光中继器和光接收机都是光有源器件。

光无源器件的功能是配合光有源器件满足各种具体要求，完善和丰富系统的功能，如信号的分叉、合并、隔离、提取或滤除、信道的上下与切换、光功率的衰减与分配等，是光纤通信系统的重要组成部分，也是其他光纤应用领域不可或缺的光器件。光无源器件具有高回波损耗、低插入损耗、高可靠性和稳定性、易于操作等特点，被广泛应用于光纤通信、局域网络、光传感等领域。随着功能更全、容量更大、速率更高、更灵活的光通信系统的迅速发展，光无源器件的重要性日益突显。光无源器件是这样一类光学元器件，其工作原理遵从光学的基本理论(光线理论和电磁场理论)，采用不同光学材料构造，提供具体功能的光器件。任何光器件接入光纤通信系统后均将引入插入损耗，所以光无源器件最重要的性能指标是插入损耗，典型的光无源器件有光纤连接器、光衰减器、光开关、光耦合器、光滤波器、光隔离器、光环路器、波分复用器等，它们在光纤链路中按照器件各自承担的角色分别实现连接、能量衰减、切断或连通、分路或合路、信号滤波、反向隔离、绕行、多路复用等功能。

根据器件的结构类型和工艺技术，光无源器件一般分为三大类：体块型、全光纤型和光波导型。

1. 体块型光无源器件

体块型光无源器件是由分立元件构成的光器件，也称分立元件型光器件。它属于较传统的光器件形式，随着市场的要求和技术的进步，体块型光无源器件的构成元件也在逐渐小型化和微型化。体块型光无源器件突出的缺点是体积较大、结构松散、不能直接与光纤连接(需通过耦合器)，因而稳定性和可靠性均不高，器件的损耗较大，使用不便。

2. 全光纤型光无源器件

全光纤型光无源器件的全部构件均是光纤。由于光纤是圆柱形结构，要形成并实现不同的功能，需要通过拉伸、热熔、研磨、抛光等手段对光纤进行一定的处理，如光纤型定向耦合器、光纤型滤波器等。该类光器件的优点是体积小、质量轻、结构紧凑、抗电磁干扰等，可做成“在线元件”，直接与光纤连接，因而附加损耗很小。但其缺点是整体性不高导致稳定性不足，不易控制光的偏振方向。

3. 光波导型光无源器件

光波导型光无源器件是由平面波导或条形波导制成的。由于光波导的横截面尺寸一般是几微米，所有的波导结构被制作在平方厘米量级的硅片上，该类光器件最大的优点是体积小(比全光纤型小很多)、整体性好、光损耗低，从而稳定性和可靠性都很高，同时可以抗电磁干扰，可以批量制作以降低生产成本，与光纤连接时的附加损耗也很小。

随着应用范围的扩大和功能要求的提升，以及制作工艺技术的进步和发展，部分光无源器件也在开拓功能，根据需要在结构中加入电驱动单元，一般用于控制温度或电压激励。目前，光无源器件正加速迈向以下方面。①尺寸小型化和微型化。因通信规模的迅速扩大、功能的扩展，无论在系统传输或终端用户场合，均要求光无源器件在提供高性能的功能时，尽可能减小占据的空间。②低成本。进一步降低器件的生产制作成本，规范并统一各种光器件的标准及接口，扩大兼容性。③多功能集成。功能的多元化和集中度的提高，导致对光无源器件功能的集成度进一步提高，或者一个光器件承担更多的功能，或者将多个不同光器件制作成一体，实现集成。与电集成类似，光器件的集成可以进一步减小并压缩光器件的整体尺寸，在提供多功能服务的基础上，可以降低器件生产成本，节约资源。以条形光波导为基础的集成光学理论正是在这种趋势下产生并得到迅速的发展，相应光集成技术的进步将为大规模集成光路及器件的不断发展、技术的持续创新奠定基础。

7.2 光纤连接器

光纤连接器是光纤通信系统和链路中最基本、使用频率最高、最广泛的器件。光纤连接器的功能是在必要的时候将两根光纤连接起来，形成一个整体的光通路，在把一根光纤中传输的光能量最大限度地传输(耦合)到另一根接收光纤中的同时，将自身对介入光链路或系统造成的影响降至最小。光纤连接器也称“活动接头”，由光纤插头和配套法兰座组成，如图 7.1 所示。它提供活动、可重复拆卸、简单可靠的光纤连接方式，实现光纤与光无源器件、光纤与光有源器件、光纤与系统或仪表的连接。ITU 将其定义为“用以稳定地但并不是永久地连接两根或多根光纤的无源组件”。 光纤连接器的接入不可避免地会造成一定量的光功率损耗(插入损耗)，实际应用中只是要求光纤连接器接入光纤系统后引入的插入损耗越小越好。光纤连接器的使用为网络布线、系统和光纤入户的调试、维护及管理等提供了灵活的测试切入口和可重复拆卸的光纤连接方案；尤其是在室内搭建测试链路时，会经常改变测试链路，更换测试仪器或端口，因此需要频繁地拆卸光纤，所以便利的光纤链路切换、连接方式尤其重要。

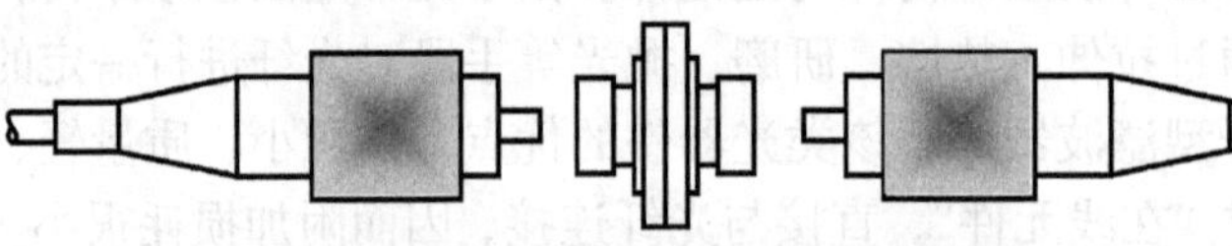

图 7.1　光纤连接器的基本结构

至今，全球范围内光纤连接器的种类和规格仍未统一，因此存在很多不同的规格型号和不同的结构。通常情况下，要求光纤连接器的插入损耗小于0.3dB，同时保证好的使用重复性，即每次拔插之后光纤连接器的插入损耗变化应小于±0.1dB。有关光纤连接的方式、光纤连接器的种类、具体的技术指标及检测等内容详见第 3 章。

7.3　光 衰 减 器

光衰减器(optical attenuator，OA)是对光功率进行调整的器件，它能在不同的使用场合衰减或降低预期的传输光功率。光衰减器主要用于以下方面：①减小富余的光功率，防止光接收机出现功率过载等。通过功率衰减将输入的光功率控制在接收机的动态范围内，避免因饱和造成信号畸变。②光系统的评估、精密测试和定标、仪器的校正。保证各个光信号间光功率的确定差异、均衡及一致性。根据不同的衰减机理，光衰减器主要分为位移型光衰减器、反射型光衰减器、吸收型光衰减器，如图 7.2 所示，此外，还有液晶型光衰减器。光衰减器对光功率的衰减方式可分为固定式、分级可变式和连续可调式。

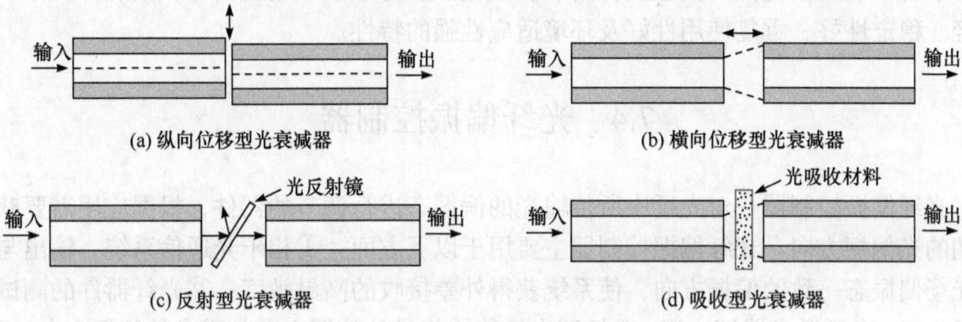

图 7.2　不同光衰减器的基本结构

1. 位移型光衰减器

采用机械调节的方式改变输入、输出两根光纤的端面间距或纤芯间的偏移距离，以此改变光纤间的耦合效率，控制输出光纤中光的传输量，实现对光纤链路的光衰减，这样产生的光衰减与波长无关。该型光衰减器有纵向位移型和横向位移型两种，如图 7.2(a)和(b)所示，衰减量的改变与位移量、光纤模场直径、纤芯直径和折射率分布等有关。这种形式的衰减器常做成在线、连续可变式光衰减器。

2. 反射型光衰减器

在输入、输出两根光纤的端面间放入反射面(具有一定透过率)，通过调整反射面的角度控制透射光的多少，达到可变衰减的目的，如图 7.2(c)所示。针对特定的工作波长，可以选择反射薄膜以增大对入射光的衰减。对于这种形式的衰减器，需要补偿透射光束在调整反射面角度的过程中发生的光束偏移，减少或避免出现衰减量的异常变化。

3. 吸收型光衰减器

在输入、输出两根光纤的端面间放入一定厚度的光吸收材料(多为吸收型玻璃片)，通过控制对光的吸收改变透射光的多少，达到衰减的目的，如图 7.2(d)所示。衰减量的改变与吸收材料的掺杂物质、掺杂的浓度、材料厚度等有关。吸收型光衰减器可以是固定衰减式(如 3dB、5dB 等)、连续可变式(衰减量在一定范围内可调)。采用中性密度滤波片制成的吸收型光衰减器，可以实现在较大的波长范围内对所有光波长具有均匀的衰减量，并且几乎不会引入偏振相关损耗。

4. 液晶型光衰减器

将液晶放入输入、输出两根光纤的端面间，利用液晶材料源自其各向异性特性产生的双折射效应，通过对液晶施加外电场，使液晶分子的排列取向发生改变而导致其透射光强度产生变化，以此实现对入射光的衰减。液晶型光衰减器可制成有源、连续可变的光衰减器，液晶光衰减器能实现精确的衰减量控制、偏振相关损耗小，但插入损耗大。

通常情况下，一个理想的光衰减器不改变被衰减信号的其他特性，应无波长、偏振依赖性，或在特定的波长范围内对光功率具有一个稳定的衰减量。对光衰减器的主要技术要求有：插入损耗低、回波损耗高、衰减线性度好、衰减精度高等，具有体积小、重量轻、稳定性好、重复使用性好及环境适应性强的特性。

7.4　光纤偏振控制器

光纤偏振控制器是对光纤中所传输光的偏振态进行调节的器件，根据应用需要获得预期的光偏振方向。光纤偏振控制器主要用于以下方面：①相干光通信系统，输出与本征光场偏振态一致的偏振方向，使系统获得外差接收的高灵敏度；②光纤器件的测试，光纤传感、光纤激光器等应用，既保证光纤传输信号的偏振方向与需求的偏振方向一致，又获得特定偏振方向较高的光功率和高的测量灵敏度。根据不同的控制机理，光纤偏振控制器主要有旋转光纤线圈型偏振控制器和保偏光纤型偏振控制器等。

1. 旋转光纤线圈型偏振控制器

旋转光纤线圈型偏振控制器是一种结构简单、目前使用较广的偏振控制器，它通常由三个绕有光纤的圆盘(也有双圆盘结构)固定在基座上成一条直线排列，各圆盘彼此独立，可各自绕直线(轴)旋转，其结构如图 7.3 所示。它利用光弹效应改变光纤中的双折射，实现对光纤中光波偏振态的控制，具有低插入损耗、高回波损耗、宽波长工作范围、低成本的特性。

图 7.3　典型三圆盘旋转光纤线圈型偏振控制器

当光纤在一个平面(设为 x-z 面)内弯曲时，光纤弯曲产生截面应力的变化，由于光弹效应引起光纤的折射率发生改变，在 x 和 y 方向石英光纤的折射率变化之差为

$$\delta n=\Delta n_x-\Delta n_y=-\left(\frac{a}{R}\right)^2 \tag{7.1}$$

式中，Δn_x 和 Δn_y 分别是在 x 和 y 方向折射率的变化；a 是单模光纤半径；R 是光纤的弯曲半径。快轴位于弯曲平面内，慢轴垂直于弯曲平面。从而在 x 和 y 方向产生的总位相差为

$$|\delta n|2\pi NR=\frac{\lambda}{m},\ \ m=1,2,\cdots \tag{7.2}$$

式(7.2)表明，光弹效应引起的双折射相位差取决于光纤的半径、光纤的弯曲(环绕)半径和光波长，以及光纤的缠绕圈数 N。恰当地选择光纤的弯曲半径及缠绕的圈数，可以在光纤中的两个偏振态间引入确定的总相位改变，如 $\lambda/2$、$\lambda/4$ 等，让一根弯曲的光纤起到半波片、四分之一波片的效果，用以改变通过光的偏振方向。

对于图 7.3 所示的旋转光纤线圈型偏振控制器，它通过将单模光纤缠绕在三个可独立旋转的圆盘上，由应力产生的双折射使这三个圆盘分别等效为 $\lambda/4$、$\lambda/2$、$\lambda/4$ 三个波片，光纤的快轴位于圆盘的平面内，慢轴垂直于圆盘平面。绕直线轴转动圆盘平面便改变了光纤中双折射轴主平面的方向，等同于转动波片的偏振轴方向。因此，分别独立转动 3 个圆盘不同角度，光通过光纤经过 $\lambda/4$ 波片后转换为线性偏振光，然后由 $\lambda/2$ 波片调整偏振方向，再经由 $\lambda/4$ 波片将线性偏振光的偏振状态变成任意的偏振态(线性偏振态、圆偏振态或椭圆偏振态之间的转换)，最终实现改变并控制单模光纤中传输的光的偏振态。

2. 保偏光纤型偏振控制器

保偏光纤型偏振控制器是利用高双折射的保偏光纤，借助光纤包层中存在的消逝场作为通道，将保偏光纤中的两个偏振分量之一通过消逝场耦合泄漏出去(增大一个偏振分量的损耗)，让另一个偏振分量尽可能多地留在光纤中传输，从而光纤末端输出的便是线性偏振光。典型结构如图 7.4 所示，将保偏光纤的包层磨去一部分形成 D 形截面，经研磨抛光的包层平面与光纤芯留有一定的厚度，然后在平面上真空蒸镀一薄金属层(如 Al)。当光纤中的两个相互正交的偏振分量通过平面包层区域时，彼此经历的损耗不同，电场方向垂直于光纤的磨抛平面的偏振分量被金属层强烈吸收(形成表面波泄漏)，电场方向在磨抛面内的偏振分量几乎无损耗地通过，光纤中留下单一的偏振分量。通过

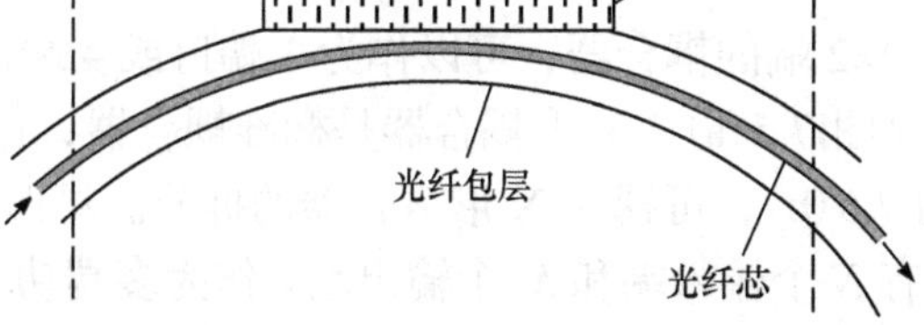

图 7.4　典型保偏光纤型偏振控制器结构示意图

控制 D 形截面处的残留包层厚度及适当的金属膜层，可使保偏光纤型偏振控制器的消光比达 40dB，插入损耗小于 1dB。

7.5　光耦合器和光分路器

光耦合器(optical coupler)是在特殊区域发生耦合，将多个同波长的光信号(多路)汇合成一路(合路、合波)输出的光器件，光分路(分束)器(optical splitter)则是将一个(路)信号分至多个端口输出的光器件。根据光传播的可逆性原理，一个光耦合器反过来逆向使用便成为一个光分路器。光耦合器和光分路器都是用于实现光信号合路/分路的光器件，是光纤链路中重要的光无源器件。它们常用于电信网络、有线电视网络、局域光网络中将光信号进行合路(合并)、分路(分支)或插入，实现光信号功率在不同通道或光纤间的组合或分配。光耦合器和光分路器接入光纤链路后将引起插入损耗，以及附加的反射和串扰噪声。

7.5.1　光耦合器和光分路器的分类

光耦合/分路器的种类很多，根据端口形式划分，可划分为 X 形(2×2)耦合器、Y 形(2×1)耦合器、星形($N \times M$，$M>N>2$)耦合器以及树形($1 \times N$，$N>2$)耦合器，如图 7.5 所示。按光纤传导模式的数量划分，可分为多模光耦合/分路器和单模光耦合/分路器。按工作带宽划分，可分为单工作窗口的窄带光耦合/分路器、单工作窗口的宽带光耦合/分路器、双工作窗口的宽带光耦合/分路器。按器件结构划分，可分为分立光学元件型、光纤型和光波导型。

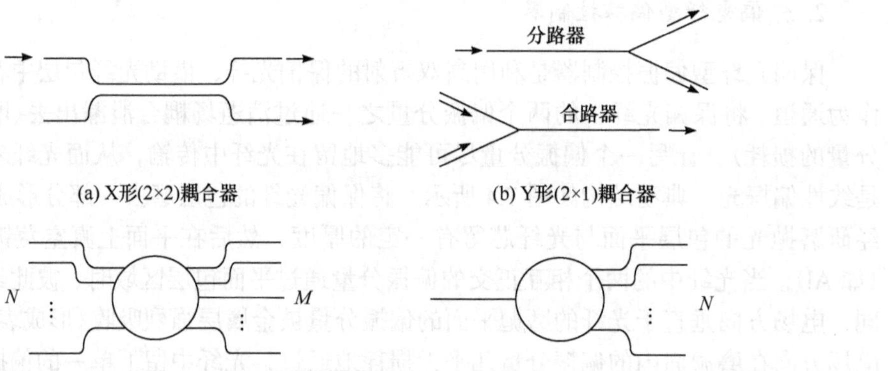

图 7.5　光耦合/分路器的端口种类

X 形耦合器是一个 2×2 端的耦合器，可以作为 3 端口或 4 端口耦合，分别用以分路或合路(1×2 或 2×1)，见图 7.5(a)。Y 形耦合器是标准耦合器，作为 2×1 或 1×2 的合路器或分路器使用，见图 7.5(b)，可视为 X 形耦合器的拆分。星形耦合器是 $N \times M$ 端口耦合器，见图 7.5(c)，具有 N 个输入端和 M 个输出端。作为多端功率分配器，一类星形耦合器是双向器件，它把 N 个输入端口的光功率合在一起后再分给 M 个输出端口，器件可以从两个相反的方向输入光；另一类星形耦合器是非双向器件，器件不是从所有的输入口获取信号并将取得的输入信号分配到所有的输出端，而是输入端与特定的输出端一一对应，不进行光的分配。树形耦合器是 1×N 端口耦合器，它可将一个输入端的光功率平均分配给 N 个输出端，作为单端功率分配器，见图 7.5(d)。除同一波长的光功率分配功能外，当耦合器用以不同波长间的分路、合路以及分波长的光功率分配时，这种与光波长相关的耦合器称为光复用器与解复用器。

7.5.2　光耦合器的特性参数

一个 $N \times M$ 端口的星形耦合器的技术参数如下，具体的计算以一个 2×2 端口的耦合器为例，见图 7.6。

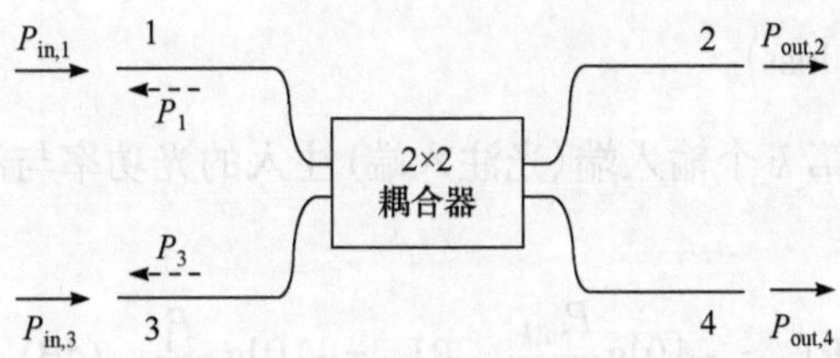

图 7.6　X 形耦合器输入/输出端口的功率标识

1. 插入损耗

插入损耗定义为通过耦合器的第 k 个输出端相对于第 i 个输入端产生的光损耗，用 dB 表示为

$$\mathrm{IL}_{ik} = -10\lg\frac{P_{\mathrm{out},k}}{P_{\mathrm{in},i}},\quad \mathrm{IL}_{12} = -10\lg\frac{P_{\mathrm{out},2}}{P_{\mathrm{in},1}} \quad (\mathrm{dB}) \tag{7.3}$$

式中，$P_{\mathrm{in},i}$ 是第 i 个输入端口的注入光功率；$P_{\mathrm{out},k}$ 是第 k 个输出端口的输出光功率。

2. 附加损耗(excess loss)

附加损耗定义为所有输出端口的光功率总和 $P_{\mathrm{out},t}$ 相对于输入端口的光功率总和 $P_{\mathrm{in},t}$ 的光功率减少，用 dB 表示为

$$L_{\mathrm{E}} = -10\lg\frac{P_{\mathrm{out},t}}{P_{\mathrm{in},t}} = -10\lg\left(\frac{\sum_{j=1}^{M} P_{\mathrm{out},j}}{\sum_{j=1}^{N} P_{\mathrm{in},j}}\right) = -10\lg\left(\frac{P_{\mathrm{out},2}+P_{\mathrm{out},4}}{P_{\mathrm{in},1}+P_{\mathrm{in},3}}\right) \quad (\mathrm{dB}) \tag{7.4}$$

对于光纤耦合器，附加损耗是体现器件制造工艺质量的指标，反映的是器件制作过程的固有损耗，是器件制作质量优劣的考核指标，附加损耗越小越好。而插入损耗则仅表示各个输出端口的输出功率状况，不仅有固有损耗的因素，更考虑了分光比的影响。因此，不同种类的光纤耦合器之间，插入损耗的差异并不能反映器件制作质量的优劣，这是与其他光无源器件的不同之处。

3. 方向性(directivity)

方向性定义为由指定的第 k 个输入端(非注入端)的输出的光功率相对于第 i 个输入端(注入端)的光功率损耗，用 dB 表示为

$$D_{ik} = -10\lg\frac{P_{\text{in},k}}{P_{\text{in},i}},\quad D_{12} = -10\lg\frac{P_3}{P_{\text{in},1}}\quad (\text{dB}) \tag{7.5}$$

式中，$P_{\text{in},i}$ 是第 i 个输入端口注入的光功率；$P_{\text{in},k}$ 是第 k 个输入端口输出的光功率。耦合器的方向性反映在输入端口一侧非注入光的端口出现的光输出情况，即对一个端口输入信号因散射或反射回到另一个输入端口的光功率间的隔离度(光功率由注入端泄漏到其他输入端口)。

4. 回波损耗(return loss)

回波损耗定义为由第 k 个输入端(光注入端)注入的光功率与沿同一端返回的光功率之比，用 dB 表示为

$$\text{RL}_k = -10\lg\frac{P_{\text{ba},k}}{P_{\text{in},k}},\quad \text{RL}_1 = -10\lg\frac{P_1}{P_{\text{in},1}}\quad (\text{dB}) \tag{7.6}$$

式中，$P_{\text{in},k}$ 是第 k 个输入端口注入的光功率；$P_{\text{ba},k}$ 是沿第 k 个输入端口返回的光功率。回波损耗反映背向反射对各输入端口的影响。

5. 均匀性(uniformity)

均匀性定义为在器件的工作带宽范围内，各个输出端口(第 k 个)输出的最大光功率与最小光功率之比，用 dB 表示为

$$U_k = -10\lg\frac{\min(P_{\text{out},k})}{\max(P_{\text{out},k})},\quad U_2 = -10\lg\frac{\min(P_{\text{out},2})}{\max(P_{\text{out},2})}\quad (\text{dB}) \tag{7.7}$$

对于要求均匀分光的耦合器(主要是星形器件和树形器件)，因在制作过程中不可避免地存在工艺误差，将导致输入光功率在输出端不能均匀分配，一般用均匀性衡量各不同输出端口的分配均匀程度。

6. 分光比(coupling ratio)

分光比定义为第 k 个输出端口输出的光功率与所有输出端口的输出总功率之比，用百分数表示为

$$\text{CR}_k = \frac{P_{\text{out},k}}{\sum_{j=1}^{N} P_{\text{out},j}} \times 100\%,\quad \text{CR}_2 = \frac{P_{\text{out},2}}{P_{\text{out},2} + P_{\text{out},4}} \times 100\% \tag{7.8}$$

分光比是光耦合器的特有参数，用以衡量各输出端口的输出光功率比值。例如，一个 Y 形分路器 1：1 或 50：50 表示两个输出端口输出的光功率相等(均分)，应用中常需

要具有不同分光比的耦合器。光分路器的分光比与传输光的波长有关，例如，一个光分路器在传输 1310nm 的光时，两个输出端得到的分光比为 50 : 50；但改为传输 1550nm 的光时，则分光比将改变，可能变为 30 : 70 或其他。

7. 隔离度(isolation)

隔离度定义为某一光路输出端 k 测到的其他光路信号的功率值与被检测信号的输入功率之比：

$$I = -10\lg\frac{P_k}{P_{\text{in}}} \quad (\text{dB}) \tag{7.9}$$

式中，P_{in} 是被检测信号的输入光功率；P_k 是某一光路输出端测到的其他光路信号的光功率值。隔离度衡量光分路器的某一光路对其他光路中的光信号的隔离能力，隔离度高意味着线路间的串话小。隔离度更多地应用在复用器上反映器件对不同波长信号的分离能力。相对而言，隔离度对于光分路器的意义更为重大，实际应用中往往需要器件的隔离度达到 40dB 以上，否则将会影响整个系统的性能。合波器对隔离度的要求则要低许多，20dB 左右将不会给整个系统的性能带来不利影响。

7.5.3　光耦合器的基本结构

在用光耦合器实现光信号功率在不同通道间的分配或组合过程中，早期采用的器件结构是微光学器件型，直接将大尺寸的分立光器件小型化、微型化，以减小器件的整体体积和质量，提高器件的工作稳定性并降低生产成本。随着技术的进步和制造工艺的提高，光耦合器发展到波导型和光纤型，光耦合器的功能逐渐多样化，器件的性能和集成度进一步提高，成本大幅度降低。

1. 光波导型

光波导型(waveguide)光器件是利用平面介质光波导制作的集成光学器件。它采用化学气相沉积等方法先将 SiO_2 薄膜沉积在硅衬底上形成平面光波导结构，借助掩膜通过紫外曝光和光刻工艺将设计在掩膜上的所需图样转移到 SiO_2 薄膜上，最终在 SiO_2 介质膜上形成具备特殊功能的条形光波导器件(如耦合器、分路器、波分复用器等)，并实现多个器件或功能模块的集成，图 7.7 所示为条形光波导耦合器/分路器。光波导型光器件具有体积小、光损耗低、力学性能及环境稳定性好、可靠性高、工作波长范围宽，以及制作的耦合器的分光均匀性好等优点，特别适用于无源光网络中连接局端和终端设备并实现光信号的分路。目前应用较多的 $1\times N$ 和 $2\times N$ 光波导分路器可将光信号均匀地从单个或双个进口分给多个输出口，或反向工作将多个光信号汇入单根或双根耦合光纤中。

如图 7.7(a) 所示的条形光波导 X 形耦合器，其主要结构是两条相距很近(波长量级)、完全相同的平行直波导(承担相互间光耦合功能)，四条弯曲的分支波导将两平行直波导的间距拉开至足够的距离，方便在端口与光纤进行耦合(有足够的空间)。外界输入光由光纤 1 耦合进入波导 1 后，在通过直波导部分时，两条相距足够近的直波导由于消逝场的作用，它们之间会发生光能量的交换(波导耦合)。波导 1 借助耦合可以将自己

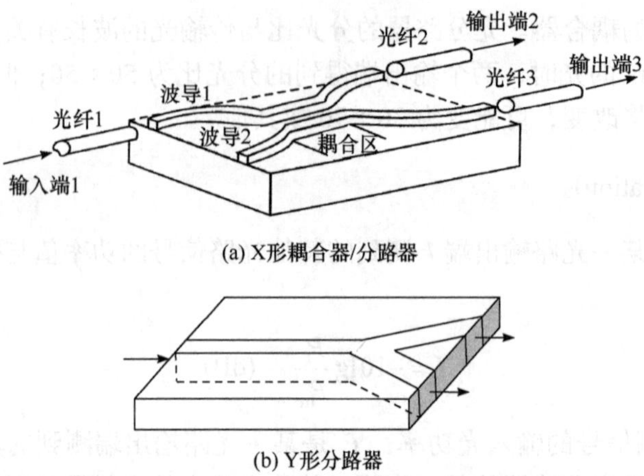

(a) X形耦合器/分路器

(b) Y形分路器

图 7.7　典型集成光波导耦合器和分路器

的部分光能量转移至波导 2 中由光纤 3 输出，剩余的光能量继续由光纤 2 输出，因此，波导 1 和波导 2 中的光功率便随光在直波导中的传输距离(耦合距离) z 呈周期性变化，如图 7.8 所示。当波导 1 中的光功率完全转移至波导 2 中时，光所通过的直波导长度称为耦合长度，其大小依赖于介质波导的材料和直波导的间距。

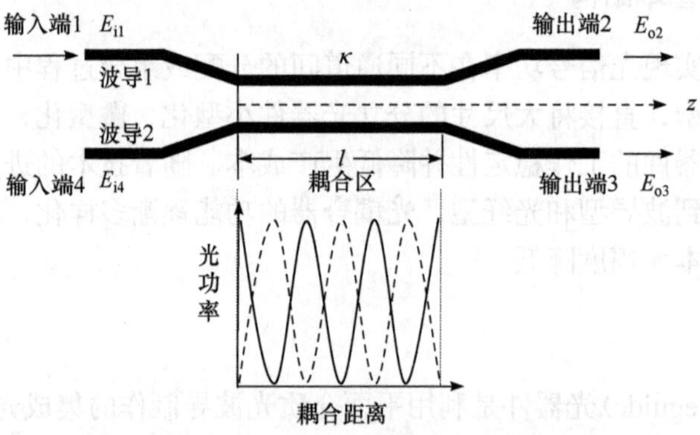

图 7.8　定向光波导耦合/分路原理

当耦合进入波导 1 和波导 2 的光振幅分别为 E_{i1} 和 E_{i4} 时，则从输出端 2 和 3 输出的光场分别为

$$\begin{cases} E_{o2} = E_{i1}\cos\kappa z - jE_{i4}\sin\kappa z \\ E_{o3} = E_{i4}\cos\kappa z - jE_{i1}\sin\kappa z \end{cases} \tag{7.10}$$

若输入端 4 无光输入(光仅从波导 1 注入)，则 $E_{i4} = 0$，输出端的光功率为

$$\begin{cases} P_2 = |E_{o2}|^2 = |E_{i1}|^2\cos^2\kappa z \\ P_3 = |E_{o3}|^2 = |E_{i1}|^2\sin^2\kappa z \end{cases} \tag{7.11}$$

式中，E_{o2} 和 E_{o3} 分别是波导 1 和波导 2 在输出端(输出端 2 和输出端 3)的光振幅；κ 是直波导间的耦合系数。

式(7.11)表明，输出端 2 和输出端 3 输出的光功率均是以耦合长度为周期发生变化，当波导 1 中的光功率逐渐降低时，波导 2 中的光功率逐渐增加，直至波导 1 中的光功率为零，波导 2 中的光功率达到最大，完成光能量全部从波导 1 转移至波导 2；随着光的继续前行，两波导间的光功率交替相互转移。合理选择光波导的结构参数(材料、波导形状及间距等)，并调整直波导长度，能改变分别由波导 1 和波导 2 输出的光功率大小，做到输入光仅从一输出端输出(输出端 2 或输出端 3)，或者两输出端口平均分配 50∶50，或按比例分配输出量，最终实现波导分支分配光的功能。

2. 光纤型

光纤型光耦合器的工作原理也和光波导型耦合器类似，通过靠得足够近的光纤间的消逝场作用，发生彼此间的光能量转移(光纤耦合)。具体将两根除去涂覆层的光纤经研磨拼接或烧熔在一起，见图 7.9(a)和(b)；两根或多根除去涂覆层的光纤以一定的顺序靠拢排列，采用熔融拉锥法在高温加热下熔融，同时向两侧拉伸，使纤芯聚合一起，起到光耦合作用，最终在加热区形成双锥体形式，如图 7.9(d)所示；它们以这样的特殊波导结构使纤芯彼此靠近形成耦合区，将一根光纤内的光能量重新分配到不同的光纤中，制作出的成品实物如图 7.9(c)所示。光纤从一根耦合到另一根光纤的光功率取决于光纤的纤芯间距、光纤的直径、工作波长及耦合区的长度。工作波长确定后，通过控制光纤扭转的角度和拉伸的长度，可获得不同的分光比例，完成后把拉锥区用固化胶固化在石英基片上形成全光纤型的光合路/分路器。熔锥光纤型耦合器具有制作方法简单、成本低、容易与外部光纤连接为一体、耐机械振动等优点，是当前用光纤制作光耦合器的主要方法。

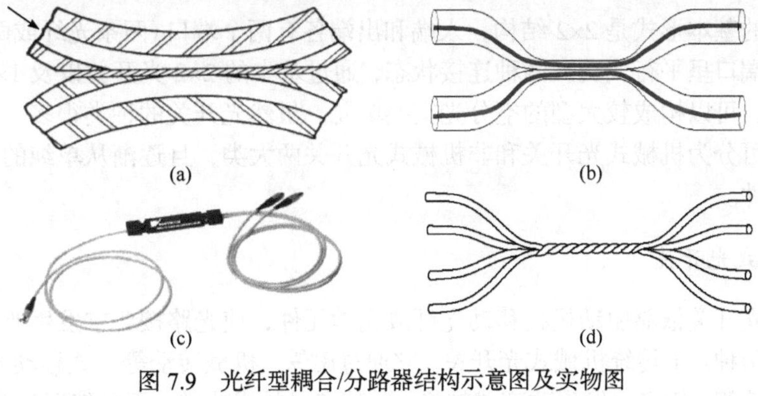

(a)　(b)　(c)　(d)

图 7.9　光纤型耦合/分路器结构示意图及实物图

3. 微光学器件型

微光学(micro optics)器件型光耦合/分路器是通过将微型化的分立光学元件(反射镜、柱透镜、棱镜等)与光纤进行组合、拼接等，实现具体的合路、分路等功能，如图 7.10 所示。这样的器件工作原理简单、直观，易于控制光的偏振状态，但器件尺寸与波导型、光纤型相比很大，并且插入损耗较大、稳定性和可靠性较低，与光纤不易耦合。

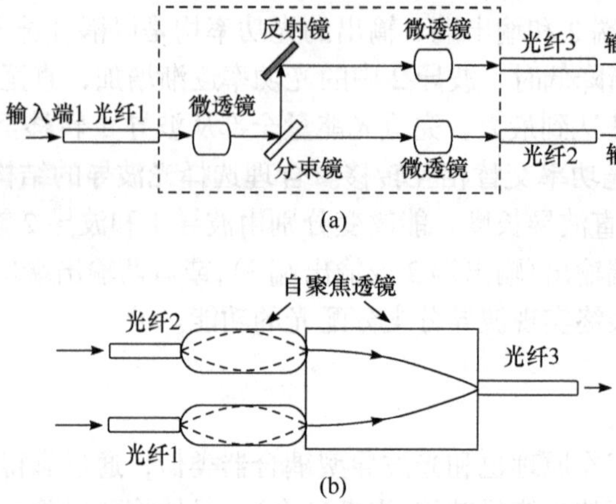

图 7.10　微光学器件型耦合器结构示意图

7.6　光　开　关

光开关是一种具有一个或多个可选的传输端口，对光传输线路中的光信号进行切换或逻辑操作的光学器件。它在光层面实现信道转换、波长选择、光分插复用等功能，在光纤通信网络、光纤及光集成测量系统中具有重要且广泛的应用。光开关的端口指允许光输入或输出的光接口。

7.6.1　光开关的形式和分类

光开关的基本形式是 2×2 结构，入端和出端各有两个端口(两条光纤或两条波导)，入端口和出端口呈平行或交叉两种连接状态，通过基本的 2×2 光开关以及 1×2 光开关的级联、组合，可以构成较大型的空分光交换单元。虽然光开关的种类很多，根据其工作形式光开关可分为机械式光开关和非机械式光开关两大类，且逐渐从单纯的无源器件演变成有源器件。

1. 机械式光开关

机械式光开关依靠驱动机构移动光纤或光学元件，使光路按要求发生改变和切换。它包括以下两种。①传统机械式光开关。它通过磁铁、机械转动等方式移动光纤、套管、反光镜或棱镜等，使光路发生改变或转换。其特点是技术成熟、不受偏振和波长的影响、器件插入损耗较低(≤ 2dB)、隔离度高(>45dB)；缺陷在于体积较大、开关速度不高(毫秒量级)、光路转换重复性较差并存在回跳抖动，难以满足高速、大容量光传输网络的发展需求，应用受到限制。②微机电式光开关系统(micro-electro-mechanical system，MEMS)。它基于半导体微细加工技术，将微光学元件、微驱动及机械结构制作在同一半导体衬底上，形成电、机械和光集成芯片，利用热力、磁力或静电等效应产生驱动力，在电信号的作用下，以微小的移动和旋转改变或切换光路，实现开关功能。它既有传统机械式光开关低插入损耗、高隔离度、低偏振敏感的优点，又有体积小、集成度高、消光比高、开关速度快(可达微秒量级)的优势，已成为目前光交换器件的主流之一。

2. 非机械式光开关

非机械式光开关依靠电光效应、磁光效应、声光效应以及热光效应，采用光波导结构制成。它通过这些效应来改变开关器件的结构参数——波导的折射率，最终实现改变或传输光路的路径。由于这类光开关最大的优点是开关速度快(可达毫微秒甚至皮秒)，集成度高，适应高速信息传输、集成光交换的发展需求，近年来成为研究发展的热点，获得广泛关注。但它的缺陷是插入损耗较大、隔离度低(串扰大)。

(1) 电光开关(electro-optic switch，EOS)。电光开关利用电光效应，由电极给波导或电光晶体施加电场，通过电场的作用改变波导材料或电光晶体的折射率和光的相位。例如，借助光的干涉效应的光波导开关，如图 7.11(a) 所示，在没有额外相位存在时，两分支汇合后在输出端干涉后功率极大(相位差为零)，当在一个波导分支上由施加的电场引入恰当的额外相位变化后，在输出端的干涉从原来的干涉极大转变成干涉极小(两分支波导相位差为 π/2)，从而输出端的光强度突变(亮变暗、暗变亮)，达到光开关或光交换的目的。电光开关的速度很快，通常为纳秒量级，可达数百皮秒，消光比较高(一般大于 500 : 1)，已成为光通信领域的主流光开关、光调制器件。

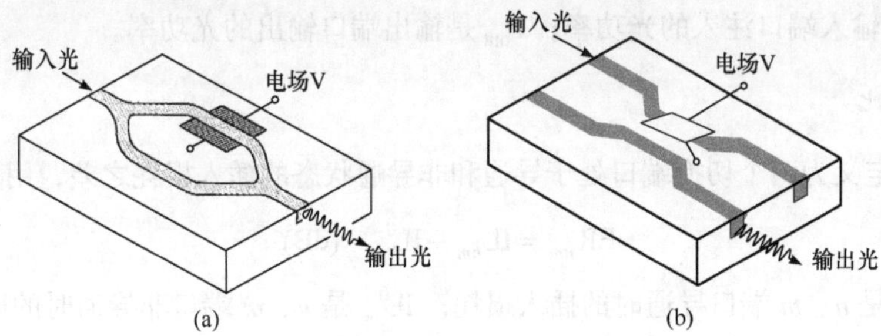

图 7.11　电光开关和热光光开关的原理示意图

(2) 声光光开关(acousto-optic switch，AOS)。声光光开关利用声光效应，当超声波通过透明介质时，引起介质的折射率发生随时间和空间的周期性变化，形成等效的相位光栅(光栅常数等于声波波长)，导致通过的光束发生声光衍射，其强度、频率、方向等都随着超声波场而变化，由此可实现对通过介质的光进行控制，制成光开关。声光光开关的速度较快(可达数百纳秒)，消光比高(一般大于 1000 : 1)，体积小，温度稳定性较好。

(3) 磁光光开关(magneto-optic switch，MOS)。磁光光开关利用法拉第磁光效应，当平面偏振光通过放置于外磁场中的磁光晶体后，偏振光的偏振方向发生改变(旋转)，旋转角度的大小与磁场强度和晶体厚度成正比。对一定厚度的磁光晶体，通过控制磁场大小可达到光路切换和开关的作用，磁光光开关具有非互易性且开关速度快(通常为几十微秒)、串扰小、稳定性高等优点，在高速光通信网络、传感探测领域的调制器、光交叉连接器、稳态开关等方面有重要的应用。

(4) 热光光开关(thermo-optic switch，TOS)。热光光开关基于热光效应，利用金属电极通电加热的方式，使介质材料局部受热改变温度而导致介质材料的折射率变化。典型的器件结构为马赫-曾德尔干涉型或定向型光波导(玻璃、聚合物等)，如图 7.11 所示，通过电场诱导介质材料的折射率改变引起的光相位变化，产生干涉后输出光的明、暗改变；或者通过加热定向光波导的一个波导，引起主波导与需要的分支波导间发生光耦合，最终实现开关的功能，见图 7.11(b)。干涉型或定向型光波导光开关在波导上蒸镀金属薄膜层加热，整体结构紧凑，功耗小，热光开关的速度稍慢(一般数百微秒)，热光技术一般用于制作速度不高的小型光开关。

7.6.2　光开关的特性参数

评价光开关光学性能的特性参数主要有插入损耗、消光比、开关时间、回波损耗、隔离度等。部分参数的定义与其他光器件相同，有的参数则是光开关特有的。

1. 插入损耗

插入损耗定义为光开关输入端口和输出端口间产生的光功率损耗，用 dB 表示为

$$\mathrm{IL} = -10\lg\frac{P_{\mathrm{out}}}{P_{\mathrm{in}}} \quad (\mathrm{dB}) \tag{7.12}$$

式中，P_{in} 是输入端口注入的光功率；P_{out} 是输出端口输出的光功率。

2. 消光比

消光比定义为两个切换端口处于导通和非导通状态的插入损耗之差，用 dB 表示为

$$\mathrm{ER}_{nm} = \mathrm{IL}_{nm} - \mathrm{IL}_{nm}^{0} \quad (\mathrm{dB}) \tag{7.13}$$

式中，IL_{nm} 是 n、m 端口导通时的插入损耗；IL_{nm}^{0} 是 n、m 端口非导通时的插入损耗。

3. 开关时间

开关时间定义为开关端口从某一初始状态转为通或断所需的时间，时间从在开关上施加或者撤去转换能量的时刻起计时。

4. 回波损耗

回波损耗定义为从输入端(光注入端)返回的光功率与注入的光功率之比，用 dB 表示为

$$\mathrm{RL} = -10\lg\frac{P_{\mathrm{ba}}}{P_{\mathrm{in}}} \quad (\mathrm{dB}) \tag{7.14}$$

式中，P_{in} 是输入端口注入的光功率；P_{ba} 是沿输入端口返回的光功率。

5. 隔离度

隔离度定义为两个相隔离光路输出端口的光功率之比，用 dB 表示为

$$I_{n,m} = -10\lg\frac{P_{\text{in}}}{P_{\text{im}}} \quad \text{(dB)} \tag{7.15}$$

式中，n、m 为光开关的两个隔离端口，$n \neq m$ ；P_{in} 是光从 i 端输入时在 n 输出端输出的光功率；P_{im} 是光从 i 端口输入时在 m 输出端口测得的光功率。

7.7 光纤光栅

光纤光栅是这样一种特殊光纤，其纤芯轴向具有一定长度的周期性变化结构(如折射率)。光通过这种周期性折射率变化的光学介质(空间相位光栅)时，其相位会发生周期性变化。所以，当宽带光(多波长)进入光纤光栅时，传输的光在周期性变化折射率的扰动下发生模式耦合，某些或某个特定波长的光将被反射回去而不能顺利通过光纤，其他波长的光能顺利通过。光纤光栅的作用实质上是在纤芯内形成一个窄带的(透射或反射)滤波器或反射镜，能够实现波长选择或滤除等多种滤波、光分插复用、光交换、光纤放大器的增益平坦、色散补偿等功能，它是20世纪90年代兴起的新型光纤器件。光纤光栅具有带宽范围大、附加损耗小、体积小、易于与其他光纤器件熔合或耦合等特点，在广泛使用中已成为光纤通信系统中最具实用价值的无源光器件；由于光纤光栅的谐振波长对多种物理参量(应变、压力、温度、折射率等)的变化敏感，光纤光栅已在光纤传感、光纤激光器色散补偿等很多领域取得卓有成效的应用成果。

7.7.1 光纤光栅的分类

光纤光栅根据不同的标准有不同的分类，通常情况下按照光栅周期的长短不同分为两大类，一类是短周期光栅(周期 Λ<1μm)，也称布拉格光栅或反射光栅；另一类是长周期光栅(周期为几十至几百微米)，又称透射光栅。进一步结合光栅折射率的调制强度(弱折射率调制或强折射率调制)、周期的均匀性(均匀或非均匀周期)、结构(光栅平面是否与光纤芯轴有倾角)等参数，可以制备出满足各种特殊用途的光纤光栅。

1) 均匀光纤光栅(uniform fiber grating)

光栅的周期和折射率变化(调制强度)为常数，周期一般为0.1μm量级，属于短周期。均匀光纤光栅是反射式的光栅，它可将入射光中某一确定波长的光反射，反射率很高，且反射带宽窄。均匀光纤光栅是最常见的光纤光栅，它被广泛应用于光纤滤波器、光纤激光器、光波分复用器/解波分复用器，以及光纤传感器中。

2) 啁啾光纤光栅(chirped fiber grating)

光栅的折射率变化或周期变化沿光纤轴向逐渐变大(小)，是在均匀光栅基础上对折射率变化正弦函数进行相位调制，使得光栅周期线性增大，产生啁啾，从而引入色散和展宽带宽。啁啾光纤光栅主要用于波分复用系统的色散补偿器、光纤放大器、脉冲压缩和放大及光纤传感器。

3) 闪耀光纤光栅(blazed fiber grating)

闪耀光纤光栅又称倾斜光纤光栅，其光栅平面(光栅条纹)与光纤轴向成一夹角。因此，除具有均匀光纤光栅的反向耦合特点外，它可以通过倾斜的光栅平面，将部分入射光耦合到包层中。但闪耀光纤光栅的反射率随倾斜角的增大而迅速降低，主要用于耦合器、光放大器。

4) 长周期光纤光栅 (long period fiber grating)

长周期光纤光栅指均匀长周期光纤光栅，其周期一般为 100μm 量级。当光在一定波长范围内入射时，它能使光纤中传输的纤芯导模与包层模耦合，产生导模损耗而后向反射非常小 (< −80dB)。长周期光纤光栅主要用于透射型带阻滤波器、模式转换器、增益平坦器，以及微弯传感器和折射率传感器。均匀光纤光栅和长周期光纤光栅之间的特性差异较大，一个是反射型，插入损耗较大；另一个是透射型，插入损耗小。

通常情况下，未特别明确分类的光纤光栅常指弱折射率调制、均匀的短周期光纤光栅。

7.7.2　布拉格光纤光栅的工作原理

光纤光栅的制备是利用光纤材料的光敏性，通过强紫外光的照射，在光纤纤芯内产生折射率的周期性变化。具体实施时还采取光纤掺杂(如锗、锡、硼等)和低温高压载氢等手段提高光纤的光敏性，进一步增大紫外光照射后材料折射率的改变量，配合使用由 KrF、ArF 准分子激光器或其他紫外激光器输出的短波长紫外光，使产生的折射率变化可达 10^{-3}。同时借助全息干涉、相位掩膜等方法形成相干周期性图案，纤芯材料在具有周期性图案的强紫外光照射(曝光)下，受光照射部分(明条纹)的纤芯折射率获得永久增大，无光照射部分(暗条纹)的纤芯折射率维持不变，从而纤芯沿轴向根据曝光图案被引入周期性的折射率改变，产生固定的折射率调制，形成永久性的相位光栅，见图 7.12。光纤中经紫外曝光产生的折射率改变量与照射光波长、光纤类型、纤芯掺杂水平等诸多参数有关。

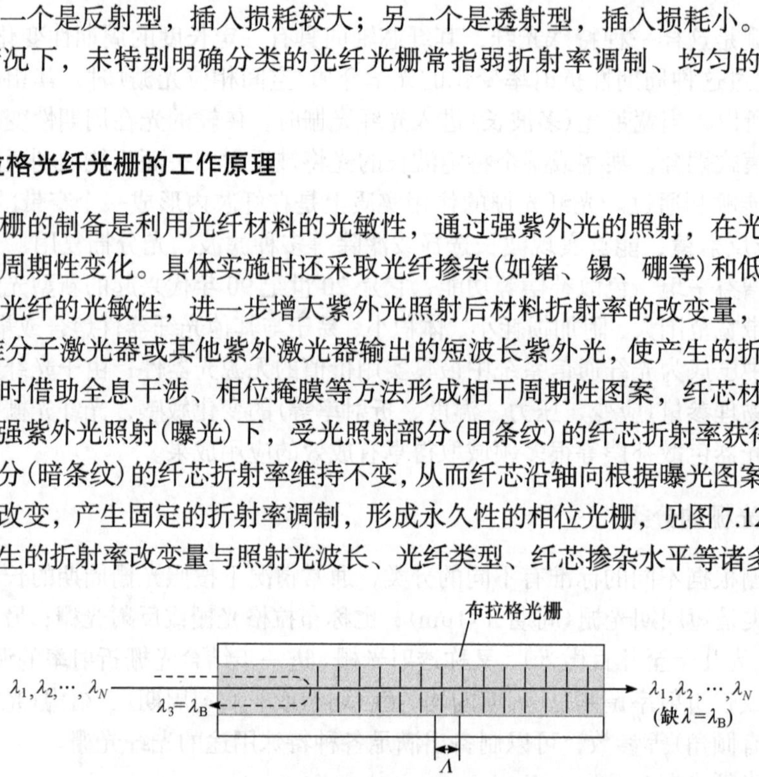

图 7.12　光纤光栅的结构和原理示意图

布拉格光栅 (Bragg fiber grating) 是短周期、均匀的光纤光栅，是光纤光栅的最简单、最基本的结构。光栅折射率的周期性变化，引起光纤中不同模式间的耦合，产生能量交换。取决于这些模式受周期性结构影响的相位是否匹配，入射模式的能量既可以被耦合给反向传输的模式，也可以耦合给向前传输的模式。根据衍射理论，入射光以角 θ_1 入射光栅后，若相位满足干涉极大的光以角 θ_2 方向从光栅的另一边衍射，如图 7.13 所示，θ_1 和 θ_2 满足布拉格衍射方程：

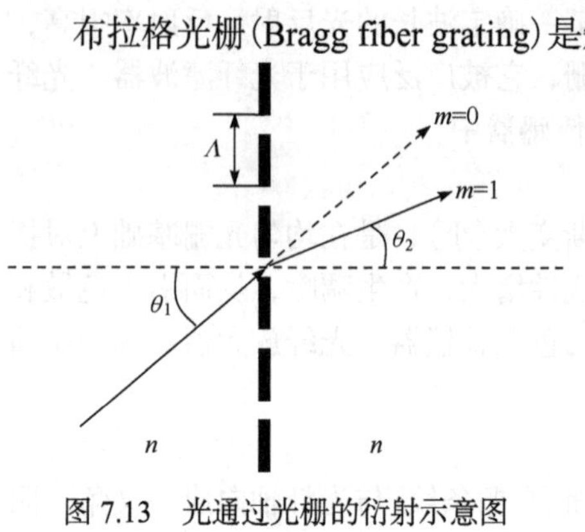

图 7.13　光通过光栅的衍射示意图

$$n\sin\theta_1 - n\sin\theta_2 = m\frac{\lambda}{\varLambda} \tag{7.16}$$

式中，n 是介质的折射率；m 是衍射级次；λ 是入射光波长；$\varLambda$ 是光栅的周期。在光经光纤入射时，n 便是纤芯的折射率，则光纤中传导模的有效折射率可表示为 $n_{\text{eff}} = n\sin\theta$，若只考虑一级衍射，式(7.16)可写为

$$n_{\text{eff1}} - n_{\text{eff2}} = \frac{\lambda}{\varLambda} \quad \rightarrow \quad \lambda = (n_{\text{eff1}} - n_{\text{eff2}})\varLambda \tag{7.17}$$

式中，n_{eff1} 是入射导模的有效折射率；n_{eff2} 是衍射模式的有效折射率。

由式(7.17)可知，对于光栅周期 $\varLambda$ 较小的光纤，n_{eff2} 只能取负值，即 θ_1 和 θ_2 在光栅的同一侧，表明短周期光栅为反射型光纤光栅；而对于光纤光栅的周期 $\varLambda$ 较大时，θ_1 和 θ_2 则分别在光栅的两侧，长周期光栅为透射型光纤光栅。

对于单模布拉格光纤光栅，入射模和衍射模的传播方向彼此相反，只有正向、反向基模(LP_{01})之间发生能量耦合，有 $\theta_1 = -\theta_2$，且这两个模式的有效折射率相等，均为 n_{eff}，则布拉格条件为

$$\lambda_{\text{B}} = (n_{\text{eff1}} - n_{\text{eff2}})\varLambda = 2n_{\text{eff}}\varLambda \tag{7.18}$$

由式(7.18)定义的波长称为布拉格反射波长(谐振波长)，满足此条件的光纤光栅称为布拉格光栅。式(7.18)表明，当一束宽光谱光经过布拉格光纤光栅时，在光栅的每个空间周期性折射率变化处会有少量光发生反射，多个空间周期的所有反射光组合(相干叠加加强)成一束满足布拉格相位匹配条件的谐振光，入射光中只有该波长 λ_{B} 产生强反射(反射率可达100%)，称 λ_{B} 为布拉格波长。其他波长的光信号不满足布拉格条件，将顺利透过光纤光栅继续传输，只有很微弱的反射，几乎不受布拉格光栅的影响(几乎不发生信号衰减或信号变化)，如图 7.12 所示。最终，通过布拉格光栅的宽光谱光中便缺失波长为 λ_{B} 的光。典型的布拉格光纤光栅反射光和透射光谱如图 7.14 所示。

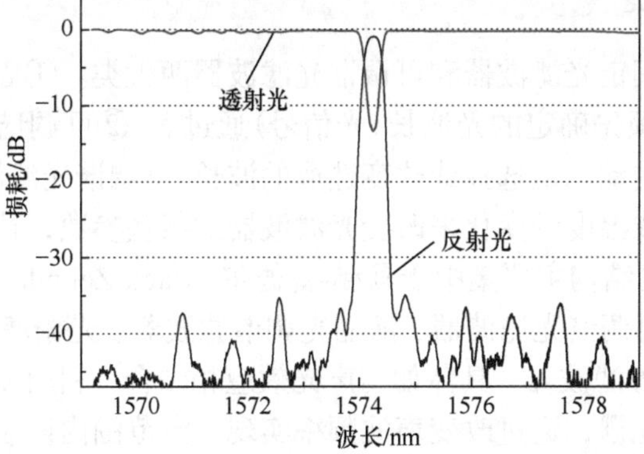

图 7.14　典型的布拉格光纤光栅反射光和透射光谱

而对于长周期光纤光栅(周期为几百微米)，模式的耦合发生在基模(LP_{01})和同向传输的包层模之间，发生模式能量耦合的谐振波长为

$$\lambda = (n_{\text{eff,co}} - n_{\text{eff,cl}})\,\Lambda \tag{7.19}$$

式中，$n_{\text{eff,co}}$是纤芯中基模的有效折射率；$n_{\text{eff,cl}}$是光纤包层模的有效折射率。长周期光纤光栅无后向反射，属于透射型带阻滤波器。

布拉格光纤光栅属于反射型带通滤波器。由于光纤纤芯折射率 n 和光栅周期 Λ 是温度、压力和应变等因素的函数，反射的布拉格波长对这些因素的改变非常敏感，所以可根据布拉格反射光波长的变化量来确定产生影响的具体物理量及其数值。因此，布拉格光纤光栅已被温度、应力、位移、振动等传感器采用，广泛应用于航空航天、工业、水利水电、煤矿等领域的工程探测和测量。单模布拉格光纤光栅情况相对简单，对于多模光纤光栅，则需要考虑光纤纤芯中所支持的多个模式，这时模式间的耦合系数不仅与折射率调制强度有关，还与光栅的三维结构有关。重要的是布拉格条件受传播常数的影响，不同的模式所对应的最大反射率波长是不同的。

7.8 光 滤 波 器

光滤波器是用于进行波长选择的仪器。它采用不同的光学元件及结构产生与波长相关的透射率或反射率，可从不同光波长中将所需的波长挑取并筛选出来，将不需要的光波长消除或滤去。从这个角度出发，凡是能够进行波长选择(滤除特定波长或允许其通过)的技术，原则上都可用于制造光滤波器。光滤波器已在光纤通信系统及激光技术等领域获得众多应用，如波长选择、分插复用、光复用/解复用等，半导体激光器和光纤激光器的反射腔镜与带滤波，谐振腔波长的调谐和控制，光放大器的噪声滤除和增益均衡，抑制放大器放大的自发辐射。光滤波器是光纤通信中的一种重要的无源器件，尤其是光纤滤波器具有成本低、与光纤兼容、易于集成等突出优点，可以实现从 1520～1560nm 全波段单通道和多通道的宽带、高反射率的带阻滤波器和窄带、低损耗的带通滤波器。

7.8.1 光滤波器的分类

光滤波器可分为固定光滤波器和可调谐光滤波器两大类。①固定光滤波器，指滤波器只允许一个固定、预先确定的光波长(光信号)通过。 ②可调谐光滤波器，指滤波器可以在一定带宽范围内动态地选择或改变选取的波长。可调谐光滤波器属于光有源器件，它主要通过控制电压或温度的变化来改变光滤波器的某些参数，达到动态选择波长的目的。可调谐光滤波器的结构主要集中于马赫-曾德尔(Mach-Zehnder)光滤波器、声光光滤波器、分布反馈激光可调谐光滤波器、液晶光调谐滤波器、光栅滤波器、可调谐法布里-珀罗(Fabry-Perot，F-P)滤波器。具体如与声光效应相结合，利用在很窄频率范围内工作的超声波形成布拉格光栅，通过改变声波频率实现一定范围内调制光栅的空间周期，进而控制布拉格反射的方向或偏振态。另外，还可以利用刻蚀型光纤光栅，通过拉伸或局部加热光纤改变光栅的光栅常数，实现在一定范围内调谐布拉格反射的波长。可调谐光滤波器和宽带光探测器相结合可用于对光信号进行光谱分析。

根据光滤波器的工作原理，光滤波器又可分为吸收型、干涉型、衍射型和棱镜型四类。从器件的结构可分为分立器件型、光纤型和波导型。

1. 吸收型

吸收型光滤波器采用掺杂玻璃、含有染料的液体、特殊半导体等材料，利用它们对入射光的吸收与波长有关的特性，实现对通过的入射光特定光波长的吸收或滤除，如图 7.15 所示。考虑到光滤波器透射光强度曲线的形状，吸收型光滤波器还可细分为：①带通滤波器，只允许透射特定波长范围内的光；②梳状滤波器，消除或滤除特定波长范围内的光；③边缘滤波器，允许透射某一特定波长以上(高通滤波器)或者以下的光(低通滤波器)。

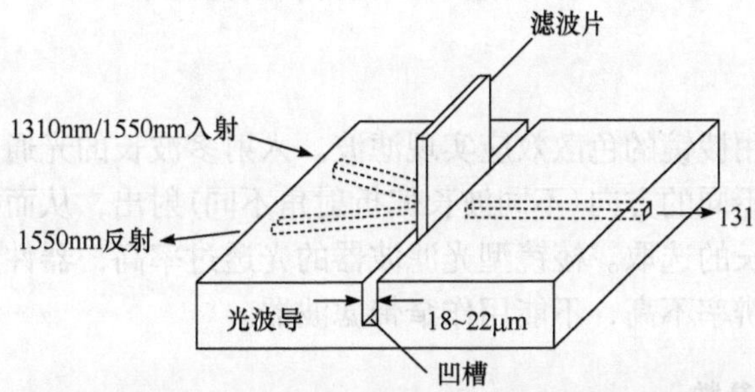

图 7.15　光波导结构的滤波片吸收型滤波器

由于吸收型光滤波器将所吸收的入射光直接转化为热量消耗在材料中，因此这种滤波器不适用于对高功率光辐射的滤波。特殊的吸收型光滤波器是中性密度滤波器，它可以在不改变光信号特征(光谱形状)的情况下，在很宽的光谱范围内降低(衰减)所有波长光的强度。

2. 干涉型

干涉型光滤波器利用光的干涉效应实现滤波，通过干涉实现在反射或透射光中因干涉极小缺失某个波长成分，或通过某一个光波长，阻止其他光波长。干涉型滤波器的反射率和透射率都与波长有关，并且光在传播过程中的相位改变伴随着波长变化。常见的干涉型光滤波器包括多层薄膜干涉滤波器、法布里-珀罗滤波器、马赫-曾德尔滤波器等。干涉型光滤波器可以实现窄带滤波、带通滤波、低通或高通滤波，可承受很高的入射光功率。

3. 衍射型

衍射型光滤波器利用光的衍射效应实现滤波，通过衍射实现在不同的方向(衍射角不同)将不同波长的光分开；或利用空间周期性结构引起光纤中不同模式间的耦合，借助相位匹配造成某个光波长产生强反射或顺利通过获得对光波长的选取。常见的衍射型光滤波器包括传统光栅、光纤光栅、阵列波导光栅等，如图 7.16 所示。衍射型光滤波器可以实现窄带滤波、带通滤波。传统光栅滤波器技术成熟，波长分辨率较高，在光信息处理、可调谐激光器等领域得到广泛应用。阵列波导光栅可视为一个相位控制器、一个衍射光栅和外加辅助输入/输出波导的集成组合体，与光纤光栅一同成功应用在光波分复用中。

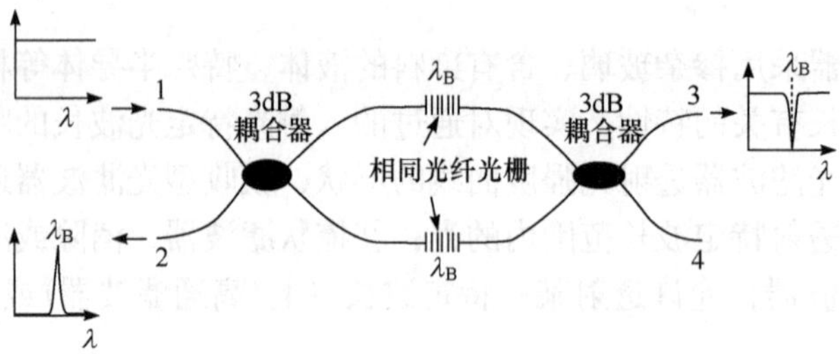

图 7.16　光纤结构的光纤光栅带通滤波器

4. 棱镜型

棱镜型光滤波器利用棱镜的色散效应实现滤波。入射多波长的光通过三棱镜后，三棱镜将不同波长的光按不同的方向(不同波长偏折射角不同)射出，从而把不同波长的光分开，实现对某个光波长的选取。棱镜型光滤波器的光透过率高，器件成本低，但棱镜色散系数小，光波长分辨率不高，不能用作窄带滤波器。

7.8.2　光滤波器的特性参数

光滤波器的主要技术参数有中心波长、峰值波长、带宽、自由光谱范围等，如图 7.17 所示。

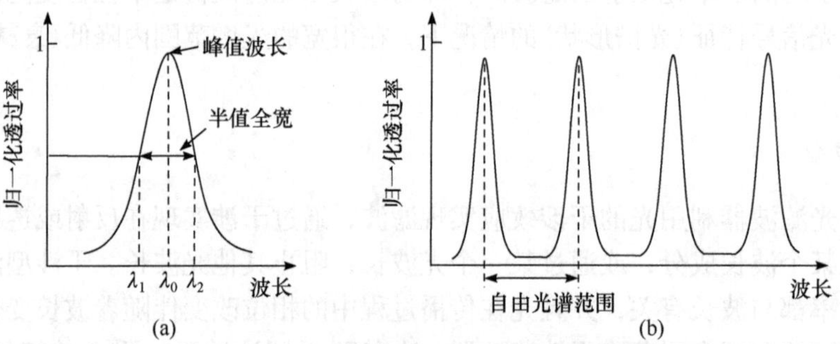

图 7.17　光滤波器特性参数示意图

(1) 中心波长：指反射或透射带的两个边沿所对应波长的平均值。

(2) 峰值波长：光滤波器的反射峰(反射型)或透射峰(透射型)对应的光波长 λ_0。

(3) 带宽：用半值全宽(3dB 带宽)标定，指透射或反射型滤波器的透过率或反射率下降为最大值的一半时所对应的两个波长之差，即 $\Delta\lambda = \lambda_2 - \lambda_1$。

(4) 自由光谱范围：滤波器透射峰有多个呈周期规律出现的峰值时，相邻两个峰值(或频率)之差。

常见光滤波器的一般性能的对比见表 7.1。

表 7.1　常见光滤波器的一般性能对比

参数	法布里-珀罗(F-P)滤波器	光纤光栅滤波器	介质薄膜滤波器	马赫-曾德尔(M-Z)滤波器	声光滤波器
调谐范围/nm	60～500	10	—	10	250～400
3dB 带宽/nm	0.5	1	1	0.01	1
信道数目	100 以上	—	40	100	100
调谐时间	μs 量级	μs 量级	ms 量级	μs 量级	10μs
插入损耗/dB	2～3	0.1	1.5	3～5	5～6
调谐方式	压电	机械或热	不能调谐	热敏或电	射频声波

7.9　光隔离器

光连接器、光耦合器等大多数光无源器件是互易器件，它们的输入端和输出端在使用中是可以互换的。光隔离器是只允许光沿一个方向传输，而阻挡反方向光通过的一种光器件，是典型的非互易传输的光无源器件。光隔离器又称光单向器，主要功能是保证光的单方向传输性。在光通信系统的传输线路或精密光学测量的光路中，激光器和光放大器等光器件对反射回来的光非常敏感，而系统中众多的光器件(光纤接头、调制器、滤波器等)存在许多光滑的平端面，各种材料的平端面不同程度地会产生沿光纤或沿测试光路反方向传输的反射光，将导致光路系统之间产生自耦合效应，或光放大器的增益变化和自激，从而使激光光源工作不稳定(输出频率漂移或强度变化等)以及整个光纤传输系统无法正常工作。因此，光隔离器的置入对沿正向传输的光信号衰减很小，而对沿相反方向传输的光信号产生很大衰减，形成对光传输路径中由于各种原因产生的反向传输光的抑制或隔离，从而保证光传输的单向通光性，防止反向传输光对光源和光路系统的不利影响，提高光传输的效率、光源及系统的稳定性。光隔离器在精密光学测量、光纤通信、光纤传感以及光信息处理系统中具有重要和广泛的应用。

7.9.1　光隔离器的分类

光隔离器根据其内部结构可分为块状型、光纤型和波导型；根据其偏振特性又可分为偏振相关型和偏振无关型。①块状型结构主要由自聚焦透镜、偏振器和法拉第旋转器等分立的微型化元件构成，体积相对较大。②光纤型的两端有光纤输入和输出，其主要构成元件体积小、重量轻、抗机械振动性能好。③波导型主要由光波导工艺制成，属于集成光学器件，方便与光纤耦合，体积小、热稳定性和机械稳定性较好。一般情况下，偏振相关型的光隔离器常做成微型块状结构，无论入射光是否是偏振光，经过偏振相关型光隔离器后的出射光均为线性偏振光。偏振无关型的光隔离器对输入光的偏振态依赖性很小，常做成光纤型(在线型)结构，便于置入光偏振特性不稳定的光纤传输系统。其典型的光纤型光隔离器的原理是基于法拉第磁光效应，把原来没有旋光性的均匀透明材料(如铅玻璃、石英等)放在强磁场中可产生旋光性，当入射光与磁场方向平行通过透明旋光材料后，光的偏振面将发生旋转，旋转的角度大小与磁场强度、材料的厚度、旋光材料的种类有关。这种光隔离器的内部结构如图 7.18 所示，属于偏振无关型，它主要由光纤准直器、楔形双折射晶体片(P_1、P_2)、法拉第旋光片和磁环四个元件组成，晶体片 P_1 和 P_2 彼此的光轴相差 45°角。当由光纤输入的光经光纤准直器(自聚焦透镜)后沿正向通过楔形双折射晶体片 P_1，光束即被 P_1 分为偏振方向相互垂直的 o 光和 e 光(它们的传输方向彼此成一夹角)。它们继续通过 45°法拉第旋光片时，出射的 o 光和 e 光的偏振面均被法拉第旋光片顺时针旋转 45°，从而与 P_2 的光轴方向同向而顺利通过，两束光经折射汇合成两束间距很小的平行光耦合进入输出光纤，最终正向传输的光以很小的功率损失穿过隔离器。而当被后续端面反射后的反向入射光进入光隔离器时，经光纤准直器后入射楔形双折射晶体片 P_2，输入的光同样被分为 o 光和 e 光。但由于法拉第旋光片的单向旋转性，o 光和 e 光穿过法拉第旋光片后，它们的偏振面继续顺着同一个方向(顺时针)旋转 45°，在进入第二个楔形双折射晶体片 P_1 后，这时 o 光和 e 光彼此交换了角色，原先的 o 光变成 e 光，e 光变成 o 光。因此，e 光和 o 光经 P_1 折射后沿出射方向进一步分离(e 光和 o 光的折射率不同)，无法经自聚焦透镜顺利耦合进入输出光纤，从而达到反向隔离的目的。这种楔形光隔离器的结构采用有角度分离光束的方式获得光隔离，造成反向传输光产生较大的传输损耗，从而使光隔离与光进入隔离器的偏振状态几乎无关(偏振无关型光隔离器)，由此产生的传输损耗便是隔离器的隔离度。

对于偏振相关型光隔离器，可以沿用图 7.18 的结构，将 P_1 和 P_2 两个楔形双折射晶体片更换成两个线性偏振片(两个偏振片的光轴成 45°夹角)。当正向入射的非偏振光经偏振片 P_1 起偏后成为线偏振光，通过 45°法拉第旋光片时，出射光的偏振方向顺时针旋转 45°，偏振方向与 P_2 的光轴(起偏方向)相同，从而顺利透射；而被反射回来的光经 P_2 起偏后，穿过法拉第旋光片时继续顺时针旋转 45°，则到达 P_1 时光的偏振方向便与 P_1 的起偏方向正交，最终反向传输的光被阻断(隔离)而无法透射出隔离器，这种结构的光隔离器的隔离度更高。

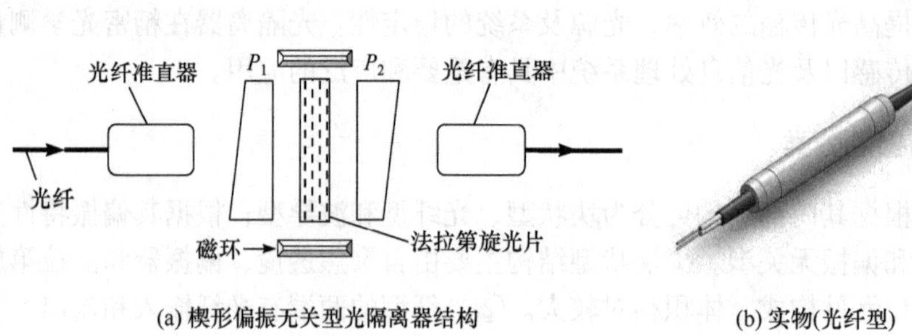

(a) 楔形偏振无关型光隔离器结构　(b) 实物(光纤型)

图 7.18　楔形偏振无关型光隔离器结构及实物(光纤型)

7.9.2　光隔离器的主要技术参数

光隔离器的主要技术参数包括插入损耗、反向隔离度、回波损耗和偏振相关损耗等，这些技术参数直接影响使用光隔离器的整个光系统的性能。高性能的光系统要求光隔离器正向插入损耗小(典型值0.5dB)、反向隔离度高(典型值40～50dB)、回波损耗大、偏振相关损耗低(<0.2dB)、具有高的可靠性和稳定性。

1. 插入损耗

插入损耗(正向)指光隔离器正向放入光纤链路(隔离器表面上箭头与光传输方向相同)中所产生的光功率额外损失，是光正向传输时光隔离器的输出光功率 P_2 与正向输入的光功率 P_1 之比，以 dB 表示。光隔离器的插入损耗主要来自其组成元件(双折射晶体片或偏振片、法拉第旋光片和光纤准直器)对光的吸收，以及各元件的装配精度。

$$\mathrm{IL} = -10\lg\frac{P_2}{P_1} \quad (\mathrm{dB}) \tag{7.20}$$

2. 反向隔离度

反向隔离度(isolation)指光反向输入光隔离器时产生的光功率损失(隔离器表面上箭头与输入光方向相反)，是光反向入射光隔离器时其输出光功率 P_2 与输入光功率 P_1 之比，以 dB 表示。反向隔离度表征光隔离器对反向传输光的衰减能力，是光隔离器的关键参数之一。影响反向隔离度的主要因素有：隔离器组成元件光学表面的反射率(偏振无关型)，偏振片之间微小的夹角错位(偏振相关型)及偏振片的消光比，双折射晶体片与法拉第旋转器之间的距离，法拉第旋光片的转角误差等。

$$\mathrm{ISO} = -10\lg\frac{P_2}{P_1} \quad (\mathrm{dB}) \tag{7.21}$$

3. 回波损耗

回波损耗是指光沿正向输入光隔离器时，入射光功率 P_1 和反方向返回光隔离器输入端口的光功率 P_{ba} 之比，以 dB 表示。光隔离器的回波损耗主要来自其组成元件光学表面的反射，采用表面镀增透膜或斜面耦合等手段可有效减少元件表面的反射光，提高光隔离器的回波损耗。回波较强(P_{ba} 大)则将严重影响隔离器的隔离度。

$$\mathrm{RL} = -10\lg\frac{P_{\mathrm{ba}}}{P_1} \quad (\mathrm{dB}) \tag{7.22}$$

4. 偏振相关损耗

偏振相关损耗(polarization dependent loss)指当偏振方向彼此垂直的光(TE或TM)分别入射时产生的插入损耗之差，以 dB 表示。偏振相关损耗表征当输入光的偏振状态发生变化时(其他参数不变)，光隔离器插入损耗的最大变化量，是衡量器件插入损耗受入射光偏振状态影响程度的指标，偏振无关型光隔离器的偏振相关损耗通常小于 0.2dB，影响主要来源于各组成元件的斜面及高折射率双折射晶体片。

$$\mathrm{PDL} = \mathrm{IL}_{\mathrm{TE}} - \mathrm{IL}_{\mathrm{TM}} \quad (\mathrm{dB}) \tag{7.23}$$

7.10 光 环 行 器

光环行器是一种多端口(端口 ⩾ 3)、具有非互易特性的光器件，也称光循环器。光信号从光环行器的任一端口输入时，均能沿着一个方向按顺序(数字标出)从相应的下一端口以很小的损耗输出，而该输入端口通向所有其他端口的损耗都很大，成为几乎没有光输出的不相通端口。例如，光信号从端口 1 进入一个三端口的环行器后，只能按顺序从端口 1 到端口 2，或从端口 2 到端口 3，其他方向截止。光环行器与光隔离器的工作原理类似，通过偏振片(偏振分光器)、旋光器件、反射镜等的组合，引导进入光环行器的光按顺序从确定的端口输出。光隔离器一般为两端口器件，而光环行器为多端口器件，常见有三端口和四端口。光环行器的非互易特性使其成为双向通信中的重要器件，在接入网、光波分复用系统的单根光纤上的正/反双向传输、上/下话路、合波/分波及色散补偿，以及 EDFA 泵浦、光纤传感等领域有着广泛的应用。一般要求环行器相通端口间的插入损耗小、不相通端口间的隔离度大、结构紧凑。

光环行器的实现方案有很多，如由全反射棱镜、偏振分光器、法拉第旋光片、石英旋转片组成的四端口偏振无关型光环行器，如图 7.19 所示，可实现光从端口 1→2→3→4→1 的功能。其中偏振分光器的作用是将一束非偏振入射光分成两束偏振方向相互垂直的线偏振光，反过来使用就是偏振合光器，可将两束偏振光合为一束。以光从端口 1 输入为例，从端口 1 进入的非偏振光通过偏振分光器 1 后，分成两束偏振方向相互垂直的偏振光，直行的平行偏振光的偏振方向先经石英旋转片旋转 45°，再由法拉第旋转器沿同方向旋转 45°(共发生 90°旋转)，继续直行至全反射棱镜被反射；向上的垂直偏振光被全反射棱镜反射后，依次通过 45°石英旋转器和 45°法拉第旋转器，其偏振方向同样旋转了 90°，这两束偏振光的偏振方向彼此互换，并在偏振分光器 2 处折射后合并成一束从端口 2 输出。类似地，从端口 2 输入的非偏振光经偏振分光器 2 分束后，依次通过 45°法拉第旋转器和 45°石英旋转器，由于光反向通过 45°法拉第旋转器，45°法拉第旋转器和 45°石英旋转片的旋转方向正好相反，当这两个偏振光通过这两个器件时，

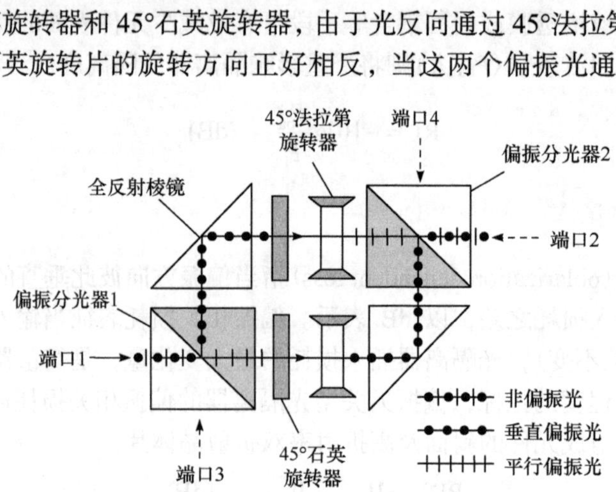

图 7.19 四端口偏振无关型光环行器结构示意图

其旋转效果相互抵消(总的旋转角为 0°)，它们的偏振态维持不变，它们在偏振分光器 1 处合并成一束从端口 3 输出。

光环行器和光纤光栅的组合应用如图 7.20 所示，由两个三端口光环行器和光纤光栅组成的一个分插复用(上下路)器。光环行器的主要技术参数包括插入损耗、隔离度、串音、偏振相关损耗、回波损耗等。其中插入损耗、隔离度、偏振相关损耗、回波损耗的定义与光隔离器的定义基本相同。区别在于对于光环行器，参数均指具体的两个相邻端口之间的指标，如端口 1、2 之间或端口 2、3 之间的插入损耗等。光环行器的串扰指一个端口的输入功率与两个不相邻端口之间输出的功率之比，用 dB 表示，表征由某一端口输入对其他非相邻端口的影响(理论上应收不到光信号，但实际收到了)，例如，端口 1 输入的光信号，在端口 3 接收到。

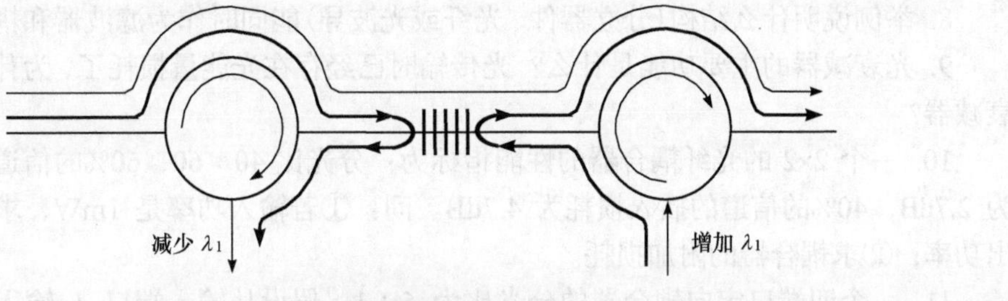

(a) 分插复用器

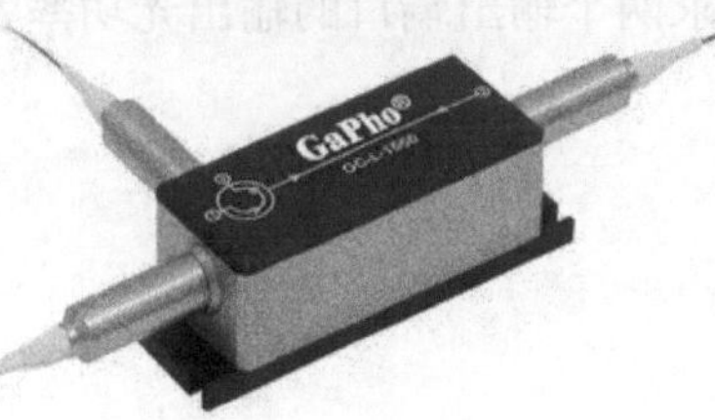

(b) 光纤型三端口光环行器实物

图 7.20　光环行器和光纤光栅组成的分插复用器及光纤型三端口光环行器实物

小　　结

本章介绍了光纤通信系统中常用的光无源器件，包括光衰减器、光纤偏振控制器、光耦合器、光开关、光纤光栅、光滤波器、光隔离器和光环行器，重点讲述了这些光无源器件的种类、工作原理、重要技术参数、典型的器件结构及应用。它们的主要功能是对光信号或光能量进行连接、合成、分束、选频、阻断和刻意衰减等，核心是完善光纤通信系统构成，提高、完善和拓展系统功能，目前大部分光无源器件的技术已经成熟并实用化。应掌握这些无源器件的工作原理、性能特点，了解它们的应用情况，为系统设计和实践应用打下基础。随着光无源器件技术的发展，器件的性能在不断提高，体积不断减小，逐渐向可变、可调、智能化发展，有的已发展为光有源器件，应用范围继续扩大，并不局限于光纤通信系统。

习　题

1. 光耦合器的作用是什么？它主要有哪几种？

2. 什么是光无源器件？主要有哪些？

3. 光纤光栅可以用于滤波吗？为什么？

4. 什么是可调谐滤波器？

5. 光隔离器和光环行器的工作原理有何异同？它们各自的作用是什么？

6. 什么是光开关？其重要的技术指标有哪些？

7. 旋转光纤线圈型偏振控制器(三圆盘结构)是如何控制光纤中的光偏振方向的？

8. 举例说明什么结构(分立器件、光纤或光波导)能同时作为滤波器和耦合器使用？

9. 光衰减器的主要功能是什么？光传输时已经存在光能量损耗了，为什么还需要光衰减器？

10. 一个 2×2 的光纤耦合器的性能指标为：分光比 40：60，60%的信道的插入损耗为 2.7dB，40%的信道的插入损耗为 4.7dB。问：①若输入功率是 1mW，求两端口的输出功率；②求耦合器的附加损耗。

11. 一个四端口定向耦合器的分光比为 5：1，假设从输入端口 1 输入的光功率是 2mW，插入损耗为 1.5dB，求两个输出端口的输出光功率各是多少？

第 8 章　波分复用技术和波分复用器

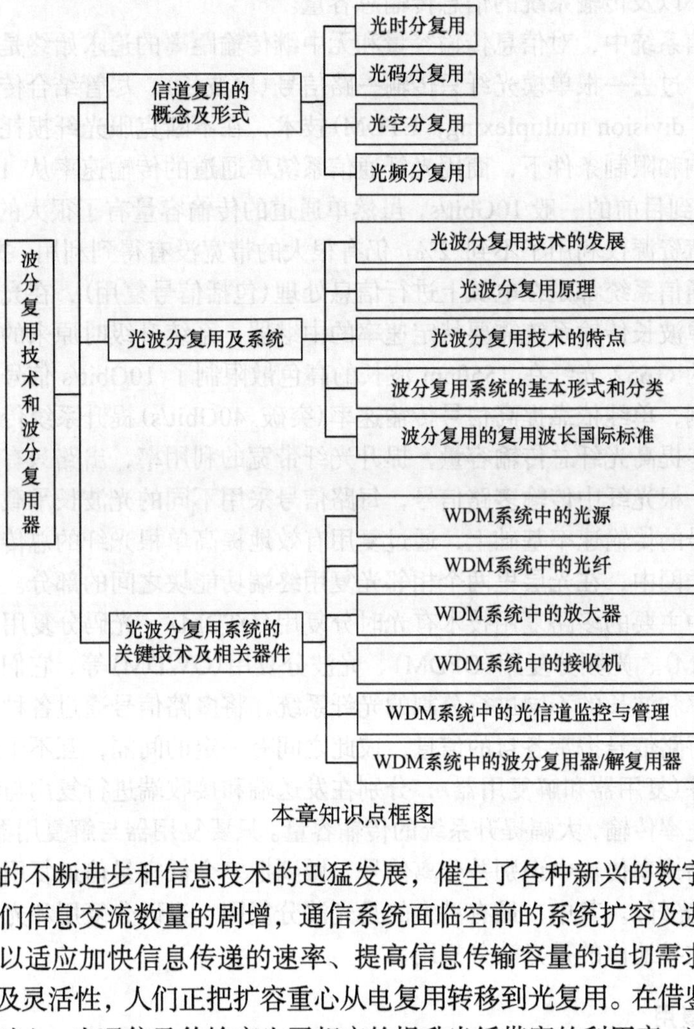

本章知识点框图

人类社会的不断进步和信息技术的迅猛发展，催生了各种新兴的数字技术业态，极大地促进了人们信息交流数量的剧增，通信系统面临空前的系统扩容及进行新技术升级的巨大压力，以适应加快信息传递的速率、提高信息传输容量的迫切需求，同时增强网络间的交互性及灵活性，人们正把扩容重心从电复用转移到光复用。在借鉴电通信复用方法及技术的基础上，光通信及传输产生了相应的提升光纤带宽的利用率、进一步提高光网络系统通信容量的多种复用方法。光通信的发展经历了三个阶段，即准同步数字体系(PDH)、同步数字体系(SDH)和波分复用(wavelength division multiplexing，WDM)。

8.1　信道复用的概念及形式

一路信号所携带的信息量是一定的并受到相应的技术限制。在一定时间内一路信号所传输的信息量无法迅速提升时，同时传输多路信号便是一个能提高信息传输容量的顺理成章的选择，这便是复用。复用是一种将若干个彼此独立传输的信号(来自多个用户)合并为一个可在同一条信道上同时传输的复合信号的方法，即一个在发送端将多路信号进行组合，并实现在同一条专用的物理信道上传输，在接收端将复合信号分离出来，恢复原机制的过程。传输中把这条专用信道分为多个子信道，不同的信号各自进行信号的调制，使用不同的子信道。复用实现了多路信号不相互影响的共同传输，极大地提高了信道的传输效率以及传输系统的信息传输总容量。

在光纤通信系统中，对信息传输容量和无中继传输距离的追求始终是光纤通信技术发展的源动力，过去一根单模光纤只传输一路信号(单波长)，尽管结合传统的电时分复用(electric time division multiplexing，ETDM)技术，在不断克服光纤损耗和色散对信号传输距离的影响和限制条件下，商用光纤通信系统单通道的传输速率从 1976 年最初的 44.7Mbit/s 发展到目前的一般 10Gbit/s，虽然单通道的传输容量有了很大的增长，但光纤的全部可用带宽资源仅利用了不到 2%，仍有很大的带宽没有得到利用，提升空间很大。目前很多光纤通信系统都是在电域上进行信息处理(包括信号复用)，在光域上完成信号的传输。由于单波长传输系统需要特定速率的中继器，系统升级时原来的中继器便无法工作，已敷设的 G.652 光纤在 1550nm 波长的高色散限制了 10Gbit/s 信号的传输，加上电子瓶颈的限制，单纯依靠提高信号传输速率(突破 40Gbit/s)提升系统传输容量已非常困难。要进一步提高光纤总传输容量，提升光纤带宽的利用率，出路只有在光域上采取复用技术：在一根光纤中传输多路信号，每路信号采用不同的光波长承载信号，从而在提高每一路信号的传输速率基础上，通过复用有效地提高单根光纤的总传输容量。光复用段是指光传送网中，在光层里两个相邻光复用终端功能块之间的部分。

光纤系统中主要的多路复用技术有光时分复用(OTDM)、光码分复用(OCDM)、光空分复用(OSDM)、光频分复用(OFDM)、光波分复用(OWDM)等，它们是按时间、编码、空间、频率和波长的不同进行分割的光纤系统，将多路信号通过各种方式复用在同一个信道中，每路信号携带各自的信息，彼此之间有一定的间隔，互不干扰，通过具有选择能力的器件(复用器和解复用器)，分别在发送端和接收端进行复用与解复用来实现多路信号的高速率传输，大幅提升系统的传输容量。只要复用器与解复用器的性能得当，便能在信号的高速率传输中识别并分离信号，做到把多个低容量信道复用到一个大容量信道中(同一根光纤)。其中，最有潜力的是光波分复用、光码分复用和光时分复用，使用最普遍、占主导地位的是光波分复用。

8.1.1 光时分复用

时分复用(TDM)以时间作为信号分割传输的参量，将整个信道的传输时间分割为互不重叠的时间间隔(时隙)，按一定规则把这些时隙分配给每一路信号使用，每一路信号只在自己的时隙内独占信道进行数据传输，从而不同的信号各自按一定的时间顺序传送，彼此之间互不干扰。传统的 TDM 是在电域内进行的，通过电信号的 TDM 技术可以获得高等级群路信号的准同步数字系列(PDH)和高等级模块信号的同步数字系列(SDH)，由于受到电子瓶颈、容量和空间兼容性等诸多因素的限制，电时分复用的速率不能很高。尽管速率为 10Gbit/s 的 SDH 系统已投入商用，但要达到 20Gbit/s 的速率却相当困难。

光时分复用(optical time division multiplexing，OTDM)是 TDM 在光域里的对应产物，通过在光域内对光脉冲进行复用，光时分复用技术使系统设备中的电子电路只工作在相对较低的速率，从而绕过了电子设备和器件对高速率的限制，避开了电子瓶颈；在光域内将多路低速率光脉冲以时间分割的方式插入同一物理信道(光纤)中进行复用，复用后获得高速率的光数字码流(如 2×10Gbit/s、4×10Gbit/s、…、N×10Gbit/s 等)达到扩容的目的，如图 8.1 所示。光时分复用和电时分复用的区别是：光时分复用的电数字信号仍然是低速率数字流，系统发送端复用时是低速光信号，但复用后形成的光信号是高速率数字流，在接收端用光学的方法解复用；而电时分复用是低速率的电数字信号直接复用成高速率的电数字信号，接收端用电学方法解复用。光时分复用技术的特点是时隙事先规划分配且固定不变，便于调节控制；在一根光纤中只传输单一波长，简化了放大器级联管理和色散管理，且以单一波长承载整个时分复用的高速光数字码流，能够产生可达几百 Gbit/s 的高传输速率，非常适合光网络扩容的需要；并可简单地接入极高的线路速率与现在的技术(如 SDH)兼容。

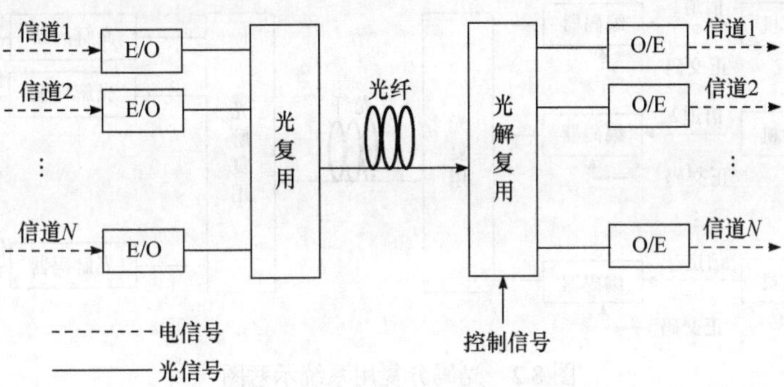

图 8.1　光时分复用系统示意图

OTDM 的核心技术主要包括超短光脉冲的产生、光纤传输和超高速定时提取。由于光时分复用的时隙远小于电时分复用，故光源产生 ps 或亚 ps 量级(5～20GHz 重复频率)、占空比非常小的超短光脉冲是实现超高速 OTDM 的先决条件，且要求脉冲稳定、没有啁啾声。光纤的色散对日益提高的传输速率是有严重影响的，对于总速率在 100Gbit/s 以上的光传输系统，其时隙特别短，接收端的光定时提取对输出信号的准确还原尤为重要，必须超高速运转、低相位噪声、高灵敏度以及与偏振无关。光时分复用很适合数字信号(具有有限个离散值)的传输，速率越高，系统传输容量越大，非常适合光网络扩容的需要。它对 EDFA 的增益平坦度要求较低，不存在各路功率叠加而产生的非线性效应，如四波混频(four-wave mixing，FWM)串扰和拉曼散射，便于光交叉连接技术进行信道的上/下或插/分，被广泛应用于数字通信系统。在超高速光通信系统中，光时分复用是一种产生高速率的十分有效的方式，它能有效地利用光纤的频谱带宽，可运行在不同距离和容量的光网络中，是目前和光波分复用一同可以提高光纤传输容量的有效方式。但该技术的缺陷是系统设备较复杂、器件较昂贵，传输速率大于 40Gbit/s 时实现 OTDM 技术较困难，色散的影响比其他复用方式严重，色散补偿仍难以很好解决，从而限制了 OTDM 技术的使用。

8.1.2　光码分复用

光码分复用(optical code division multiplexing，OCDM)是电码分复用和光纤通信结合的产物。光码分复用的每个信道不是占用一个特定的波长、频率或时隙，而是以一个特有的编码脉冲序列方式来传输信息。这种复用技术先给每个用户分配一个地址码，以标记该用户的身份，不同的用户都有一个唯一的地址码，这些不同信道信号的地址码是互相正交的，以不同的相互正交的码序列区分用户，如图 8.2 所示。在发射端，每个信道的信号经调制后转换成光信号，再借助编码器进行扩频处理标记上用户的地址信息(成为伪随机信号)，然后通过复用使多路信号共同在同一个光波上在光纤信道中传输。在接收端使用与发送端相同的地址码让光解码器进行光解调，便能恢复出期望的原信道光信号，再通过光电转换得到电数据信号，实现用户间的通信。由于传输中使用的是正交码，故相关接收时不会产生相互干扰。编码器在光域上工作，是光码分复用技术的核心之一。

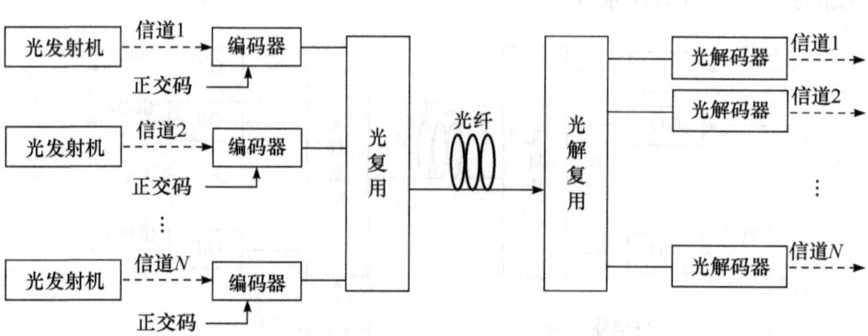

图 8.2　光码分复用系统示意图

因光码分复用技术是在光域上进行信号的复用与交换，从而避免了“电子瓶颈”的限制，可以更高效地利用光纤巨大的带宽资源，在同等条件下网络可以支持更多的用户，有更大的客户吞吐量。同时编码器扩频处理后的伪随机地址码序列可以对光信号的任意信息进行标记，所以光码分复用实现编码和解码方式是多样性的，如光振幅编码和解码、光相位编码和解码以及光波长编码和解码。光码分复用系统没有严格的容量定义，只是系统随着用户数的增加出现性能不断降低的情况，是一种干扰受限系统。

光码分复用技术可以在无交换中心的情况下实现点到点、点到多点的通信，且一个节点的故障不影响系统中其他节点，用户可以即时接入，时延也很小；对光放大器的增益平坦性要求不高，所用设备可规格化，便于维护。它具有保密性和安全性较高、能动态分配带宽、容易扩展网络、网管简单等优势，能改善系统信噪比，提高系统的用户数量，充分应用光纤的带宽资源，非常适合实时要求严、业务突发性强、速率高、保密性高和多用户接入的光纤通信业务。但光码分复用技术目前还不成熟，扩频将造成带宽的低效利用，这在信号码率较高时更为不利，信道间的串话较大，距离实用还有一定距离。

8.1.3　光空分复用

光空分复用(optical space division multiplexing，OSDM)是在一根光纤中对光纤的纤

芯区域进行空间分割来形成不同的信道，用不同的空间位置传输不同的信号而实现的复用。随着基于提高单模光纤容量(增加光纤可用谱宽、提升信号信噪比)并配合波分复用技术的系统传输容量逐渐逼近理论极限(约 100TBit/s)，在光通信面临容量危机的窘境下，基于空间维度信道复用的空分复用成为突破单纤容量的重要方向和技术探索，可望借此技术扭转信息传输速率受限的状况，降低单位带宽的成本。

光空分复用基于多芯光纤或少模光纤。与传统的单芯光纤相比，多芯光纤(multicore fiber，MCF)中的多个纤芯包在同一(共享)包层内，如图 8.3 所示。根据复用维度不同，光空分复用光纤可分为纤芯复用和模式复用两类。纤芯复用是通过增加单根光纤中纤芯的数量实现容量提升，如多芯光纤；模式复用是通过增加单个纤芯中传输的模式数量实现容量提升，如少模光纤，还可将二者结合，用多芯少模光纤实现单纤容量成倍提升。这种高密度、多通道结构的多芯光纤具有生产成本低、节省空间、传输容量高等优点。

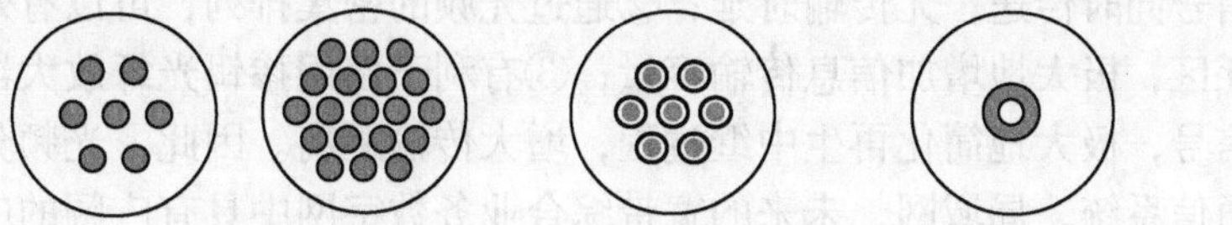

(a) 多芯光纤　(b) 多芯少模光纤　(c) 环形光纤

图 8.3　光空分复用使用的多芯光纤结构

除了专用的多芯光纤(弱耦多芯光纤、多芯少模光纤、少模/多模光纤等)，光空分复用还需要专用放大器、空间多路复用器/空间解复用器来引导光信号的输入和输出。这样光空分复用系统便可以具有 100 多个空间通道，每个空间通道又能通过复用承载数百个波长，系统传输容量便可以大幅提高。实验室现已实现的传输速率达 10Pbit/s，比传统波分复用系统的理论极限还高出两个数量级。2019 年，谷歌的海底光缆杜南(Dunant，12 对光纤，总容量为 250Tbit/s)，采用空分复用光放大器打造了全球首条采用空分复用技术的海底光缆。此外，增加光纤数量、多条光纤的复用(光缆的复用)便是最简单便捷的空分复用方式之一，这样在某些有空余空间的管道中拉入更多光纤，利用现成的光纤通信网络通道，使传输的容量线性增加；当然，这样也会使系统传输设备的数量呈线性递增，这种增加光纤数量扩容的方式本质上没有充分利用光纤的带宽资源。

目前，国际上对多芯光纤的设计仍未有一个统一的标准，世界上不同公司制造的多芯光纤在纤芯数量、纤芯排列、纤芯大小、芯间距、折射率分布等结构参数方面各不相同，这给不同类型多芯光纤之间的熔接增加了难度和障碍。熔接异种多芯光纤(尤其是芯间距不同)是多芯光纤实用化的关键技术瓶颈。

8.1.4　光频分复用

光频分复用(optical frequency division multiplexing，OFDM)是将在光纤中用于传输的总带宽按其频率分割成若干个子频带(子频段、子信道)，每个子频段作为信息的独立载体传输一路信号，不同的支路信号在不同的子信道内传送。在发送端，各支路调制信号(一系列频率间距非常小的不同频率的光载波)经复用器合成为一个复合信号进入一根光纤，实现在同一根光纤中多频道的传输。在接收端使用可调谐光接收机解复用，选取所需的信道将各个频率的信号分开。可通过相干检测法，采用光外差技术并利用中频滤波器来选取所需的信道；或是采用直接检测法，利用可调谐的窄带光滤波器直接选取信道。频分复用在各子信道之间设立隔离带，保证各子信道中所传输的信号互不干扰，同时要求传输总频率宽度需大于各个子信道的频带之和。由于电磁波频率和波长一一对应，因此光频分复用和光波分复用本质上没有区别，复用原理也相同，主要的差异在于复用时相邻子信道(光载波)的间隔，通常相邻子信道间隔为 1nm 以上的是光波分复用，当各信道之间的间隔小到 0.1nm(10GHz)以下时，此时的复用称为频分复用。在子信道间隔较大时，复用采用波长衡量(波分复用)较为方便，而当子信道间隔较小时，复用采用频率衡量(频分复用)。光频分复用的子信道间隔更小，所以通常认为波分复用是“粗分”，频分复用是“细分”，两者同属一类。

光频分复用通信系统的特点为：①光频分复用以并行的方式传送各支路信号，所有子信道的信号同时传送，无传输时延；②通过光频的密集排列，可以有效地利用石英光纤的低损耗区，极大地增加信息传输容量；③有利于使用掺铒光纤放大器作为光中继器放大复用信号，极大地简化再生中继过程，增大传输距离。因此，光频分复用技术在大容量高速通信系统、局域网、未来的宽带综合业务数字网中具有广阔的应用前景，且已被广泛应用于 CATV、广播及民用通信系统中，如非对称的数字用户环线(ADSL)、数字视频广播(DVB)、高清晰度电视(HDTV)、无线局域网(WLAN)和移动通信系统等。但光频分复用技术设备复杂，对于光器件性能的要求很高，目前光频分复用技术在使用中仍面临一些困难，如需要频率可调谐、窄谱的半导体激光器，以降低光源相位噪声对系统误码率的影响；需要子信道间隔稳频和信号光源的高度稳频；需要子信道的随机选取技术，以及避免光纤及光放大器中的非线性效应所引起的相邻信道间的干扰等导致其应用受到一定限制。

8.2　光波分复用及系统

由石英光纤的吸收谱(图 8.4)可以看出，目前石英单模光纤适用的主要工作区有两个，即位于 1310nm 波长处的第二低损耗窗口：1270～1350nm，以及位于 1550nm 波长处的第三低损耗窗口：1480～1600nm；随着技术的进步，除去光纤中水分子影响的石英光纤(全波光纤)，可使在 1400nm 附近的 OH^-吸收峰消失，将这两个低损耗窗口打通并连成一个区域，覆盖 1270～1600nm 的范围。根据光频率和波长间的关系，光频率差和波长差在 $\Delta\lambda \ll \lambda^2$ 时有

$$|\Delta\nu| = \frac{c}{\lambda^2}|\Delta\lambda| \tag{8.1}$$

对于 1310nm 波长窗口的可用谱宽 $\Delta\lambda = 80\text{nm}$，有频宽 $\Delta\nu = 14\text{THz}$；同理，对于 1550nm 波长窗口的可用谱宽 $\Delta\lambda = 120\text{nm}$，有频宽 $\Delta\nu = 15\text{THz}$，则这两个低损耗窗口的光纤可用总带宽大约 30THz(约 200nm 低损耗区域)。对于目前光纤通信系统中使用的高质量 1550nm 波长的半导体激光器，其调制后输出的谱线宽度最大不超过 0.2nm，即使

考虑到工作温度和器件老化产生的 0.4～1.6nm 额外波长漂移(谱宽裕量)，单波长传输系统的谱宽也只占用了光纤传输整个带宽的几十至几百分之一。

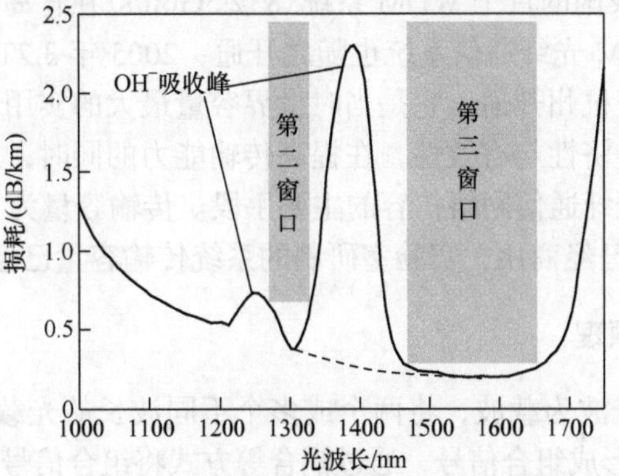

图 8.4　石英玻璃光纤的吸收损耗谱

对于光时分复用、光码分复用和光空分复用技术来说，它们在复用扩容过程中还是采用单一波长的光信号进行传输，虽然在技术上提高了系统的传输容量，但还是未能实现对光纤容量和带宽的充分利用，光纤潜在的带宽通信资源仍然有很大一部分空闲着。在这样的背景下，光波分复用技术便应运而生，光纤的巨大带宽为光波分复用准备了充足的资源，通过使用许多不同的波长(彼此有足够的间隔)独立传输信息，便能大幅度地增加系统的传输容量，提高光纤系统资源的利用率，达到充分利用光纤带宽资源的目的，光波分复用为建设超大容量的光纤网络奠定了物质基础。

8.2.1　光波分复用技术的发展

光波分复用(optical wavelength division multiplexing，OWDM)的概念可追溯到 20 世纪 70 年代初，早期 WDM 技术的使用开始于 80 年代的美国，当时使用 1300nm 和 1500nm(或者 850nm 和 1310nm)两个间隔很大的波长，利用 WDM 技术实现单纤全双工传输。早期的 WDM 网络主要致力于点对点系统的研究，作为 WDM 技术发展的重要阶段。80 年代中期以后，第二代 WDM 技术——密集波分复用技术出现，通常承载 2～160 个波长信道(波道)，这些波道在 1550nm 窗口的频率间隔是 400GHz。1987 年，Bellcore 在 LAMB-DANET 规划中开发出具有 18 个波长波道的 WDM 系统。WDM 技术的关键进展是 1978 年 K.O.Hill 等首次发现掺锗光纤中的光感应光栅效应，1987 年美国联合中心 Meltz 等在此基础上研制发明出紫外光侧面写入光折变光栅技术，从而采用光纤光栅实现光复用，使 WDM 技术获得突破性进展，复用的波道数增加到 100 个以上。

最初的 WDM 系统在 1550nm 窗口通过 25 个信道的复用实现传输总容量达到 500Gbit/s。1995 年，Lucent 的 8×2.5Gbit/s 密集波分复用系统正式投入商用。至 1999 年中期，16～40 信道，间隔为 100～200GHz 的密集波分复用器出现。20 世纪 90 年代末，密集波分复用系统已经发展到 64～160 个波道，间隔为 50～25GHz。北电公司宣布于 2000 年起开发具有 160 个波长波道数的 WDM 系统，每个波道传输速率为 10Gbit/s，一根光纤可实现的传输信息总容量为1.6Tbit/s,随后又升级到6.4Tbit/s系统(80×80Gbit/s)。1997年10月，我国武汉邮电科学研究院成功进行了16×2.5Gbit/s WDM系统实验，系统单向传输600km，1999年我国的首个WDM系统(8×2.5Gbit/s)在青岛至大连开通，沈阳至大连的32×2.5Gbit/s WDM光纤通信系统也随之开通，2005年3.2Tbit/s超大容量的WDM光纤通信系统在上海至杭州开通，它是当时世界容量最大的实用光通信线路。目前，由于光波分复用技术的经济性与有效性，在提高传输能力的同时，还具有无可比拟的联网优势，使之成为当前光纤通信网络扩容的主要手段。传输容量为1.6Tbit/s的密集波分复用(160×10Gbit/s)系统已经商用，实验室研制的系统传输容量已经超过10Tbit/s。

8.2.2　光波分复用的原理

光波分复用是以光波为载波，将两个或多个不同波长的光载波信号(各携带不同信息)汇合在一起(复用)形成组合信号，通过耦合等方式将组合信号送入同一根光纤中进行传输，如图8.5所示的点到点光波分复用系统。BA代表功率放大器，LA代表在线放大器，PA代表前置放大器。每个波长的光信号被独立调制携带各种类型信息(语音、数据或图像)并可由光放大器进行信号放大，但每个波长必须适当隔开，避免信道间的相互串扰。

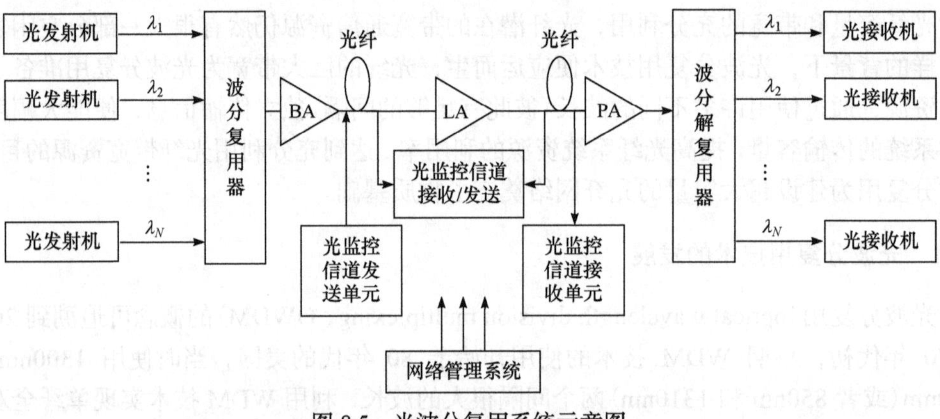

图8.5　光波分复用系统示意图

由图8.5可见，在发送端N个光发射机工作在不同的N个波长上，这N个不同的光波长彼此分开适当的波长间隔，它们被独立调制而携带不同的信息。通过波分复用器将这N个不同波长的光载波合并耦合送入单模光纤中传输，传输过程中组合的光信号在同一信道上可以由光放大器多次放大，以增大传输距离。在接收端通过另一个解复用器将组合光信号中不同波长的光载波分开(解复用)，然后送入各自的接收机进行检测，做进一步的处理并恢复信号。这样，原来在一根光纤上只传送一个光载波的单一信道，变成可同时传送多个不同波长的光载波信号，成为在一根光纤上承载多个信道的系统，从而使得光纤的传输能力成倍增加。在通常的光纤通信系统中，复用器和解复用器是一对互易器件，原理上是同一种器件，不加区分，统称为光波复用器或复用器。但在应用中对解复用器有窄谱工作能力的额外要求，以防止不必要的信号进入接收信道，并提供良好的信道隔离。

8.2.3 光波分复用技术的特点

WDM 技术的出现具有划时代的意义，它是一种在光域上的复用技术，结合 EDFA 可实现超长距离光信号的传输，为网络的扩容升级、综合业务的拓展、充分发掘光纤的带宽潜力和资源，以及未来高速通信传输网的发展奠定了基础。WDM 系统具有以下方面的优势。

(1)充分利用光纤巨大的带宽资源。实现多个不同的光波长(信道)复用在同一根光纤中传输，复用信道的增加可使一根光纤传送信息的总容量比单波长增加几十至上百倍，达到几百 Gbit/s 或更大，光纤低损耗波段的利用率得到极大的提升。

(2)信号传输透明。在同一根光纤中传送的多个信号彼此独立，复用通道对数据格式透明，与信号传输速率和调制方式无关。因此，有利于数字信号和模拟信号的兼容，方便引入大带宽新业务，实现多种信号(数据、音视频、图像等)的混合传输，在线路中可灵活取出或加入信道；可提供多种协议的业务(长途干线网、广播式分配网络、多路多址局域网和接入网等)，各信道平滑升级和扩容，不受限制地提供端到端业务，为 WDM 技术的使用带来了很大的方便性和灵活性。

(3)可扩展性好。扩容增加新的网络节点时，无须对原有光缆线路进行改造，不影响原有的设备，尤其是早期敷设的芯数不多的光缆，只要原系统的功率余量足够，增加波长即可开通或叠加新业务，降低了系统扩展的成本，具有较强的灵活性，能最大限度地保护已有投资。

(4)经济性和可靠性高。OWDM 技术的使用在保证大容量长途传输的同时，减少了大量的光纤使用量(整个 WDM 系统仅需一对光纤)，极大地降低了系统建设成本，也大幅减少了系统中的有源设备的数量，提高了系统的可靠性。

(5)降低器件的超高速率要求。随着信号传输速率的不断提高，系统中许多光电器件的响应速度已成为速率提高的"瓶颈"。WDM 技术的使用可降低单路信道的速率要求，以及在性能上对一些器件的极高要求，同时能保证系统大容量传输。

(6)结合 EDFA 实现超长距离传输。可利用 EDFA 的高增益、宽带宽、低噪声等优点，用一个宽带宽的 EDFA 便可对 WDM 系统中的各复用光通路信号进行同时放大，实现系统信号的超长距离传输，避免原来每个光信道都需要一个光放大器的情况，节约大量中继设备成本，方便实现未来的透明、灵活、高度生存性的全光网络。

(7)目前实际使用的光波分复用器主要是无源器件，它具有结构简单、体积小、可靠性高、成本较低、易于与光纤或条形波导器件耦合等优势。

8.2.4 波分复用系统的基本形式和分类

1. WDM 系统的基本传输形式

WDM 系统的基本构成主要有双纤单向传输系统和单纤双向传输系统，接口类型有集成式和开放式。

1)双纤单向传输

单向 WDM 传输是所有光通路同时在一根光纤沿同一方向传送，如图 8.6 所示。在发送端将载有各种信息、已调制的多路不同波长光信号($\lambda_1, \lambda_2, \cdots, \lambda_N$)通过复用组合在一起，并送入一根光纤单向传输。因各路信号由不同的光波长携带，它们彼此之间不会混淆。在接收端通过解复用将各个波长的信号分离，分别送至相应的光检测器进行识别和恢复，得出各自的原始信息，完成光信号的多路传输。反方向的光信号则通过另一根光纤运用相同的传输原理实施传输。

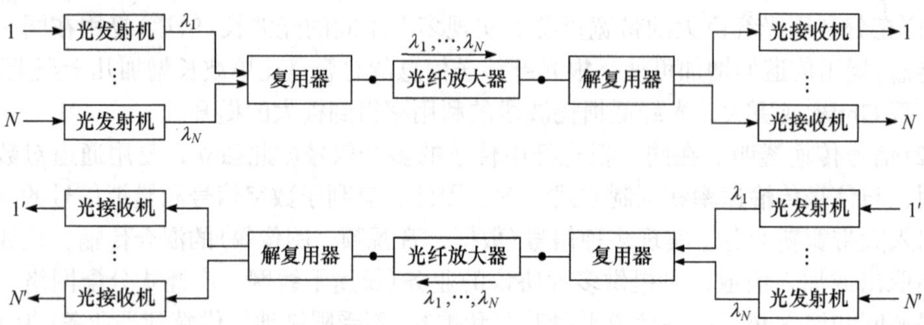

图 8.6　双纤单向传输示意图

2) 单纤双向传输

双向 WDM 传输是光通路在一根光纤中同时沿两个相反的方向传输，如图 8.7 所示。由于波分复用器和解复用器是一对互易器件，具有光传输方向的可逆性，所以可在同一根光纤上实现光信号的双向传送。单纤双向传输所使用的光波长相互分开，以实现双向全双工的通信。

在双纤单向传输的 WDM 系统中，一根光纤完成一个方向的传输，另一根光纤承担另一方向的传输，同一个波长可以在两个方向上同时被利用，目前应用的 WDM 系统多为双纤单向传输。单纤双向传输的 WDM 系统是由同一根光纤完成两个方向上的信号传输，两个方向的信号必须分配不同的波长，同一波长不能被两个方向的信号同时使用，此方式只在光缆纤芯数量较少的场合使用，其开发和应用时需考虑几个关键的系统因素，为抑制多通道干扰，需注意光反射的影响、双向通道间的隔离、串扰的类型和大小、两个方向传输的功率电平值和相互间的依赖性、光监控信道传输和自动功率关断等问题，并需要使用双向光纤放大器。双向 WDM 传输系统的使用与开发要求较高，然而可以减少光纤及线路放大器的使用量。

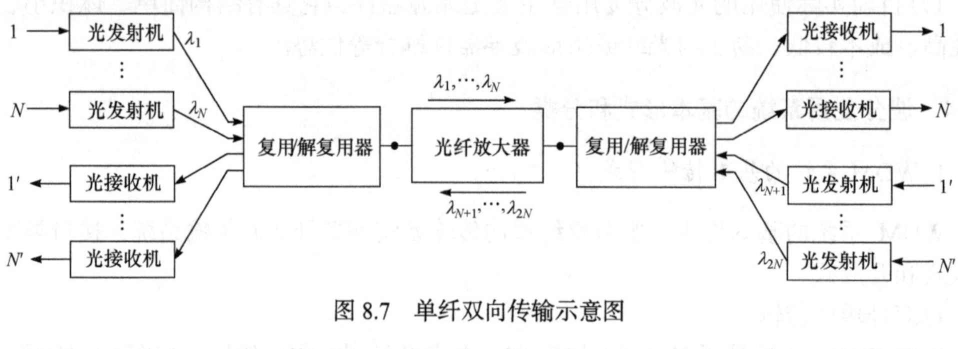

图 8.7　单纤双向传输示意图

若在 WDM 传输系统中设置光分插复用器(optical add-drop multiplexer，OADM)或

交叉连接器(optical cross connector，OXC)，可以使传输光信号汇入或分流，实现需要光波长的上下路(add/drop)和路由分配。应用中便可根据传输系统和光网络的业务量分布及需求，合理安排信号的插入或分出。

2. 波分复用系统的分类

波分复用技术是对多个不同波长的光信号进行复用，将它们汇入一根光纤中传输，但一个波分复用系统能够复用多少个波长，与信号传输的窗口、相邻两波长之间的间隔有关，波长间隔越小，同一个窗口波段能够复用的波长个数自然就越多。早期的波分复用系统是跨波段的，波长间隔很大，随着复用技术的进步，逐步发展为在一个波段内复用，波长间隔越来越小，至目前的纳米量级。

根据光接口的兼容性，WDM 系统可分为开放式和集成式两种系统结构。开放式复用系统对复用终端的光接口没有特殊要求，只要这些接口符合 ITU-T 建议的光接口标准(G.957)即可，系统是开放的，SDH 系统与 WDM 系统可以是不同的厂家。开放式 WDM 系统在波分复用器前加入了光波长转换器(optical transponder unit，OTU)，将 SDH 光接口(即 ITU-T G.957 规定的接口)转换成符合 ITU-T G.692 规定的接口标准，即将复用终端的光信号转换成指定的波长，使不同终端设备的光信号转换成不同的符合 ITU-T 建议的波长，然后进行合波，使之能够兼容不同工作波长、不同厂商生产的 SDH 设备。此外，OTU 还可以根据需要增加定时再生的功能。没有定时再生电路的 OTU 实际上只是完成波长转换，适用于传输距离较短的系统。集成式复用系统没有采用波长转换技术，对光接口没有特殊要求，要求复用终端的光信号的波长符合 DWDM 的规范(G.692)，不同的复用终端设备发送不同符合 ITU-T 建议的光波长。如此这些波长进入复用器时便能占据不同的通道，从而完成合波，所以 SDH 系统与 WDM 系统一般要求是同一厂家生产的。集成式 DWDM 系统各通道的传输信号的兼容性差，系统扩容比较麻烦。实际应用中开放式和集成式可以混用，现在工程中 DWDM 系统绝大多数采用的是开放式系统。

根据复用波长的间隔，一般将波分复用分为波分复用、粗波分复用和密集波分复用。

1)波分复用

波分复用技术是在光纤的不同低损耗窗口的波长间进行复用，是波长密度低的复用系统，复用时仅使用两个波长，在 850nm、1310nm 和 1550nm 窗口任选两个波长，采用 1300nm 和 1500nm 或者 850nm 和 1310nm 两个间隔很大的波长，实现单纤全双工传输。这样跨波段的复用系统是最初的波分复用系统。由于 850nm 窗口损耗较大，1310nm 窗口尚没有实用化的光放大器，早期的复用一般采用 1310nm 和 1550nm 两个窗口的两个波长，随着 1550nm 窗口掺铒光纤放大器的商用化，通常 WDM 系统便只用 1550nm 窗口，主要使用在光纤的 C 波段(1530～1565nm)。

2)粗波分复用

粗波分复用(coarse wavelength division multiplexing，CWDM)技术的工作波长覆盖 1200～1700nm 的宽窗口，是波长密度较低、波长间隔较大的 WDM，其相邻信道的波长间隔一般 ≥20nm，复用波长数目一般为 4 波或 8 波，最多 16 波。在 O 波段，有 1271nm、1291nm、1311nm、1331nm、1351nm；在 E 波段，有 1371nm、1391nm、

1411nm、1431nm、1451nm；在 S+C+L 波段，有 8 个波长；从 1471nm 至 1611nm，波长间隔 20nm。当 CWDM 系统的波长间隔较大(复用的信道数≤16)时，对系统使用的半导体激光器的波长稳定性和线宽要求较低(不需要冷却)，对复用器的性能要求也较低，只需采用价格较低的多通道激光收发器作为中继，已敷设的 G.652、G.653 和 G.655 均可使用，从而整个系统的成本较低，在功耗要求和设备尺寸方面具有优势(CWDM 系统的功耗约是 DWDM 系统的一半，CWDM 系统的光发射机体积约是 DWDM 系统的五分之一)，但系统容量和传输距离均有限。因此 CWDM 系统为业界所接受，被广泛应用于容量较小的城域网或局域网等光纤通信系统及接入点密集的光纤接入网中，目前 CWDM 系统在单根光纤上支持的复用波长个数还较少，这导致后续扩容成本较高，同时 CWDM 还未形成标准。

3) 密集波分复用

密集波分复用(dense wavelength division multiplexing，DWDM)技术的工作波长覆盖 1480～1610nm 的波段，是 CWDM 在信道数目上的扩展，信道波长间隔一般≤1.6nm。DWDM 可以承载 8～160 个波长，随着 DWDM 技术的不断进步，其复用的信道数仍在增长，仅在 C 波段以 0.8nm 波长间隔便可复用 48 个光波长，以 0.4nm 波长间隔可复用 96 个光波长。密集波分复用技术是一种只需要通过增加传输光波长(信道)即可实现系统扩容的光纤通信技术，主要应用于长距离主干网的大容量传输系统，在一根光纤中承载多种服务(IP 业务、ATM 业务、SDH 业务等)，实现不同信号的组合及传输，即在一根物理光纤上提供多个虚拟的光纤通道，是目前解决大容量传输的最佳技术手段。但所有的 DWDM 系统都需要使用色散补偿技术，以克服多波长系统的非线性失真(四波混频现象)，例如，在 16 波 DWDM 系统中，一般采用常规色散补偿光纤来进行色散补偿，在 40 波 DWDM 系统中，必须采用色散斜率进行光纤补偿。由于 DWDM 系统的波长间隔很小，系统对使用的半导体激光器的波长稳定性和线宽要求很高，激光器必须进行冷却，冷却时采用的温度调谐实施难度较大，同时对复用器的性能要求也较高，附加光纤的色散补偿，导致 DWDM 系统的成本很高，比 CWDM 系统的成本高出 70%。

光纤通信是由光承载信号并进行传输的通信方式。在光通信领域，人们习惯上按波长的不同(而不是按频率)来命名信道。由于波长和频率的一一对应关系，波分复用和频分复用本质上是一回事，即光域上的频分复用技术。OWDM 技术在 1 根光纤上承载多个波长(信道)，相当于每个信道在频域上分割并占用光纤的一段带宽，这样便将 1 根光纤转换为多条“虚拟”光纤，每条虚拟光纤独立在不同的波长上工作，这样光纤的信息传输容量获得极大地提高，是目前唯一技术成熟且已用于实际的超大容量光传输技术。OWDM 的光信道间隔较大，没有 OFDM 那样密集。OWDM 在光域上可基于光波分复用和光交叉连接形成的架构，未来可以构建一个全光网络层，实现用户端到端的全光网连接，消除光电转换导致的电子瓶颈限制。OFDM 的特点是信道不独占，而时间资源共享，每一子信道使用的频带互不重叠；OTDM 的特点是独占时隙，而信道资源共享，每一个子信道使用的时隙不重叠；OCDM 的特点是所有子信道在同一时间可以使用整个信道进行数据传输，它在信道与时间资源上均为共享，因而信道的效率高，系统的容量大。有关 OWDM、OTDM 和 OCDM 多址复用技术的特点比较见表 8.1。

表 8.1　OWDM、OTDM 和 OCDM 多址复用技术的特点比较

OWDM	OTDM	OCDM
信道共享(每一子信道波长不重叠)、时间共享	独占时隙、信道共享	信道和时间均共享
传输透明、扩展性好	光谱带宽、效率高	保密性好、结构简单
受光放大器平坦增益范围和光纤非线性影响	受色散影响较大	在零色散附近工作、信道间的串话较大
允许的地址数少	地址分配不灵活	地址分配灵活
需精确的波长控制	需超短脉冲激光器	需超短脉冲激光器
需精确调谐的光滤波器	需全网同步	有利于实现无源全光编/解码
受色散影响小	需时间带宽积大	需时间带宽积大
技术成熟	技术尚不完全成熟	技术尚不成熟
适于全光网络建设，所有光纤通信网络的升级扩容	适于高速率、大容量的点对点长途干线传输网	适于高速局域网、接入网及共用信道

光纤传输网中的复用技术经历了空分复用、时分复用到波分复用三个阶段。各种光复用技术各具优势，提供了实现未来高速、大容量光纤通信系统的不同途径，空分复用技术设计简单、实用，但必须按信号复用的路数配置所需要的光纤传输根数或芯数，投资效益较差；时分复用技术应用较广，PDH、SDH、ATM、IP 等技术都是基于时分复用技术，时分复用技术的线路利用率较低；光波分复用技术能在一根光纤上传输多个波长的信号，提升了光纤传输容量的利用率，是目前唯一技术成熟且已用于实际的大容量光传输技术。对光波分复用技术来说，其未来的发展趋势是向着更高的单通道速率(将基准速率从 2.5Gbit/s 向 10Gbit/s 或更高过渡)，更多的复用波长，以减小波长间隔增加复用的波长数，扩大复用波段(复用的波长区从 C 波段向 L 波段和 S 波段拓宽)和超长全光传输距离迈进。当仅用一种复用技术构筑未来超大容量的光通信系统时，遇到了各种不同的困难，面向未来的发展趋势是将 OWDM、OTDM、OSDM 和 OCDM 技术相互结合、相互取长补短，在极大地提高单信道传输速率的基础上，进一步提升复用信道数量以及光纤整个带宽的利用率，增大全光传输距离，构建并实现未来超高速全光网络。

8.2.5　波分复用的复用波长国际标准

针对目前使用的石英光纤，光信号存在 850nm、1310nm 和 1550nm 三个低损耗窗口。在 850nm 窗口(600～900nm)，传输损耗较大(平均为 2dB/km)，主要用于多模光纤、短距离的接入网。在 1310nm 窗口(1260～1360nm)，因尚无工作于该窗口的宽带光放大器，不适于 WDM 系统。在 1550nm 窗口(1460～1625nm)分三个波段：S 波段(短波长波段，1460～1530nm)、C 波段(常规波段，1530～1565nm)和 L 波段(长波长波段，1565～1625nm)。鉴于商用 EDFA 的工作波长主要在 1530nm～1565nm，WDM

系统目前不使用S波段；WDM系统的工作波长也主要在C波段，波长带宽仅有35nm，常用于40波以下系统（频率间隔为100GHz）或80波系统（频率间隔为50GHz）。L波段用于80波以上的WDM系统，此时频率间隔为50GHz。在有限的波长区域内如何有效地进行通路分配，便关系到提高复用带宽资源利用率以及减小相邻通路间的非线性影响。

为保证不同WDM系统之间的横向兼容性，必须对各个通路的波长或频率做出规定。但由于光波长随传输介质不同而变化，光频率则是固定不变的，与传输介质无关，所以ITU在制定标准对WDM进行规范时，对绝对参考频率、信道间隔、标准中心频率、中心频率偏差等做出了明确的规定，建议信道间隔采用频率间隔而不是波长间隔。

1. 密集波分复用的国际标准

ITU-T的G.692建议《带光放大器的多通道系统的光接口》对DWDM系统的规定如下。

1）标称中心频率和波长范围

标称中心频率指光波分复用系统每个通道（信道）对应的中心波长，其中C波段标准中心波长范围为1528.77～1560.61nm。规定通道的中心频率是基于参考频率193.1THz，加上频率间隔的整数倍；选取的频率间隔为50GHz和100GHz或更高时，各个通道的中心频率为

$$193.1+(n\times 50)\ \text{THz} \quad 或 \quad 193.1+(n\times 100)\ \text{THz} \tag{8.2}$$

式中，n是整数（通道倍数）；193.1THz对应的波长是1552.52nm。

2）通道间隔

通道间隔指两个相邻光复用通道的标称中心频率之差，目前优先为50GHz或100GHz的整数倍，视系统的复用通道数目决定。C波段的8波WDM系统采用200GHz通道间隔，16波、32波或40波WDM系统采用100GHz通道间隔，80波以上系统采用50GHz通道间隔。波长间隔与频率间隔的关系可由式(8.1)近似计算，则在1550nm波长附近与频率间隔对应的波长间隔分别为400GHz(3.2nm)、200GHz(1.6nm)、100GHz(0.8nm)、50GHz(0.4nm)和25GHz(0.2nm)。通道的等间隔是频率的等间隔，而不是波长保持均匀间隔。8～40波复用时，第1波的中心频率为192.1THz。基于C波段的80波复用时，第一波的中心频率为196.05THz，第80波的中心频率为192.1THz，频率间隔为50GHz，波长范围是1529.16～1560.61nm。基于C+L波段160波复用时，C波段80个波长(192.1～196.05THz)，L波段80个波长(186.95～190.90THz)，波长范围是1570.42～1603.57nm，第81波的中心频率为190.90THz，第160波的中心频率为186.95THz，频率间隔为50GHz。

对于频率间隔系列的选择应满足以下要求：①至少应提供16个波长；②所有的波长都应该位于光放大器增益曲线比较平坦的部分，可保证光放大器对每个复用波长提供相对均匀的增益，有利于复用系统的设计和超长距离传输；③这些复用波长应该与光放大器的泵浦波长无关，避免发生混乱。

在 1550nm 波长附近 DWDM 系统 16 通道和 8 通道中心波长见表 8.2。

表 8.2 1550nm 波长附近 16 通道和 8 通道系统的中心频率

序号	标称中心频率（100GHz 间隔）/THz	标称中心波长/nm	序号	标称中心频率（100GHz 间隔）/THz	标称中心波长/nm
1	192.10	1560.61*	9	192.90	1554.13*
2	192.20	1559.79	10	193.00	1553.33
3	192.30	1558.98*	11	193.10	1552.52*
4	192.40	1558.17	12	193.20	1551.72
5	192.50	1557.36*	13	193.30	1550.92
6	192.60	1556.55	14	193.40	1550.12*
7	192.70	1555.75*	15	193.50	1549.32
8	192.80	1554.94	16	193.60	1548.51*

注：标*的通道为 8 通道系统选择的中心波长（频率间隔为 200GHz）。

3）通道配置

G.692 建议中采用了等间隔和不等间隔两种复用配置，但鉴于使用 G.652 和 G.655 光纤的 WDM 系统没有观察到明显的四波混频影响，因此 G.692 建议选用等间隔配置标准中心波长。而使用 G.653 光纤的 WDM 系统，由于四波混频引起信道间的串扰，G.692 建议选用不等间隔配置标准中心波长。

4）中心频率偏差

中心频率偏差定义为标准中心频率与实际中心频率之差。中心频率偏差的大小与通道间隔有关，通道间隔越小，中心频率偏差要求越严格。例如，对于 16/32/40 通道复用系统，通道间隔为 100GHz，最大中心频率偏移为 ±20GHz（约为 0.16nm）；对于 8 通道复用系统，通道间隔为 200GHz，最大中心频率偏移为 ±40GHz（约为 0.32nm）；对于 80/160 通道复用系统，通道间隔为 50GHz，最大中心频率偏移为 ±5GHz（约为 0.04nm）。中心频率偏移值为寿命终了值（在系统设计寿命终了时考虑到温度、湿度等各种因素仍能满足的数值）；实际应用中激光频率偏移是由光源啁啾、自相位调制展宽、环境条件变化和器件老化效应等引起的。

2. 粗波分复用的国际标准

CWDM 是一种低成本、宽通道间隔的波分复用技术，在性能及可维护性等方面具有优势，被广泛应用于城域网中。ITU-T 在 2002 年 4 月制定了有关 CWDM 系统的 G.694.2 建议，规定了 CWDM 系统的波长标准，次年进行了修订，通过了新建议 G.695（《粗波分复用应用的光接口》），为 CWDM 系统提供了物理层的共同参数依据。G.695 基于目前的光纤、器件等技术条件，只规范最多 16 通道，最高速率至 2.5Gbit/s 且不带光放大器的系统，具体规定如下。

1）波长范围与间隔

CWDM 系统的波长范围为 1271～1611nm，中心波长见表 8.3。由表可见，CWDM

系统共有 18 个通道，覆盖 O、E、S、C、L 共 5 个波段。

表 8.3 CWDM 系统的 18 通道中心波长

序号	中心波长/nm (20nm 间隔)	对应波段
1	1271.0	O
2	1291.0	
3	1311.0	
4	1331.0	
5	1351.0	
6	1371.0	E
7	1391.0	
8	1411.0	
9	1431.0	
10	1451.0	
11	1471.0	S
12	1491.0	
13	1511.0	
14	1531.0	C
15	1551.0	
16	1571.0	L
17	1591.0	
18	1611.0	

2) 中心波长偏移

G.695 规定的 CWDM 系统的中心频率偏移为 ±6.5nm，同时指出±7nm 与 G.695 建议的其他参数对于任何应用都是横向兼容的。因 CWDM 系统采用非制冷激光器，±7nm 的波长偏移对激光器来说要求较低，但对波分复用器则要求较高，且认为系统在单纤双向传输的应用情况下，±7nm 的波长偏移更安全。

8.3 光波分复用系统的关键技术及相关器件

实际的 DWDM 系统由光发射机、光中继放大器、光接收机、光监控信道单元和网络管理系统组成，如图 8.5 所示。

(1) 光发射机位于 WDM 系统的发送端，发出稳定、特定波长的调制光信号 ($\lambda_1, \lambda_2, \cdots, \lambda_N$)，每个光通道承载不同的业务信息，经复用器汇合进入光纤通道传输。

(2) EDFA 位于光传输的中段，对传输一定距离后(80～120km)的光信号进行中继放大。在 WDM 系统中，对 EDFA 采用增益平坦技术，使经 EDFA 放大的不同波长的光信号具有接近相同的放大增益。

(3) 经光功率放大器放大的信号继续传输，在接收端输出。到达接收端的微弱信号经光前置放大器放大后，再由解复用器进行分离，将各个特定波长的光信号从主信道中提取出来，再送至各个光接收机进行信号检测和恢复。

(4) 光监控信道单元的主要功能是监控系统内各信道的传输情况。它利用一个独立波长（如 1510nm）作为光监控通道，传送光监控信号，具体承载复用系统的网络管理和监控信息，使网络管理系统对复用系统进行有效管理。

(5) 网络管理系统通过光监控信道物理层传送开销字节到其他节点或接收来自其他结点的开销字节，对 WDM 系统进行性能、故障、配置以及安全等方面的管理，并与上层管理系统相连。

波分复用技术的应用对增大光通信系统的传输容量、提高光纤传输带宽利用率具有重大的意义，伴随着光纤内总光功率的不断增加、信道间隔的不断减小、传输速率的不断提高，波分复用技术在使用过程中面临一系列不同于常规光传输系统的新挑战需要解决，对波分复用系统中各主要部件性能提出了更高的要求，如系统光源工作波长的稳定性、光信道间的串扰、光纤色散对系统传输速率的影响、光纤中的非线性效应的克服、EDFA 光放大器的增益平坦及放大器级联使用时的噪声积累等，波分复用技术和系统仍需在不断的发展中提高和完善。

8.3.1　WDM 系统中的光源

DWDM 系统对激光光源的要求除在普通光纤通信系统中的常规要求外，还有以下特殊要求。

1) 提供标准、稳定的波长

DWDM 系统的工作波长密集，一般波长间隔为几纳米至零点几纳米，故对信道的工作波长有非常严格的要求，能够进行波长监控且稳定性高；光源输出波长的漂移将导致系统相邻信道产生串扰，系统无法实现稳定、可靠的工作。

2) 光源的谱线宽度尽可能窄、具有较大的色散容限值且具有波长调谐性

DWDM 系统的色散主要来自光纤光缆和光源线宽，在实际光缆大多已敷设完毕的情况下，选用窄线宽光源是解决系统色散受限的有效手段。随着系统无中继距离的增大，还需注意克服光纤光缆的非线性效应。

3) 激光器必须单纵模工作、频率啁啾尽量小

常用稳定反馈控制法和波长反馈控制法控制并稳定激光器的输出波长。通常采用的光源有分布反馈（DFB）激光器、分布布拉格（DBR）激光器，它们具有比 F-P 激光器更好的特性，输出谱线窄、波长稳定性好。此外，量子阱（QW）半导体激光器是新兴的激光光源，其输出线宽更窄、频率啁啾小、动态单模特性好。目前 DFB、DBR 等多种结构的单波长激光器，可控制的波长变化范围为 10nm 左右，采用超周期结构衍射光栅（SSG）的激光器可扩大输出波长的变化范围，例如，SSG-DFB 激光器已实现在 1550nm 波长段，波长调节范围超过 100nm。

在调制方式上，波分复用系统光源主要采用外调制（间接调制），主要使用电吸收型

调制器和波导铌酸锂电光调制器。如此操作可以有效克服频率啁啾，获得更大的色散受限距离。

8.3.2 WDM 系统中的光纤

随着 DWDM 系统复用通道数及其传输速率的不断增加，通道间隔越来越小，注入光纤中的光功率逐渐增大，非线性效应的影响越发突出，需要尽量减小光纤的色散来克服或降低光纤非线性效应导致的信号失真及通道间信号的串扰。要求光纤除具有低损耗外，还需具有小的色度色散、小的偏振模色散和工作波长区的色度色散不能为零。目前适合于 DWDM 技术的光纤主要有 G.652、G.653 和 G.655。

G.652 单模光纤在 1550nm 波长处的损耗很小，色散也不为零(17ps/(nm · km))，因制造工艺存在一定的偏振模色散，适合传输 2.5Gbit/s 基础速率的 DWDM 系统。若用于传输 10Gbit/s 信号的 DWDM 系统或速率大于 2.5Gbit/s 的系统，需要采取色度色散补偿措施，同时测量光纤的偏振模色散是否满足系统要求。对于偏振模色散，目前尚没有商用的补偿手段。G.652 光纤是结构最简单、性能最稳定的传输用单模光纤，所以在城域网、接入网的数据、图像传输中得到广泛应用。

G.653 光纤可以用于单通道时分复用传输 2.5Gbit/s、10Gbit/s 信号的系统；用于 DWDM 系统时，由于光纤工作波长区的色度色散为零，将产生严重的四波混频非线性效应影响，导致复用信道光信号能量衰减和信道串扰，所以 G.653 光纤不适用于多通道的 DWDM 系统，主要用于 1550nm 波长窗口，适合高速、长距离单波长陆地或海底通信系统。

G.655 光纤既保持了 G.652 光纤、G.653 光纤的优点，又克服了它们使用中的缺陷，在 1550nm 窗口光纤色散的绝对值不为零并处于一定范围内，保证该窗口处具有低损耗和较小的色散值，是至今综合性能最佳的传输用单模光纤，也是大容量、高速长距离主干网首选的光纤类型。由于非零色散抑制了非线性四波混频对 DWDM 系统的影响，所以该光纤主要用于 DWDM 系统，既适合传输基础速率为 2.5Gbit/s 的信号，也适合传输 10Gbit/s 或速率更高的信号。

DWDM 系统的色散支撑技术有压缩光源的谱线宽度、运用色散补偿光纤或选用新型光纤。

8.3.3 WDM 系统中的放大器

以往单波长通信系统使用的中继放大器只针对某一特定波长，且信号再生器只能工作在确定的信号速率及格式下，由于在 DWDM 系统中同时传输多个不同波长的光信号，必须寻求不使用再生器的新的信号放大途径。掺铒光纤放大器(EDFA)具有在 1550nm 附近约 35nm 宽的高增益带宽范围，可同时对多个光波长信号进行直接线性放大，无须光/电或电/光转换，且对信号的传输速率透明，可以用于功率放大、在线放大和前置放大，从而解决了 WDM 系统中的多信道信号的放大问题，以及系统功率受限问题。正是由于 EDFA 的出现，WDM 技术才真正在光纤通信系统中扮演重要角色。使用 EDFA 后，WDM 系统实现了超长距离传输，好的系统可以达到 640km 无中继传输。EDFA 从工作频段上将 1525～1540nm 波长区间称为蓝带区，将 1540～1565nm 波长区间称为红带区，当信号传输速率低于 40Gbit/s 时，优先使用红带区。

DWDM 系统对 EDFA 放大器的基本要求是：具有足够的带宽、平坦的增益、低噪声系数和高输出功率(高增益)，其中，在复用波长范围内具有平坦的增益，并能对功率暂态和增益进行自动调整和控制，保证各个信道的信号放大后具有大致相同的功率，是 DWDM 系统对 EDFA 的特殊要求。

8.3.4　WDM 系统中的接收机

DWDM 系统对光接收机的要求除在普通光纤通信系统中的常规要求外(如温度、功耗、偏振等特性)，因系统终端后还需进行光电转换，所以系统对光接收机还有以下特殊要求。

(1) 必须能工作在复用波长覆盖的宽波长范围，并使接收机中的光电检测器的波长响应平坦化，保证检测的不同波长光信号具有基本相同的响应度。

(2) 接收机具有高接收灵敏度。保证在系统给定的误码率条件下，接收机对不同波长信号具有相同的接收灵敏度，在光电转换过程中引入的附加噪声尽量小，因此 DWDM 系统对光接收机的要求比单波长光系统高。

(3) 响应时间短，具有足够的光电转换的电带宽特性。保证在高速信号检测中能够在信道串扰的干扰下，快速从一定噪声环境中捕捉到信号，使信号失真尽量小，这对超长距离传输的 DWDM 系统检测高速信号尤其重要。

8.3.5　WDM 系统中的光信道监控与管理

由于在 DWDM 系统中传输多个波长的信号，当使用 EDFA 代替现有光纤通信系统中的电中继器时，EDFA 的光中继上业务信号不能上/下，没有电接入口，只有光信号放大，而且在业务信号的开销位置上(如 SDH 的帧结构)也没有对 EDFA 进行监控的字节，因此需增加一个电信号对 EDFA 的运行状态进行监控。现常用在一个波长上传送监控信号，专门对 DWDM 系统进行监控和管理，这个信道就是光监控信道(optical supervisory channel，OSC)。

OSC 主要是监控 DWDM 系统内各信道的传输情况(传输波长、传输速率)，通过传送光监控信号，使网络管理系统对复用系统进行有效管理，为达到横向兼容，对 OSC 的波长、速率、线路编码、OSC 的信号格式等均有要求。

光监控信道应满足以下条件。

(1) 不应限制光放大器的泵浦波长。

(2) 不应限制光放大器之间的距离。

(3) 不应限制未来在 1310nm 波长上的业务应用。

(4) 光放大器失效时监控信道仍然可用。

(5) OSC 分段传输，在每个光放大器中继站上，信息都能被正确地接收下来，而且还可附加上新的监控信号。

(6) OSC 为双纤单向传输，若其中一根光纤被切断，监控信息仍然能被线路终端接收到。

(7) OSC 具有保护路由。

(8) OSC 信息的帧结构。对于工作速率为 2Mbit/s 的监控系统，用 32 个 64kbit/s 字节承载各种监控信息，并以 PCM32 帧格式传递与交换。线路编码对 2Mbit/s 监控信道采用信号翻转码（CMI）为线路编码，10Mbit/s 和 100Mbit/s 的监控信道采用 4B/5B 编码。

当 EDFA 用于功率放大和前置放大时，传输系统自身用的监控信道即可用以对 EDFA 进行监控。但用于在线放大的 EDFA，必须采用单独的光信道进行监控和管理信息的传输，DWDM 系统常见的光监控方式有以下几种。

1) 带外波长监控技术

ITU-T 建议采用一个特定独立波长作为光监控信道，传送监测管理信息，此波长位于业务信息传输带外时可选 1310nm、1480nm 及 1510nm，优选（1510±10）nm。因这些波长位于 EDFA 增益带宽之外，故称为带外波长监控技术。带外监控信号不能通过 EDFA，必须在 EDFA 前取出，在 EDFA 之后插入。由于带外监控信道的光信号得不到 EDFA 的放大，所以监控信号的速率不能太高，通常为 2.048Mbit/s。在整个传送过程中，OSC 不参与放大。

2) 带内波长监控技术

带内波长监控技术选用位于 EDFA 增益带宽内的（1532±4.0）nm 波长作为监控信道波长。由于可利用 EDFA 增益，监控系统的速率可提高至 155Mbit/s。虽然 1532nm 波长处于 EDFA 增益的下降区，但因 155Mbit/s 系统的接收灵敏度优于 WDM 主信道系统的接收灵敏度，所以监控信息仍能正常传输。带内波长监控技术相对先进。

网络管理系统通过光监控信道物理层传送开销字节到其他节点或接收来自其他节点的开销字节，对 WDM 系统进行性能、运行质量、故障告警及定位、配置以及安全等方面的管理，并与上层管理系统相连。

8.3.6　WDM 系统中的波分复用器/解复用器

光波分复用器是波分复用系统的关键组成器件，分为发送端的复用（合波）器和接收端的解复用（分波）器，其功能是将多个不同的光波长信号汇合并分离，属于波长选择性的耦合无源光器件。波分复用器一般是一个有 $1 \times N$ 个输入/输出端口的器件，在发送端用作复用器时，复用器将满足规范的多个不同的光波长的信号（从 N 个输入端进入）合并（复用）成一路合波信号，耦合进入一个端口（单端口）输出。在接收端用作解复用器时，解复用器将由单端口传输过来的合波光信号分开并还原（解复用）成不同波长的信号，并分别按波长传输到对应的出射端口（N 个端口之一）输出，不同的波长其输出端口不同，如图 8.8

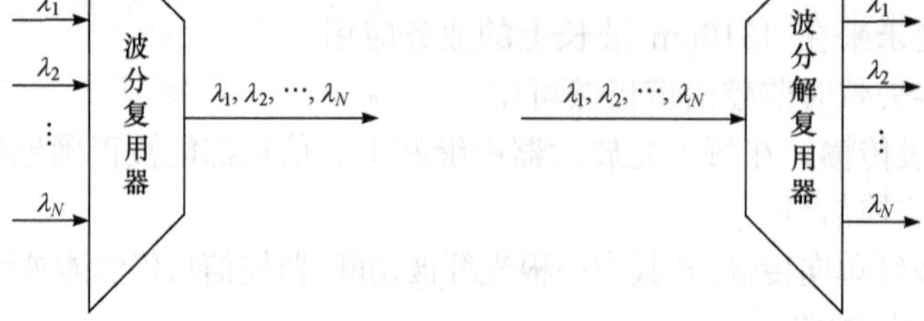

图 8.8　复用和解复用结构示意图

所示。大多数波分复用器都是可逆器件，从 $N\times1$ 方向使用是合波器，反过来从 $1\times N$ 方向使用便成为分波器。当给定波长的光信号从输入单端口传输到对应的输出端口时，解复用器具有最低的插入损耗，而对应某个输出端口的信号部分进入其他输出端口时便产生信道的串扰。

1. 光波分复用器的性能参数

波分复用器/解复用器性能的优劣对 WDM 系统的传输质量具有决定性的影响，评价光波分复用器性能的特性参数主要有插入损耗、隔离度、回波损耗、信道宽度、反射系数等。为保障波分复用系统的正常工作，对波分复用器与解复用器共同的要求是：插入损耗小(1.0～2.5dB)、复用通路数足够多、信道间的串扰小、隔离度高、通带范围宽、温度稳定性好、不同波长信号通道的损耗偏差小、偏振相关性小。

(1) 工作波长范围或波段：定义为光波分复用器/解复用器能够按照规定的性能要求正常工作的波长范围($\lambda_{\min}\sim\lambda_{\max}$)，或工作在什么波段，如 C 波段、L 波段。

(2) 复用信道数：指波分复用器/解复用器可以合成或分离的信道数量，常见的有 4、8、16、32 等，其与器件的分辨率、隔离度等参数密切相关。

(3) 信道中心波长或频率。光波分复用器/解复用器的中心波长或频率定义为按 ITU–T G.692 建议的中心频率及对应的光波长。

(4) 信道间隔：指满足 ITU–T G.692 建议，波分复用器/解复用器各输入光源(不同波长信号)之间为避免串扰应具有的最小波长或频率间隔，如 400GHz(3.2nm)、200GHz(1.6nm)、100GHz(0.8nm)、50GHz(0.4nm)和 25GHz(0.2nm)。

(5) 带宽：指生产厂商给出通道传输最大值下降 1dB、3dB 和 20dB(有时还有 30dB)处的通带宽度。带宽值不仅取决于信道的间隔，还取决于通带的线型。该参数是波长敏感型器件(如薄膜滤波型和 AWG 型器件)参数之一，对耦合型波分复用器无意义。ITU–T 规定对于 DWDM 使用的波分复用器/解复用器，在下降 1dB 处的通带宽度不应小于信道间隔的 35%，在下降 3dB 处的通带宽度不应小于信道间隔的 50%，下降 20dB 处的通带宽度不应大于信道间隔的 1.5 倍，下降 30dB 处的通带宽度不应大于信道间隔的 2.2 倍。

(6) 插入损耗：指特定波长光信号通过波分复用器输入端口和对于输出端口间的光功率损耗，用 dB 表示为

$$\mathrm{IL}=-10\lg\frac{P_{\mathrm{out}}(\lambda_i)}{P_{\mathrm{in}}(\lambda_i)}\quad(\mathrm{dB})\tag{8.3}$$

式中，P_{in} 为输入端口注入的光功率；P_{out} 为对应输出端口输出的光功率。插入损耗表示光波分复用器/解复用器放入光纤链路后引起的附加光损耗，由于其是对不同的光波长信号进行合波与分波，每一个端口都对应特定的波长，因此光波分复用器/解复用器的插入损耗与波长相关，这是光波分复用器/解复用器的插入损耗与其他光无源器件插入损耗的不同之处。不同类型的波分复用器/解复用器的插入损耗值不同。

(7) 隔离度：定义为某特定波长 λ_i 输出端口的光功率进入非指定输出端口的光功率大小，用 dB 表示为

$$I_{i,j} = -10\lg\frac{P_{ij}}{P_i} \quad (\text{dB}) \tag{8.4}$$

式中，P_i是波长为 λ_i 的输入光功率；P_{ij}是波长为 λ_i 的光串入到波长为 λ_j 的输出端口(非指定端口)的光功率。隔离度也称远端串扰，其反映其他信道的信号(非希望的信号)进入某一不该进入的信道，并对该信道传输质量的影响程度，其绝对值越大越好，说明任何波长为λ_i的光想从输入端传至输出端口 j 时，会被堵塞或阻止。一般在发射端由于光源的线宽较窄，对隔离度的要求不太高；而在接收端，由于光检测器在很宽的频率范围内都有较高的灵敏度，信道间的串扰会恶化接收机的灵敏度，因而要求波分复用器件信道间的隔离度较高，一般必须在 25dB 以上。隔离度高意味着波分复用器的选频特性好，各复用光通路之间的相互干扰和影响就越小。该参数仅对波长敏感型器件(如薄膜滤波型器件和 AWG 型器件)有意义，对耦合型器件无意义。

(8)回波损耗：指从输入端(光注入端)返回的光功率与注入的光功率之比，用 dB 表示为

$$\text{RL} = -10\lg\frac{P_{\text{ba}}}{P_{\text{in}}} \quad (\text{dB}) \tag{8.5}$$

式中，P_{in} 为指定输入端口注入的光功率；P_{ba} 为沿该输入端口返回的光功率，反映光信号从指定端口输入时，由于器件引起的反向回传的光能量大小。

(9)偏振相关损耗：定义为由光偏振态的变化所引起的插入损耗的最大变化量，即

$$\text{PDL} = \text{IL}_{\text{TE}} - \text{IL}_{\text{TM}} \quad (\text{dB}) \tag{8.6}$$

式中，IL_{TE} 和 IL_{TM} 分别为偏振方向彼此垂直的光(TE 或 TM)分别入射时产生的插入损耗。PDL 值越小越好。

2. 典型光波分复用器/解复用器

光波分复用器的款式各异，制作技术多样，按照光波分复用的原理，光波分复用器可大致分为干涉滤光器型、光纤耦合滤光器型、衍射光栅型和阵列波导光栅型四类。它们分别由干涉滤光器、光纤耦合滤光器、衍射光栅型和平面光波导所组成。在目前的 DWDM 系统中，小于 32 路波道的 WDM 系统主要采用多层介质薄膜滤光器型复用器，随着阵列波导器件的发展，多于 32 路波道的 WDM 系统一般采用阵列波导器件。

1)干涉滤光器型 WDM 器件

这类 WDM 器件的典型是多层介质膜干涉滤光器，如图 8.9 所示。它由多层或几十层不同材料、不同折射率和不同厚度的介质薄膜交叠组合而成，一层膜的折射率高一层膜的折射率低交替，通过适当设计每层薄膜的折射率和光学厚度，可以使器件只透射信号光中某个希望的光波长，其他波长的光被全反射，从而达到滤光效果，形成透射型滤光器，实现对信号光的选择性输出。将这样的滤光器以一定形式组合起来，便可构成多通道的波分复用器/解复用器。

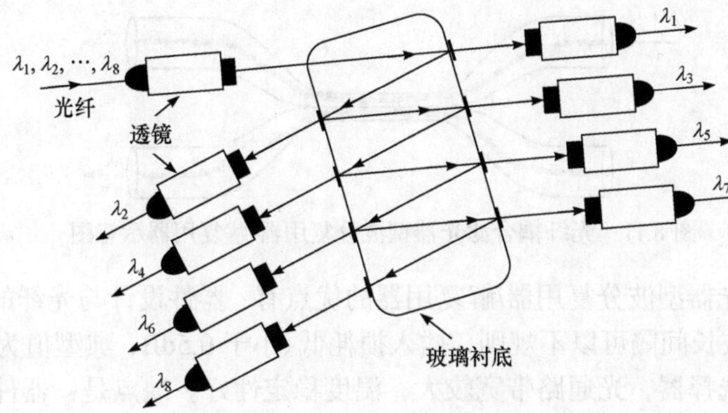

图 8.9　多层介质膜干涉滤光器构成的解复用器(8 通道)

另一个干涉滤光器型复用器/解复用器是由马赫-曾德尔(MZ)干涉仪构成的。图 8.10 所示为由 3 个 MZ 干涉仪组成的 4×4 通道复用器，整个器件可用条形光波导制作在同一块硅片上。通过定向波导的耦合以及不同直波导和弯曲波导长度引入的相位差，形成确定的信道间隔，引导 4 个不同端口输入的 4 个波长信号 λ_1、λ_2、λ_3 和 λ_4 共同汇入一个通道，最终从端口 C 输出，起到复用的作用。

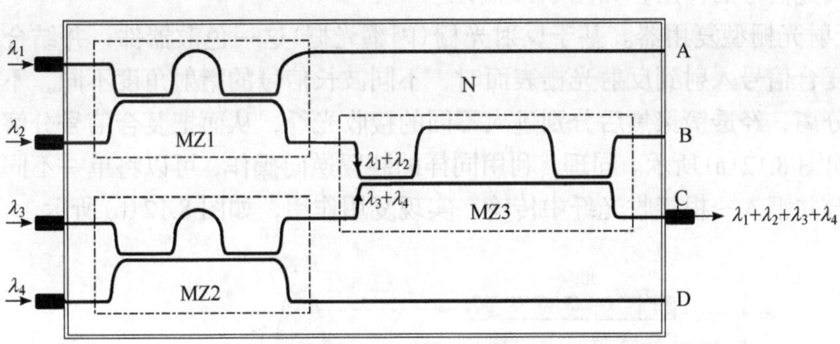

图 8.10　4×4 通道马赫-曾德尔干涉复用器

干涉滤光器型波分复用器/解复用器是使用最早的光滤波器，这类器件的优点有：器件设计与光纤的参数无关，信道数灵活，信道波长间隔可以不规则，插入损耗低(5～7dB)，通带性好(平顶、隔离度高(约 25dB))，偏振相关损耗小(约 0.2dB)，温度稳定性好(无须温控)；缺点有：分离 1nm 左右的波长较困难，价格较高(器件价格与通道数成正比)，波长通道数不大于 16 通道(是 16 通道 WDM 系统的主要选择复用器)。

2) 光纤耦合滤光器型 WDM 器件

这类 WDM 器件的典型是光纤耦合滤光器，如图 8.11 所示。将两根除去涂覆层的光纤研磨拼接或烧熔在一起，让它们靠得足够近，或将两根光纤用熔融拉锥法在高温加热下熔融，使纤芯聚合在一起。借助光纤间的消逝场产生耦合效应，使光能量在两根光纤间发生转移，形成一个 2×2 通道的复用器/解复用器。通过设计熔融区的锥度和耦合长度，实现对输入端同时输入的 λ_1 和 λ_2 信号的有效分离，使之从不同输出端输出。反过来使用，也可以将两个分别独立输入的 λ_1 和 λ_2 信号，耦合汇合从一个端口输出。此款耦合滤光器型复用器/解复用器也可以制作成集成条形光波导结构，如图 7.7(a)所示。

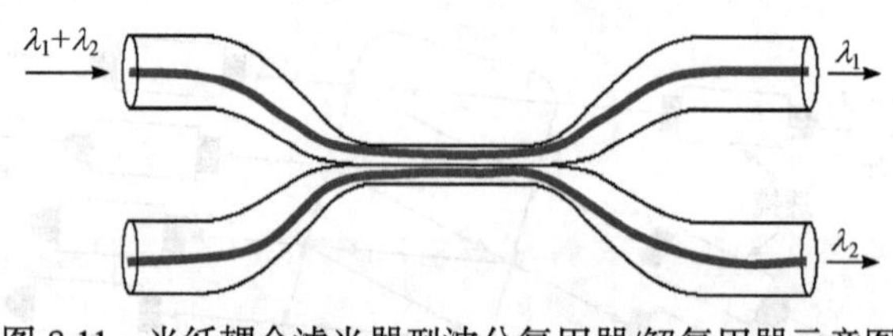

图 8.11　光纤耦合滤光器型波分复用器/解复用器示意图

光纤耦合滤光器型波分复用器/解复用器的优点有：器件设计与光纤的参数无关，信道数灵活，信道波长间隔可以不规则，插入损耗低(小于 0.5dB，典型值为 0.2dB)，结构简单，无须波长选择器，光通路带宽较大，温度稳定性好。缺点是：器件尺寸大，复用通道数少(典型用于双波长 WDM 系统)，隔离度较低(约 20dB)。而光波导耦合滤光器型波分复用器/解复用器的性能则比光纤耦合滤光器型好得多，尤其是器件稳定性、器件尺寸等方面。

3) 衍射光栅型 WDM 器件

这类 WDM 器件的核心是衍射光栅，利用光栅的色散效应实现分光或合光。利用当光通过光栅时产生衍射的特性，不同波长的光信号其衍射角度不同，由此产生分离或合并不同波长光信号的作用，如图 8.12 所示。

(1) 反射光栅型复用器。基于反射光栅(闪耀光栅)这一色散器件，并结合透镜，当多波长的复合信号入射到反射光栅表面时，不同波长信号的衍射角度不同，不同波长的衍射光被分离，经透镜聚焦后分别进入不同的接收光纤，从而把复合信号分解为不同波长的光，如图 8.12(a)所示。同理，利用同样的装置逆向操作，可以将单一不同波长的输入光信号合并汇入一根接收光纤中传输，实现复用作用，如图 8.12(b)所示。

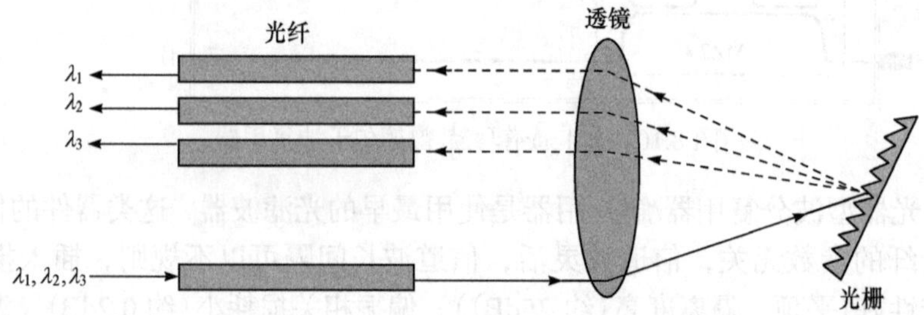

(a) 解复用

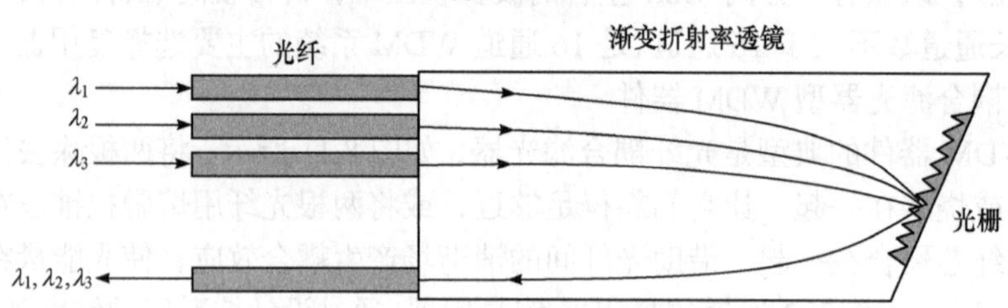

(b) 复用

图 8.12　衍射光栅型波分复用器/解复用器

衍射光栅型波分复用器/解复用器的优点有：信道数量多(可超过 100 个)，得到的信道波长间隔小(商用约为 0.2nm)，插入损耗不随信道数而增加(为 6～7dB)。缺点是：器件对温度敏感(约 0.01nm/℃)，需要进行温度补偿(温度控制、材料补偿等)；高斯型通带，采用特殊技术可实现平顶，但将增大损耗。

(2) 光纤光栅型复用器。这类 WDM 器件的核心是光纤光栅，利用光纤光栅的反射滤波特性实现对特定某一波长的强反射(截断此波长的光)，而允许其他波长的光通过。通过将不同空间周期的光纤光栅制作在同一根光纤上，获得不同的布拉格谐振波长，每个光栅只有一个波长被反射，串接的几个光栅分别对不同波长的光产生强反射，依次截断不希望的光信号，让希望保留的光信号顺利透过所有光纤光栅继续传输，最终实现对不同波长光信号的分离，如图 8.13 所示。

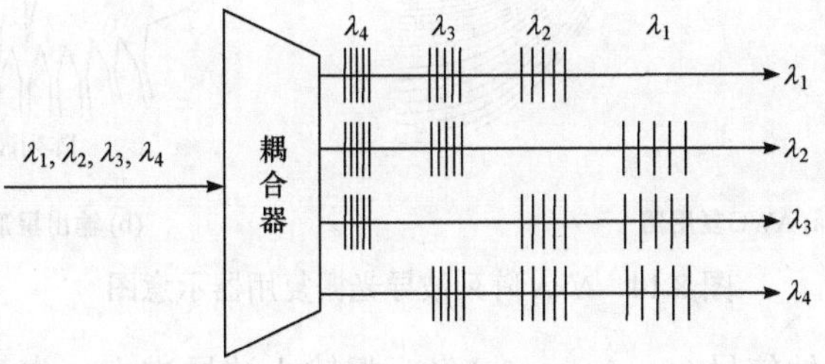

图 8.13　光纤光栅型波分复用器示意图

光纤光栅型波分复用器/解复用器的优点有：具有比较理想的带通性(带内响应平坦，带外抑制比高)，温度稳定性好，易于进行温度补偿，插入损耗小，反射波长分辨率很高，对入射光的偏振不敏感，易与光纤连接。缺点是：器件回波损耗高，用到多个光纤光栅的器件所以成本较高。

4) 阵列波导光栅型 WDM 器件

阵列波导光栅(arrayed waveguide grating，AWG)也称作相位阵列(phased array)，它的概念由荷兰研究者 M.K.Swith 于 1988 年首次提出，其通过平面光波导技术制作在硅衬底上。阵列波导光栅型波分复用器/解复用器是典型的集成光学器件，是 DWDM 系统中首选的复用器/解复用器，已成为超高速、大容量 WDM 系统中不可缺少的核心器件。此外，AWG 还是光互连器件的关键组成部分，它能提供有波长选择的 $N\times N$ 连接，具有 10^{-2} 纳米级的分辨率(工作在高衍射级)，还可作为选择开关、多波长路由器、光插/分复用器等使用，应用前景广阔。

AWG 是一种平面波导器件，其利用气相沉积薄膜技术在芯片衬底上制备 SiO_2 薄膜，借助掩膜，经紫外曝光、刻蚀等工艺制作成由多个条形光波导组成的阵列波导光栅。AWG 由三个主要部分组成，即输入/输出(I/O)波导，以及两个相同的平板波导和弯曲阵列波导。输入/输出波导和弯曲阵列波导通过平板波导连接，如图 8.14(a)所示。输入、输出波导端口和阵列波导端口分别位于两个平板波导弯曲边沿形成的罗兰圆和光栅圆周上，输入、输出波导端口沿直径为 R 的罗兰圆周等间距分布(相邻波导间距为 x)，弯曲阵列波导端口则沿直径为 $2R$ 光栅圆周等间距分布(相邻阵列波导间距为 d)，相邻弯曲阵列波导的长度彼此相差 ΔL，阵列波导的中心位于光栅圆与罗兰圆的切点处，如图 8.14(b)所示。罗兰圆起到凹面光栅的聚焦功能，AWG 的工作也就类似于凹面衍射光栅。

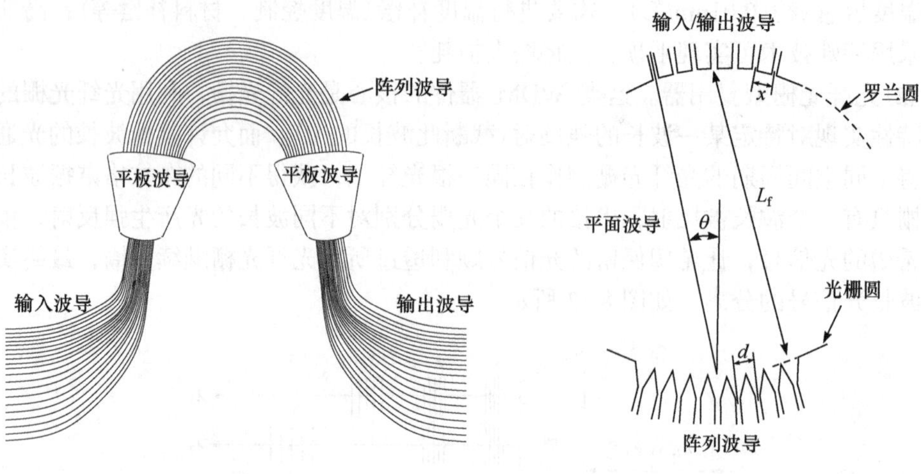

(a) AWG复用器　(b) 输出星形耦合器的结构

图 8.14　$N \times N$ 阵列波导光栅复用器示意图

当由多波长组合的信号$(\lambda_1, \lambda_2, \cdots, \lambda_N)$经一根输入波导进入，先到达 AWG 的第一个(输入)平板波导，输入的光(信号)在输入波导的端口处发生衍射而在平板波导中扩散开，通过第一个平板波导每根输入波导能将其承载的能量均匀分配到各个条形阵列波导中。阵列波导再将接收到的光能量传递到第二个平板波导的同时，通过不同的弯曲程度改变每根条形波导的长度，使相邻阵列波导的长度依次递增 ΔL(从最短的波导起)，对于在波导中传输的波长为 λ_k 的光来说，由此两相邻波导产生的光程差为$n_c \Delta L$，n_c是阵列波导的折射率，则N条阵列波导形成不同的光传输通道，对通过的光信号附加一个等量的相位变化量，相邻阵列波导引起的相位差为$2\pi n_c \Delta L / \lambda_k$，其功能相当于一个光栅。在第二个(输出)平板波导处，光在阵列波导的输出端口发生衍射，不同波长的衍射有不同角度。借助罗兰圆的作用，来自N条不同光通道的光被第二个平板波导(星形耦合器)聚焦到不同的输出波导端口，但它们只在对应的一个输出波导端口处，针对一个波长λ_k产生干涉加强，此波长在其他波导端口处均干涉相消。如此，在每个输出波导处便只有特定波长 λ_k 的光进入，不同的波长进入不同的输出波导，最终实现对复合光的分解(解复用)。

考虑到阵列波导端口输出的衍射光到达输出波导的接收端口时，如图 8.14(b)所示，相邻阵列波导在平板波导中产生的光程差为$n_s d \sin\theta_o$，n_s是平板波导的折射率。同理，在输入波导的端口输出的衍射光到达阵列波导的接收端口时，两相邻输入波导在平板波导中产生的光程差为$n_s d \sin\theta_i$。根据光栅方程，输入光经第一、第二平板波导和阵列波导后，在接收端口获得干涉加强需满足的相位匹配条件(总相位差)为

$$n_s d \sin\theta_i + n_c \Delta L + n_s d \sin\theta_o = m\lambda_k \tag{8.7}$$

式中，$\theta_i = x / L_f$ 和 $\theta_o = x / L_f^*$ 分别为光在第一(输入)平板波导和第二(输出)平板波导的衍射角；L_f 和 L_f^* 分别表示输入和输出平板波导处不同输入(输出)波导与不同阵列波导间的距离；m 为衍射级数；λ_k 为入射光波长。

当 $\theta = 0$ 时，式(8.7)变为

$$\Delta L = m\frac{\lambda_k}{n_c} \tag{8.8}$$

满足式(8.8)的光波长称为中心波长，记为 λ_c。

由光栅方程式(8.7)可知，对于从某指定输入波导(端口)输入的多波长复合光信号，随着波长 λ_k 的不同，衍射角 θ 会随之发生变化，即衍射光的汇聚点将沿着直径为 $2R$ 的光栅圆移动，复合波长光信号将被分解至不同的输出端口由输出波导输出，实现多波长复合信号的分解。通过合理设计 AWG 的阵列波导的形状和间距、输入平板波导的位置，以及连接输入和输出平板波导的长度，可以改变 AWG 的尺寸，调整特定波长光的输出端口，使输入波导(或光纤)与输出端口(或光纤)，与波长有一一对应的关系。AWG 的正向过程是分离过程，在接收端可以将不同波长的复合光分离开，成为解复用器；逆向过程便是复合过程，也可将多端口输入的多个波长的光信号复合进入单一波导(通道)中，成为复用器。

与光纤光栅和薄膜滤波片等复用器相比，AWG 具有集成度高、结构紧凑、通道数目多、波长间隔小、通道间的串扰小(优于−35dB)、通带平坦、插入损耗小(<3dB)、信号畸变小、误码率低、工作性能稳定、器件功耗低、易于批量生产、易于与光检测器集成等诸多优点，是 16 通道以上的 WDM 系统最具竞争力的复用器。由于 AWG 的波长间隔相当窄，必须精确控制 AWG 的中心波长。AWG 的主要缺点是性能与光的偏振和温度有关，为稳定 AWG 的工作状态，减小热漂移，一般需要进行温度控制。现已使用的有 8 通道、16 通道、32 通道、40 通道、64 通道 AWG，100 多通道的 AWG 也已制造出来。图 8.15 给出了一个 3×16 通道 AWG 芯片实物照片。

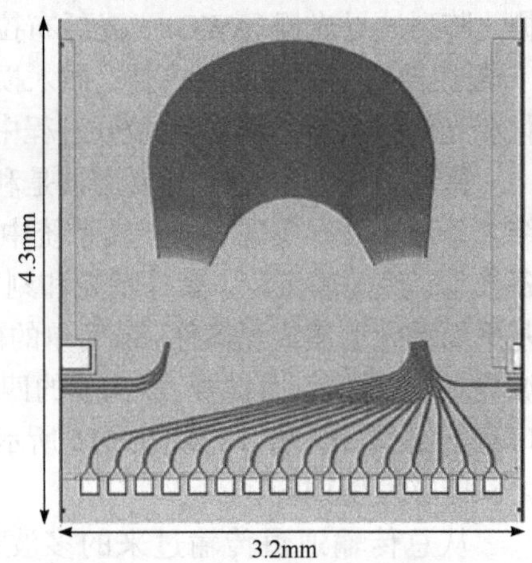

图 8.15　3×16 阵列波导光栅芯片实物照片

常见的光波分复用器的主要性能比较见表 8.4。

表 8.4　常见的光波分复用器的主要性能比较

复用器类型	复用原理	批量生产	通道间隔/nm	使用通道数及场合			串扰/dB	插入损耗/dB	主要缺点
				<32	40	>80			
干涉滤光器型	干涉、吸收	一般	1～100	√	√		≤−25	2～6	通路数较有限
光纤耦合滤光器型	波长依赖	较容易	10～100	√			−45～−10	0.2～1.5	通路数有限
衍射光栅型	角色散	一般	0.5～10			√	≤−30	3～6	温度敏感
阵列波导光栅型	平面波导	容易	1～5	√	√	√	≤−35	3～5	偏振、温度相关

5）微环谐振器型光插/分复用器

光插/分复用器(optical add and drop multiplexing，OADM)也称光上下复用器，其功能是在复用光路中将需要的特定波长信号加入(插入)传输光路(多波长总信号)中，或从总传输复合信号中将某个特定的单波长信号分拣出并取下，在做到有选择地操作上、下接收和发送某些波长信号的同时，不影响总信号中其他波长信号的正常传输。光插/分复用器的上、下路信号是以波长为单位进行的，每个波长为一个信道。光插/分复用节点的核心器件是光滤波器件，由滤波器件选择要插入或取出(上下路)的光波长，实现波长路由分配。

光插/分复用器可分为光-电-光型和全光型两大类，光-电-光型的信号插/分操作需要电子器件的配合，在电域进行并完成，其不能适应 WDM 全光网的发展；全光型的信号插/分操作是在光域上进行的，是全光网络的关键节点设备之一。OADM 的使用使光通信网络具有灵活性、选择性和透明性等功能，可以处理任何格式和速率的信号，在光域上便能实现波分复用信道的分插功能，无须光-电-光转换和电处理，在光网络中具有很好的应用前景。目前用于光插/分复用的较为成熟的滤波器有声光可调谐滤波器、体光栅、阵列波导光栅(AWG)、光纤布拉格光栅(FBG)、多层介质膜、环谐振器等。对光插/分复用器的主要性能要求是：插入损耗小、信道间的隔离度高及串扰小、对环境温度变化和光偏振状态不敏感、插/分过程中要保证各个信道间的功率基本一致。

微环谐振器型光插/分复用器是利用环形谐振器的谐振特性形成波长的选择性滤波，结合条形光波导实现对从传输系统中分流或者插入单个信道的功能。借助平面光波导制备技术，经薄膜沉积、紫外曝光和刻蚀等工艺，微环谐振器型光插/分复用器可制作成硅基平面波导型集成光器件。最简单的微环谐振器型光插/分复用器是一个圆环加上两条直波导(直波导 1、直波导 2)构成的四端口器件，即输入端口、直通端口、上路(插入)端口和下路(取出)端口，如图 8.16 所示。直波导与环谐振器彼此靠得足够近，使光在它们之间能够发生耦合。

从总传输通道传输过来的多波长($\lambda_1,\lambda_2,\cdots,\lambda_N$)混合光信号首先由输入端口(直波导 1)进入微环谐振器型光插/分复用器，部分光波长将在通过直波导和微环间形成的定向耦合器(定向耦合 1)耦合进入环形谐振器，耦合进入环中的部分光能量也将能够通过另一端的定向耦合器(定向耦合 2)耦合出微环谐振器型插/分复用器。当进入微环的光在环内绕行一圈与新耦合进入环的光相遇，并且它们的光程差满足是波长的整数倍时，将发生相干加强引起微环谐振，有

$$n_{\text{eff}} L = m\lambda_i \tag{8.9}$$

式中，n_{eff} 是微环中传输模式的有效折射率；L 是微环的周长；m 是谐振级数(正整数)；λ_i 是真空中的光波长。

由式(8.9)可见，只有某些特定的波长λ_i 才能在微环中产生谐振，并在环中长时间传输。如图 8.16 所示，正是由于微环的谐振，谐振时特定波长光(λ_3)的绝大部分能量积累在环内形成强光场，并由定向耦合 2 耦合进入直波导 2，由下路端口输出，实现信号波长的取出。在谐振时，谐振波长几乎所有能量进入微环，从而在直波导 1 的输出端口便没有这些波长的透射光，使环形谐振腔成为理想的陷波滤波器，阻挡谐振波长光的直行，

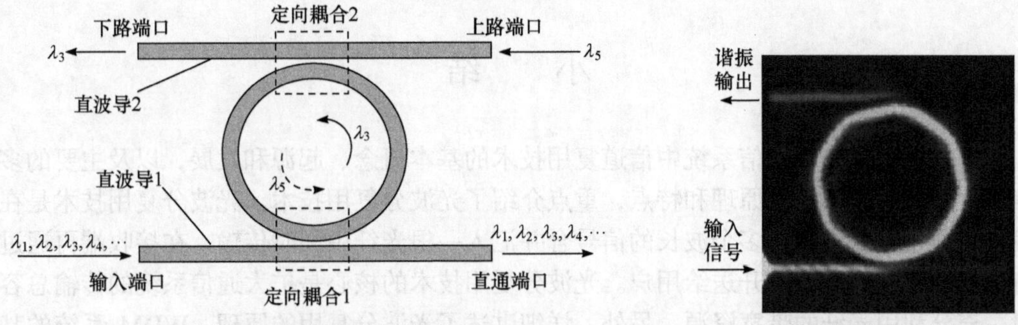

(a) 微环谐振器型光插/分复用器结构　　(b) 微环谐振器输入共振及输出

图 8.16　4 端口微环谐振器型光插/分复用器示意图

如图 8.17 所示。而非谐振时，非谐振波长的信号不能在微环中长时间停留，它们不受环的影响，通过定向耦合 1 耦合返回直波导 1，直行通过微环谐振器型光插/分复用器。同时，在直波导 2 的上路端口插入需要加入的光信号(λ_5)，利用同样的谐振原理，光信号 λ_5 被耦合进入总传输通道中，完成信号波长的加入。至此，整个器件实现三个基本功能：有选择性地取出(下路)需要的特定波长(信道)，同时插入(上路)某个波长信号，保证其他波长信号不受影响地通过，并和被插入的信号复用在一起后从微环谐振器型光插/分复用器的直通端口输出。

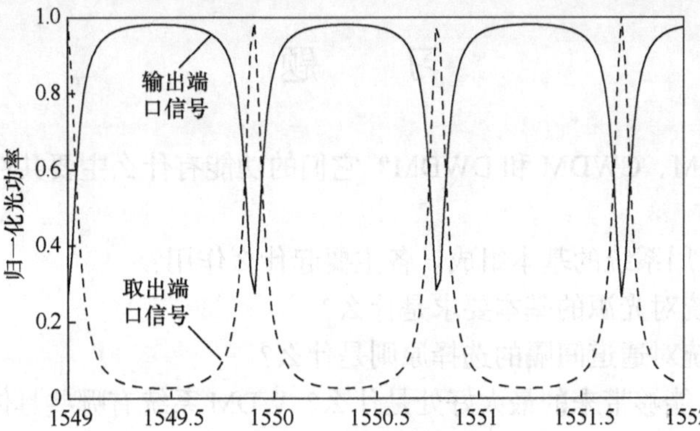

图 8.17　4 端口微环谐振器型光插/分复用器输出端口和取出端口信号

通过合理选择微环和直波导的材料、调节微环和直波导间的间距、环的直径等参数，可以改变微环和直波导间的耦合系数、谐振光波长、插/分波长信号的光功率，提高器件的整体性能。做到选择只有一个特定波长的光能满足谐振条件，让这个谐振波长通过微环和直波导的耦合进入信号取出通道，并使这一谐振波长光的输出功率最大。同理，使插入的光信号满足同样条件，以最强信号复合进入传输信道，从而完成滤波取出信号、插入信号的功能。基于单环谐振滤波器的光插/分复用器结构简单、集成度高、性能稳定、易与光纤或光电器件连接，但光谱的平坦程度不够好、信道间的隔离度有限、自由光谱范围较小，因此除单环结构外，还可采用多环串联或并联结构来改善并提高环谐振器的滤波特性。

小　结

本章介绍了光纤通信系统中信道复用技术的基本概念、起源和发展，以及主要的多信道复用方式及其技术原理和特点，重点介绍了光波分复用技术。光波分复用技术是在发送端通过光复用器将多个波长的信号合并汇入一根光纤中同时传输，在接收端再通过解复用器将它们一一分开送给用户。光波分复用技术的核心是扩大通信系统的传输总容量，充分利用光纤的带宽资源。另外，详细讲述了光波分复用的原理、WDM 系统的基本构成及主要功能、系统分类及信道间隔标准、器件性能指标(信道中心波长、信道间隔、插入损耗、隔离度等)，以及典型的光波分复用器/解复用器。光波分复用是目前唯一技术成熟且已用于实际的大容量光传输技术，它一般指在单模光纤中的信息传输，多模光纤也可以进行波分复用，从而实现超大速率的数据传输。因此，应掌握多信道复用技术的目的和技术核心，尤其是光波分复用技术的工作原理、系统构成及对器件的要求、信道间隔标准，同时了解不同光波分复用器/解复用器的结构、性能指标、特点及应用，为进行 WDM 系统设计和实践打下基础。随着光复用技术的发展，信道多、体积小、成本低的光波分复用器/解复用器不断出现，特别是如 AWG 等集成复用器件的性能不断提高，WDM 系统的性能、功能在不断地完善和拓展。

习　题

1. 什么是 WDM、CWDM 和 DWDM？它们的功能有什么主要共性？它们的主要差异是什么？
2. 简述波分复用系统的基本组成。各主要起什么作用？
3. DWDM 系统对光源的基本要求是什么？
4. DWDM 系统对通道间隔的选择原则是什么？
5. 使用 WDM 能够带来的最大好处是什么？WDM 系统有哪些具体特点？
6. 光复用主要有哪几种类型？其主要工作原理是什么？
7. WDM 系统的双纤单向传输和单纤双向传输在结构上有什么不同，各有什么特点？
8. C 波段和 L 波段覆盖了 1530～1625nm 的波长范围，当信道间隔为 25GHz 时，通过 WDM 系统最多可以传输多少信道？假设每个信道工作在 2Gbit/s，光纤的损耗为 0.2dB/km，在光纤总损耗为 30dB 时，多信道复用系统的有效通信容量(速率-距离积)是多少？
9. 一个 WDM 系统的信道间隔限制在 500GHz，在 1536～1556nm 的波长范围可用的信道数是多少？

第 9 章　数字光纤通信系统及其基本设计

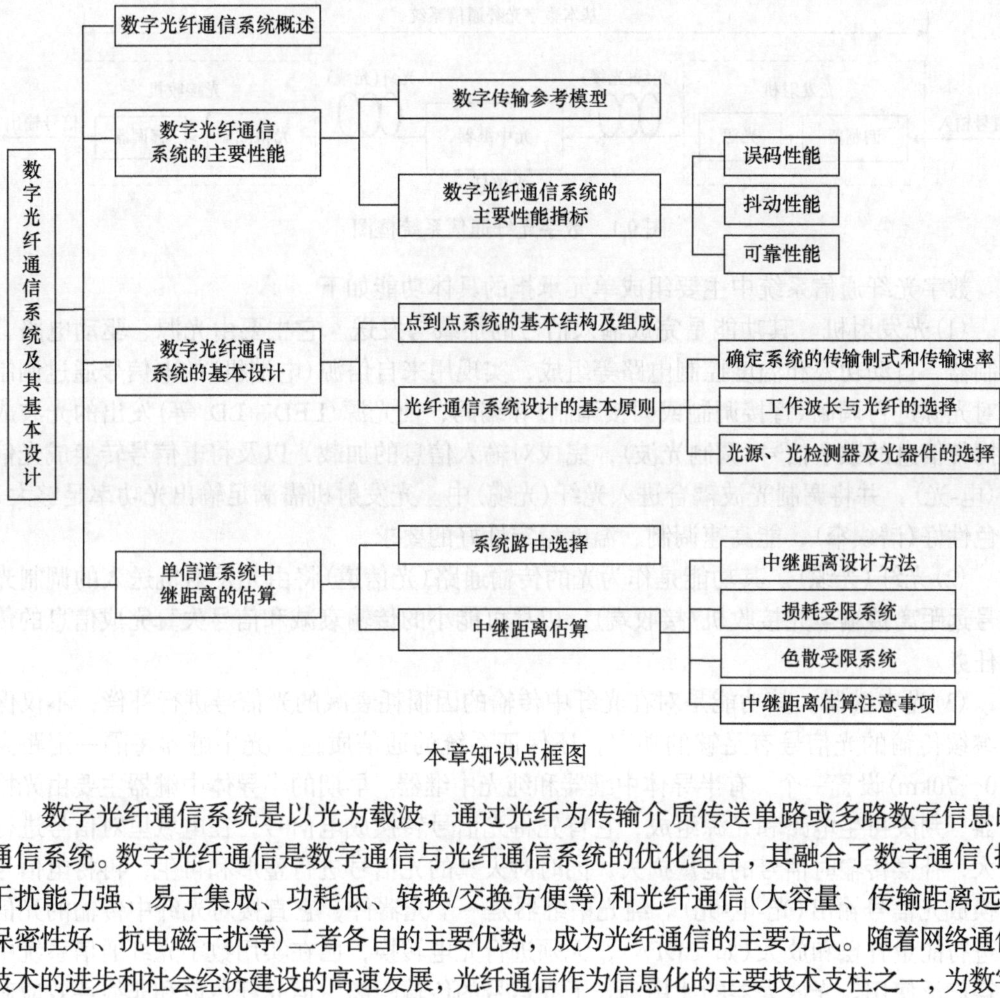

本章知识点框图

数字光纤通信系统是以光为载波，通过光纤为传输介质传送单路或多路数字信息的通信系统。数字光纤通信是数字通信与光纤通信系统的优化组合，其融合了数字通信(抗干扰能力强、易于集成、功耗低、转换/交换方便等)和光纤通信(大容量、传输距离远、保密性好、抗电磁干扰等)二者各自的主要优势，成为光纤通信的主要方式。随着网络通信技术的进步和社会经济建设的高速发展，光纤通信作为信息化的主要技术支柱之一，为数字经济、人工智能、自动控制等新兴产业的发展和传统产业的升级提供了技术支撑，为远距离、大容量、高速信息传递提供了保证。数字光纤通信系统的建设涉及系统设计和配套的硬件设施与控制软件等方面。一个完善的、设计科学的光纤数字通信系统能有效节约建设投资、最大限度地发挥通信系统的效益，为后续系统的施工和运营维护奠定坚实的基础。

9.1　数字光纤通信系统概述

一个基本的数字光纤通信系统主要包括光发射机、光纤(光缆)、光中继器和光接收机，如图 9.1 所示。此外，一个实用的数字光纤通信系统还需要配置各种功能的电路(调制电路、接口电路等)、设备和辅助设施(管理系统、供电设施等)才能投入运营。数字光纤通信系统作为通信网络中的传输部分,其传输性能的好坏直接影响全网的通信质量。图 9.1 所示为系统单向传输示意，实际系统绝大多数是双向传输系统。系统可以是单信道的系统，也可以是多信道的 WDM 系统(系统需增加波分复用器件或单元)。

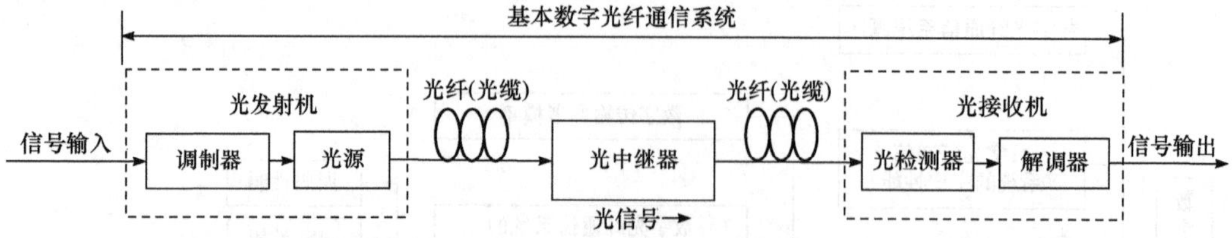

图 9.1　数字光纤通信系统框图

数字光纤通信系统中主要组成单元承担的具体功能如下。

(1) 光发射机。其功能是完成输入信号的加载与发送。它主要由光源、驱动电路、调制器、自动功率和温度控制电路等组成，实现用来自信源(电端机)的电信号通过调制器对光源进行调制(直接调制或间接调制)和编码，使光源(LED、LD 等)发出的光波成为携带信息的数字信号(调制光波)，完成对输入信息的加载，以及将电信号转换成光信号(电-光)，并将调制光波耦合进入光纤(光缆)中。光发射机需满足输出光功率足够大、单色性好(谱线窄)、能高速调制、温度稳定性好的要求。

(2) 光纤(光缆)。其功能是作为光的传输通路(光信道)将由光发射机送入的调制光信号远距离传输至光接收机(接收端)，以尽可能小的传输衰减和信号失真完成信息的传输任务。

(3) 光中继器。其功能是对在光纤中传输的因损耗衰减的光信号进行补偿，不仅保证继续传输的光信号有足够的功率，还保证系统的通信质量。光中继器每隔一定距离(50～70km)设置一个，有半导体中继器和纯光中继器。早期的半导体中继器主要由光检测器、判决再生电路和光源组成，它首先将光信号转换成电信号，在电域里对信号进行放大，补偿传输时信号的能量损失，同时对失真的光信号进行整形和再生，再将电信号转换成光信号输出(光-电-光)。纯光中继器是一个光器件，它直接对光纤中传输的光信号进行能量补偿和放大(如 EDFA)，无须进行光电转换，已在实用数字光纤通信系统中获得广泛使用。光放大器的使用延长了光信号的传输距离，但光纤色散和非线性效应对光信号的影响成为限制系统传输性能的主要因素，尤其是高速传输系统。光中继器需满足增益高、噪声低、饱和输出功率大的要求。

(4) 光接收机。其功能是完成对微弱光信号的检测，还原传输的原信息。其主要由光检测器、放大器、时钟恢复电路和取样判决电路等组成，通过感知光纤(光缆)传输过来的微弱光信号，并将其转换成电信号(光-电)后进行解调、解码、再生等后续处理，恢复并还原成原来发送的码流信号后分送给用户，完成最终的信息传递。光接收机需满足误码率低、灵敏度高、动态范围足够大、噪声低的要求。

光发射机和光接收机属于光端机。数字光纤通信系统还包括光纤连接器、光耦合器、光分束器、光环路器、光隔离器、波分复用器等无源光器件，以完善系统功能，同时还配有保证光发射机、光中继器和光接收机正常工作的供电、监控系统等辅助设施。辅助设施具体可包括：①监控警告系统，用于系统检测、系统控制和管理；②公务联络子系统，用于值守人员在站时日常维护和管理的联络；③电源供给系统，为设备提供适合、稳定的电压，必要时使用不间断电源供电。

由于电子开关、光电转换等光电子器件的存在，光纤通信系统受到“电子瓶颈”的制约，目前商用单波长信道最高传输速率只接近 40Gbit/s，导致在光纤通信系统的输入和输出两端，信号的传输速率存在从 Gbit/s 到 Tbit/s 的较大差异。通过复用技术可以将光纤由单信道传输变为多信道传输，充分发挥光纤通信潜在的容量优势，提高系统的总传输容量和光纤带宽的利用率。

根据系统使用的传输信号形式、传输光波长(通道)数量、调制方式、光纤类型、接收方式等差异，光纤通信系统的简单分类见表 9.1。

表 9.1　光纤通信系统的分类

分类方式	类别	特点
按传输信号形式	数字光纤通信系统	抗干扰、信号质量好、需要带宽大
	模拟光纤通信系统	抗干扰能力弱，系统成本低，需要带宽小
按传输光波长(通道)数量	单波长	技术成熟、难度小、传输容量受限
	多波长(WDM)	技术较复杂、传输容量大
按调制方式	直接强度调制	技术成熟、简单，成本低，适用于低传输速率
	外调制(间接调制)	成本高，适用于高传输速率
按光纤类型	多模光纤	采用 850nm 波长、损耗大、短距离
	单模光纤	采用 1300nm/1550nm 波长、损耗低、长距离、容量大
按接收方式	直接检测	技术成熟、成本低、效率高
	相干检测	灵敏度高、传输容量大、距离长

数字光纤通信系统非常适合长距离、大容量和高质量的各种信息传输，并已在实践中被广泛应用。数字光纤通信系统的优点：①抗干扰能力强，信号传输质量好；②可以用再生中继，信号传输距离长；③灵活性大，适用于各种业务的传输；④容易实现高强度的保密通信；⑤大量采用数字电路，系统易于集成，方便实现小型化和微型化，利于提高系统可靠性并降低成本；⑥对光源的线性要求和接收信噪比的要求都不高；⑦在经多次中继的通信全过程中，产生的失真(包括线性失真和非线性失真)和噪声不会累积。数字光纤通信系统的缺点主要是占用频带较宽，需要较多的容量资源，带宽利用率不高。

9.2 数字光纤通信系统的主要性能

9.2.1 数字传输参考模型

光纤数字通信系统是数字通信网络的一个重要组成部分，针对远距离、大容量的通信过程，其传输性能的好坏直接影响到全网、全程的通信质量。为保证通信网络的正常工作，构成光纤通信系统各部分设备的性能及各传输段的性能必须满足光纤通信系统总的传输性能要求，光纤通信系统的各项性能指标也必须满足数字传输系统的要求。因此，需要有一个合适的数字传输参考模型，对比研究数字光纤通信系统，分析整个系统的性能指标，并根据模型对这些系统指标进行分解和合理分配，为数字光纤通信系统的设计提供依据和指导。ITU-T 在 G.801 建议中提出了系统参考模型的概念，规定了系统参考模型的性能参数及指标。建议提出的数字传输参考模型包括三种假设：假设参考数字连接(HRX)、假设参考数字链路(HRDL)和假设参考数字段(HRDS)。HRX 是为研究通信网总的性能和指标分配而假设的通信距离最长、结构最复杂、传输质量最差的连接。假设在两个用户之间的通信要经过全部线路和各种串联设备(终端设备、交换机、传输系统等)组成的数字网，只要在这种典型的通信连接下通信系统的各种性能指标能得到满足，则其他通信距离较短、结构较简单的连接理所当然都能够达到传输质量。

根据 ITU-T 的建议，一个标准的最长国际参考链接 HRX 的长度是 27500km，由 13 个各级数字交换点(或交换中心)和 14 个假设参考数字链路 HRDL 组成，如图 9.2 所示。国际部分包含 4 段电路，国内部分包含 5 段电路，实际经常实现的连接均比标准最长的 HRX 短。我国国内标准最长的 HRX 全长为 6900km，共分为 3 个部分，如图 9.3 所示。长途网中两个最远长途传输节点之间的距离为 6500km，中继网中长途传输节点与本地传输节点的最长距离为 100km，本地传输节点与通道端点之间的最长距离为 100km。

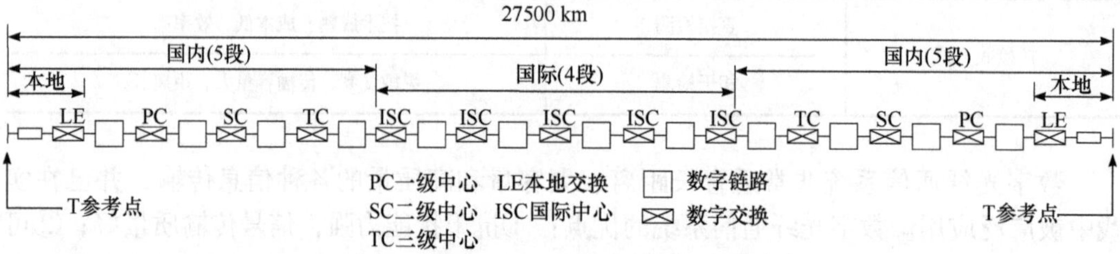

图 9.2 标准假设参考数字连接 HRX

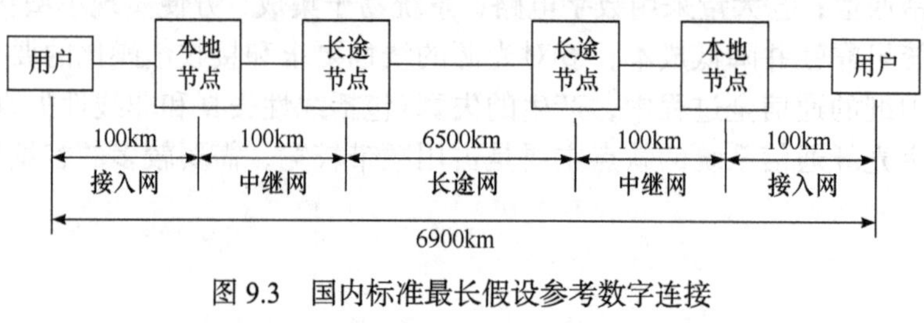

图 9.3 国内标准最长假设参考数字连接

假设参考数字链路 HRDL 又称数字通道，是 HRX 中的相邻交换点的数字配线架(或等效设备)之间的一个或多个数字段，包括所有的传输系统、复接和分接设备等各种传输单元(不包括交换)，HRDL 是 HRX 中的一个组成部分。ITU-T 建议的 HRDL 合适长度为 2500km，由于世界各国的国土面积不同，各自采用的 HRDL 长度也不同；我国长途一级干线的 HRDL 标准长度为 5000km，美国和加拿大的标准长度采用 6400km，日本的标准长度采用 2500km。HRDL 又由许多假设参考数字段(HRDS)组成，假设参考数字段为两个相邻数字配线架之间的传输系统，不含复用设备，只含端机和再生器，如图 9.4 所示，X bit/s 表示 G.702 建议中规定的各种数字系统系列速率之一，长度 Y 的选择以实际运行的网络中可能遇到的数字段为代表。

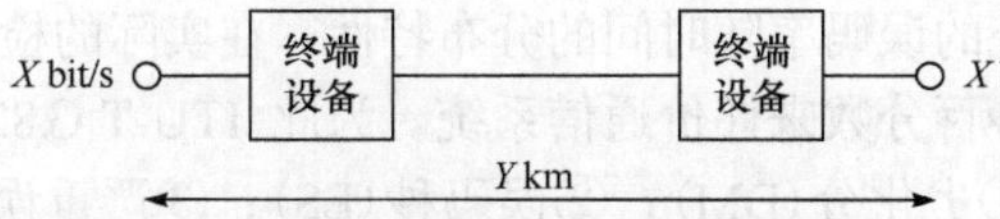

图 9.4　假设参考数字段 HRDS

"Y"的合适取值取决于网的应用，目前 50km 和 280km 被认为是必需的

HRDS 分为数字有线段(如光缆系统)和数字无线段(如微波系统)，在光纤系统中 HRDS 的两端就是光端机，中间是光缆传输线路和若干个光中继器；一个光纤通信系统可以由若干个 HRDS 组成。ITU-T 建议中用于长途通信中的 HRDS 长度有 420km 和 280km 两种，我国采用 420km 用于国家一级干线，280km 用于国家二级干线，用于市话中继的 HRDS 长度为 50km。标准化的 HRX 的总性能指标按比例首先分配给 HRDL，然后分配给 HRDS，最后分配给线路和设备，这样可使系统设计大为简化。光纤通信系统的性能指标就是基于这三种参考模型制定的，但任何参数的总性能逐级分配后应符合用户需求，实际数字连接的每个环节都可能损伤所传输的数字信号。

9.2.2　数字光纤通信系统的主要性能指标

目前 ITU-T 推荐使用误码、抖动、漂移、滑动、延时和帧失步等来表示数字传输损伤，所有这些传输损伤都导致系统传输的质量变坏。数字光纤通信系统的主要性能指标是误码性能、抖动性能和可靠性能。

1. 误码性能

1)误码概念

误码指经光接收机的接收、判决和再生后，码流中的某些比特(码元)发生了差错。对于数字系统而言，便是光接收机接收到的码与发送的码不一致，把发射信号中的"0"码误判为"1"码或把"1"码误判为"0"码，出现数字的误判。传统上常用平均误码率(BER_{av})来衡量信息传输的质量，即在某一规定的观察时间内发生的错误比特数(码元数)与传输的总比特数(总码元数)之比。平均误码率是指在一段较长时间内传输码流中出现误码的概率，它给出了一个差错的平均积累结果，是一个长期效应，反映了在数字传输过程中传输信息质量受到的损伤的概率，显然用平均误码率无法表示误码随时间的分布特性。数字光纤通信系统的长期平均误码率应小于 10^{-9}。平均误码率的计算

公式为

$$\mathrm{BER_{av}}=\frac{接收的错误码元数}{传输的总码元数}=\frac{m}{n}=\frac{m}{B\times t} \tag{9.1}$$

式中，m 是接收到的错误码元数；n 是传输的总码元数；B 是系统传输速率；t 是传输时间。

2) 误码性能参数

对于一个易受外界环境影响的通信系统来说，虽然其长期平均误码率可能合格，但系统在某一个时间段内的误码率仍可能远远超过可接受的水平。由于通信网中包括语音、数据和图像等多种业务，为了能够综合衡量各种业务的传输质量，正确评价通信系统性能的优劣并反映实际系统的误码率随时间的分布特性，在实际的检测和评定中，应采用误码时间百分数和误码秒百分数来评价通信系统。为此 ITU-T G.821 建议给出了 3 个划分误码性能优劣指标：①劣化分(DM)；②误码秒(ES)；③严重误码秒(SES)，分别用以表示超过某门限值的误码率所占时间的百分数指标，见表 9.2。以此具体度量传输 $N\times64$kbit/s($N\leqslant31$)通路的 27500km 全程 HRX 端到端连接的误码性能。

表 9.2　误码率参数和 HRX 的误码率指标

误码率参数	定义	指标	长期平均误码率
劣化分	在抽样观测时间 $T_0=1\mathrm{min}$，若 BER>10^{-6}，则这 1min 为一个 DM	$\frac{劣化分钟}{可用分钟}<10\%$	$<6.2\times10^{-7}$
误码秒	在抽样观测时间 $T_0=1\mathrm{s}$，误码率 BER $\neq0$ (至少为 1)，则这 1s 为一个 ES	$\frac{误码秒钟}{可用秒}<8\%$	$<1.3\times10^{-6}$
严重误码秒	在抽样观测时间 $T_0=1\mathrm{s}$，若 BER>10^{-3}，则这 1s 为一个 SES	$\frac{严重误码秒钟}{可用秒}<0.2\%$	$<3\times10^{-5}$

对这三种误码参数的说明如下。

劣化分误码率为 1×10^{-6} 时，感觉不到干扰的影响，选为误码门限值 $\mathrm{BER_{th}}$，每次通话时间平均为 3～5min，监测时间以较长为好，选取监测时间 T_L 为一个月。

误码秒选取码门限值 $\mathrm{BER_{th}}=0$，监测时间 T_L 为一个月。

严重误码秒的监测时间 T_L 为一个月，反映某些短时间内出现大误码率的系统状况。

误码性能是衡量通信系统质量优劣的非常重要的指标，反映了数字信息在传输过程中受到损伤的程度。表 9.2 中的误码率指标是建立在统计意义上的，其中总观察时间 $T_L=T_A+T_U$，T_A 表示可用时间(如可用分钟、可用秒)，即系统处于正常工作状态的时间；T_U 是不可用时间(如劣化分钟、严重误码秒钟、误码秒钟)，即故障状态时间。通常情况下，总的观测时间较长为好，如数天或一个月。在工程中常采用平均误码率来衡量通信系统的总体性能。

为实际设计需要，必须将表 9.2 中的标准数字假设参考连接 HRX(27500km)的误码率总指标进行分解，将总指标按不同等级的电路分配到各部分。将最长 HRX 的电路质量划分为高级、中级和本地级 3 种，其中高级和中级之间没有明显的界限，如图 9.5 所示。我国长途一级干线和长途二级干线都应视为高级电路，长途二级以下和本地级合并考虑。

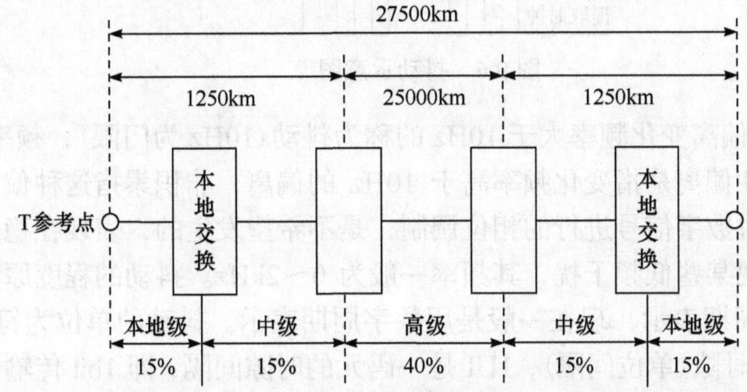

图 9.5　最长 HRX 的电路等级划分及误码率指标分配

根据 ITU-T G.821 建议，3 种等级电路的误码性能指标分配见表 9.3。高级电路指标按长度分配，等效于每千米 0.0016%，即在 25000km 占总指标的 40%。中级和本地级则按切块分配，每段各占总指标的 15%，一同分配总指标的 60%。表中对严重误码秒仅取总指标的一半(0.1%)参加分配，指标的另一半(0.1%)留作高、中级电路全年最差月份用。

表 9.3　HRX 误码率总指标等级分配

误码率指标	高级电路	中级电路	本地级电路
DM＜10%	4%	2×1.5%	2×1.5%
SES＜0.1%	0.04%	2×0.015%	2×0.015%
ES＜8%	3.2%	2×1.2%	2×1.2%

3) 误码的来源

在数字光纤通信系统中产生误码的主要因素有：①各种噪声(如热噪声、散粒噪声等)引起的误码；②光纤色散引起的码间干扰导致的误码；③定时抖动产生的误码；④复用器、交叉连接设备和交换机等设备产生的误码。除这些内部误码因素外，还有一些具有突发、瞬态性质的脉冲干扰引起的误码，如外部电磁环境波动(电磁干扰、静电放电)、设备供电的电压较大波动、设备故障、系统倒换、配线架接触不良、设备环境温度变化大和人为活动等。

2. 抖动性能

ITU-T G.701 标准定义的抖动为数字信号的各个有效瞬时对其当时的理想位置的短期性偏离。有效瞬时是一个特定的时刻，如最佳抽样时刻(与最佳抽样点对应)，抖动反映的是传输过程中数字信号产生的一种瞬时的、非积累性不稳定现象。偏差时间范围称为抖动幅度，偏差时间间隔对时间的变化率称为抖动频率，这种偏差包括输入信号在某一平均位置左右变化和提取时钟信号在中心位置左右变化，如图 9.6 所示。

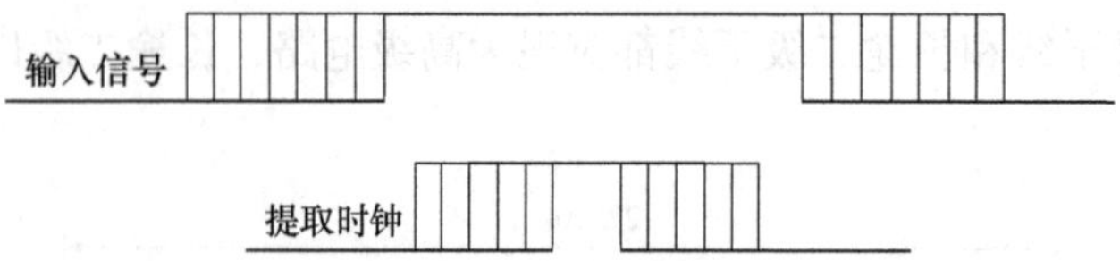

图 9.6　抖动示意图

ITU-T G.821 把偏离变化频率大于 10Hz 的称为抖动(10Hz 为门限)，频率小于 10Hz 的称为漂移；短期性偏离是指变化频率高于 10Hz 的偏离，非积累指这种偏离是随机性的。抖动相当于是对数字信号进行的相位调制，是不希望发生的，表现在稳定脉冲图样中，前沿和后沿出现某些低频干扰，其频率一般为 0～2kHz。抖动的程度原则上可以用时间、相位或数字周期表示，现在一般是用数字周期表示。抖动的单位为符号 UI(unit interval)，表示单位时隙(单位间隔)，1UI 是一码元的时隙间隔，即 1bit 传输信息所占的时间，表明传输速率不同，单位间隔也就不同；对于二电平不归零码，1UI 在数值上就是传输速率的倒数。

在数字通信系统中，抖动引起系统误码率增大，造成传输信号失真，从而影响整个系统的通信质量。在有抖动存在的光纤数字通信系统中，为确保系统的传输指标正常及能正常工作，需将抖动限制在一定的抖动容限范围内，抖动容限是所加抖动的幅度和频率的函数。衡量系统抖动性能的指标有：输入抖动容限、无输入抖动时的输出抖动容限、抖动转移特性。

(1) 输入抖动容限，指光纤数字通信系统允许输入脉冲产生抖动的范围，也是输入口的抖动容限。输入抖动容限表明系统的抖动在此范围变化时，系统仍然保证正常指标，输入抖动容限值越大，系统适应抖动的能力越强。系统输入信号的抖动超出输入抖动容限范围后，系统便将不再有正常指标，因此，输入抖动容限又称最大允许输入抖动。系统传输不同信号时，其输入抖动容限指标不相同，例如，传输语言、数据信号时，系统的输入抖动容限小于或等于 4%UI；传输彩色电视信号时，系统的输入抖动容限小于或等于 2%UI。

(2) 无输入抖动时的输出抖动容限，也称输出抖动容限，指输入信号无抖动情况下，光纤数字通信系统输出信号的抖动范围。该值应越小越好，表明设备和数字段产生的抖动小。输出抖动容限是在系统各速率等级信号的输入为无抖动的伪随机码系列，输出端监测的误码率不大于 10^{-10} 时，在不同抖动频率下测得的最大抖动幅度(峰-峰值)。

(3) 抖动转移特性，也称抖动转移增益或函数，指在一定频率规定码型输入下，系统输出端输出信号的抖动幅度与输入端的抖动幅度之比(用分贝表示)，即 $G=20\lg$(输出抖动幅度/输入抖动幅度)。其反映当抖动出现在系统的输入端时，被测系统输出端的抖动响应。不同抖动频率的抖动响应不同，要求在抖动响应最大的频率下测出的最大抖动转移增益不大于 1dB。

抖动可分为系统性抖动和随机性抖动。系统性抖动是由信号再生装置中定时恢复电路调整不当，或码间干扰以及由于电路均衡有缺陷而产生幅度到相位变换而引起的，其与码型相关。随机性抖动来源于系统内部干扰信号，如中继器的噪声、串话或反射，其与传输码型无关。

抖动产生的机理虽然复杂，大致原因可分为：①由噪声引起的抖动，如热噪声、散粒噪声及倍增噪声等；②由时钟恢复电路产生的抖动，如时钟不稳定、谐振电路元件老化；③其他原因引起的抖动，如数字系统的复接、分接过程，以及光缆的老化等。

3. 可靠性能

可靠性也是一个衡量光纤数字通信系统的重要指标，它直接影响通信系统的使用、维护和经济效益。对光纤数字通信系统而言，可靠性涉及系统中主要设备的可靠性，包括光端机、中继器、光缆线路、辅助设备和备用系统的可靠性。

确定可靠性一般采用故障统计分析法，即根据现场实际调查结果，统计足够长时间内的故障次数，确定每两次故障的时间间隔和每次故障的修复时间。可靠性是统计量，统计时间越长，所得结果越精确。

1) 可靠性表示方法

(1) 可靠性 R 和故障率 φ。可靠性是在规定的条件和时间内系统无故障工作的概率，它反映系统完成规定功能的能力。可靠性 R 通常用故障率 φ 表示，它们之间的关系为

$$R = e^{-\varphi t} \tag{9.2}$$

故障率 φ 是系统工作到时间 t 的过程中，单位时间内发生故障的概率。φ 的单位为 10^{-9}/h，称为菲特(fit)，1fit 表示在 10^9h 内发生一次故障的概率。

如果通信系统由 n 个部件组成，且故障率是统计无关的，则系统的可靠性 R_s 可表示为

$$\begin{cases} R_s = R_1 \times R_2 \times \cdots \times R_i \times \cdots \times R_n = e^{-\varphi_s t} \\ \varphi_s = \sum_{i=1}^{n} \varphi_i \end{cases} \tag{9.3}$$

式中，R_i 和 φ_i 分别为系统第 i 个部件的可靠性和故障率。

(2) 故障率 φ 和平均故障间隔时间 MTBF(可用时间)之间的关系为

$$\varphi = 1/\text{MTBF} \tag{9.4}$$

当数字信号在连续 10s 内每秒的误码率均小于 1×10^{-3} 时，从这 10s 的第一秒起就认为进入了可用时间。

(3) 可用率 A 和失效率 P_F。可用率是在规定时间内，系统处于良好工作状态的概率，可表示为

$$A = \frac{\text{可用时间}}{\text{总工作时间}} \times 100\% = \frac{\text{MTBF}}{\text{MTBF}+\text{MTTR}} \times 100\% \tag{9.5}$$

式中，MTTR 为平均故障修复时间(不可用时间)。传输系统任一传输方向的数字信号在连续 10s 内每秒的误码率均大于 1×10^{-3} 时，从这 10s 的第一秒起就认为进入了不可用时间。

失效率 P_F 表示为

$$P_{\mathrm{F}}=\frac{\text{不可用时间}}{\text{总工作时间}}\times 100\%=\frac{\mathrm{MTTR}}{\mathrm{MTBF}+\mathrm{MTTR}}\times 100\% \tag{9.6}$$

由式(9.5)和式(9.6)得到

$$P_{\mathrm{F}}=(1-A)\times 100\% \tag{9.7}$$

在有备用系统的情况下，失效率 P_{F} 为

$$P_{\mathrm{F}}=\frac{(m+n)!}{m!(n+1)!}P(n+1) \tag{9.8}$$

式中，m 和 n 分别为主用系统数和备用系统数；$P=\mathrm{MTTR}/\mathrm{MTBF}$。

假设参考数字段可用性指标见表 9.4。

表 9.4　假设参考数字段可用性指标

长度/km	可用率 A/%	失效率 P_{F}/%	不可用时间/(min/年)
420	99.977	0.023	120
280	99.985	0.015	78
50	99.989	0.011	52

2) 可靠性指标

根据国家《长途光缆通信系统进网要求》(GB/T 13167—1991)、《市内光缆通信系统进网要求》(GB 11820—1989)的规定，具有主、备用系统自动倒换功能的数字光纤通信系统，容许 5000km 双向全程每年 4 次全阻故障，对应于 420km 和 280km 数字端双向全程分别为每年 0.336 次和每年 0.224 次全阻故障。市内数字光纤通信系统的假设参考数字链路长为 100km，容许双向全程每年 4 次全阻故障，对应于 50km 数字双向全程每年 2 次全阻故障。此外，要求 LD 光源寿命大于 1×10^5 h，光检测器 PIN-FET 寿命大于 5×10^5 h，APD 寿命大于 2×10^5 h。

9.3　数字光纤通信系统的基本设计

一个光纤通信系统的设计一般包括工程设计和系统设计两个方面。

工程设计的主要任务是工程建设中的详细经费预算，设备、线路的具体工程安装细节。主要的问题有：系统指标的确定和分配；光缆线路路由的选择及确定；光缆及线路敷设方式的选择；通路组织及系统的配置(传输路数的选择，备用、监控系统的安排，分路、转接的确定)；光缆线路的防护要求和接续保护措施；光端机等设备的选型；中继站址的选择及机房安装设计；供电方式的选择等。在经过可行性论证后进行现场勘查、设计、根据设计出施工图。

系统设计时，对数字光纤通信系统而言，需要根据用户对传输容量(通话路数或传输速率)及其分布的需求，兼顾未来几年或几十年对通信系统容量的扩展，按照国家相关的技术标准、行业标准和技术规范的要求，遵循 ITU-T 的相关建议，结合当前的技术

水平和未来发展趋势，以及设备和器件的成熟程度，综合考虑系统技术的先进性和成熟程度、用途及经济成本、用户所在地社会经济的发展状况(地区发展规划、人口数量、地理位置环境、自然资源等因素)、系统网络的扩展性、系统网络的可靠性和维护的方便性，合理设计系统，选择最佳路由和局站设置、传输体制和传输速率以及光纤(光缆)和光端机等设备与器件，明确系统的性能指标及全部技术参数，完成实用系统的集成，使系统的实施达到最佳的性价比。

9.3.1　点到点系统的基本结构及组成

数字光纤通信系统一般采用强度调制-直接检波的方式(IM-DD 方式)，即使是复杂、多功能的通信系统，其基本单元都是点到点的传输链路。一个点到点(*A* 至 *B* 或 *B* 至 *A*)光纤传输系统如图 9.7 所示，其基本结构包括光纤、收发光端机(光发射机、光接收机)、光放大器及其他光器件。点到点传输是工作在一定光波长、能传输一定速率信息的最简单的光纤通信结构形式，其作用是将信息从一个地方传送到另一个地方。根据不同的应用，链路的传输距离可以是短到几十米的室内传输，也可以是长到成百上千千米的跨大洋洲际传输。为规范、合理、高效益地组建光传输系统及其网络，提高光传输系统设计的科学性，系统设计的主要问题是系统传输的中继距离，尤其对于长途光纤通信系统。

(a) 典型点到点结构

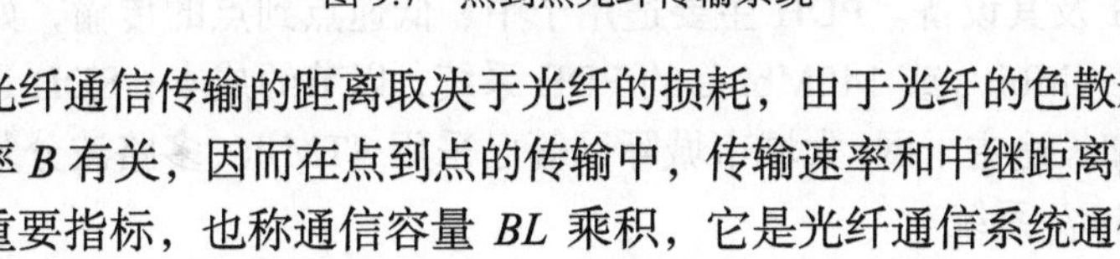

(b) 含光中继的点到点结构

图 9.7　点到点光纤传输系统

在技术上光纤通信传输的距离取决于光纤的损耗，由于光纤的色散影响，中继距离与系统传输速率 *B* 有关，因而在点到点的传输中，传输速率和中继距离的乘积是表征系统性能的一个重要指标，也称通信容量 *BL* 乘积，它是光纤通信系统通信能力的标志。*BL* 乘积反映了光纤通信系统受光纤损耗和色散的共同影响，由于光纤的损耗和色散都与光波长有关，所以 *BL* 乘积也与波长有关。当两点间的传输距离超过一定长度时，就必须使用中继器补偿光纤链路对光能量的损耗，以延长信息的传输距离。中继距离设计得是否合理，极大地影响系统的性能、投资规模和经济效益。

9.3.2　光纤通信系统设计的基本原则

根据系统设计的基本内容和需要遵循的原则，以及信号传输中需要考虑的其他因素，一个数字光纤通信系统的设计必须实现：①达到预期的传输距离；②满足传输容量要求(信道带宽或速率)；③满足系统传输性能(误码率等)三个基本要求，并结合系统结构、规模、容量、未来发展综合考虑，具体设计一般涉及以下方面。

(1)选定系统的传输体制和传输速率。

(2)选定工作波长。

(3)选定光纤(光缆)类型。

(4)选定光源和光检测器件。

(5)选定路由、估算中继距离。

1. 确定系统的传输制式和传输速率

数字光纤通信由于融合了数字通信和光纤通信各自的优势，已成为光纤通信的主要方式。现在通信系统中普遍使用的时分复用(time division multiplexing，TDM)技术，先后经历了两种传输体系，即准同步数字体系(plesiochronous digital hierarchy，PDH)和同步数字体系(synchronous digital hierarchy，SDH)。PDH 早在 1976 年实现了标准化，但技术上存在不少缺点，目前仍在使用。由于 PDH 没有世界性光接口规范，各厂家自行开发线路码型，即便在同一等级上的光接口和速率也不相同，无法横向互连，现存在美国/日本标准和欧洲标准，我国沿用的是欧洲标准。PDH 除了几个低等级的信号(美国 1.5Mbit/s，日本 1.5Mbit/s 和 6.3Mbit/s，欧洲 2Mbit/s)采用同步复接外，其他等级的数字信号采用异步复接，无法实现分层管理。在 PDH 的基础上，1988 年 ITU-T 提出了 SDH 的规范建议，对数字信号的帧结构、复用方式、传输速率等级、接口码型等特性进行了规范，可实现分层管理，解决了 PDH 存在的固有缺陷，提高了传输速率，实现了横向兼容，SDH 的结构可使网络管理功能极大加强，既是一种比较完善的体制，也是数字传输的一次深刻的飞跃，它提供了一个在国际上得到支持的框架。

SDH 和 PDH 都是面向数字光纤传输系统的数字信号传输体系，此外，它们也适用于微波和卫星干线通信。以前的数字传输链路使用的是 PDH，由于 SDH 的技术优势及设备的成熟，SDH 已在通信网中大量使用。考虑到 SDH 和 WDM 设备良好的兼容性与组网的灵活性，在新建设的长途主干网和大城市城域网的光纤通信链路一般应选择能承载多业务的 SDH 及其设备。PDH 主要适用于中、低速点到点的传输，如乡村的通信链路，采用速率为 34Mbit/s 或 140Mbit/s 的 PDH 系统，以节约成本；SDH 适用于高、中速点到点的传输，如长途主干网、大城市城际网等已采用 STM-l6、多路波分复用的 2.5Gbit/s 系统，甚至 10Gbit/s 系统。

在确定数字传输体系(如 SDH)后，可根据使用网络需求和系统传输容量，结合 SDH 规定的传输速率等级选定速率并配备相应的设备。SDH 的速率等级(四个)及相应的传输速率分别为 STM-1(155.520Mbit/s)、STM-4(622.080Mbit/s)、STM-16(2.488Gbit/s，俗称 2.5Gbit/s)和 STM-64(9.953Gbit/s，俗称 10Gbit/s)。目前在众多城域网中，单波长系统的传输速率一般是 2.5～10Gbit/s，主干网单波长系统的传输速率通常是 10～40Gbit/s，同时兼顾未来方便扩容的需求。若要进一步增大系统的传输容量，可选择 SDH+DWDM 的组合方式，采取多路波分复用的 2.5Gbit/s 系统，甚至多路 10Gbit/s 复用系统。

不同 SDH 光接口应用的光纤类型、应用代码和典型传输距离(无中继距离)见表 9.5，相应光接口的部分主要系统指标见表 9.6。

表 9.5　光接口分类

应用		局内通信	局间通信				
			短距离		长距离		
工作光波长/nm		1310	1310	1550	1310	1550	
光纤类型		G.652	G.652	G.652	G.652	G.652、G.654	G.653
传输距离/km		≤2	约 15		约 40	约 80	
SMT 等级	SMT-1	I-1	S-1.1	S-1.2	L-1.1	L-1.2	L-1.3
	SMT-4	I-4	S-4.1	S-4.2	L-4.1	L-4.2	L-4.3
	SMT-16	I-16	S-16.1	S-16.2	L-16.1	L-16.2	L-16.3

注：表中用字母 I 表示局内通信，S 表示短距离局间通信，L 表示长距离局间通信；字母后的第一位数字表示 SMT 的等级，如数字 4 表示 SMT-4 等级；第二位数字表示工作窗口所用的光纤类型，空白或 1 表示工作波长为 1310nm，所用光纤为 G.652；2 表示工作波长为 1550nm，所用光纤为 G.652 和 G.654；3 表示工作波长为 1550nm，所用光纤为 G.653。

表 9.6　光接口发射机和接收机指标

参数		STM–*N*						
		SMT-1			SMT-4			SMT-16
标称速率/(Mbit/s)		155.520			622.080			2488.320
应用分类代码		S-1.1	L-1.1		S-4.1	L-4.1		L-16.2，L-16.3
工作波长范围/nm		1261～1360	1263～1360		1293～1334	1300～1325	1280～1335	1550～1580
发射机在S点的特性	光源类型	MLM	MLM	SLM	MLM	MLM	SLM	SLM
	最大 rms 谱宽/nm	7.7	3	—	4	2	—	—
	最大–20dB 谱宽/nm	—	—	1	—	—	1	<1
	最小边模抑制比/dB	—	—	30	—	—	30	30
	最大平均发射功率/dBm	–8	0		–8	2	2	3
	最小平均发射功率/dBm	–15	–5		–15	–3	–3	–2
	最小消光比/dB	8.2	10		8.2	10	10	8.2
SR点的通道特性	衰减范围/dB	0～12	10～28		0～12	10～24	10～24	10～24
	最大色散/(ps · nm)	96	246	NA	46	92	NA	1200～1600
	光缆在S点的最小回波损耗(含任何活动接头)/dB	NA	NA		NA	20	20	24
	SR点间最大离散反射系数/dB	NA	NA		–25	–25	–25	–27

续表

参数		STM-N					
		SMT-1		SMT-4			SMT-16
接收机在R点的特性	最差灵敏度(BER≤10^{-10})/dBm	−28	−34	−28	−28	−28	−28
	最小过载点(BER≤10^{-10})/dBm	−8	−10	−8	−8	−8	−9
	最大通道代价/dB	1	1	1	1	1	2
	接收机在R点的最大反射系数/dB	NA	NA	NA	−14	−14	−27

2. 工作波长与光纤的选择

工作波长可根据通信距离和通信容量的要求对工作窗口进行选择。对于短距离、低容量的局域网和数据链路等传输系统，可以选择 800～900nm 的短工作波长，并降低系统成本，但目前已使用较少。若是中长距离、大容量的网络和传输系统，则可选择 1310nm 或 1550nm 的工作波长，石英光纤在这两个波长窗口分别具有最小的色散和最低的损耗，以适应不同目的和功能的需求。中等距离可选用 1310nm 波长，长距离可选用 1550nm 波长。

在确定工作波长后，根据工作波长、传输距离等因素选定与之匹配的传输光纤。光纤的种类繁多，有多模光纤和单模光纤，以及阶跃型和渐变型折射率光纤等，对于短距离传输和短波长系统，可以使用价格较低的多模光纤，而远距离传输、长工作波长的系统则多使用单模光纤。目前通信领域可供选择的石英单模光纤类型主要有 G.652 光纤、G.653 光纤、G.654 光纤和 G.655 光纤，ITU-T 标准对这些光纤主要参数的规范见表 9.7。

表 9.7　ITU-T 标准对相关单模光纤性能的主要规范

特性	光纤种类				
	G.651 光纤	G.652 光纤	G.653 光纤	G.654 光纤	G.655 光纤
模场直径/μm	—	8.6～9.5	7.8～8.5	9.5～13	8～11
工作窗口/nm	850	1310，1550	1550	1550	1540～1565
截至波长/nm	—	≤1260	≤1270	≤1530	≤1450
零色散波长/nm	—	1300～1324	1500～1600	1300～1324	—
零色散斜率/[ps/(nm^2·km)]	—	≤0.093	≤0.085	≤0.070	—
最大色散系数(1300nm 波段)/[ps/(nm·km)]	—	≤3.5(1288～1399nm)	—	—	—
最大色散系数(1500nm 波段)/[ps/(nm·km)]	≤120	≤22(1525～1575nm)	≤3.5(1525～1575nm)	≤22(1525～1575nm)	≤1.0(1530～1565nm)

续表

特性	光纤种类				
	G.651 光纤	G.652 光纤	G.653 光纤	G.654 光纤	G.655 光纤
包层直径/μm	125	125±2	125±2	125±2	125±2
典型衰减系数(850nm)/(dB/km)	≤4.0	—	—	—	—
典型衰减系数(1310nm)/(dB/km)	≤1.5	0.3～0.4	—	—	—
典型衰减系数(1550nm)/(dB/km)	—	0.19～0.25	0.19～0.35	0.17～0.25	0.19～0.35

结合表 9.7 中的数据可得出以下结论。

(1) G.651 光纤(渐变折射率多模光纤)主要应用于 850nm 和 1310nm 工作波长，其纤芯直径为 50nm。在 850nm 波长，损耗系数低于 4dB/km，在 1310nm 波长，损耗系数低于 1.5dB/km。

(2) G.652 光纤(非色散位移光纤)是 1310nm 工作波长的最佳选择，其零色散位于 1300 窗口低损耗区，是目前已大量敷设、应用最广的光纤(我国已敷设的绝大多数光纤光缆是 G.652)。G.652 光纤设计简单、工艺成熟、成本低，多用于 1310nm 波长远距离传输速率 622Mbit/s 及以下系统。在 1550nm 波长时，G.652 光纤用于 2.5Gbit/s、10Gbit/s 传输系统，因光纤在 1550nm 波长有较重的色散，所以限制了高速率系统的传输距离。

(3) G.653 光纤(色散位移光纤)工作于 1550nm 波段性能最佳，其零色散波长移位到损耗极低的 1550nm 处，在 1550nm 波长处衰减系数和色散系数均较小，是单波长工作的最佳选择，主要用于点到点、长距离、10Gbit/s 以上的单信道传输系统。但对于 WDM 系统，四波混频效应严重，限制了光纤放大器在 1550nm 窗口的应用。因目前新建或扩建的大容量光纤传输系统均是 WDM 系统，故 G.653 光纤基本不被采用。

(4) G.654 光纤与 G.652 光纤本质上相同，它是在 1550nm 波长处衰减系数最小的光纤，零色散在 1310nm 波长处，因其模场直径较大、抗弯曲性能好，多用于带光放大器的长距离海底光缆系统，地面长距离传输系统使用较少。

(5) G.655 光纤(非零色散位移光纤)在 1550nm 波长处有低色散保证，可有效抑制四波混频效应，非常适合 10Gbit/s 及以上高传输速率和 DWDM 大容量高速传输系统。

光纤(光缆)是光纤通信系统及光纤传输网络的基础，敷设的光纤(光缆)属于半永久设施，尤其是埋入地下或海底的光缆。因此，光缆网的设计和光纤的选择必须考虑在未来 15～20 年的寿命期内能满足传输容量和传输速率的发展需要。

3. 光源、光检测器及光器件(设备)的选择

发送、接收、中继、分插及交叉连接设备是组成光纤传输链路的必要元器件或设备，在对它们进行选择时，需要结合传输系统的总性能指标要求，以及色散、传输速率、传输距离和成本等系统参数进行综合考虑和比较，基于性能满足系统要求、彼此匹配的基

础，在性能好、可靠性高、兼容配套性好的设备器件中做出较佳的选择。

1) 光源

原则上可以用于通信的光源有多种，当考虑到需要将光能量有效地耦合进入光纤时，众多光源中便只有自身尺寸小、能提供足够光功率又有合适输出波长的半导体光源可以胜任。半导体光源包括 LED、LD、分布反馈式(distributed feedback，DFB)激光器、量子阱(multiple quantum well，MQW)激光器和垂直腔面发射(vertical cavity surface emitting，VCSEL)激光器等，目前光通信领域普遍使用的半导体光源是 LED 和 LD。LD 的输出功率较大、谱线窄、调制频率高出 LED 近千倍；LED 的输出功率小、谱线较宽、调制频率相对较低，但温度稳定性好、成本低、寿命长。因 LED 传输时产生的色散较大，故使用 LED 系统的传输容量较小，系统的 *BL* 乘积被限制在 2500(Mbit/s)·km 以下(1310nm)；而 LD 的谱线窄、色散小、入纤功率大，故使用 LD 系统的 *BL* 乘积可达 500(Gbit/s)·km(1550nm)。因此，LED 光源多使用在短距离、低容量的数字传输系统中，LD 则多使用在远距离、大容量的数字传输系统中。同时由于 LD 的入纤耦合效率比 LED 高很多，其输出功率的有效利用率高，可获得更远的传输距离，但 LD 的价格较高，且温度稳定性不及 LED，需要附加温控和功率控制装置，导致 LD 光源的传输系统成本较高。而 LED 价格低、无须温控、线路简单，使得 LED 光源的传输系统成本相对较低，进行系统设计时需要统筹考虑这些因素。

2) 光检测器

用于通信的半导体光检测器主要有 PN 光电二极管、PIN 光电二极管、雪崩光电二极管(APD)三种，它们按器件结构的复杂程度和检测灵敏度的排序是：APD > PIN > PN。由于 APD 具有内部增益，从而获得高检测灵敏度，但器件需施加“高压”，其偏压是 PIN 偏压的 4 倍以上(> 20V)，同时噪声较高，成本也高。目前，光纤通信系统中普遍使用的光检测器是 PIN 和 APD。选择光检测器时，要根据系统在满足特定误码率条件下所需要接收的最小光功率(接收机灵敏度)来确定，同时兼顾检测器的可靠性、线路复杂程度和器件成本。通常情况下，PIN 比 APD 的温度稳定性更好，结构简单，特别是 PIN 的偏置电压通常低于 5V，可共用印刷电路板，因而成本低；若是检测极微弱光信号，便需要灵敏度较高的 APD，APD 因所加偏压较高，无法共用 5V 印刷电路板，需专门供电，导致附加成本增加。因此，对于低速率、小容量的传输系统，可使用 LED+PIN 组合；而对于高速率、大容量、远距离的传输系统，则使用 LD+APD 组合。

3) 其他设备及光器件

选择组成系统各项功能的设备和光器件时，需要考虑在系统工作波长下的光损耗大小、对系统传输速率及其他主要性能的影响，兼顾各种光无源器件的性能、系统可靠性及扩容升级要求，选择性能好、稳定可靠、价格比高的适合器件。同时，核实设备和器件的性能指标，各个器件需满足 PDH 或 SDH 体制的速率等级对传输链路中的设备和通道特性、输入和输出点光接口指标的规范，具有较好的兼容性。

9.4　单信道系统中继距离的估算

在对一个数字光纤通信系统的传输体制、传输容量、工作波长、光纤(光缆)、光端机做出选择后，设计点到点系统的主要任务便是选择最佳路由和局站位置，以便使系统达到最佳设计，获得较佳的性价比。

9.4.1　系统路由选择

点到点数字光纤通信系统的路由是指系统光缆的走向、通过什么样的线路、地点顺序进行布放。路由设计的基本原则是：光缆线路尽量短直、地段稳定可靠、与其他线路实现最佳配合、维护管理方便，在信号发出点和接收点之间做出最合理的规划与选择。光缆路由是光缆线路工程的基础，随后根据上下话路的需要确定中继距离，或者根据影响传输距离的主要因素来估算中继距离。

实施中需结合现场实地考察决定中继站址，在具体操作时还将涉及并考虑下列因素。

(1) 光缆线路路由方案应符合城市发展规划要求，以工程设计任务书和光缆通信网络规划为依据，适应用户业务需要，确保线路安全可靠、经济合理、便于维护和施工。

(2) 光缆路由选取尽量兼顾国家、军队、地方的利益，考虑不同级别线路(如一级干线和二级干线)的配合，达到最高的线路利用效率和覆盖面积，尽量使路由方案投资少、见效快。

(3) 光缆线路尽量短直，减少弯曲路径，节约资源。

(4) 光缆线路路由应选择在地质稳固、地势较平坦的地段，避开湖泊、沼泽、滑坡和水土流失等地方。

(5) 光缆线路不宜穿越大型公路、铁路、矿区等，同时避开干线铁路、文物保护单位和军事目标，若不可避免，必须采取保护、隐蔽措施，并尽量减少对地面原有水系的扰动和破坏，保护环境。

(6) 中继光缆一般不宜采用架空方式，在市区和近郊尽量采用管道敷设方式，远郊宜采用直埋方式。

(7) 对于长途光缆路由应尽量避免多条干线光缆同路由、同管孔，不与本地网光缆同吊线敷设或避免与本地网光缆敷设在同一管孔内。

(8) 对于高原严寒地区，路由选择和光缆敷设还应针对高原特殊环境做相应的对比和调整，同时采取特殊措施、使用特殊设备和材料进行保护与加强。

9.4.2　中继距离估算

通过比较、优化光缆路由后，可确定将信号从出发点传送到接收点的具体传输路径及经过的城镇顺序。在光信号沿光纤的远距离传输过程中，由于光纤损耗的存在，传输的光信号强度不断衰减，这就需要使用中继器来放大经过长距离传输而减弱的信号，补偿光信号的能量损失，以保证光信号的继续传输。放置中继器的地方称为中继站，光纤中继距离的估算是合理规范地组建光传输网、提高光传输网设计的科学性、恰当选择中继站位置的前提。光纤损耗只是影响光纤中继距离的主要因素之一，另一个重要影响因素是光纤的色散。在光纤数字传输系统中，光纤中继距离是指在光纤链路传输损耗和色散的共同限制下,光发射机和光接收机之间不设中继放大器时光信号能传输的最远距离。光纤中继距离的长短直接影响光传输网的性能、投资规模和经济效益。

在设计一个光纤通信系统时，根据路由计划，中继站的设置既要考虑信号上下的需要，又要考虑信号放大(或再生)的需要，在实现光信号远距离传输的同时，又取得较好的经济技术效益。中继距离过短，将增加中继器的数量，使系统建设成本增加；中继距离过长，将使系统的性能变差，接收端无法准确恢复出传输信号，达不到光纤通信系统的要求。在光发射机与光接收机之间影响光纤中继距离的因素有很多，涉及选择光中继站站点的影响因素有以下方面。

(1) 光发射机输出并耦合进入光纤的平均光功率。耦合进入光纤的平均光功率越大，光纤中继距离越长。

(2) 光纤的损耗。光纤线路的损耗包括光纤的传输损耗、活动连接器损耗和光纤的熔接损耗(连接方式不同，光损耗不同)。其中光纤的传输损耗占主导，要求光纤的连接损耗尽量小，光纤的总损耗越小，光信号在光纤中的传输距离就越远。光纤的损耗直接影响光接收机能接收到的信号光功率大小，以及系统的中继距离。在工程实际设计中还要考虑到光通道代价、光缆富余度和高速传输存在的偏振模色散(PMD)等因素的影响。

(3) 光纤的色散。色散导致光纤中传输的光信号经过一定距离传输后出现的波形失真，主要决定传输的光信号能否被正确识别的传输距离。色散越大、传输距离越长，波形失真将越严重。在数字通信系统中，波形失真将产生码间干扰，降低光接收灵敏度，影响系统的中继距离。

(4) 系统满足一定的误码率。光接收机的接收灵敏度越高，表明其在满足系统误码率要求下能检测的最低光功率越小，可以在同等条件下延长接收信号的距离，从而光纤中继距离就越长。同等情况下若要求系统检测的误码率降低，意味着需要提高光接收机的灵敏度。

(5) 系统的设备性能。系统光设备接口类型对信号传输的影响，例如，SDH 中的光接口类型可按系统的传输距离和所用技术分为局内连接、短距离局间连接和长距离局间连接。

对于确定的光纤通信系统来说，光发射机的输出光功率和光接收机的接收灵敏度均为已知，影响光纤中继距离的因素便主要是损耗和色散。光纤通信系统的最大中继距离受到光纤损耗的限制时称为损耗受限系统，受到色散限制的系统称为色散受限系统。在 PDH 传输体系中，由于传输速率不高(< 140Mbit/s)，色散引起的脉冲信号展宽有限，产生的影响小，这时光纤中继主要取决于损耗受限。而在 SDH 传输体系中，随着传输速率的不断提高和传输容量的增大，光纤色散的影响越来越大，已不可忽略。因此，光纤中继可能是损耗受限，也可能是色散受限，在进行最大中继距离估算时，两种受限情况均需要计算，取其中数值较小者为最大中继距离。

1. 中继距离设计方法

光纤通信系统中继距离的估算也就是进行传输的光功率预算，其目的是确保光纤通信系统在整个使用寿命期间能有足够的光功率通过预期的传输距离到达光接收机，并维持具有确定误码率的光检测能力，以保证系统有稳定可靠的性能。由于光纤中继距离主要受到光纤链路的损耗和色散的共同限制，中继距离随光纤损耗和信号传输速率的增加而减小，因此，用系统 *BL* 乘积(速率-距离积)表征光纤通信系统的通信总能力，反映光纤通信系统受到光纤损耗和色散特性的共同影响，中继距离和传输速率也标志着一个光纤通信系统的技术水平。

系统中继距离的设计有三种方法：最坏值设计法、统计设计法(所有参数都是统计意义)和半统计设计法(只有某些参数是统计意义)、联合设计法。它们都能适用于准同步数字体系(PDH)光系统和同步数字体系(SDH)光系统，这些设计方法的特性见表 9.8。

表 9.8　系统中继距离设计方法的特性比较

特性		最坏值设计法	统计法		联合设计法
			半统计设计法	统计设计法	
接口兼容性	纵向	满足	满足	满足	满足
	横向	满足	不保证	不保证	不保证
标准规范性		最好	居中	较好	最差
可靠性		100%	较高	最差	100%
复杂性		最简单	较复杂	最复杂	居中
资源利用		最差	居中	最好	较好
经济性		最差	较好	最好	较差
适用性		基本方法、传统方法	改进方法、广泛适用	新方法、广泛适用	满足某些特殊场合的实际需要

1) 最坏值设计法

在进行光纤中继距离设计时，系统的所有参数是完全已知的。设计中使用的系统光参数（包括发射机光功率、光谱范围、光谱宽度、接收机灵敏度、光纤衰减系数、光接头与活动连接器等的插入损耗等参数）均采用寿命期中允许的最坏值，而不考虑数据的具体分布如何。由于在实际应用中系统所有参数同时出现最坏值的概率很小，这种方法设计的结果相对保守，在最坏情况下仍能 100% 满足系统要求，可靠性高；但造成系统正常工作时存在较大的富余度，中继距离长度偏短，中继器数量增加，系统总成本偏高和资源浪费。最坏值设计法是数字光纤通信系统中继距离估算的基本方法，它为网络规划设计者和制造厂家提供了简单的设计指导和明确的元器件指标，系统不存在先期失效问题，能够满足系统光接口的横向兼容性。

2) 统计法

(1) 统计设计法中的所有设计参数都是统计性的，在设计光纤中继距离时，各光参数按其统计分布特性取值(因工艺水平限制，光纤和光器件等的参数值有一定的离散性和分布范围)，通过事先确定一个系统的可靠性代价(足够小的系统先期失效概率)来换取较长的光纤中继距离。与最坏值设计法相比，这种方法考虑各个参数统计分布时较复杂，可以延长中继距离，但系统光接口的横向兼容性不再满足，系统总成本相对较低。

(2) 半统计设计法中有部分设计参数是统计性的，在设计光纤中继距离时，部分光参数按最坏值处理，部分光参数取统计值，得到一个相对稳定、成本适中、计算简单的系统。半统计设计法能够满足某些特殊场合的实际需要，其经济性和可靠性介于最坏值设计法和统计设计法之间。

3) 联合设计法

联合设计法的部分参数由系统运营者和用户与设备提供商协商确定，兼顾和考虑用户的个性化需求，以满足按标准的光接口参数值进行设计时，得到的光纤中继距离不能满足实际工程要求的状况(如实际工程中没有适合供电或建电站的条件的情况)。

2. 损耗受限系统

损耗是光纤的传输特性之一。损耗(衰减)受限系统是指光纤通信链路的衰减较大、传输速率不太高时，光纤中继距离主要受损耗限制的系统。一般来说，PDH 中的二次群及其以下的多模光纤通信系统和五次群及其以下的单模光纤通信系统都属于损耗受限系统。一个点到点光纤链路的光中继模型主要包括光发射机、光通道、光接收机，如图 9.8 所示。

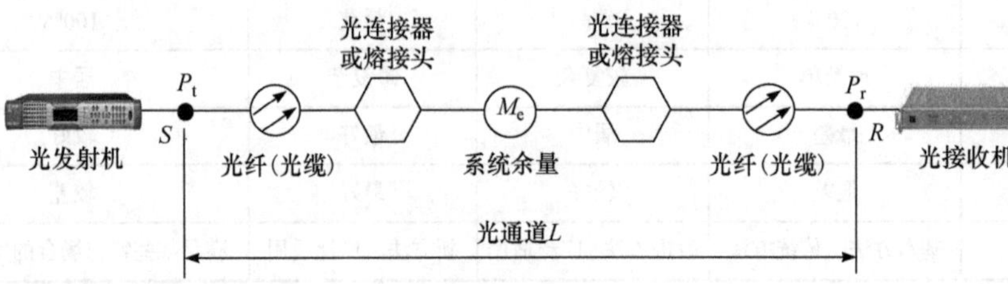

图 9.8　光通道模型

图 9.8 中，S 代表光发射机与光通道之间的参考点(紧靠近发射机上光连接器后面的光纤点)；R 代表光通道与光接收机之间的参考点(紧靠近接收机上光连接器前面的光纤点)；L 代表参考点 S 与参考点 R 间的光通道距离(中继距离)；P_t 是光发射机的输出光功率；P_r 是光接收机接收到的光功率。

只要一个数字光纤通信系统的传输距离不是很短，都需要考虑光纤(光缆)的传输损耗。对于光发射机输出光功率和光接收机接收灵敏度确定的光链路，光链路的总损耗(传输损耗、活动连接器、熔接点等)决定了光链路中光信号能传输的最大传输距离：

$$\text{光链路总损耗} = \alpha_{\text{tot}} L = 10\lg\left(\frac{P_t}{P_r}\right)(\text{dB}) \tag{9.9}$$

采用最坏值设计法计算时，根据图 9.8 的光通道模型，光发射端 S 和接收端 R 之间光纤链路(光通道)的总损耗不能超过系统在该光通道上总光功率的衰减或损耗，最大光纤中继距离的判据便是光接收机(光检测器)接收到的光功率是否达到其所需的最小光功率(灵敏度)，即光通道允许的总光功率损耗为

$$P_{\text{SR}} = P_t - P_r - M_e - P_p \tag{9.10}$$

式中，P_t 为系统光发射机输出的平均光功率(dBm)；P_r 为光接收机的灵敏度(dBm)；M_e 为系统余量(dB)；P_p 为光通道功率代价，包括由于反射和码间干扰、模分配噪声、激光器啁啾等引起的总色散代价。实际 S 和 R 点之间光纤链路的总损耗 P_{SR} 为

$$P_{SR} = \alpha_{tot}L + A_c + A_s = (\alpha_f + \alpha_m)L + \sum\alpha_c + \sum\alpha_s \quad (dB) \tag{9.11}$$

则最大光纤中继距离为

$$L \leqslant \frac{P_t - P_r - \left(\sum\alpha_c + \sum\alpha_s + M_e + P_p\right)}{\alpha_f + \alpha_m} \quad (km) \tag{9.12}$$

式中，α_{tot} 为光通道中光纤的总损耗系数(dB/km)；A_c 为活动连接器的总损耗(dB)；A_s 为熔接点的总损耗(dB)；α_c 为光通道中每个活动连接器的平均连接损耗(dB)；α_s 为光通道中每个熔接点的平均损耗(dB)；$\sum\alpha_c$ 和 $\sum\alpha_s$ 分别为光通道中所有活动连接器损耗之和和所有熔接点的损耗之和，在 S 和 R 点之间至少含有光纤链路分别与光发射机连接和与光接收机连接的两个活动连接器；α_f 为光纤损耗系数(dB/km)；α_m 为每千米光纤链路的损耗余量或富余度(dB/km)，指光纤链路运行中的性能劣化(光纤连接器性能变坏、维护时光纤长度和连接器增加等)的程度；系统余量 M_e 为留给系统设备的功率富余度(dB)，用于表征系统将来的扩容及可能加入链路的器件产生的损耗、补偿链路中设备的老化和温度因素对设备性能的影响，以及其他不可预知事件引起的发射光功率和接收灵敏度下降。

如果光纤链路中的熔接点损耗用每千米上光纤的平均熔接点损耗或接续损耗表示，则式(9.12)变为

$$L \leqslant \frac{P_t - P_r - \left(\sum\alpha_c + M_e + P_p\right)}{\alpha_f + \alpha_s + \alpha_m} \quad (km) \tag{9.13}$$

式中，α_s 为光通道中每千米光纤的平均熔接点(接头)损耗(dB/km)。

损耗估算说明及范围如下。

(1) 光发射机平均光功率 P_t 取决于所用光源。对于单模光纤通信系统，LD 的平均发射光功率一般为−9～−3dBm，LED 的平均发射光功率一般为−25～−20dBm。

(2) 光接收机的灵敏度取决于光检测器和前置放大器的类型，并受误码率的限制。对于 100%量子效率的光接收机，其灵敏度为 $\overline{P}_r = \overline{N}_P h\nu B$，灵敏度随传输速率的变化而变化，导致在给定工作波长处，最大中继距离随传输速率 B 的增加而按对数关系减小。

(3) 每个活动连接器(与器件质量相关)的损耗一般取 0.5dB(最大为 0.7dB)，每个熔接点(损耗与熔接机的性能、操作人员的技术水平有关)的损耗一般取 0.1dB。

(4) 系统(设备)余量(富余度) M_e 一般取 6～8dB(不小于 3dB)。

(5) 光纤的传输损耗系数可以根据厂家提供的产品数据或查相关手册得知，一般情况下有以下几种。

多模光纤：损耗系数 3dB/km(850nm 光源)，1dB/km(1310nm 光源)。

单模光纤：损耗系数 0.36dB/km(1310nm 光源)，0.2dB/km(1550nm 光源)。

(6) 光纤损耗余量(富余度)：一般取 0.05～0.3dB/km，预算距离小于 30km 时取 0.1dB/km，大于 30km 时取 3dB；一个中继段按 3～5dB 取值，总余量不应超过 5dB。

3. 色散受限系统

色散是光纤的传输特性之一，光纤(光缆)的色散包括模间色散、波导色散、材料色散和偏振模色散。色散受限系统是指光纤通信链路的色散较大、传输速率较高(> 140Mbit/s)时，光纤中继距离主要受色散(带宽)限制的系统。由于色散的影响，光信号的各个波长成分在光纤中传输时的传输速率不同，与此类似，光纤中不同的传输模式也具有不同的传输速率和相位，引起信号的畸变，导致在接收端产生脉冲展宽，降低了光接收机的灵敏度。对于多模光纤，其模间色散占主导，而对于单模光纤，因光纤中仅传导一个模式，所以不存在模间色散，单模光纤只涉及材料色散、波导色散和偏振模色散。在传输速率为 140Mbit/s 以上的单模光纤通信系统中，色散对传输距离的限制已不可忽视。色散增大，意味着光信号在接收端的码间干扰增强，接收误码率增大，限制系统的传输距离。若系统的传输速率较高，光纤链路的色散较大，则光纤中继距离主要受色散的限制。对于传输速率为 40Gbit/s 及以下的单模系统，起主要作用的是色度色散(材料色散和波导色散)，而色度色散主要取决于光纤的色散系数与光源的光谱特性。

对于色散受限系统，设计时可先确定再生段的总色散(ps/nm)，再据此选择合适的系统分类代码及相应的一整套参数。色散受限中继距离的实用计算公式为

$$L_{\mathrm{d}}=\frac{D_{\mathrm{SR}}}{D_{\mathrm{m}}} \tag{9.14}$$

式中，D_{SR} 是选定光接口的光通道(S 和 R 点之间)中允许的最大色散数值(ps/nm)；D_{m} 为允许工作波长范围内的最大光纤色散数值[ps/(nm · km)]。

由于光源总是具有一定的频谱宽度，其峰值波长也是分布在一定波长范围内，在数字光纤通信系统中，当使用不同类型的激光器时，光纤色散对系统的影响各不相同。

(1) 使用单纵模激光器(SLM)时，最大中继距离为

$$L_{\mathrm{d}}=\frac{71400}{\alpha D_{\mathrm{m}}\lambda^2 B^2}\quad (\mathrm{km}) \tag{9.15}$$

式中，α 是频率啁啾系数(ps/nm)，若使用分布反馈型单纵模激光器，$\alpha=4\sim6$，若使用新型量子阱激光器，$\alpha=2\sim6$；λ 是单纵模激光器的中心波长(nm)；D_{m} 是光纤的最大色散系数[ps/(nm · km)]；B 是系统信号传输速率(Tbit/s)。

(2) 使用多纵模激光器(MLM)或发光二极管(LED)时，最大中继距离为

$$L_{\mathrm{d}}=\frac{\varepsilon\times10^6}{WB}=\frac{\varepsilon\times10^6}{\Delta\lambda D_{\mathrm{m}}B}\quad (\mathrm{km}) \tag{9.16}$$

式中，ε 是色散导致的光脉冲的相对展宽系数，若使用多纵模激光器，$\varepsilon=0.115$，若使用发光二极管，$\varepsilon=0.306$；$\Delta\lambda$ 是光源谱线宽度(nm)；D_{m} 是光纤的最大色散系数[ps/(nm · km)]；B 是系统信号传输速率(Mbit/s)；W 是光纤半功率点宽度带宽(MHz)。

(3) 使用外调制器时，无论模分配噪声还是啁啾声损伤均可以忽略，式(9.14)和式(9.15)均不适用，此时的最大中继距离为

$$L_{\mathrm{d}}=\frac{c}{\lambda^2 D_{\mathrm{m}}B^2}\quad (\mathrm{km}) \tag{9.17}$$

式中，c 为光速(km/s)；D_m 为光纤的最大色散系数[ps/(nm·km)]；B 为系统信号传输速率(Tbit/s)；λ为光源波长(nm)。

4. 中继距离估算注意事项

(1)实际进行最长中继距离估算时，若不确定是否是损耗受限还是色散受限，应分别计算损耗受限和色散受限时的最大中继距离，然后取两者中较小的距离数值作为最后的结果。

(2)光纤的损耗系数和色散系数都是针对一定的工作波长或波长范围而言的。不明确具体的波长或波长范围，光纤的损耗系数和色散系数在系统设计中没有实用意义。

(3)系统的工作波长与光纤的低损耗和零色散波长不一定能完全匹配。因为光器件和光缆由不同厂家生产，由于制造工艺的偏差，光纤的零色散波长不会全都等于标称波长值，而是分布在一定的波长范围内；光源总是具有一定的频谱宽度，其峰值波长分布在一定波长范围内，并不总是和光纤的零色散波长相重合，尤其是多纵横激光器的中心波长和光纤的最佳传输波长并非恒定不变。

(4)对于损耗受限系统，如果选用 G.652 光纤，在获取长距离应用时，取工作波长范围为 1270～1340nm 是合理的；如果希望获得更长的传输距离，可改选工作波长范围为 1510～1580nm，靠进一步压缩工作波长范围不会有明显的效果。

(5)对于色散受限系统，在获取长距离传输时，可考虑适当压缩工作波长范围，以减小光纤的色散系数数值。

(6)对于工作在 850nm 波长的多模光纤，由于其损耗较大，中继距离一般小于 20km。因受模间色散影响，传输速率很低，阶跃型多模光纤的传输速率不及同轴电缆，渐变型多模光纤的速率超过 0.1Gbit/s 时中继距离就受到色散限制。单模光纤工作在长波长范围时，由于损耗的大幅度降低，中继距离可达 100～200km，在传输速率超过 140Mbit/s 后，单模光纤通信系统的色散限制不可忽略；在 1310nm 波长范围，由于处于零色散区域，传输速率超过 1Gbit/s 时中继距离才受到色散限制；在 1550nm 波长范围，由于色散较大，通常需用单纵模激光器，理想系统速率可达 5Gbit/s 或更高，但实际系统因光源调制产生的频率啁啾导致谱线展宽、传输速率受到限制，采用色散位移光纤结合外调制技术，可使传输速率达到 20Gbit/s 以上。

(7)直接调制系统中，光源的调制啁啾及光纤色散导致信号畸变。对于 2.5Gbit/s 系统，放大器的积累噪声成为传输距离的主要限制；对于 10Gbit/s 系统，光纤色散成为传输距离的主要限制。

5. 中继距离估算应用举例

例 9-1　我国某省计划新建一条传输速率为 2.5Gbit/s 的干线光纤系统，干线沿途具备设立中继站点条件的候选距离为 37～58km，系统拟采用单纵模激光器，含 4 个活动连接器，要求留有的系统余量 M_e 为 3dB，光缆的损耗余量为 0.05dB/km，问如何设计系统参数能满足中继站点的条件？

解　参考表 9.5～表 9.7 中的建议规定，设计中要求的最长中继站距离为 58km，可以初选 L-16.2 系统（目标距离为 80km），使用 G.652 单模光纤，工作波长为 1550nm。取光纤的传输损耗为 0.22dB/km，每个活动连接器的损耗为 0.35dB，光纤的色散系数为 17ps/(nm·km)，光纤的平均熔接点损耗为 0.05dB/km，根据 L-16.2 规定：$P_t = -2 \sim 3$dBm、$P_r = -28$dBm、$P_p = 2$dB，设激光器的啁啾系数$\alpha = 3$，则根据式(9.13)和式(9.15)分别有以下计算。

损耗受限条件：

$$L \leqslant \frac{P_t - P_r - \left(\sum \alpha_c + M_e + P_p\right)}{\alpha_f + \alpha_s + \alpha_m} = \frac{-2-(-28)-(4\times 0.35+3+2)}{0.22+0.05+0.05} = \frac{19.6}{0.32} = 61.25(\text{km})$$

色散受限条件：

$$L_d = \frac{71400}{\alpha D_m \lambda^2 B^2} = \frac{71400}{3\times 17\times 1550^2\times 0.0025^2} = \frac{71400}{765.797} \approx 93.24 \quad (\text{km})$$

因 $L<L_d$，故设计的系统是损耗受限系统，选择的系统设计参数能够满足在 58km 范围内中继距离的传输要求。此外，可根据 $P_r = -28$dBm，选择看一个 PIN 光检测器（在 5000 光子/比特的平均能量入射下可达到 BER $\leqslant 10^{-9}$）是否可用？

根据
$$\overline{P}_r = \overline{N}_P h\nu B = \overline{N}_P hB\frac{c}{\lambda} = 5000\times 6.63\times 10^{-34}\times \frac{3\times 10^8\times 10^9}{1550}\times 2.5\times 10^9$$
$$\approx 1.6\times 10^{-3}(\text{mW}) \quad \rightarrow \quad -27.96\text{dBm}$$

因−27.96dBm 小于−28dBm，计算表明这样的一个 PIN 光检测器是满足设计需要的。

例 9-2 若一个传输速率为 622Mbit/s 单模光缆系统，采用多纵模激光器($\varepsilon = 0.115$)，工作波长 $\lambda = 1310$nm，光脉冲谱线宽度 $\Delta\lambda = 2$nm，光发射机的入纤光功率 $P_t = 2$mW，接收机灵敏度 $P_r = -30$dBm。若光通道内有 8 个活动连接器（0.5dB/个），16 个熔接点（0.1dB/点），光纤平均衰减系数为 0.28dB/km，$M_e = 6.2$dB，光缆的损耗余量为 0.04dB/km，光纤色散系数为 2ps/(nm · km)，设线路码型为 5B6B。求此光纤系统最短的中继距离。

解 根据式(9.12)和式(9.16)分别有以下计算。

首先进行入纤光功率单位换算。

由
$$\text{dBm} = 10\lg\left(\frac{P_t}{1\text{mW}}\right) \Rightarrow P_i = 10\lg\left(\frac{2}{1}\right) = 3 \quad (\text{dBm})$$

损耗受限条件：

$$L \leqslant \frac{P_t - P_r - \left(\sum \alpha_c + \sum \alpha_s + M_e + P_p\right)}{\alpha_f + \alpha_m}$$
$$= \frac{3-(-30)-(8\times 0.5+16\times 0.1+6.2+0)}{0.28+0.04}$$
$$= \frac{21.2}{0.32} = 66.25 \quad (\text{km})$$

光链路码速：

$$622\times(6/5) = 746.4 \quad (\text{Mbit/s})$$

色散受限条件：

$$L_\mathrm{d}=\frac{\varepsilon\times10^6}{\Delta\lambda\cdot D_\mathrm{m}\cdot B}=\frac{0.115\times10^6}{2\times2\times746.4}\approx38.52\quad(\mathrm{km})$$

从计算结果可见，该系统是色散受限系统，系统的最短中继距离是 38km。

例 9-3　某一 STM-16 光纤传输系统，使用 G.652 单模光纤，工作波长为 1550nm。光发射机平均光功率为–2dBm，接收机灵敏度为–28dBm，系统允许最大色散为 1200ps/nm，光纤的色散系数为 17ps/(nm·km)，2 个活动连接器(0.35dB/个)，光纤的平均熔接点损耗为 0.03dB/km，光纤的平均衰减系数为 0.21dB/km，系统余量为 3dB，光缆的损耗余量为 0.05dB/km，试计算中继距离。

解　根据式(9.13)和式(9.14)分别有以下计算。

损耗受限条件：

$$L\leqslant\frac{P_\mathrm{t}-P_\mathrm{r}-\left(\sum\alpha_\mathrm{c}+M_\mathrm{e}+P_\mathrm{p}\right)}{\alpha_\mathrm{f}+\alpha_\mathrm{s}+\alpha_\mathrm{m}}=\frac{-2-(-28)-(2\times0.35+3+0)}{0.21+0.03+0.05}=\frac{22.3}{0.29}\approx76.9\quad(\mathrm{km})$$

色散受限条件：

$$L_\mathrm{d}=\frac{D_\mathrm{SR}}{D_\mathrm{m}}=\frac{1200}{17}\approx70.59\quad(\mathrm{km})$$

根据计算结果可知系统中继距离为 70km。

小　结

本章是全书的重点之一，是光纤通信系统设计必须掌握的核心。通过学习光网络中最简单的点到点链路，掌握数字光纤通信系统的组成及结构特点，理解误码、抖动、可靠性三个主要的数字光纤通信系统性能指标，并能对其他影响系统性能的因素进行探讨和评价。在前几章学习的基础上，从光纤数字通信系统的基本构成出发，掌握系统设计的基本思路及原则，学会根据系统分解的性能指标，结合器件的基本性能参数，对构成系统的传输体系和速率、光纤类型、光源和光检测器、路由等各个部分进行选择，进行简单的系统设计，估算最长中继距离。在估算单信道光纤通信系统最长中继距离时，需要从光纤链路的损耗和光纤的色散两个方面进行功率预算，评估它们对中继距离的影响，权衡如何根据实际应用的情况配合使用光源、光检测器和光纤，实现中继距离最大化。同时在学习过程中应对规范、标准有足够的重视。

习　题

1. 简述光纤通信系统设计的一般步骤。
2. 什么是损耗受限系统？什么是色散受限系统？
3. 准同步数字体系(PDH)有何不足？

4. 什么是 SDH？目前 SDH 信号的标准速率有几级？速率各是多少？

5. 一个数字光纤通信系统的主要性能指标是哪三项，它们的具体含义各是什么？

6. 在设计一个数字光纤通信系统时，最大中继距离受什么条件限制？如何选择？

7. 已知一个传输速率为 565Mbit/s 的数字光纤通信系统，光纤的传输损耗为 0.1dB/km，输入端采用多纵模激光器，入纤功率为–3dBm，接收机的灵敏度为–58dBm（BER = 10^{-9}），输入端至接收端有 5 个活动连接器（0.5dB/个），光纤平均每千米的熔接点损耗为 0.02dB；若系统传输 5B6B 码，光纤的色散系数为 2ps/（nm·km），光源的光谱线宽度为 2nm，求该系统的最大中继距离（设光纤损耗余量为 0.1dB/km，系统余量为 6dB）。

8. 一个 STM-4 长途光纤通信系统，工作波长选定 1310nm，使用 G.652 光纤，系统的设计参数为：发射机的平均入纤光功率是 –5dBm；接收机的灵敏度是 1μW；链路中有 8 个活动连接器（0.45dB/个）；光纤的传输损耗系数为 0.4dB/km；系统余量为 3dB；光通道功率代价是 1dB；光纤损耗余量为 0.2dB/km。估计该损耗受限系统是否能够满足无中继传输 80km 的要求？

9. 一个光纤通信系统的传输速率为 2.5Gbit/s ，工作波长为 1550nm，光纤的色散系数为 17ps/（nm·km），采用普通量子阱激光器（设α = 3），以及外调制器系统，估计色散受限系统的无中继器距离各是多少？

10. 在一个光纤通信系统中，已知光接收机的灵敏度是 1μW，中继距离是 80km，光纤的损耗系数和平均接续损耗分别为 0.4dB/km 和 0.05dB/km，光链路中有 4 个活动连接器（0.2dB/个），设光纤的损耗余量为 0.2dB/km，系统余量为 4dB，问多大功率的光发射机才能满足系统要求？

部分习题参考答案

第2章

13. ① NA=0.212；② 50ns。

14. ① $\theta = 2\alpha_{max} \approx 26.12°$；② NA=0.3。

15. 3277 次。

16. 纤芯直径 55μm，428 个模式。

17. ① 1.355μm；② $V = 2.488$（多模传输）。

18. ① 纤芯半径小于 0.47μm；② = 0.0022。

19. ① $V = 44.81$；② 分别约 1004、422、302 个模式。

20. ① 13.86μm；② LP_{01} 无截止波长，8.69μm。

21. −0.99dB/km。

22. ① 3μW；② 0.95μW。

23. ① 1.5μW；② 10μW。

第3章

6. 0.11GHz；0.165GHz · km。

7. 0.131μm。

第4章

12. ① 0.9995；② 1.4137；③ 6253.8K。

13. 4.143×10^{-9}，4.143×10^{-7}，4.143×10^{-5}。

14. ① 2.339×10^{-19}J；② 2.138×10^{16}。

15. 869nm，1294.5nm。

16. 0.667%。

17. 0.082。

18. 42.16%。

第 5 章

11. 0.266μW。

12. 869.1nm。

13. $0.941<R<1.159$；1.0139；1.123。

14. 0.667μW。

15. 48.11%，7.697×10^{-17}A。

16. 约 42.49。

17. 0.064μW。

18. ①1000nW，20dB；②接收机接收的最大光功率为 1×10^{-2}mW，可正常工作。

19. 2.048Mbit/s，6.1×10^{-7}。

第 6 章

10. 1000mW，199.526mW。

11. 0.0632mW。

12. 253。

第 7 章

10. ① 0.537mW(60%)，0.339mW(40%)；②0.575dB。

11. 1.18mW，0.236mW。

第 8 章

8. 约 487 个信道，1.46×10^{5}Mbit/s · km。

9. 约 5.09 个。

第 9 章

7. 50.89km。

8. 最大中继距离只有 29km，系统不能满足传输 80km 的要求。

9. 93.24km；1175.25km。

10. 478.63mW。

参考文献

AGRAWAL G P，2016. 光纤通信系统. 4 版. 贾东方，忻向军，译. 北京：电子工业出版社.

陈根祥，2010. 光纤通信技术基础. 北京：高等教育出版社.

陈海燕，陈聪，罗江华，等，2016. 光纤通信技术. 北京：国防工业出版社.

邓大鹏，等，2004. 光纤通信原理. 北京：人民邮电出版社.

方志豪，朱秋萍，2004. 光纤通信：原理、设备和网络应用. 武汉：武汉大学出版社.

顾畹仪，2011. 光纤通信. 2 版. 北京：人民邮电出版社.

韩一石，强则煊，许国良，等，2015. 现代光纤通信技术. 2 版. 北京：科学出版社.

胡庆，张德民，胡敏，等，2010. 光纤通信系统与网络(修订版). 北京：电子工业出版社.

胡先志，2007. 光纤与光缆技术. 北京：电子工业出版社.

胡渝，刘华，1998. 空间激光通信技术及其发展. 电子科技大学学报(5)：453-461.

姜会林，佟首峰，等，2010. 空间激光通信技术与系统. 北京：国防工业出版社.

焦仲科，2017. 星间激光通信若干关键技术研究. 北京：中国科学院大学，中国科学院光电技术研究所.

KEISER G，2012. 光纤通信. 5 版. 蒲涛，徐俊华，苏洋，译. 北京：电子工业出版社.

李川，张以谟，赵永贵，等，2005. 光纤光栅：原理、技术与传感应用. 北京：科学出版社.

林学煌，等，1998. 光无源器件. 北京：人民邮电出版社.

刘德明，孙军强，鲁平，等，2008. 光纤光学. 2 版. 北京：科学出版社.

刘颂豪，2006. 光子学技术与应用(上册). 广州：广东科技出版社.

刘增基，周洋溢，胡辽林，等，2001. 光纤通信. 西安：西安电子科技大学出版社.

欧攀，2014. 高等光学仿真(MATLABBB 版)——光波导，激光. 2 版. 北京：北京航空航天大学出版社.

邱琪，2011. 光纤通信技术. 北京：科学出版社.

饶云江，2006. 光纤技术. 北京：科学出版社.

苏君红，邓少生，2014. 光纤通信技术. 北京：化学工业出版社.

王辉，2009. 光纤通信. 2 版. 北京：电子工业出版社.

王敏，刘维华，2005. 蓝绿激光通信的海水信道光学特性研究. 华东船舶工业学院学报(自然科学版)，19(1)：59-62.

闻传花，李玉权，2003. 空间激光通信中的光学系统. 光通信技术(7)：24-27.

吴德明，2010. 光纤通信原理与技术. 2 版. 北京：科学出版社.

夏维华，王一路，2002. 潜艇通信系统综述. 计算机与网络(17)：55-57.

谢树森，雷仕湛，2004. 光子技术. 北京：科学出版社.

袁国良，2012. 光纤通信原理. 2 版. 北京：清华大学出版社.

原荣，2010. 光纤通信. 3 版. 北京：电子工业出版社.

张辉，曹丽娜，2002. 现代通信原理与技术. 西安：西安电子科技大学出版社.

张伟刚，2017. 光纤光学原理及应用. 2 版. 北京：清华大学出版社.

周炳琨，2014. 激光原理. 7 版. 北京：国防工业出版社.

朱京平，2011. 光纤通信器件及系统. 西安：西安交通大学出版社.

朱勇，王江平，卢麟，2011. 光通信原理与技术. 2 版. 北京：科学出版社.

朱宗玖，谭振建，白志青，2013. 光纤通信原理与应用. 北京：清华大学出版社.

HAYES J，2011. Fiber optics technician’s manual. 4th ed. New York：Delmar Cengage Learning.

KAO K C，HOCKHAM G A，1966. Dielectric-fibre surface waveguides for optical frequencies. Proceedings of the institution of electrical engineers, 113（7）: 1151-1158.

MYNBAEV D K，SCHEINER L L，2002. Fiber-optic communications technology（影印版）. 北京：科学出版社.

PALAIS J C，2005. Fiber optic communications（影印版）. 5th ed. 北京：电子工业出版社.

SALEH B A，TEICH M C，1991. Fundamentals of photonics. New York：John Wiley & Sons.

SMIT M K, DAM C, 1996. PHASAR-based WDM-devices: principles, design and applications. IEEE journal of selected topics in quantum electronics，2（2）：236-250.